21世纪高等教育给排水科学与工程系列教材

水泵及水泵站

（多学时）

主　编　李亚峰　李清雪　吴永强
参　编　许秀红　孙广垠　郝桂珍
主　审　蒋白懿

机械工业出版社

本书主要介绍水泵的定义与分类，叶片泵的工作原理与基本构造，离心泵的基本方程式与特性曲线，水泵工况点确定，水泵工况点的改变方式以及给水排水工程中常用的水泵等基本内容；同时，对给水泵站、排水泵站和雨水泵站的设计方法与步骤以及泵站的运行管理，故障排除与维修等内容进行了详细介绍。

本书可作为高等学校给排水科学与工程和环境工程专业本、专科学生的教材，也可供从事相关专业的工程技术人员参考。

本书配有电子课件，免费提供给选用本书的授课教师，请需要者根据书末的“信息反馈表”索取。

图书在版编目（CIP）数据

水泵及水泵站/李亚峰，李清雪，吴永强主编. —北京：机械工业出版社，2009.7（2021.9 重印）

（21 世纪高等教育给排水科学与工程系列教材）

ISBN 978-7-111-26912-0

Ⅰ.①水… Ⅱ.①李…②李…③吴… Ⅲ.①水泵—高等学校—教材②泵站—高等学校—教材 Ⅳ.TV675

中国版本图书馆 CIP 数据核字（2009）第 061302 号

机械工业出版社（北京市百万庄大街 22 号 邮政编码 100037）
策划编辑：刘 涛 责任编辑：刘 涛
版式设计：张世琴 责任校对：张晓蓉
封面设计：王伟光 责任印制：张 博
涿州市般润文化传播有限公司印刷
2021 年 9 月第 1 版第 8 次印刷
169mm×239mm · 18.75 印张 · 1 插页 · 360 千字
标准书号：ISBN 978-7-111-26912-0
定价：45.00 元

电话服务
客服电话：010-88361066
010-88379833
010-68326294

网络服务
机 工 官 网：www.cmpbook.com
机 工 官 博：weibo.com/cmp1952
金 书 网：www.golden-book.com
机工教育服务网：www.cmpedu.com

前　言

水泵及水泵站工程是关系社会发展、国民经济建设和人民生活水平提高的重要基础设施，被广泛应用于城乡给水排水、农业灌溉、防洪排涝等领域。“水泵及水泵站”是高等院校给排水科学与工程专业一门重要的专业基础课，其内容在给水工程、排水工程以及建筑给水排水工程等专业课中均有应用。近几年水泵及水泵站工程在理论与实践方面都有了很大的发展，新技术、新产品层出不穷。因而“水泵及水泵站”这门课程的内容也更加丰富了。

本书是按照全国高等学校给排水科学与工程学科专业指导委员会制定的“泵与泵站”课程教学基本要求编写的。在编写过程中参考了许多相关教材，并参照了现行的国家有关部门颁布的规范和标准，反映了水泵及水泵站工程的最新技术发展与实际要求。

本书介绍水泵的基础知识、泵站的设计计算以及泵站运行管理等方面的知识，包括水泵的分类、构造、性能，泵站的类型与特点，泵站的设计计算，水泵机组的安装，泵站的运行管理，故障排除与维修等内容。为了使读者能够尽快掌握各类泵站的设计计算方法，书中还配有取水泵站、送水泵站、循环泵站、排水泵站、合流泵站等设计计算例题。

本书主要是针对普通高等学校培养工程应用型人才的需要而编写的，在编写过程中，注重突出实用性，将基本理论阐述与工程应用紧密结合，尽量以通俗易懂的工程语言阐述问题，注重学生工程意识和实践能力的培养。本书可以作为给排水科学与工程专业、环境工程专业的教材，也可供从事给水排水工程设计、施工的工程技术人员使用。

本书共分 10 章，第 1 章、第 6 章、第 7 章、第 10 章由沈阳建筑大学李亚峰、许秀红编写；第 2 章、第 5 章由河北工程大学孙广垠编写；第 3 章、第 4 章由河北工程大学李清雪编写；第 8 章、第 9 章由河北建筑工程学院吴永强、郝桂珍编写。全书由李亚峰统编定稿，蒋白懿主审。

由于我们的编写水平有限，书中缺点和错误之处，请读者不吝指教。

编　者

目　录

第1章 绪论

1.1 水泵与水泵站

1.1.1 水泵

水泵是输送和提升液体的机器。它把原动机的机械能转化为被输送液体的能量，使液体获得动能或势能。

由于水泵在国民经济各部门中应用很广，品种系列繁多，对它的分类方法也各不相同。按其作用原理可分为以下三类。

1. 叶片式水泵

叶片式水泵是依靠装有叶片的叶轮高速旋转，将机械能转化为液体的动能和位能，进而完成液体的压送。属于这一类的有离心泵、轴流泵、混流泵等。它们的叶轮入流方向皆为轴向，所不同的是叶轮出流方向。离心泵中的液流在离心力的作用下，沿与泵轴线垂直的径向平面流出叶轮，如图1-1a所示；轴流泵中的液流，在推力作用下，沿轴向流出叶轮，如图1-1b所示；混流泵的叶轮出流方向介于离心泵和轴流泵之间，即在离心力和推力的共同作用下，液流沿斜向流出叶轮，如图1-1c所示。

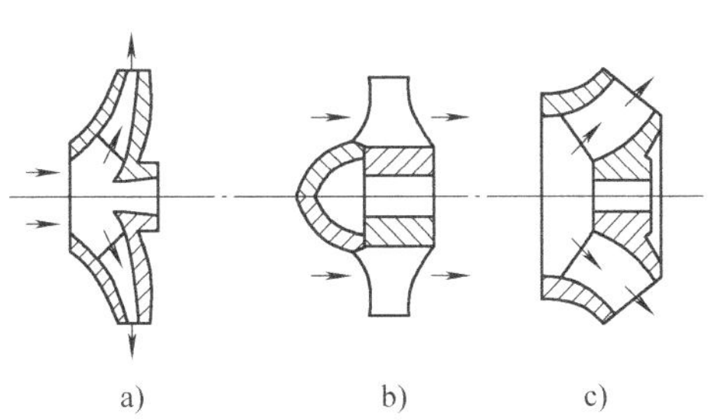

图1-1 三种叶轮水流方向示意图
a）离心泵叶轮 b）轴流泵叶轮 c）混流泵叶轮

由于叶片泵效率较高，起动方便，性能可靠而且流量、扬程适用范围较大，因此在给排水工程中得到了广泛应用。

2. 容积式水泵

容积式水泵是依靠泵体工作室容积的改变来完成液体压送的。容积式泵按工作室容积变化的方式又可分为往复式泵和回转式泵两大类。往复式泵是通过柱塞在泵缸内作往复运动而改变工作室容积；回转式泵是通过转子作回转运动而改变工作室容积。属于往复运动的容积式水泵有活塞式往复泵、柱塞式往复泵等；属于回转运动的容积式水泵有转子泵等。

往复式水泵的工作原理如图 1-2 所示。当活塞向右拉动时，工作室容积增大，压力降低，进水阀打开，出水阀关闭，吸水池中水在大气压力作用下，通过进水管进入工作室；当活塞向左推动时，进水阀关闭，出水阀打开，工作室内水流进入压水管，如此循环进行连续工作。

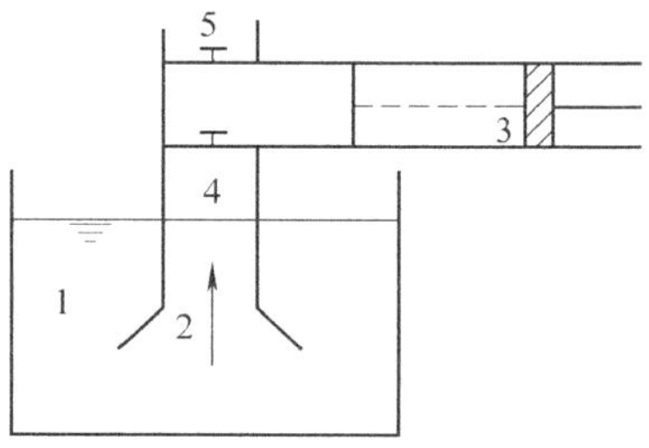

图 1-2　往复式水泵的工作原理
1—吸水池　2—进水喇叭口　3—活塞
4—进水阀　5—出水阀

3. 其他类型水泵

这类泵是指除叶片式水泵和容积式水泵以外的特殊泵。属于这一类的主要有螺旋泵、射流泵（又称水射器）、水锤泵、水轮泵以及气升泵（又称空气扬水机）等。其中除螺旋泵是利用螺旋推进原理来提高液体的位能以外，上述各种水泵的特点都是利用高速液流或气流的动能或动量来输送液体的。

上述各种类型水泵的使用范围是很不相同的。图1-3所示为常用几种类型水泵的总型谱图。从图中可以看出，叶片式水泵的使用范围是相当广泛的，其中轴流泵和混流泵的使用范围侧重于低扬程、大流量。往复泵的使用范围侧重于高扬程、小流量。而离心泵的使用范围则介乎两者之间，工作区间最广，产品的品种、系列和规格也最多。

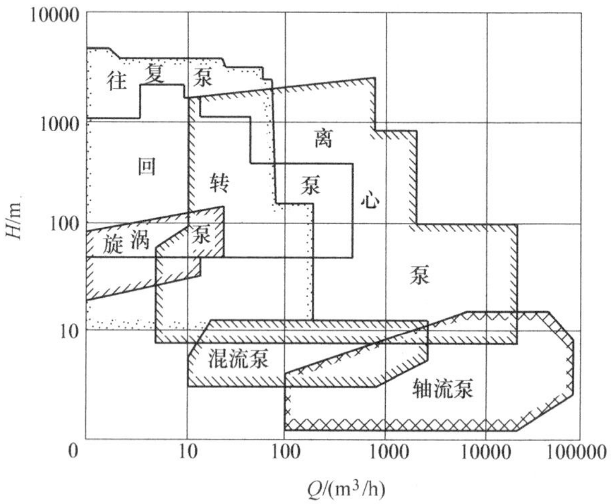

图 1-3　常用几种水泵的总型谱图

1.1.2　水泵站

水泵工作必须有配套的动力机、管路系统，并在一定的水位条件下工作，这些统称为水泵装置。水泵装置及辅助设备和相应的构筑物组成了水泵站。

水泵站在给水排水工程中根据用途不同可以分为给水泵站和排水泵站。给水泵站按作用可分为取水泵站、送水泵站、加压泵站、循环泵站。排水泵站按所抽水的性质可分为污水泵站、雨水泵站、合流泵站和污泥泵站。

1.2　水泵与水泵站在给水排水工程中的作用与地位

水泵是一种应用广泛的水力通用机械，在航天、航空、发电、矿山、冶金、钢铁、机械、造纸、市政工程、建筑以及农林排灌等方面都有着广泛的应用，发挥着非常重要的作用。在火电厂有高压锅炉给水泵、冷热水循环泵、水力清渣除灰高压泵；矿山中的井底排水、矿床地表疏干、水力采煤及输送等都需用水泵及水泵站来完成；石油的开采和管道输送；化工产品浆液的移送等也都需要用泵提升、增压输送。可以说只要有液体流动几乎都有水泵在工作。

给水排水工程是城市不可缺少的公共设施，是城市生活的“大动脉”和“静脉”，是城市赖以生存的基础设施。水泵和水泵站是给水排水工程不可缺少的重要组成部分，是给水排水系统正常运行的水力枢纽。图1-4所示是城市给水系统和排水系统的组成示意图。从图中可以看出，城市给排水系统中水的循环都是由一系列的不同功能的水泵站来完成的。城市的水源水（天然水体）需要通过给水系统上的取水泵站、送水泵站以及加压泵站的连续工作（增压），才能够被输送到城市的各个用水户。对于城市中排泄的生活污水和工业废水，经排水管渠系统汇集后，也必须由中途提升泵站、总提升泵站将污水抽送至污水处理厂，经过处理后的污水再由另一个排水泵站（或用重力自流）排放入江河湖海中去，或者排入农田作灌溉之用。实际上，在排水管渠系统中使用泵站的场合是相当多的。除抽送污水和工业废水的泵站外，还有专门抽送雨水的泵站。有用来抽送整个城市排水的总泵站，也有仅用来抽送地势低洼区排水的区域性泵站。在污水处理厂

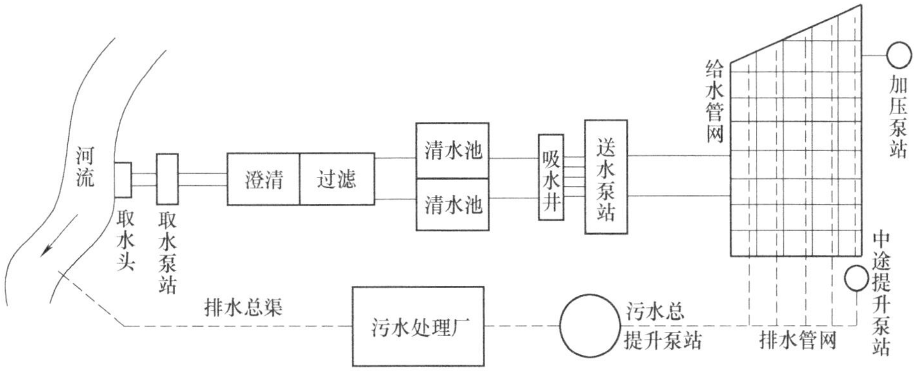

图1-4　城市给水系统和排水系统

内，往往从沉淀池把新鲜污泥抽送到污泥消化池、从沉砂池中排除沉渣、从二次沉淀池中提送回流活性污泥等都要用各种不同类型的泵和泵站来保证运行。

近些年来，长距离调水已成为解决城市缺水的主要途径之一。水泵与水泵站在许多长距离调水工程中发挥着巨大作用。例如，建于20世纪80年代的“引滦入津”工程，从潘家口水库取水输送至天津市区，全长234km，每年供水量超过10亿m^3，沿途共建大型泵站4座，共装大型轴流泵27台，总装机容量2×104kW。

在农田灌溉、防洪排涝等方面，水泵站经常作为一个独立的构筑物服务于各项事业。我国的沿江滨湖地区已建成了较大规模的排灌泵站系统，最大的轴流泵叶轮直径4.5m，单机流量60m^3/s，单机容量6000kW；最大的混流泵叶轮直径5.7m，单机流量97.5m^3/s，单机容量7000kW。在西北黄土高原，已建成了多级提水灌溉系统多处，最大的单吸单级泵的扬程225m，单机容量达8000kW。这些泵站工程有效抵御了高原地区的旱涝灾害，对旱塬地区的人畜饮水，农业的稳产、高产起到了重大的作用。

从经济的角度来看，水泵是给水排水工程中的耗电大户，对自来水的制水成本和污水的处理成本有较大的影响。以一般城镇净水厂为例，泵站消耗的电费，通常占自来水制水成本的40%～70%，甚至更多。在整个给水工程的用电量中，95%～98%的电量是用来维持水泵的运转，其他2%～5%用在制水过程中的辅助设备上（如电动阀、排污泵、真空泵、机修及照明等）。在城市污水处理厂，水泵也是第一耗能大户。据不完全统计，每年全国水泵机组的电能消耗约占全国电能总耗的21%以上。因此，工程技术人员应该积极采取措施，降低水泵的电耗，提高电能的利用率，最大限度地实现给水排水工程的节能目标。

1.3 水泵与水泵站的发展趋势

随着水泵设计制造技术和应用技术的不断提高，水泵的制造和生产正沿着大型化、大容量化、高扬程化、高速化、系列化、通用化、标准化的方向发展。泵站的自动化控制水平越来越高。

1.3.1 大型化、大容量化

近年来，大型水泵技术发展得很快，巨型轴流泵的叶轮直径已达7m，潜水泵叶轮直径已达1m。我国目前生产最大的轴流泵单机容量6000kW、混流泵7000kW、离心泵8000kW；高压锅炉给水泵单机容量达60000kW；新型离心潜水泵抽送流量已达1800m^3/h，相应扬程110m，最大出水量达28800m^3/h，并有再扩大的趋势。在泵站方面，也出现了一批结构新的大型水泵站，如“卵”型结构泵站，进出水管、池合建泵站等。随着潜水泵在排水方面的推广使用，也相应出现了一批空间小、投资省、结构新的大中型水泵站，如钢制或钢筋混凝土构筑成的湿井式泵房结构等。

1.3.2 高扬程化、高速化

随着水泵汽蚀、材料强度等问题的不断改善，水泵的转速也越来越快。在20世纪80年代，国际水平的多级分段式离心泵转速为7500r/min，现已增至10000r/min。转速的提高必然使水泵的扬程提高。目前，锅炉给水泵的单级扬程已打破了1000m的记录，多级泵的扬程能够达到2000m以上。要进一步实现高扬程化，势必要提高泵的转速。今后，随着技术的不断进步，泵的转速有可能进一步向高速化的方向发展。在水泵行业中，这种高速化的发展趋势是具有世界性的。

1.3.3 系列化、通用化、标准化

产品的系列化、通用化、标准化（简称为“三化”）是现代工业生产工艺的必然要求。1975年国际标准化协会制定了额定压力为720kPa的单级离心泵的主要尺寸及其规格参数（ISO 2858—1975E）。此标准泵的性能范围为：流量为6.3 ~400m^3/h，扬程为25~125m。目前，在欧洲凡满足此规格的水泵均已作为标准泵出售。我国自1958年以来，在统一型号、系列分类、定型尺寸等方面也做了不少工作，水泵的托架、悬架、轴承架等主要零部件均已有了系列标准，产品的“三化”程度在不断提高。

1.3.4 泵站自动化水平逐步提高

近年来，泵站自动化装备越来越完善，自动控制水平也越来越高。现代化的泵站从机组起动、监视运行、停机到多级抽水泵站系统的调节、优化调度等均可实现自动控制，计算机技术及网络系统在泵站自动控制的应用中日趋广泛，管理水平也在逐步提高。

今后，随着原子能和燃化工业等科学技术的发展，将进一步要求发展具有高速、耐高温高压、高效率以及大容量等方面的各种特殊水泵产品；同时也要求不断提高现有常规产品的质量和水平。要想实现这一目标，必须在基础理论、计算技术、模型试验、测量手段以及材料选择、加工工艺等一系列环节上进行革新。在泵站设计与运行管理方面，应积极采取措施，最大限度地提高工作水泵的效率，提高泵站的自动化控制水平。

思 考 题

1. 水泵的定义是什么？水泵是如何分类的？
2. 简述水泵的发展趋势。

第 2 章 叶片式水泵的基本构造与工作原理

叶片式水泵是一种使用面广、量大的流体机械设备。它具有结构简单、使用方便、运转可靠、效率高的特点。叶片式水泵是靠装有叶片的叶轮高速旋转来进行能量转换的。根据叶轮出水的水流方向可以将其分为径向流、轴向流和斜向流三种。轴向进水径向出水的称为离心泵，水流质点在叶轮中流动主要受到离心力的作用；轴向进水轴向出水的称为轴流泵，水流质点在叶轮中流动时主要受到轴向升力的作用；轴向进水斜向出水的称为混流泵，它是上述两种泵的过渡形式，水流质点在叶轮中流动时，既受到离心力的作用，又受到轴向升力的作用。

在城镇及工业企业给水排水工程中，大量使用的泵是叶片式水泵，其中以离心泵最为普遍。本章以离心泵为重点，进行详细介绍和说明。

2.1 离心泵的基本构造与工作原理

离心泵按其主轴的方向可分为卧式泵和立式泵；按压出室的形式可分为蜗壳式泵和导叶式泵；按水流进入叶轮的方式可分为单吸泵和双吸泵；按轴上安装的叶轮的个数可分为单级泵和多级泵。下面以给水排水工程中常见的单级单吸卧式离心泵为例，介绍其基本构造和工作原理。

2.1.1 离心泵的基本构造

图 2-1 所示为给水排水工程中常用的单级单吸卧式离心泵的基本构造。从图 2-1 中可以看出，离心泵主要包括蜗壳型的泵壳 1 和装于泵轴 2 上的旋转的叶轮 3，蜗壳型的泵壳的吸水口与吸水管 4 相连，出水口与泵的压水管 5 相接。

泵的叶轮一般是由两个圆形盖板组成，盖板之间有若干片弯曲的叶片，叶片之间的槽道为过水的叶槽，叶轮的前盖板上有一个大圆孔，这就是叶轮的进水口，如图 2-2 所示，它装在泵壳的吸水口内，与泵的吸水管路相连通。

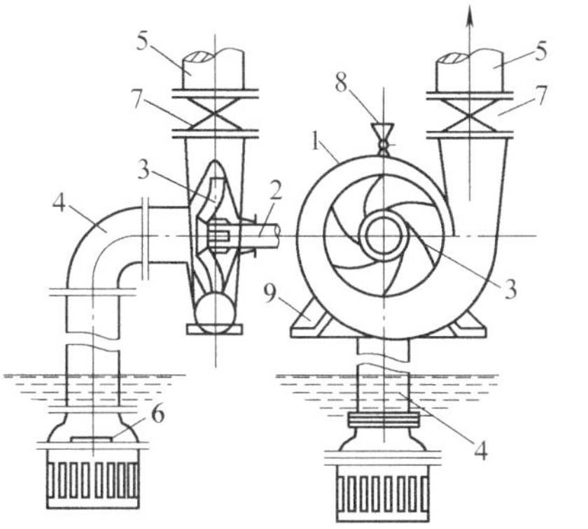

图2-1　单级单吸卧式离心泵的基本构造
1—泵壳　2—泵轴　3—叶轮　4—吸水管　5—压水管
6—底阀　7—闸阀　8—灌水漏斗　9—泵座

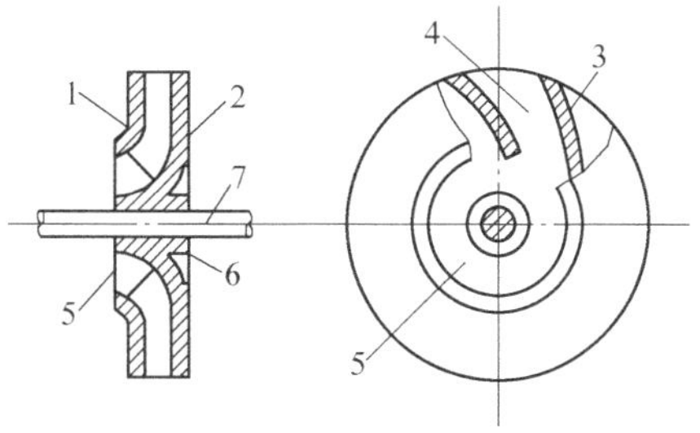

图2-2　单吸式叶轮
1—前盖板　2—后盖板　3—叶片　4—叶槽
5—吸水口　6—轮毂　7—泵轴

2.1.2　离心泵的工作原理

在一个装有液体的敞口圆形容器内，用小棒搅动液体，使液体做高速旋转，就可以看到容器内的液面呈现中心低边壁高的旋转抛物面，如图2-3所示。容器的半径越大，旋转的速度越快，液面沿容器壁上升的高度就越大。离心泵就是根据这一原理，利用叶轮的高速旋转，使液体产生离心力来进行工作的。

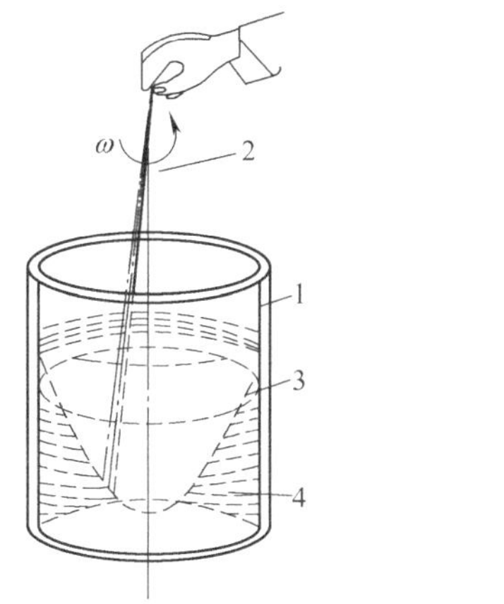

图2-3　圆形容器内旋转水流抛物面示意图
1—圆形容器　2—小棒　3—原水面　4—旋转后水面

在开始抽水之前，应先将泵壳内和吸水管内灌满水，然后，驱动电动机，使叶轮带动水作高速旋转，此时，水在离心力的作用下被甩出叶轮，经泵壳汇集，扩散管减速增压后，流入压水管道，再进入输水管网。在水被甩出叶轮的同时，叶轮进口处形成真空，吸水池的水在外界大气压力的作用下，沿吸水管流入叶轮，又受到高速旋转叶轮的作用被甩出。叶轮不停地旋转，水流就源源不断地被吸入和甩出，从而形成离心泵的连续抽水。

离心泵工作过程，实际上就是一个能量传递和转化的过程，它把原动机高速旋转的机械能转换成被抽升液体的动能和势能。在能量传递和转化过程中，会伴随着许多能量损失，这种能量损失越大，离心泵的性能就越差，工作效率越低。

2.1.3 离心泵的主要零部件

离心泵的类型很多，型号各异，但其主要的零部件组成和作用基本相同。下面以单级单吸卧式离心泵为例，介绍一下各个零部件的作用、材料和组成，如图2-4所示。

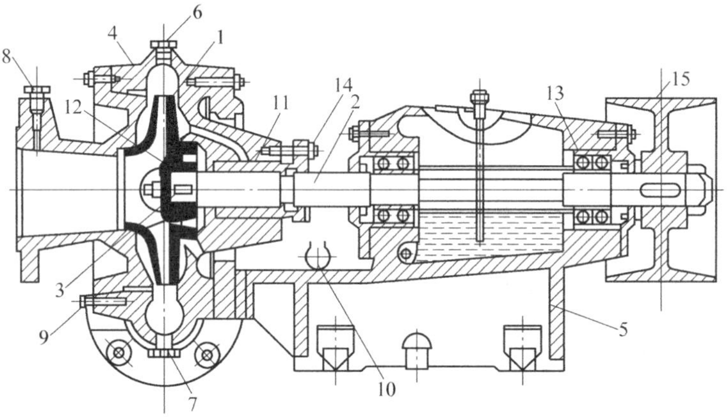

图2-4 单级单吸卧式离心泵

1—叶轮 2—泵轴 3—键 4—泵壳 5—泵座 6—灌水孔 7—放水孔 8—接真空表孔 9—接压力表孔 10—泄水孔 11—填料盒 12—减漏环 13—轴承座 14—压盖调节螺栓 15—传动轮

1. 叶轮（又称工作轮）

叶轮的作用是将原动机的机械能通过高速旋转运动传递给液体，使被抽升液体获得能量，因此它是离心泵的核心部件，如图2-4所示。

选择叶轮的材料时，除了要考虑在离心力作用下具有足够的机械强度外，还要考虑材料的耐磨、耐腐蚀性能。目前多数叶轮采用铸铁、铸钢、青铜制成，硬塑料和合金钢等材料也有一定的应用。

叶轮的形状和尺寸是通过试验和水力计算来决定的。按进水方式可分为单吸式叶轮和双吸式叶轮。单吸式叶轮如图2-2所示，叶轮的前盖板上开有一个圆孔进水，后盖板则没有进口，叶轮的前盖板和后盖板呈不对称形状。双吸式叶轮如图2-5所示，叶轮前后盖板均开有圆孔进水，它是两边吸水，前后盖板呈对称形状，一般为大流量离心泵所采用。

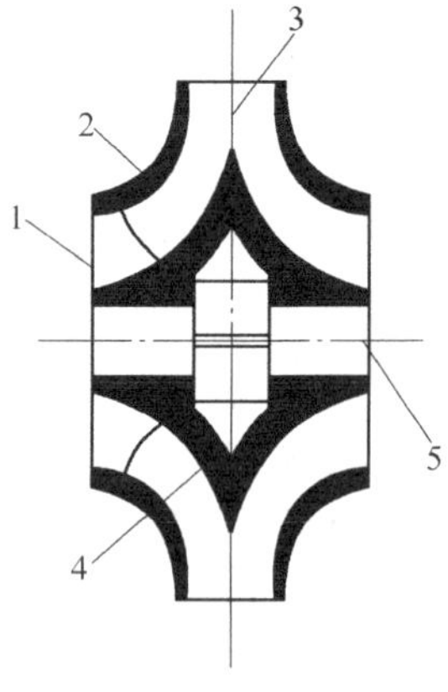

图2-5 双吸式叶轮

1—吸入口 2—轮盖 3—叶片 4—轮毂 5—轴孔

叶轮按其盖板情况又分为封闭式叶轮、半开式叶轮和敞开式叶轮三种形式，如图2-6所示。具有前后两个盖板，称为封闭式叶轮，如图2-6a所示。这种叶轮应用最为广泛，前述的单吸式叶轮和双吸式叶轮均属于这种叶轮，其叶片一般较多，通常有6~8片，多的可至12片；只有后盖板没有前盖板，称为半开式叶轮，如图2-6b所示；没有完整的前后盖板，称之为敞开式叶轮，如图2-6c所示。在输送含有悬浮物的污水泵中，为了避免堵塞，常采用半开式叶轮或敞开式叶轮，其特点是叶片少，一般仅2~5片。

图2-6　叶轮形式
a）封闭式叶轮　b）半开式叶轮　c）敞开式叶轮

2. 泵轴

泵轴的作用是支承并带动叶轮旋转，如图2-4中2所示。常用的材料是碳钢和不锈钢。泵轴要有足够的抗扭强度和足够的刚度，其挠度不能超过允许值；工作转速不能接近产生共振现象的临界转速。

叶轮和泵轴用键来连接。键俗称销子，是转动部件的连接件，如图2-4中3所示。离心泵通常采用平键，这种键只能传递扭矩而不能固定叶轮的轴向位置，在大、中型水泵中，叶轮的轴向位置通常是采用轴套和并紧轴套的螺母来定位的。

3. 泵壳

离心泵的泵壳通常铸成蜗壳形，所以泵壳也称之为蜗壳，其过水部分应有良好的水力条件，如图2-7所示。其作用是汇集从叶轮甩出的水流并借助其过水断面的逐渐增大保持蜗壳中的水流速度基本不变。

水流出泵壳后，经泵壳上的锥形扩散管流入压水管。泵壳上的锥形扩散管的作用是降低水流的速度，使速度水头的一部分转化为压力水头。

泵壳的材料选择，除了要考虑介质对过流部分的腐蚀和磨损以外，还应有足够的机械强度以耐高压。

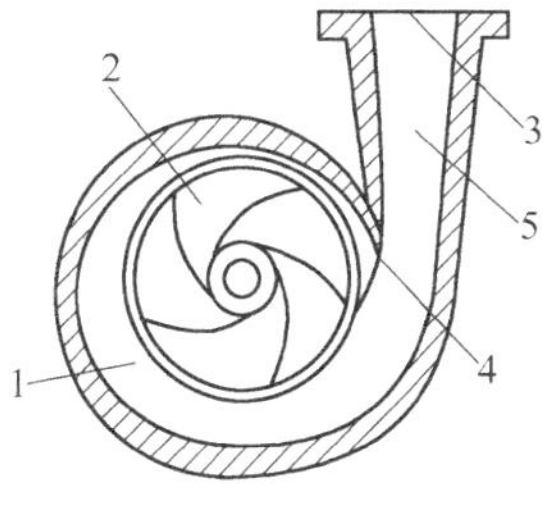

图2-7　单吸式离心泵泵壳
1—蜗道　2—叶轮　3—出口
4—隔舌　5—锥形扩散管

4. 泵座

泵座起支撑和固定泵壳作用，通常和泵壳铸成一体，如图2-4中5所示。泵座上有法兰孔，用来与底板或基础固定。泵壳顶部开有充水和放气螺孔，如图2-4中6所示，以便在水泵起动前用来充水和排走泵壳内的空气。在水泵的吸水锥管和压水锥管上开设有安装真空表和压力表的螺孔，如图2-4中8、9所示。

泵壳底部有放水螺孔，以便在水泵停车检修时，用来放空泵壳内积水，如图 2-4 中 7 所示。另外，在泵壳的横向槽底开有泄水螺孔，以便随时排走由填料盒内流出的渗漏水滴，如图 2-4 中 10 所示。所有的这些螺孔，如果暂时不用时，可以用带螺纹的丝堵（又叫“闷头”栓紧）。

上述零件中，叶轮和泵轴是离心泵的转动部件，泵壳和泵座是离心泵的固定部件，转动部件和固定部件之间存在着 3 个交接部件。即：泵轴与泵壳之间的轴封装置称为填料盒，如图 2-4 中 11 所示；叶轮与泵壳内壁接缝处的减漏装置称为减漏环，如图 2-4 中 12 所示；泵轴与泵座之间的转动连接装置称为轴承座，如图 2-4 中 13 所示。

5. 轴封装置

泵轴穿出泵壳时，在轴与壳之间存在着间隙，当间隙处的液体压力大于大气压力（如单吸式离心泵）时，泵壳内的高压水就会通过此间隙向外大量泄漏；当间隙处的液体压力为真空（如双吸式离心泵）时，则空气就会从间隙处进入泵内，从而影响泵的吸水性能。为此，需在泵轴与泵壳之间的间隙处设置密封装置，称之为轴封。单级单吸离心泵的轴封装置只有一个，单级双吸离心泵和多级离心泵的轴封装置有两个。目前，应用较多的轴封装置有填料密封、机械密封。

（1）填料密封　填料密封在离心泵中得到了广泛的应用。近年来，它的形式很多，图 2-8 所示就是一种较为常见的压盖填料型的填料盒，它是由轴封套 1、填料 2、水封管 3、水封环 4 及压盖 5 等部件组成。

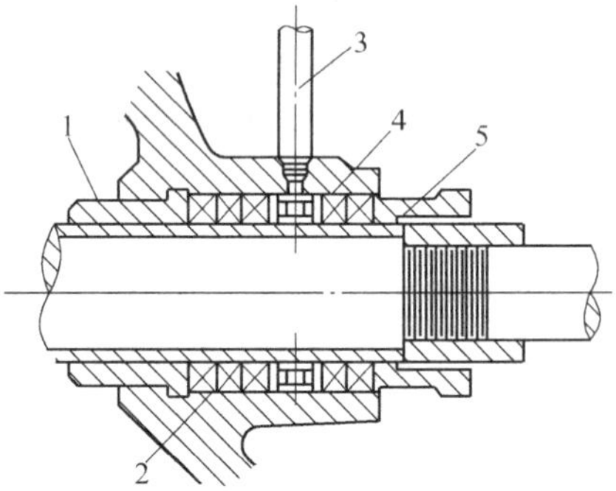

图 2-8　压盖填料型填料盒
1—轴封套　2—填料　3—水封管
4—水封环　5—压盖

填料又名盘根，在轴封装置中起着阻水或阻气的密封作用。常用的填料是浸油、浸石墨的石棉绳填料。近年来，随着工业发展，出现了各种耐高温、耐磨损以及耐强腐蚀的填料，如用碳素纤维、不锈钢纤维及合成树脂纤维编织成的填料等。

填料的中间部位装有带若干个小孔的水封环，如图 2-9 所示。泵内高压水通过水封管进入这些小孔并渗入填料，起着水封、冷却和润滑泵轴的作用。对叶轮上无平衡孔的单吸式离心泵不必设水封环及水封管，因叶轮背面的高压水可自行压入填料中。

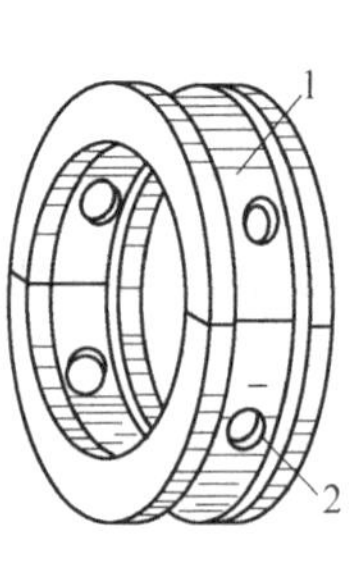

图 2-9　水封环
1—环圈空间　2—水封孔

压盖是用来压紧填料的。压盖又叫“格兰”，它对填料的压紧程度可用压盖上的螺栓来进行调节，如图2-4中14所示。压盖压得过松，会增加漏水量或进气量，达不到密封效果；压得过紧，虽然可以减少水、气的泄露，但泵轴与填料的机械磨损增大，消耗功率也大，甚至可能造成抱轴现象，产生严重的发热和磨损。一般以每分钟从填料中渗出40～60滴水为适宜的填料压紧程度。

填料密封结构简单，运行可靠，但填料的寿命不长，对有毒、有腐蚀性及贵重的液体不能保证不泄漏。如发电厂的锅炉给水泵，需输送高温高压水，而泵轴的转速又高，若用填料密封则很难使泵正常工作。

(2) 机械密封　机械密封又称端面密封，如图2-10所示，主要由动环5（随轴一起旋转并能做轴向移动）、静环6、压紧元件（弹簧2）和密封元件（密封圈4、7）等组成。其基本原理是动环借密封腔中液体的压力和压紧元件的压力，使其端面贴合在静环的端面上，并在两环端面A上产生适当的比压（单位面积上的压紧力）和保持一层极薄的液体膜而达到密封的目的。而动环和轴之间的间隙B由动环密封圈4密封，静环和压盖之间的间隙C由静环密封圈7密封。由此构成的三道密封（即A、B、C三个界面的密封），封堵了密封腔中液体向外泄漏的全部可能的途径。密封元件除了密封作用以外，还与作为压紧元件的弹簧一道起到了缓冲补偿作用。泵在运转过程中，轴的振动如果不加缓冲而直接传递到密封端面上，那么密封端面不能紧密贴合而会使泄漏量增加，或者由于过大的轴向荷载而导致密封端面磨损严重，使密封失效。另外，端面因摩擦必然会产生磨损，如果没有缓冲补偿，势必会造成端面的间隙越来越大而无法密封。

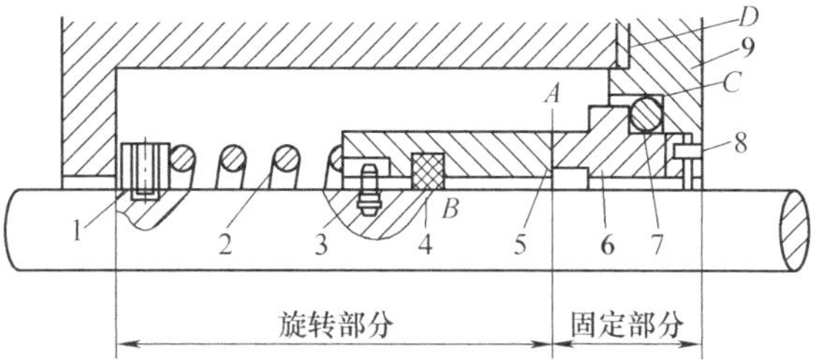

图2-10　机械密封的基本元件示意图

1—弹簧座　2—弹簧　3—传动销　4—动环密封圈　5—动环　6—静环　7—静环密封圈　8—防转销　9—压盖

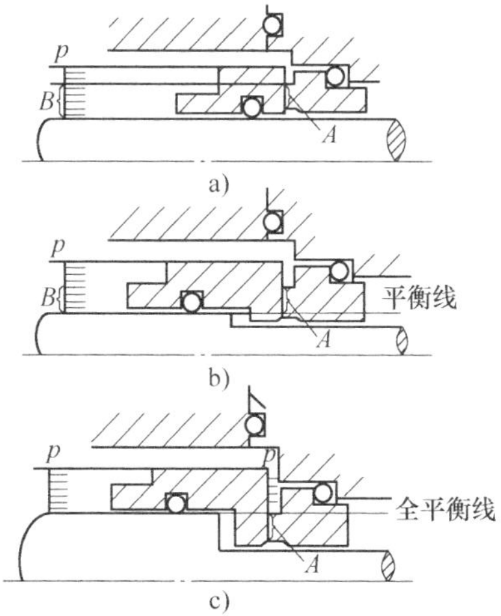

图2-11　平衡型和非平衡型机械密封

a) $B>A$ 非平衡型　b) $B<A$ 平衡型　c) $B=0$ 完全平衡型

机械密封有许多种类，下面仅介绍平衡型与非平衡型机械密封，如图2-11所示。

非平衡型：密封介质作用在动环上的有效面积 B（去掉作用压力相互抵消的部分的面积）等于或大于动、静环端面接触面积 A，此时端面上的压力取决于密封介质的压力，介质压力增加，端面上的比压成正比增加。如果端面的压强太大，则可能造成密封泄漏严重、寿命缩短，因此非平衡型机械密封不宜在高压下使用。

平衡型：密封介质作用在动环上的有效面积 B 小于端面接触面积 A，此时当介质压力增大时，端面上的压强增加缓慢，亦即介质压力的高低对端面的比压影响较小，因此平衡型可用于高压下的机械密封。

机械密封装置结构紧凑、机械摩擦小、密封性能可靠，但制造工艺要求高，在浑水中，动、静贴合面易被磨蚀而使密封失效，因此适合在清水泵中使用。

6. 减漏环

叶轮吸入口的外缘与泵壳内壁的接缝处存在着一个转动交接缝隙，而缝隙两侧正是高低压区，这个缝隙偏大，泵壳内的高压水就会通过这个缝隙泄漏到叶轮进口处的低压区，从而降低水泵流量及效率。但偏小时，叶轮转动时就会和泵壳内壁发生摩擦，引起机械磨损。一般水泵在构造上采用两种减漏方式：①减小交接缝隙（不超过0.1～0.5mm）；②增加泄漏通道中的阻力。但由于加工、安装以及轴向误差等问题，在接缝间的间隙处，很容易发生叶轮与泵壳间的磨损现象。为了减少回流量，延长泵壳和叶轮的使用寿命，通常在缝隙两侧的泵壳或者叶轮上镶嵌一个金属的口环，这个口环的接触面可做成多齿形，用以增加水流回流阻力，减少回流量，提高减漏效果，因此，称此口环为减漏环，如图2-4中12所示。这个口环是用来承磨的易损件，这样，就可以经常更换口环而不致使泵壳或叶轮报废，同时也就可以达到延长泵壳和叶轮的使用寿命的目的，因此也称之为承磨环。

单吸式叶轮因单边进水，只有一个减漏环；双吸式叶轮因其两侧进水，故有两个减漏环。对口径大、扬程高的IS型泵，特别是对叶轮后盖板上开有平衡孔的泵，在后轮盘和泵壳之间还装有一个减漏环；对多级泵，在每个叶轮前后也均装有减漏环，其目的是为了减少水量的漏失。

图2-12所示为三种不同形式的减漏环。图2-12a所示为单环型，它具有结构简单的优点，但由于只装在泵壳上，只能保护泵壳，不能保护叶轮，而且减漏效果一般；图2-12b所示为双环型，这种减漏环在泵壳和叶轮上面各装一个承磨环，它结构较复杂，减漏效果好，既能保护泵壳也能保护叶轮；图2-12c为双环迷宫型的减漏环，由于其接缝面做成折线形，水流回流阻力大，减漏效果最好，但构造复杂。

从减小回流量和改善叶轮入口流态来看，减漏环缝隙越小越好，但其缝隙也

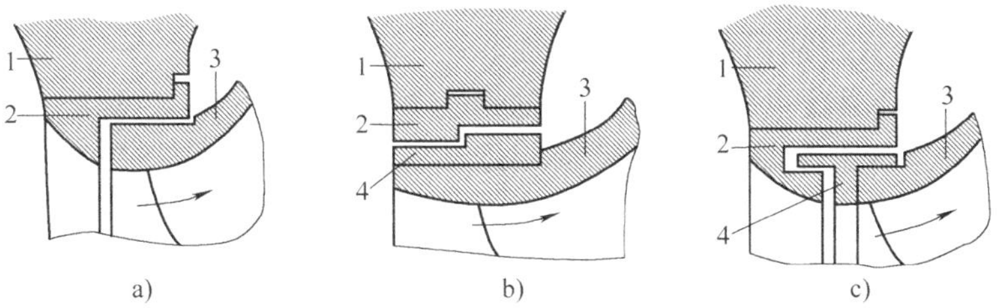

图2-12 减漏环形式

a）单环型 b）双环型 c）双环迷宫型

1—泵壳 2—镶在泵壳上的减漏环 3—叶轮 4—镶在叶轮上的减漏环

不宜过小，否则将产生较大机械磨损，降低泵的机械效率，严重时甚至会磨熔，使减漏环与叶轮咬死。减漏环的径向缝隙一般在0.1～0.5mm之间为宜。

7. 轴承座

轴承座是用来支撑轴的部件，轴承安装于轴承座内，作为转动部件的支持部件，如图2-13所示。泵中常用的轴承为滑动轴承和滚动轴承两类。滑动轴承转动摩擦力较大，但能承受较大径向力；滚动轴承转动摩擦力较小，但不能承受较大径向力。滚动轴承按荷载大小可分为滚子轴承和滚柱轴承两种。其构造基本相同，一般荷载大的采用滚柱轴承。按荷载特性又分为只承受径向荷载的径向轴承，只承受轴向荷载的推力轴承，同时承受径向和轴向荷载的叫径向推力轴承。

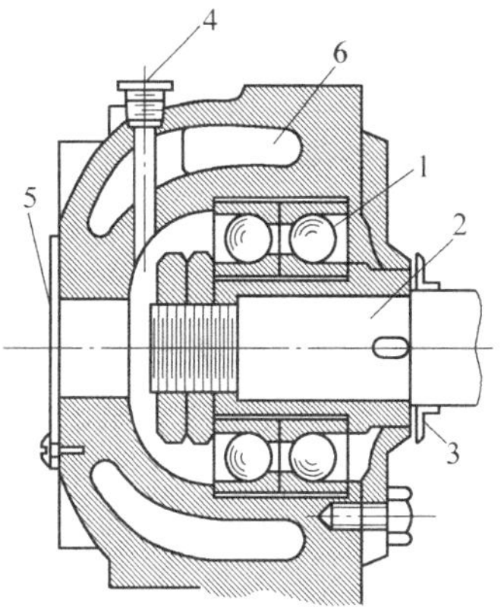

图2-13 轴承座构造

1—双列滚子轴承 2—泵轴

3—阻漏油橡胶圈 4—油杯孔

5—封板 6—冷却水套

图2-13中6为冷却水套。一般在轴承发热量较大、单用空气冷却不足以将热量散逸时，可采用这种水冷套的形式来冷却，水套上要另外接冷却水管。

大、中型泵（一般泵轴直径大于75mm时）常采用青铜或铸铁（巴氏合金衬里）制造的金属滑动轴瓦，用油进行润滑。也有采用橡胶、合成树脂、石墨等非金属材料制成的滑动轴承，可使用水润滑和冷却。

8. 联轴器

联轴器是连接泵轴和电动机轴的连接部件，有人又叫它“靠背轮”，它是把电动机的转动动力传递给水泵的机械部件。联轴器有刚性和挠性两种形式。刚性联轴器实际上就是两个圆形法兰盘，它无法调节泵轴和电动机轴的同心度，因此安装精度要求高，常用于小型水泵机组和立式水泵机组的连接。

图 2-14 所示为常用的圆盘形挠性联轴器，包括两个圆盘和带弹性橡胶圈的钢柱，用平键分别将泵轴和电动机轴相连接。一般用于大、中型卧式泵机组的安装。它能够减少传动时电动机轴和泵轴少量偏心引起的周期性的弯曲应力和振动，常用于大中型卧式水泵机组的安装。

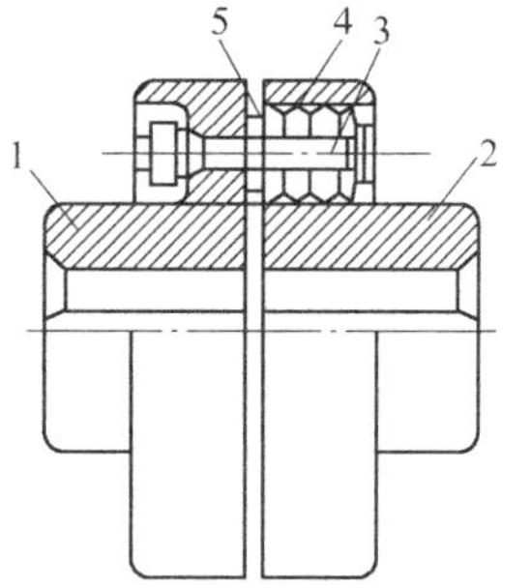

图 2-14　圆盘形挠性联轴器
1—泵侧联轴器　2—电动机侧联轴器
3—柱销　4—弹性圈　5—挡圈

9. 轴向力平衡装置

单吸式离心泵的叶轮工作时，由于前后盖板不对称，两侧作用的压力不相等，导致作用在后盖板上的力比前盖板上的力大，因此，在叶轮上作用有一个推向吸入口的轴向力 ΔP，如图 2-15 所示。由于轴向力的作用，导致泵轴的轴向移动或叶轮紧固螺母松动，引起叶轮与泵壳的摩擦加剧。这种轴向力特别是对于多级式的单吸离心泵来讲，数值相当大，必须采用专门的轴向力平衡装置来解决。

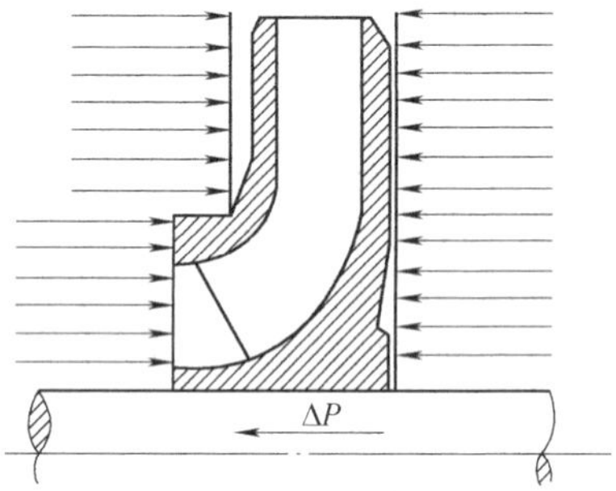

图 2-15　单吸式叶轮中轴向推力

对于单级单吸式离心泵而言，一般采取在叶轮的后盖板上钻开平衡孔，并在后盖板上加装减漏环，如图 2-16 所示。此环的直径可与前盖板上的减漏口环直径相等。压力水经此减漏环时压力下降，并经平衡孔流回叶轮中去，使叶轮后盖板上的压力与前盖板相接近，这样，就消除了轴向推力。此方法的优点是构造简单，容易实行。缺点是，叶轮流道中的水流受到平衡孔回流水的冲击，使水力条件变差，水泵的效率有所降低。所以一般在小型低扬程泵中因其产生的轴向推力不大，均不开平衡孔。

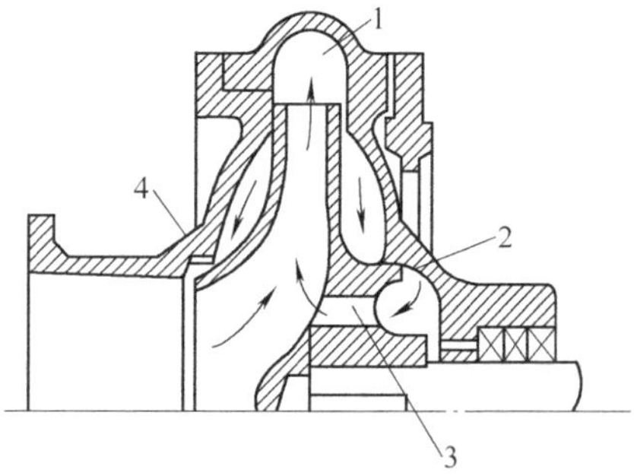

图 2-16　单吸式叶轮上的平衡孔
1—排出压力　2—加装的减漏环
3—平衡孔　4—泵壳上的减漏环

对于多级单吸离心泵，其轴向推力将随叶轮个数的增加而增大。所以多级泵通常设有专门的平衡轴向力的装置，称为平衡盘，如图 2-17 所示。图 2-17 所示平衡盘用键固定在泵轴上，与轴一起转动。最后一级叶轮出口的部分高压水经缝隙 3 进入空室 4，再经缝隙 5 进入减压室 7，最后经水管 9 流回第一级叶轮的进水侧。由于平衡盘后的水与进水侧相通，所以盘后的水压与叶轮进口的水压基本相等，这样轴向力就自动得到了平衡。

图 2-18 所示为另外一种平衡盘装置，最后一级叶轮出口的部分高压水经轴隙 a 流至平衡盘时，使平衡室内产生一向左的力 $\Delta P'$，其方向与轴向力相反。在水泵运行中，由于其工作压力是经常变化的，故轴向推力 ΔP 也随之发生变化。当 $\Delta P > \Delta P'$时，平衡盘随泵轴向右移动，盘隙 b 变小，水的泄漏量也变小。但因轴隙 a 是始终不变的，此时平衡室内就进水多而出水少，压力 $\Delta P'$就增大，直至 $\Delta P = \Delta P'$，使轴及平衡盘回复到原来的位置。这种类型的平衡盘能自动的使 $\Delta P'$调整至与 ΔP 相等，并且，这个调整是随时在进行的。在泵的运行中，平衡盘始终处于一种动态平衡中，泵的整个转动部分始终在某一平衡位置的左右作微小的轴向脉动。多级单吸离心泵安装了这种类型的平衡盘后，就不采用推力轴承，因为推力轴承限制了泵转动的部分轴向移动，使平衡盘不能去自动地平衡轴向力。

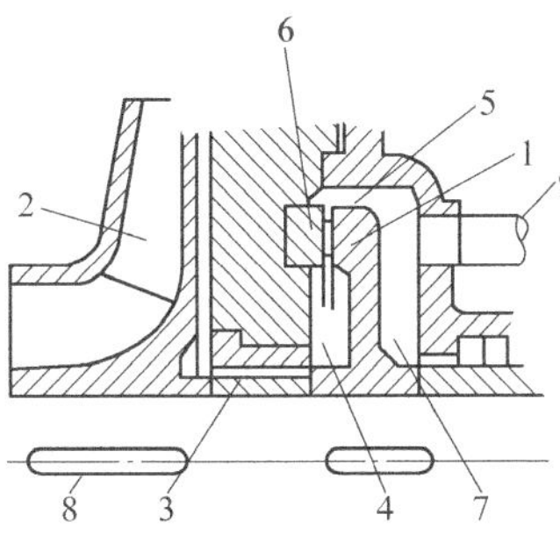

图 2-17　平衡盘（一）结构

1—平衡盘　2—末级叶轮　3、5—缝隙　4—空室　6—防磨环　7—减压空室　8—键　9—连接水泵进水侧水管

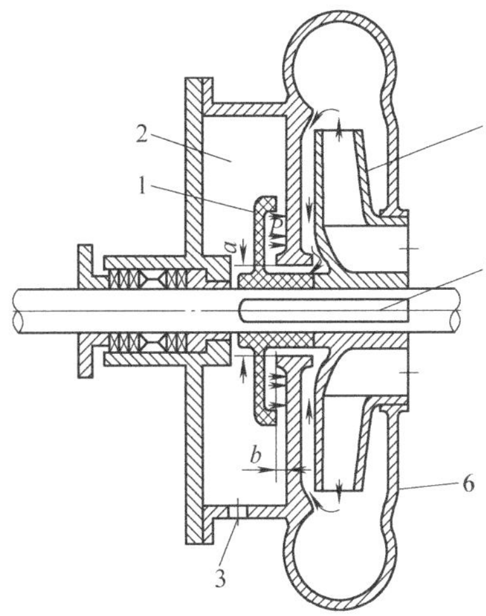

图 2-18　平衡盘（二）结构

1—平衡盘　2—平衡室　3—通大气孔　4—叶轮　5—键　6—泵壳

2.2　轴流泵的基本构造与工作原理

轴流泵是叶片式水泵中高比转速的一种泵，它的特点是流量大，扬程低。在给水排水工程中，例如大型钢厂、火力发电厂、热电站的循环泵站，城市雨水防

洪泵站、大型污水泵站以及像引滦入津工程中的一些大型提升泵站等，应用十分普遍。

2.2.1 轴流泵的基本构造

轴流泵与离心泵的工作原理不同，但主要部件却大同小异。轴流泵的外形呈圆筒状，如图2-19所示。泵壳直径与吸水口直径差不多，既可以垂直安装（立式）和水平安装（卧式），也可以倾斜安装（斜式）。其基本部件由吸入管1，叶轮（包括叶片2，轮毂3），导叶4，出水弯管7，泵轴8，上导下导轴承5、9，填料盒12以及叶片角度的调节机构等组成。

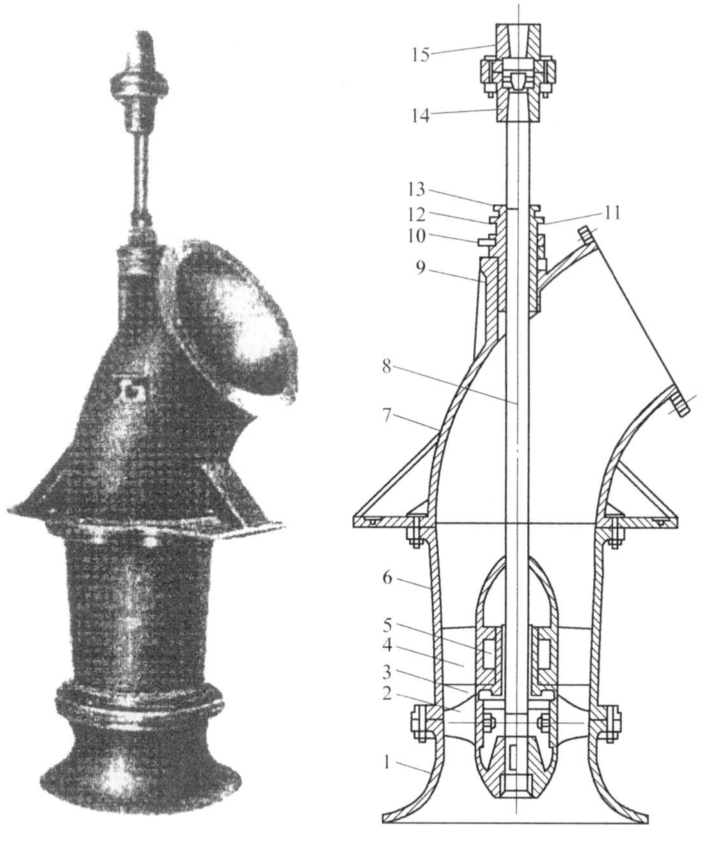

a)　　b)

图2-19　立式半调节式轴流泵

a）外形图　b）结构图

1—吸入管　2—叶片　3—轮毂体　4—导叶　5—下导轴承　6—导叶管　7—出水弯管　8—泵轴　9—上导轴承　10—引水管　11—填料　12—填料盒　13—压盖　14—泵联轴器　15—电动机联轴器

1. 吸入管

吸入管的主要作用是把水流以最小的水力损失且均匀平顺的引入叶轮，一般采用符合流线型的喇叭管，其直径约为叶轮直径的1.5倍。大型轴流泵一般不用喇叭口，而采用现场浇制的进水流道。

2. 叶轮

轴流泵的叶轮均为敞开式叶轮。叶轮是轴流泵的核心部件，其性能的好坏直接影响着轴流泵性能。轴流泵叶轮通常由叶片和轮毂体组成，如图2-20所示。

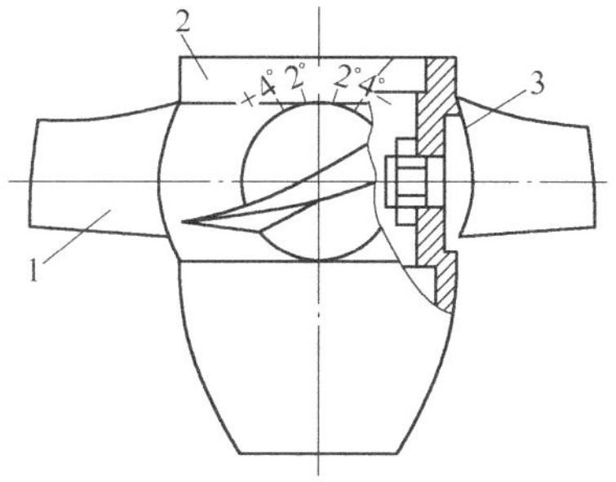

图2-20　半调节式叶片图
1—叶片　2—轮毂体　3—调节螺母

轴流泵一般有2~6片呈空间扭曲状的叶片。根据叶片在轮毂上的固定方式，可分为固定式、半调节式和全调节式三种。固定式轴流泵叶片和轮毂体是铸成一体的，或用联接件固定在轮毂上，因此叶片的安装角度是不能调节的。半调式轴流泵叶片是用螺母栓紧在轮毂体上，在叶片的根部上刻有基准线，而在轮毂体上刻有几个相应的安装角度的位置线，如图2-18中的－4°、－2°、＋2°、＋4°等。叶片不同的安装角度，其性能曲线将不同。根据使用的要求可把叶片安装在某一位置上，在使用过程中，如工况发生变化需要进行调节时，可以把叶轮卸下来，将螺母松开转动叶片，使叶片的基准线对准轮毂体上的某一要求角度线，然后把螺母拧紧，装好叶轮即可。全调式轴流泵就是该泵可以根据不同的扬程与流量要求，在只停机而不拆卸叶轮或不停机的情况下，通过一套油压调节机构来改变叶片的安装角度，从而来改变其性能，以满足使用要求，这种全调式轴流泵调节机构比较复杂，一般应用于大型轴流泵站。

3. 导叶体

导叶体为轴流泵的压水室，装在叶轮上方，由导叶、导叶毂和外壳组成，如图2-21所示。一般轴流泵中有6~12片导叶，其主要作用就是把叶轮中水流的旋转运动变为轴向运动，并促使水流在圆锥形导叶体内随着断面的不断扩大而逐渐降低流速，将部分动能转换为压能，以减少水力损失。

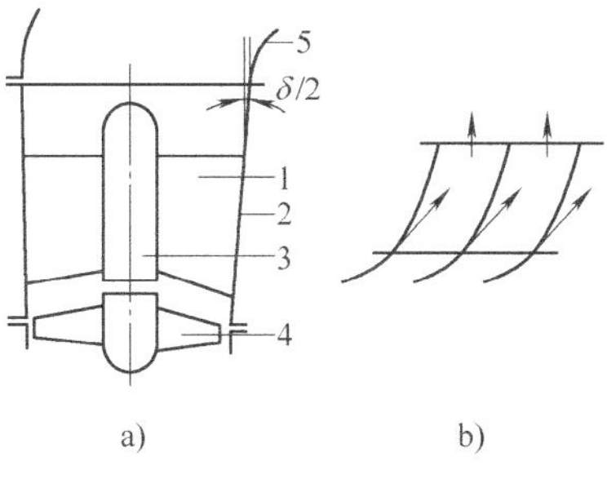

图2-21　轴流泵导叶体简图
a）导叶体　b）水在导叶体中的流向
1—导叶　2—泵壳　3—导叶毂　4—叶轮　5—出水弯管

4. 泵轴

泵轴是用来传递扭矩的，即把电动机的转动力矩传递给叶轮。它的下端与轮毂连接，上端用刚性联轴器与传动轴连接，由优质碳素钢制成。中、小型轴流泵的泵轴一般是实心的，在大型调节式轴流泵中，为了在轮毂体内布置调节、操作机构，通常把泵轴做成空心轴，在里面安置调节操作油管。

5. 轴承

轴承在轴流泵中按其功能有导轴承和推力轴承两种。

导轴承主要用来承受径向力，起到径向定位作用，有上、下导轴承之分。上导轴承设在泵轴穿过泵壳（出水弯管）处，如图 2-19 中 9 所示，下导轴承设在导叶毂内，如图 2-19 中 5 所示。中、小型立式轴流泵通常采用橡胶导轴承，如图 2-22 所示，橡胶导轴承均以水作润滑剂。立式轴流泵的上导轴承一般位于进水池水面以上，所以在轴封装置处有一根短管，供泵在起动前向该橡胶导轴承输送清水进行润滑，否则极易干摩擦而烧毁，待起动正常后，即可停止供水。大型立式轴流泵通常只设下导轴承，而上导轴承设在电动机座内，且以油作为润滑剂。

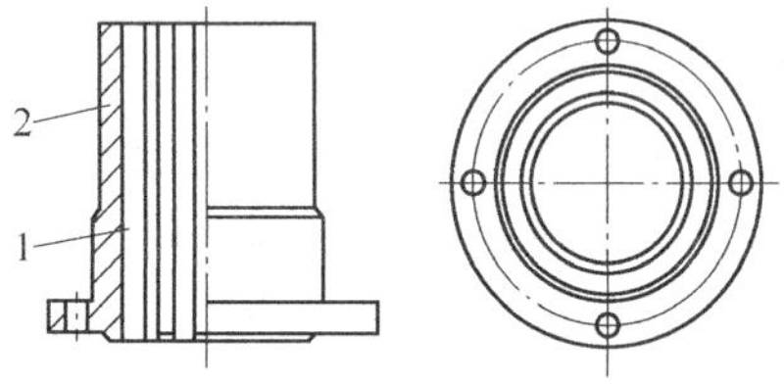

图 2-22 橡胶导轴承
1—橡胶 2—轴承外壳

推力轴承主要作用是在立式轴流泵中，用来承受水流作用在叶片上的方向向下的轴向压力以及水泵和电动机转动部件质量并维持转子的轴向位置，将全部轴向力通过电动机座传到电动机梁上去。中、小型立式轴流泵多采用推力滚动轴承。大型立式轴流泵的推力轴承装在与大型泵配套的电动机上的机架上，由推力头、绝缘垫、推力瓦块、镜板和抗振螺栓组成。轴向力通过电动机主轴由推力头瓦块传递到电动机的上机架上，再由上机架通过机座传递到电动机梁上。

6. 填料盒

轴流泵的填料盒安装在泵的出水弯管的轴孔处，其构造和离心泵的填料盒类似，但不设水封环和水封管。泵起动时与上导轴承一样，必须有专门的供水以润滑填料，否则极易因干摩擦而增大起动力矩和增加起动功率进而烧毁填料。待泵起动结束进入正常运行后，即可由泵内的压力水代替，以起到润滑冷却填料的作用。

7. 传动装置

当配套电动机与泵的转速一致时，一般采用直接传动。如图 2-23 所示为电动机驱动的中、小型立式轴流泵直接传动装置。电动机安装在机座上，泵和立式电动机由一根中间传动轴连接。传动轴一端由弹性联轴器连接，电动机座内装有轴承体，内有调心球轴承和推力轴承。泵运行时，全部推力都经推力盘传至推力滚子轴承上，由推力轴承承担，电动机不承受轴向力，泵转子的轴向位移，可借助轴承体上的螺母来调节。

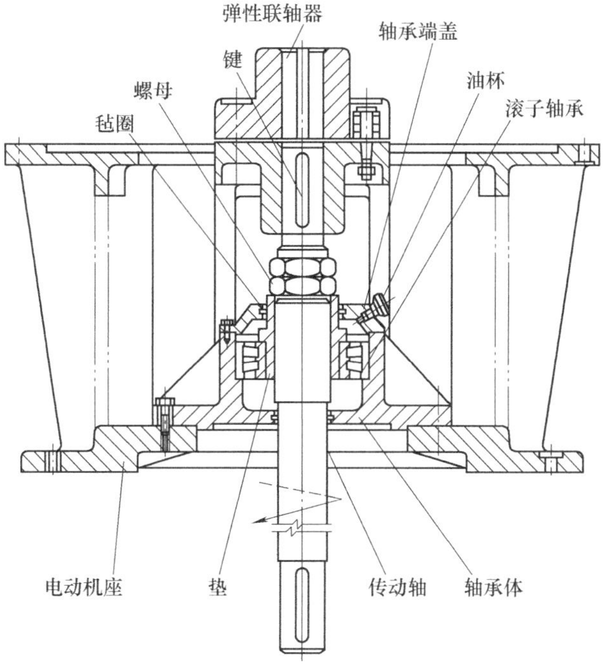

图 2-23　立式电动机传动装置结构图

2. 2. 2　轴流泵的工作原理

轴流泵的工作是以空气动力学中机翼的升力理论为基础的。其叶片截面与机翼的形状相似，称之为翼型，如图 2-24 所示。根据流体力学知识，我们知道当流体流过流线型翼型时，会在翼型的首端 A 处分成两股流，它们分别经过翼型的上表面（即轴流泵叶片工作面）和下表面（轴流泵叶片背面），由于沿翼型下表面的流程要比上表面流程长一些，会造成翼型下面流速大、压力小，上面流速小、压力大，因此流体将对翼型有一个由上向下的作用力 P，同样，翼型对于流体也将产生一个反作用力 P'，P'的大小与 P 相等，方向向上。

轴流泵就是将翼型叶片倾斜固定在叶轮的轮毂上，如图 2-25 所示，翼型叶片随着轮毂旋转而在流体中绕轴做旋转运动，流体相对于翼型叶片就产生了绕流，如上所述，翼型叶片将对流体产生一个由下向上的力 P'，这样在不断高速旋转运动的翼型叶片的作用下，流体因获得能量而被提升。

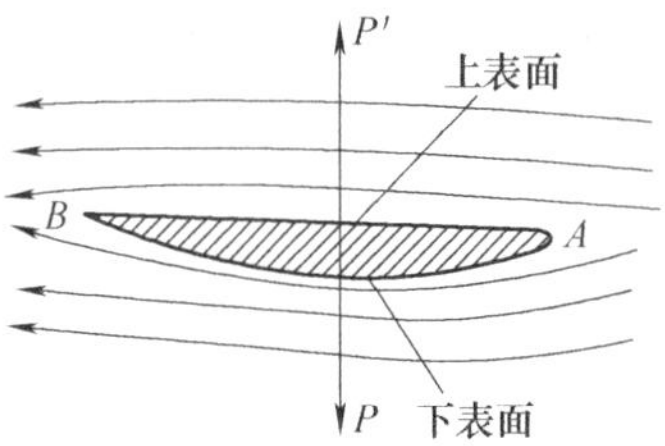

图 2-24 翼型绕流

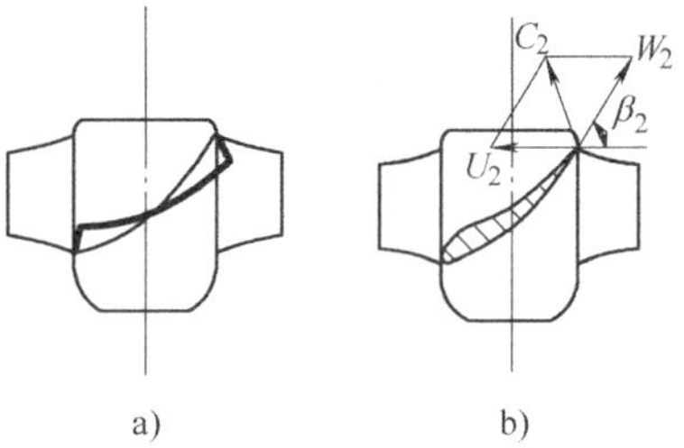

图 2-25 轴流泵叶轮

a）翼型叶片的外形 b）翼型叶片的受力分析

2.3 混流泵的基本构造与工作原理

混流泵的特点是流量比离心泵大，但较轴流泵小；扬程比离心泵低，但较轴流泵高；混流泵的效率高而且效率区较宽；流量变化时，轴功率变化较小，动力机可经常处于满载运行；抗汽蚀性能较好，运行平稳，工作范围广，在需要小流量的场合可连续运转；中、小型卧式混流泵，结构简单，质量轻，使用维修方便。它兼有离心泵和轴流泵两方面的优点，是一种较为理想的泵型。

2.3.1 混流泵的基本构造

混流泵根据其压水室的不同，通常可分为蜗壳式和导叶式两种。

蜗壳式混流泵有卧式和立式两种。中、小型泵多为卧式，立式用于大型泵。卧式蜗壳式混流泵的结构与单级单吸离心泵相似，如图2-26所示。只是其叶轮形状不同，混流泵叶片出口边是倾斜的，叶片数较少，流道宽阔，如图 2-27 所示。混流泵的流量一般较离心泵大，其蜗壳体也较大，为了支承稳固，泵的基础地脚座一般均设在泵体下面，轴承体靠泵体支承。此外，卧式蜗壳式混流泵的密封形式常采用平面密封（又称轴向密封），即以叶轮上的轴向端面与泵盖上的相应密

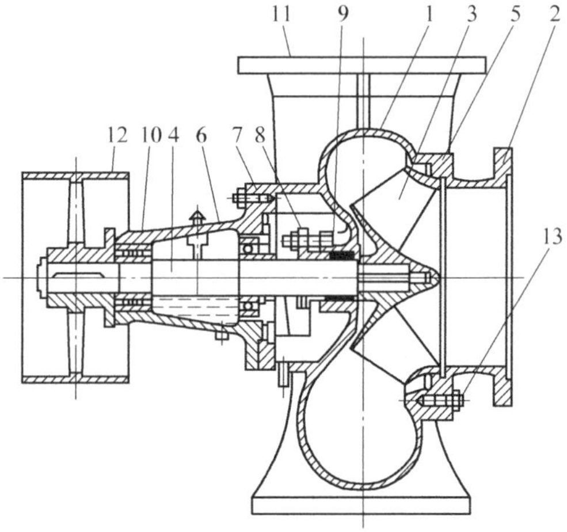

图 2-26 蜗壳式混流泵构造图

1—泵壳 2—泵盖 3—叶轮 4—泵轴 5—减漏环 6—轴承盒 7—轴套 8—填料压盖 9—填料 10—滚动轴承 11—出水口 12—带轮 13—双头螺栓

封面进行密封。装配时在蜗壳体与泵盖或轴承体间垫纸，当轴向间隙增大后，可抽掉纸垫或在叶轮的后盖板轮毂端面加铜垫片以减小间隙。

导叶式混流泵有立式和卧式两种，其结构与轴流泵很相似。立式导叶式混流泵构造如图 2-28 所示。按叶片角度调节方式也可分为固定式、半调节式与全调节式。与蜗壳式混流泵比较，它的径向尺寸较小，但水力性能稍差。卧式导叶式混流泵的泵体为水平中开式，安装、维修都较方便。

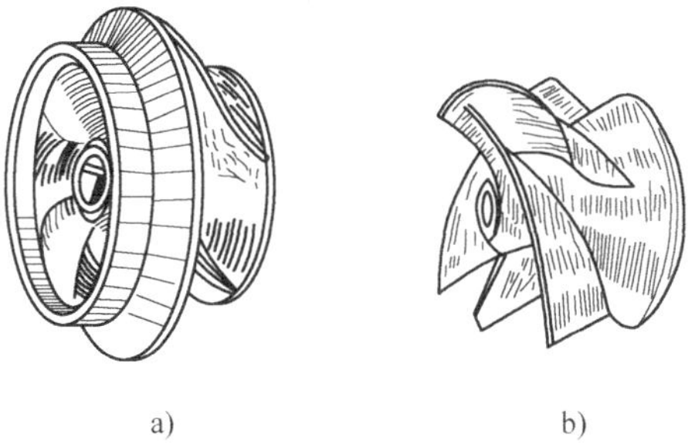

图 2-27　混流泵叶轮

a）低比转数叶轮　b）高比转数叶轮

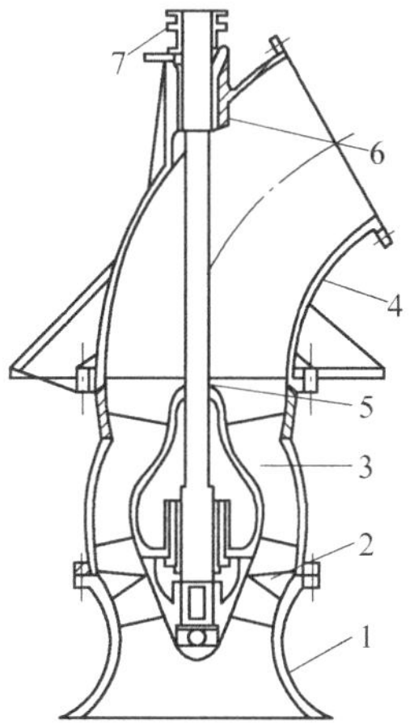

图 2-28　立式导叶式混流泵构造图

1—进水喇叭　2—叶轮　3—导叶体　4—出水弯管　5—泵轴　6—橡胶轴承　7—填料盒

2.3.2　混流泵的工作原理

混流泵是介于离心泵与轴流泵之间的一种泵，就其工作原理来说，它是靠叶轮旋转对液体产生轴向推力和离心力的双重作用来工作的。液体沿轴向流入叶轮，以斜向流的形式流出叶轮，因此混流泵也称斜式泵。

思　考　题

1. 离心泵、轴流泵的工作原理是什么？
2. 离心泵、轴流泵的进出口水流方向有何区别？
3. 离心泵由哪些部件组成？
4. 轴封装置有哪几种？各有什么特点？
5. 填料盒由哪几部分组成？各部分的作用是什么？
6. 减漏环有什么作用？有哪几种形式？各有什么特点？
7. 轴流泵由哪些主要零件组成？各主要零件的作用是什么？

第3章 叶片式水泵的性能

3.1 叶片泵的基本性能参数

叶片泵的基本性能，通常用六个性能参数来表示，分别是流量、扬程、轴功率、效率、转速、允许吸上真空高度。

3.1.1 流量（抽水量）

流量是指水泵在单位时间内所输送的液体体积或质量。分别称为体积流量和质量流量，体积流量常用 Q 表示，单位是 L/s、m^3/s 或 m^3/h；质量流量常用 Q_m 表示，单位是 kg/s、t/h 或 t/d。各单位的换算关系是：$1L/s = 0.001m^3/s = 3.6m^3/h$，$1kg/s = 3.6t/h = 86.4t/d$。体积流量与质量流量的关系如下

$$Q = \frac{Q_m}{\rho} \tag{3-1}$$

式中 ρ——水的密度（kg/m^3）。

流量是表示水泵工作能力大小的参数。

3.1.2 扬程

扬程是指单位质量液体通过水泵后所获得的能量增值除以重力加速度，用 H 表示，单位为 J/（kg · m/s^2），即 N · m/N = m。

扬程可以表示为

$$H = E_2 - E_1 \tag{3-2}$$

式中 E_2——液体流出水泵时所具有的比能量相应的水头（m）；

E_1——液体流入水泵时所具有的比能量相应的水头（m）。

扬程也是表示水泵工作能力大小的参数。

3.1.3　轴功率

电动机传给水泵泵轴的功率称为轴功率。用 P 表示，单位为 W、kW；过去工程中常用“马力”（1 米制马力 =735.499W；1 英制马力 =745.700W）。

3.1.4　效率

水泵的有效功率与轴功率之比值称为效率，用 η 表示。

由于水泵不会把电动机输入的功率完全（不浪费地）传给水流，在水泵内部必然有能量损失，这个损失的大小通常就以效率 η 来衡量。效率反映了水泵对能量的有效利用程度，是水泵质量的重要考核指标。

$$\eta = \frac{P_u}{P} \tag{3-3}$$

式中　P——水泵的轴功率（W）；

P_u——水泵的有效功率（W），即单位时间内流过水泵的水流从水泵得到的能量。

$$P_u = \rho g Q H$$

式中　ρ——密度（kg/m^3）；

Q——流量（m^3/s）；

H——扬程（m），工程上通常用下式计算水泵的实际轴功率 P（kW）

$$P = \frac{P_u}{\eta} = \frac{\rho g Q H}{1000\eta} \tag{3-4}$$

进而可以计算水泵电耗 W（kW · h）值

$$W = \frac{\rho g Q H}{1000\eta_1 \eta_2} \cdot t \tag{3-5}$$

式中　t——水泵运行的小时数（h）；

η_1、η_2——水泵和电动机的效率值。

【例 3-1】 某泵站平均供水量 $Q=8.64\times10^4 m^3/d$，扬程 $H=30m$，水泵和电动机的效率均为 70%，求这个泵站工作 10h 的电耗值？

【解】 将 $Q=8.64\times10^4 m^3/d=1.0m^3/s$；$H=30m$；$\eta_1=\eta_2=0.7$ 带入式(3-5)中，得

$$W = \frac{\rho g Q H}{1000\eta_1 \eta_2} \cdot t = \frac{1000kg/m^3 \times 9.8m/s^2 \times 1.0m^3/s \times 30m}{1000 \times 0.7 \times 0.7} \times 10h = 6000kW \cdot h$$

3.1.5　转速

水泵叶轮旋转的速度称为转速，用 n 表示，单位为转每分（r/min）。

水泵常见的转速有2950r/min、1450r/min、970r/min等。每种水泵都是按某一固定转速进行设计的（设计转速），若水泵的实际转速不等于设计转速时，则水泵的其他参数（如Q、H、N等）也随之按一定规律改变。

往复泵的转速通常以活塞或柱塞的每分钟往复运动次数（次/min）来表示。

3.1.6 允许吸上真空高度（H_s）及汽蚀余量（H_{sv}）

允许吸上真空高度（H_s）及汽蚀余量（H_{sv}）是两个从不同角度来反映水泵吸水性能好坏的特性参数。

允许吸上真空高度（H_s）是指水泵在标准状况下（即水温为20℃、压力为1.013×10^5Pa）运转时，水泵所允许的最大吸上真空高度，单位为m。水泵厂家一般用H_s来反映离心泵和混流泵的吸水性能。

汽蚀余量（H_{sv}）是指水泵进口处，单位质量液体所具有超过饱和蒸汽压力的富余能量头，单位为m，水泵厂一般用H_{sv}来反映轴流泵、锅炉给水泵等的吸水性能，汽蚀余量在水泵样本中也有以Δh来表示的。

上述六个性能参数之间的关系，水泵厂通常用特性曲线来表示。在水泵样本中，除了对该型号泵的构造、尺寸作出说明以外，更主要的是提供了一套表示各性能参数之间相互关系的特性曲线，使用户能全面地了解该泵的性能（详见3.3节）。

另外，为了方便用户使用，每台水泵的泵壳上钉有一块铭牌，铭牌上简明地列出了该泵在设计转速下运转时，效率达到最高时的流量Q、扬程H、轴功率P及允许吸上真空高度H_s或汽蚀余量H_{sv}值。铭牌上所列的这些参数值，是该水泵在设计工况下运行时的参数值，它只反映在特性曲线上效率最高点对应的各参数值。如国内生产的150S78A单级双吸中开离心泵的铭牌为：

单级双吸中开离心清水泵	
型号：150S78A	转速：2950r/min
扬程：62m	效率：72%
流量：144m³/h	轴功率：33.8kW
汽蚀余量：3.5m	配带功率：45kW
质量：165kg	生产日期：×年 ×月 × 日
	××××水泵厂

铭牌上各符号及参数的意义：

150——泵入口直径（mm）；

S——单级双吸中开离心清水泵；

78——泵的设计扬程（m）；

A——泵叶轮外径经过一次切削。

3.2　离心泵的基本方程式

离心泵是靠叶轮的高速旋转来抽送水的，那么工作水流在旋转的叶轮中究竟是如何运动的呢？一个高速旋转的叶轮能够产生多大的扬程？这些问题均可从离心泵的基本方程式得到答案。离心泵的基本方程式就是研究水泵扬程和水在叶轮中运动之间关系的方程式。

3.2.1　水在叶轮中的运动状况

图3-1所示为离心泵闭式叶轮的平面及断面图。水流从吸水管沿泵轴的方向以绝对速度 C_0 从叶轮进口进入叶轮以后，一直到从叶轮出口流出叶轮，液体质点在叶轮内一方面从叶槽进口流向出口，另一方面又随叶轮一起转动，经历了一个复杂的复合圆周运动。因此，研究液体质点在叶轮中的流动时，存在着两个坐标系统：①旋转着的叶轮是动坐标参考系统；②固定不动的泵壳或泵座作静坐标参考系统。那么液体在叶轮中的运动就有：

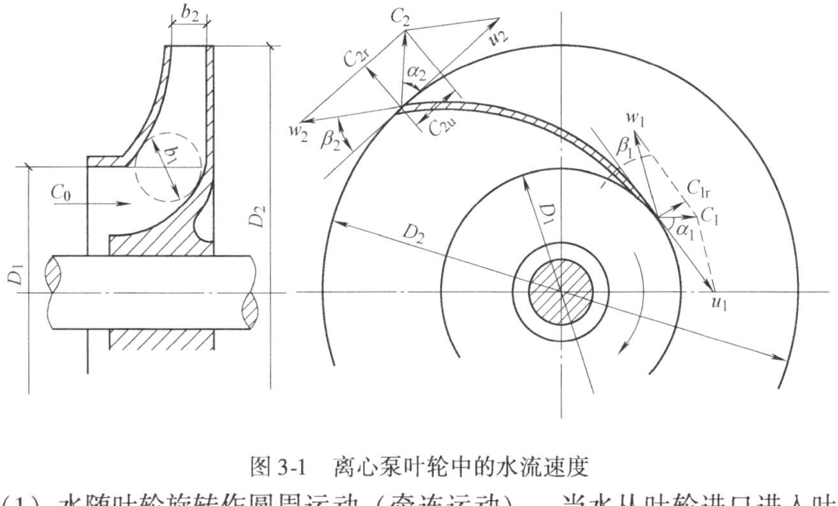

图3-1　离心泵叶轮中的水流速度

（1）水随叶轮旋转作圆周运动（牵连运动）　当水从叶轮进口进入叶轮以后，就被旋转的叶轮携带着作圆周运动，可以看做动坐标参考系叶轮相对于泵壳这个静坐标参考系所作的运动，因而称之为牵连运动或圆周运动，其速度称为牵连速度或圆周速度，用 u 表示。液体质点的牵连速度 u 的方向与质点在叶轮中所在处的圆周切线方向一致。

（2）水沿着叶片方向的运动（相对运动）　水在叶轮流道中沿着叶片运动，

这是液体质点相对于动坐标参考系的运动，称之为相对运动，其速度称为相对速度，用 w 表示。假定叶片无限多，无限薄，即每个液体质点的流线都和叶片形状相同，则液体质点相对速度方向与该质点所在处的叶片表面相切。

（3）水相对于泵壳（或泵座）的运动（绝对运动） 液体质点相对于静坐标系泵壳的运动称为绝对运动，其速度称绝对速度，用 C 表示。绝对速度 C 等于牵连速度 u 和相对速度 w 的向量和，即

$$C = u + w \tag{3-6}$$

式（3-6）的速度关系可用速度平行四边形来表示或求解，如图 3-1 所示。为了简便通常用速度三角形代替速度平行四边形，如图 3-2 所示。

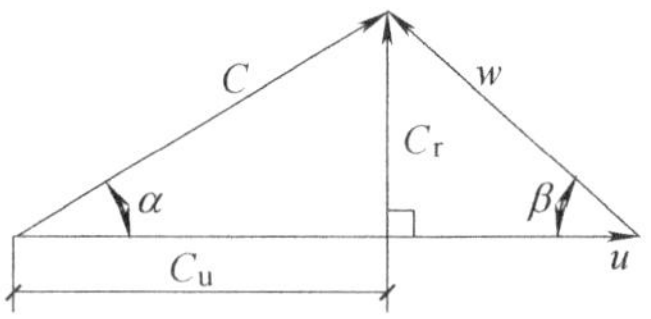

图 3-2 分速度三角形

图中 α 是绝对速度和圆周速度的夹角，称之为工作角，β 是相对速度与圆周速度反向延长线的夹角，称之为叶片安装角。绝对速度 C 可分解为两个相互垂直的分速度 C_u、C_r，即

$$C_u = C\cos\alpha \tag{3-7}$$

$$C_r = C\sin\alpha \tag{3-8}$$

C_u 为圆周分速度，它和牵连速度的方向一致。C_r 对离心泵来说是径向分速度；对轴流泵来说是轴向分速度。

速度三角形适用于叶轮中任何一点，同时适用于各种叶片泵。但我们最关心的是叶轮进口和出口速度三角形，因为叶轮所做的功只与进口速度和出口速度有关。为了区别起见，分别用下标“1”和“2”表示叶片进、出口处的参数。

图 3-3 所示为离心泵、轴流泵叶轮进、出口速度三角形。

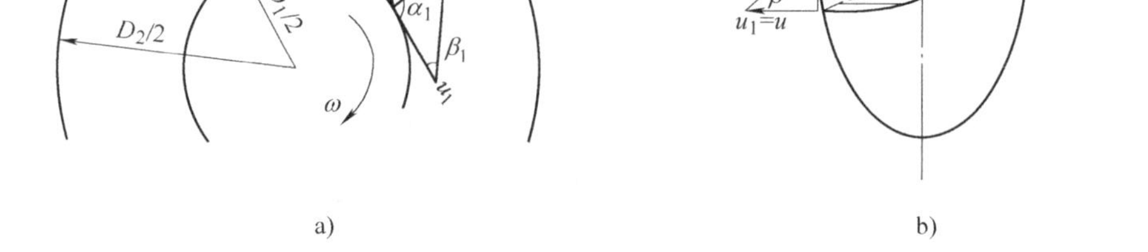

a) b)

图 3-3 叶轮进、出口速度三角形

a）离心泵 b）轴流泵

当叶片出口是径向时，$\beta_2=90°$，如图3-4b所示。当β_1和β_2均小于90°时，叶片与旋转方向呈后弯式叶片，如图3-4a所示。当β_2大于90°时，叶片与旋转方向呈前弯式叶片，如图3-4c所示。因此，β_2角的大小反映了叶片的弯度，是构成叶片形状和叶轮性能的一个重要数据。实际工程中使用的离心泵叶轮，大部分是后弯式叶片。后弯式叶片的流道比较平缓，弯度小，叶槽内水力损失较小，有利于提高泵的效率。一般前弯式叶片，流道短，弯度大，叶轮中水流的弯道损失大，水力效率低。一般离心泵中常用的β_2值为20°~30°之间。

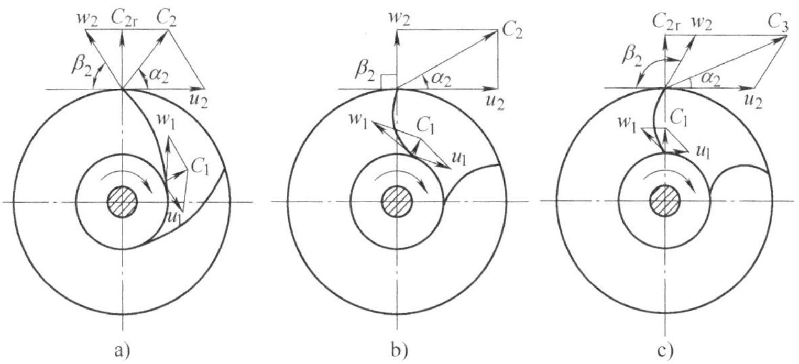

图3-4　离心泵叶片形状

a）后弯式（$\beta_2<90°$）　b）径向式（$\beta_2=90°$）　c）前弯式（$\beta_2>90°$）

3.2.2　基本方程式的推导

叶片泵的基本方程式是反映叶片泵理论扬程与液体运动状况的关系式。

1. 三个假设

液体在叶轮中的运动非常复杂，为了分析简便、简化推导，对叶轮构造和液流性质作以下三点假设：①液流是恒定流，各点的运动要素不随时间改变；②叶槽中，液流均匀一致，叶轮同半径处液流的同名速度相等；③液流是理想液体，即不显示粘滞性，不考虑叶轮内液体运动的水头损失，这时，扬程为理论扬程H_T，并且密度不变。

2. 基本方程式推导

在对基本方程式推导时，通常利用恒定总流动量矩方程进行推导，恒定总流动量矩方程为单位时间里控制面内恒定总流的动量矩变化（流出的动量矩与流入的动量矩之差）等于作用于该控制面内的合外力矩

$$J_2 - J_1 = M \tag{3-9}$$

式中　J_2——单位时间内流出控制面内液体所具有的动量矩（$kg \cdot m^2/s^2$）；

J_1——单位时间内流入控制面内液体所具有的动量矩（$kg \cdot m^2/s^2$）；

M——作用于控制面内液体上的合外力矩（N·m）。

图3-5所示为离心泵某一叶槽内水流上的作用力。在时间 $t=0$ 时，这段水流居于 $abcd$ 的位置，经过 $\mathrm{d}t$ 时段后，这段水流位置变为 $efgh$。在 $\mathrm{d}t$ 时段内，有很薄的一层水 $abfe$ 流出叶槽，这层水的质量，用 $\mathrm{d}m$ 表示。根据前面的假设可知，在 $\mathrm{d}t$ 时段内，流入叶槽的水 $cdhg$ 也具有质量 $\mathrm{d}m$，而且，叶槽内的水流 $abgh$ 的动量矩可认为在 $\mathrm{d}t$ 时段内没有发生变化。因此，叶槽所容纳的整股水流的动量矩变化等于质量 $\mathrm{d}m$ 的动量矩变化。根据流动均匀一致的假定，式（3-9）可写成

$$\frac{\mathrm{d}m}{\mathrm{d}t}(C_2R_2\cos\alpha_2 - C_1R_1\cos\alpha_1) = M \tag{3-10}$$

式中　R_1、R_2——叶片进口和出口至泵轴中心的距离；

$\mathrm{d}mC_1R_1\cos\alpha_1$——进口处质量 $\mathrm{d}m$ 的水流对叶轮中心的动量矩；

$\mathrm{d}mC_2R_2\cos\alpha_2$——出口处质量 $\mathrm{d}m$ 的水流对叶轮中心的动量矩。

组成合外力矩（M）的外力有：①叶片迎水面和背水面作用于水的压力 F_2 及 F_1；②作用在 ab 与 cd 面上的水压力 F_3 及 F_4，它们都沿着径向，所以对转轴没有力矩；③作用于水流的摩擦阻力 F_5 及 F_6，但由于假定液体是理想液体，故不予考虑摩阻力。

把式（3-10）推广应用到流过叶轮的全部叶槽的水流时，式中的 M 须换成作用于全部水流的所有外力矩之和 $\sum M$，式中的 $\frac{\mathrm{d}m}{\mathrm{d}t}$ 可改写成 ρQ_T，由此得

$$\sum M = \frac{\rho g Q_T}{g}(C_2R_2\cos\alpha_2 - C_1R_1\cos\alpha_1) \tag{3-11}$$

式中　Q_T——通过叶轮的理论流量。

在式（3-11）的等号两边同时乘以叶轮旋转角速度 ω，得

$$\rho Q_T(C_{2u}R_2\omega - C_{1u}R_1\omega) = \sum M\omega \tag{3-12}$$

根据假定3可知，叶轮是在无水力损失下运转，故叶轮的功率全部传给了液体，其理论功率 P_T 可以用外力矩 $\sum M$ 和叶轮旋转角速度 ω 的乘积来表示。因为假设水流为理想流体，流动无阻力，所以 P_T 就是理论上水从叶轮获得的功率，所以也称 P_T 为水功率，H_T 为理论扬程，理论功率 $P_T=\rho g Q_T H_T$。因此，有

$$\omega\sum M = P_T = \rho g Q_T H_T \tag{3-13}$$

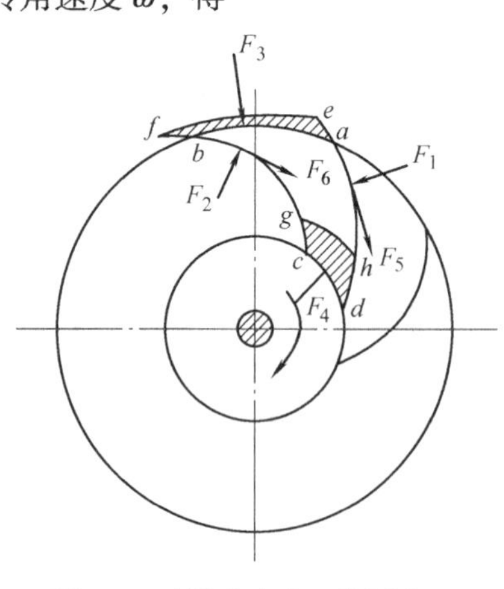

图3-5　叶槽内水流上作用力

根据假定2可知

$$u_1 = R_1\omega \tag{3-14}$$

$$u_2 = R_2\omega \tag{3-15}$$

将式（3-13）、式（3-14）和式（3-15）代入式（3-12），得

$$\rho Q_T(u_2C_{2u} - u_1C_{1u}) = \rho g Q_T H_T \tag{3-16}$$

将式（3-16）整理化简得

$$H_T = \frac{u_2C_{2u} - u_1C_{1u}}{g} \tag{3-17}$$

式（3-17）就是离心泵的基本方程式，也是水泵理论扬程计算公式。

3.2.3 基本方程式的讨论

1. 提高水泵理论扬程的技术措施

（1）提高水泵扬程和改善其吸水性能　对大多数叶片泵而言，叶轮进口为圆锥形或喇叭形，叶轮进口的绝对速度方向垂直于圆周速度，即使 $\alpha_1=90°$，也即 $C_{1u}=0$，此时，基本方程式可写成

$$H_T = \frac{u_2C_{2u}}{g} \tag{3-18}$$

由上式可知，为了获得正值扬程（$H_T>0$），必须使 $\alpha_2<90°$，α_2 越小，水泵的理论扬程越大。在实际应用中，水泵厂一般选用 $\alpha_2=6°\sim15°$。

（2）增加水泵转速和改变叶轮外径　水流通过水泵时，能量头的增值 H_T 与圆周速度 u_2 有关。而 $u_2=n\pi D_2/60$，所以水流在叶轮中所获得的能量头（理论扬程 H_T）就与叶轮的转速 n、叶轮的外径 D_2 有关，增加转速 n 和加大叶轮外径 D_2，均可以提高泵的扬程。

2. 基本方程式的其他表示形式

在速度三角形中，应用余弦定理，则有

$$w_1^2 = u_1^2 + C_1^2 - 2u_1C_1\cos\alpha_1 \tag{3-19}$$

$$w_2^2 = u_2^2 + C_2^2 - 2u_2C_2\cos\alpha_2 \tag{3-20}$$

将式（3-19）减去式（3-20），并除以 $2g$，可得

$$\frac{u_2C_2\cos\alpha_2 - u_1C_1\cos\alpha_1}{g} = \frac{u_2^2-u_1^2}{2g} + \frac{w_1^2-w_2^2}{2g} + \frac{C_2^2-C_1^2}{2g} \tag{3-21}$$

因此

$$H_T = \frac{u_2^2-u_1^2}{2g} + \frac{w_1^2-w_2^2}{2g} + \frac{C_2^2-C_1^2}{2g} \tag{3-22}$$

由水力学的理想液体相对运动能量方程式可知

$$Z_1 + \frac{p_1}{\rho g} + \frac{w_1^2}{2g} - \frac{u_1^2}{2g} = Z_2 + \frac{p_2}{\rho g} + \frac{w_2^2}{2g} - \frac{u_2^2}{2g} \tag{3-23}$$

移项得

$$\frac{u_2^2 - u_1^2}{2g} + \frac{w_1^2 - w_2^2}{2g} = \left(Z_2 + \frac{p_2}{\rho g}\right) - \left(Z_1 + \frac{p_1}{\rho g}\right) \tag{3-24}$$

由此可见，方程式（3-22）前两项是由于牵连速度变化和相对速度变化引起的势扬程 H_1 的增值，即

$$H_1 = \frac{u_2^2 - u_1^2}{2g} + \frac{w_1^2 - w_2^2}{2g} \tag{3-25}$$

式中 $\frac{u_2^2 - u_1^2}{2g}$——离心力引起的压能头增值；

$\frac{w_1^2 - w_2^2}{2g}$——流道内相对速度下降引起的压能头增值。

方程式（3-22）中的 $\frac{C_2^2 - C_1^2}{2g}$ 项是绝对速度水头之差，也就是动能头的增值，称之为动扬程 H_2，即

$$H_2 = \frac{C_2^2 - C_1^2}{2g} \tag{3-26}$$

因此

$$H_T = H_1 + H_2 \tag{3-27}$$

可见，泵的扬程是由两部分能量头所组成，一部分是势扬程 H_1；另一部分是动扬程 H_2 。在实际应用中，由于动能转化为压能过程中，伴有能量损失，因此动扬程 H_2 这一项在泵的总扬程中所占比例越小，泵壳内部的水力损失就越小，泵的效率越高。

3. 基本方程式的适应条件

（1）适用于一切叶片泵　基本方程式表明泵的理论扬程 H_T 大小只与泵叶轮的进口、出口速度三角形有关，与叶轮内部的流动状态、速度分布、叶片形状和安装位置无关，因此，基本方程式不但适用于离心泵，而且适用于一切叶片泵。由于轴流泵叶片进出口圆周速度相等，即 $u_2 = u_1$ ，因此，式（3-22）变为

$$H_T = \frac{C_2^2 - C_1^2}{2g} + \frac{w_1^2 - w_2^2}{2g} \tag{3-28}$$

从式（3-28）可以看出，在轴流泵的基本方程式中没有离心力所引起的压头增值，所以轴流泵在叶轮外径、转速与离心泵相同时，其扬程远低于离心泵。为了使液体通过叶轮时获得势扬程，必须使 $w_1 > w_2$。因此，轴流泵叶片进口角 β_1 必须小于叶片出口角 β_2。

（2）适用于各种液体　基本方程式（3-17）在推导过程中，液体的密度 ρ 被

消掉了，所以，理论扬程 H_T 的大小与密度 ρ 无关，即与液体的性质无关，这就是说，基本方程式（3-17）适用于一切流体（包括各种液体和气体），但是 H_T 的单位要用被输送的液体的液柱高计算。然而，当输送不同的液体时，水泵所消耗的功率将是不同的，这是因为 $P_T = \rho g Q_T H_T$，当输送不同的液体时，虽然 H_T 相同，但液体性质（ρg）不同，水泵功率也就完全不同。

3.2.4 基本方程式的修正

基本方程式是在三点假设的基础上推导出来的，因此，我们应对这三点假设的真实性进行分析，并对基本方程式进行修正。

1. 关于液体为恒定流的问题

在实际运行中，水泵的工作是靠原动机（电动机）的带动而运转的，原动机的转速是基本不变的，所以，水泵的转速在实际运行中可以认为是不变的。当叶轮转速不变时，叶轮流道内的流动就近似为恒定流动。当泵开起一定时间后，外界条件不变时，这一条假定基本上可以认为是能满足的。

2. 关于叶槽中，液流均匀一致的问题

要做到流道中的液流完全一致，只有做到叶片无限多、无限薄才能实现，这是不可能的。实际上，叶轮的叶片一般为 2 ~ 8 片（最多为 12 片），所以，叶轮同一圆周上的速度分布是不均匀的。

当水流被叶轮带着围绕泵轴旋转时，由于水流的“惯性”作用，产生一种抵抗叶轮旋转的现象，造成所谓的“反旋现象”，如图 3-6b 所示，为水流在封闭叶槽中的反旋现象。

图 3-6a 表示无反旋情况下的流速分布。泵运转时，叶槽内的实际相对速度将等于图 3-6a 与图 3-6b 所示速度之叠加，如图 3-6c 所示。

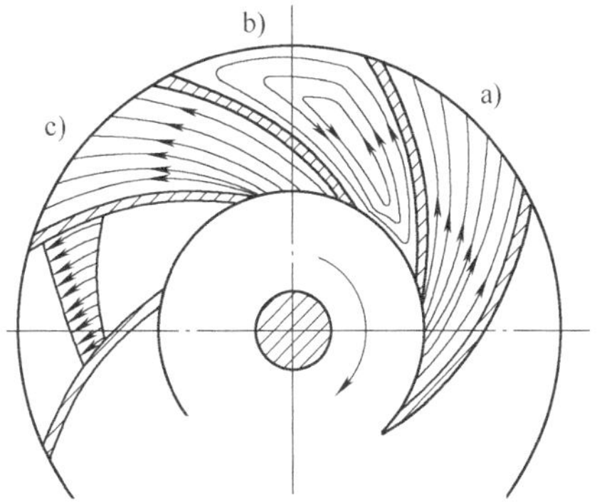

图 3-6 反旋现象对流速分布的影响

由图 3-6 可以看出，由于反旋，在叶片背水面处水流速度加大，压力减小；在叶片迎水面处水流速度减小，压力加大，造成速度分布不均匀，使得叶轮各处水流质点所获得的能量不均匀，从而增大水流在叶轮内部的能量损耗，减少水泵扬程，通常用一个修正系数——反旋系数 P_f 来对 H_T 进行修正，修正后的理论扬程为 H'_T，则

$$H'_T = \frac{H_T}{1 + P_f} \tag{3-29}$$

式中，P_f 为修正系数，可通过普夫列德雷尔公式计算。

3. 关于理想液体的问题

由于泵站抽升的是实际液体，液体在流动过程中必定有水头损失，如叶轮进口及出口的冲击损失、流动的摩阻损失和湍动损失等都要消耗能量，使得泵的实际扬程将永远小于其理论扬程。泵的实际扬程可用下式表示

$$H = \eta'_{h} H'_{T} = \eta'_{h} \frac{H_{T}}{1 + P_f} = \eta_{h} H_{T} \tag{3-30}$$

式中 η'_{h} ——未考虑液流均匀性的水力效率（%）；

η_{h} ——水力效率（%）。

综上所述，我们已推导和讨论了离心泵的基本方程式，知道了叶轮中水流的运动情况以及离心泵的实际扬程小于其理论扬程。

3.3 叶片泵的特性曲线

叶片泵的性能参数标志着叶片泵的性能。但各个性能参数不是孤立的、静止的，而是相互联系和相互制约的。对一台既定的泵来说，这种联系和制约有一定的规律性。这些性能参数之间的变化规律，通常用一组曲线表征，这些曲线就称之为叶片泵的特性曲线。通常将水泵的转速 n 作为常量，以流量 Q 为横坐标，以扬程 H、轴功率 P、效率 η 及允许吸上真空高度 H_s（或汽蚀余量 H_{sv}）为纵坐标，绘制 Q-H、Q-P、Q-η、Q-H_s 或 Q-H_{sv} 曲线。

设计叶片泵时，首先是根据给定的一组（Q，H）与 n 值，按水力效率最高的要求来进行计算的。符合这组参数的工作情况称为泵的设计工况。在实际运行中，泵的工作流量和扬程往往是在某个区间内变化的，当流量和扬程不同于设计工况时，泵内的水流运动就变得很复杂，目前，企图符合这种运动情况的水力计算方法，还没有研究到足够精确的程度。因此，对于泵特性曲线的求得，通常是采用“性能试验”的方法测定的。下面，首先对泵的特性曲线进行理论分析，然后结合实测的特性曲线进行讨论。

3.3.1 理论特性曲线的定性分析

1. 理论扬程特性曲线（Q_T-H_T）

由离心泵基本方程式（3-18）和图 3-2 所示的出口三角形得

$$H_{T} = \frac{u_2 C_{2u}}{g} = \frac{u_2}{g}(u_2 - C_{2r}\cot\beta_2) \tag{3-31}$$

叶轮中通过的水量可用下式表示

$$Q_{T} = F_2 C_{2r} \tag{3-32}$$

也即

$$C_{2r} = \frac{Q_T}{F_2} \tag{3-33}$$

式中　F_2——叶轮出口面积（m^2）。

将式（3-33）代入式（3-31）得

$$H_T = \frac{u_2}{g}\left(u_2 - \frac{Q_T}{F_2}\cot\beta_2\right) \tag{3-34}$$

对于一定的泵，式（3-34）中 β_2、F_2 均为常数。当水泵转速 n 为一定值时，u_2 也为常数。所以，令

$$\begin{cases} A = \dfrac{u^2}{g} \\ B = \dfrac{u_2\cot\beta_2}{gF_2} \end{cases} \tag{3-35}$$

将式（3-35）代入式（3-34），得

$$H_T = A - BQ_T \tag{3-36}$$

式（3-36）是一个直线方程式，说明 Q_T 与 H_T 的关系为直线关系，直线的方向（斜率）取决 B 的正负值，而 B 的正负又取决于 β_2 的大小。当 $\beta_2 < 90°$ 时，即后弯式叶片，所以 $\cot\beta_2 > 0$，$B > 0$，H_T 随 Q_T 的增加而减少；当 $\beta_2 > 90°$ 时，即前弯式叶片，$\cot\beta_2 < 0$，$B < 0$，H_T 随 Q_T 的增加而增加；当 $\beta_2 = 90°$ 时，即径向式叶片，$\cot\beta_2 = 0$，$B = 0$，H_T 不随 Q_T 的改变而改变，H_T 为一定值，如图 3-7 所示。

2. 理论功率特性曲线（Q_T-P_T）

$$P_T = \rho g Q_T H_T = \rho g Q_T(A - BQ_T) = \rho g A Q_T - \rho g B Q_T^2 \tag{3-37}$$

式（3-37）说明理论功率曲线是二次曲线，如图 3-8 所示。

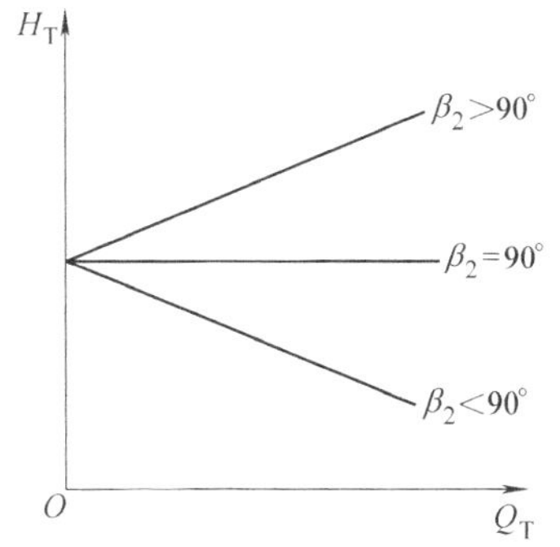

图 3-7　离心泵的理论扬程特性曲线

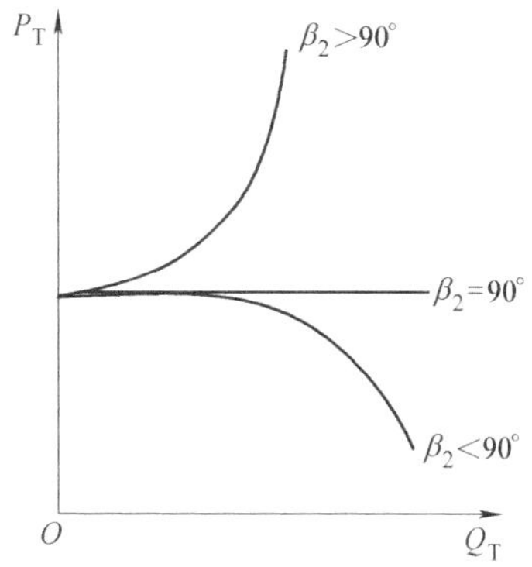

图 3-8　离心泵的理论功率特性曲线

对于后弯式叶片，$B>0$，理论功率曲线为下凹抛物线；对于前弯式叶片，$B<0$，理论功率曲线为上凹抛物线；对于径向式叶片，$B=0$，理论功率曲线为过原点的直线。

对于后弯式叶片的叶轮，当 Q 增大时，H 降低，所以 P 增加较小，P 变化相对平稳，易于电动机工作平稳，不宜超载。

对于前弯式叶片的叶轮，当 Q 增大时，H 提高，所以 P 增加较快，变化相对较大，易使电动机工作超载运行，不宜选配电动机。

所以，水泵叶轮都采用后弯式叶片，以便于水泵机组平稳工作，这是水泵叶轮采用后弯式叶片的又一原因。

3. 理论效率曲线

根据理想流体的假设，效率必然是 100%，如图 3-9 所示。

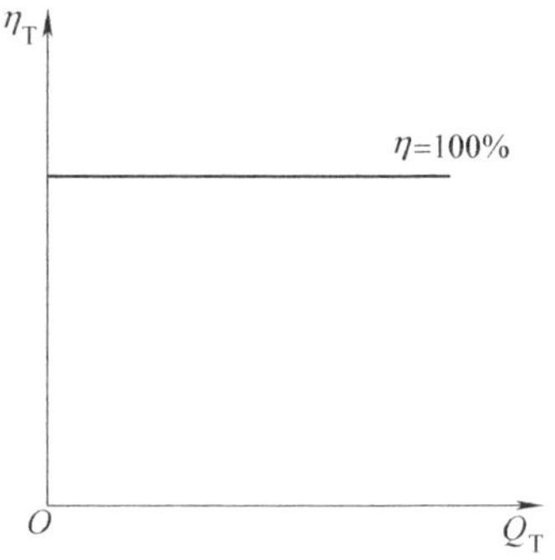

图 3-9　理论效率曲线

3.3.2　实际扬程特性曲线（Q-H）的理论推导

由 3.2.4 节可知，水泵的理论扬程是需要修正的。

1. 叶槽中水流不均匀的影响

由式 $H'_T=\dfrac{H_T}{1+P_f}$ 可知，在图 3-10 中，$\beta_2<90°$ 的直线的纵坐标值将下降，成为直线Ⅰ，即 Q_T-H'_T 曲线，它与纵轴相交于 $H'_T=\dfrac{u_2^2}{(1+P_f)g}$。

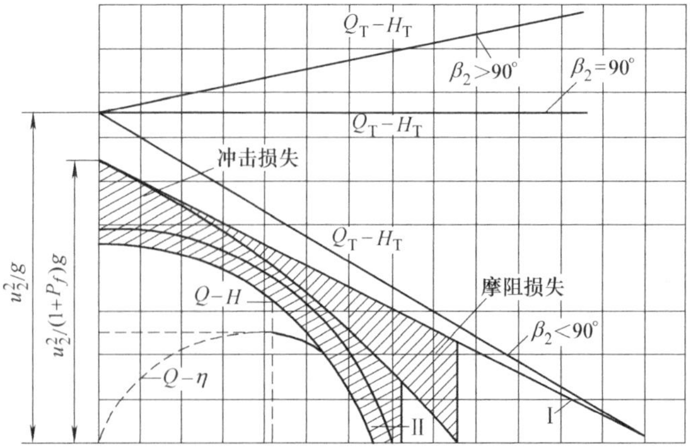

图 3-10　离心泵的理论特性曲线

2. 泵内部的水力损失影响

Q_T-H'_T直线Ⅰ减去相应流量Q_T下的泵内部水力损失，可得到实际扬程H和理论流量Q_T下之间的关系曲线，也即曲线Ⅱ。泵内部的水头损失可分为两类：

（1）摩阻损失（Δh_1） 摩阻损失包括局部水头损失和沿程水头损失，水泵叶轮内部水流是处于湍流平方区，其值可以用下式表示

$$\Delta h_1 = k_1 Q_T^2 \tag{3-38}$$

式中 k_1——比例系数。

（2）冲击损失（Δh_2） 泵在设计工况下运行时，可认为基本上没有冲击损失。当实际流量不同于设计流量时，在叶轮进口导水器、蜗壳压水室的进口等处就会发生冲击现象。实际流量与设计流量偏离越大，冲击损失越大。该损失也与流量的平方成正比，其值可以用下式表示

$$\Delta h_2 = k_2 (Q_T - Q_0)^2 \tag{3-39}$$

式中 k_2——比例系数；

Q_0——设计流量（m^3/s）。

所以泵内总的水力损失Δh为

$$\Delta h = \Delta h_1 + \Delta h_2 \tag{3-40}$$

泵内的这两部分水头损失必然要消耗一部分功率，使泵的总效率下降。其值的大小为$\Delta P_h = \rho g Q_T \Delta h$，通常用水力效率（$\eta'_h$）来度量

$$\eta'_h = \frac{H}{H'_T} = \frac{H'_T - \Delta h}{H'_T} \tag{3-41}$$

$$\eta_h = \frac{H}{H_T} = \eta'_h \frac{1}{1 + P_f} \tag{3-42}$$

3. 泵内泄漏和回流的影响

在对离心泵构造的讨论中，得知：在泵的工作过程中存在着泄漏和回流问题，也就是说泵的实际流量要小于泵的理论流量，即$Q = Q_T - \Delta q$，此Δq就是渗漏量。渗漏量Δq的大小与扬程H有关。从曲线Ⅱ的横坐标值中减去相应H值时的Δq值，就得到离心泵的Q-H的理论推导曲线。

渗漏量Δq也是能量损失的一种，这种损失称为容积损失（ΔP_v），通常用容积效率（η_v）来度量

$$\eta_v = \frac{Q}{Q_T} = \frac{Q_T - \Delta q}{Q_T} \tag{3-43}$$

除此之外，泵在运行中还存在轴承内的摩擦损失、填料轴封装置内的摩擦损失以及叶轮盖板旋转时与水的摩擦损失（称为圆盘损失）等，这些机械性的摩擦

损失同样消耗了一部分功率，这种损失称为机械损失（ΔP_M），使泵的总效率下降。其值可用机械效率 η_M 来度量

$$\eta_M = \frac{P_h}{P} = \frac{\rho g Q_T H_T}{P} \tag{3-44}$$

式中　P_h——叶轮传给水的全部功率，称为水功率。也即泵轴上输入功率只有在克服了机械摩阻以后，才把剩余的功率传给了液体。

图 3-11 表示了泵内部各功率之间的关系。

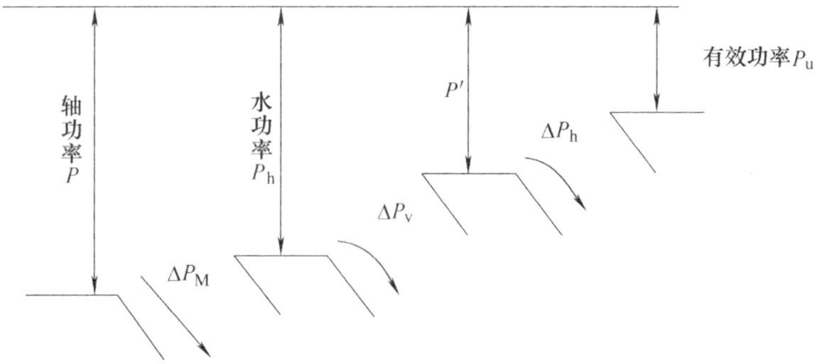

图 3-11　水泵内部的功率损失

由式（3-3）得知，泵的总效率 η 为

$$\eta = \frac{P_u}{P} = \frac{\rho g Q H}{P}$$

即

$$\eta = \frac{\rho g Q H}{\rho g Q H_T} \cdot \frac{\rho g Q H_T}{\rho g Q_T H_T} \cdot \frac{\rho g Q_T H_T}{P} \tag{3-45}$$

将式（3-42）～式（3-44）代入式（3-45），即得

$$\eta = \eta_h \eta_v \eta_M \tag{3-46}$$

也就是说，泵的总效率是水力效率、容积效率和机械效率三者的乘积。

以上对泵 *Q-H* 曲线理论分析可知，如果用这种方法求泵的特性曲线，必须计算泵内的各种损失，因难以准确计算泵内各种损失的大小，所以，上述分析仅能定性地说明特性曲线的一些性质，比较清楚地（定性）理解特性曲线与内部构造、流动状态和功率损失之间的关系。

3.3.3 实测特性曲线的讨论

由于不能通过计算求得准确的泵特性曲线，在实际工作中使用的都是实测特

性曲线。实测特性曲线是在水泵转速一定的情况下，在20℃、1atm 的条件下，通过水泵性能试验和汽蚀试验测得的特性曲线。图3-12 和图3-13 分别为离心泵和轴流泵的实测特性曲线。每个流量 Q 都对应一个特定的扬程 H、效率 η、功率 P 和允许吸上真空高度 H_s。

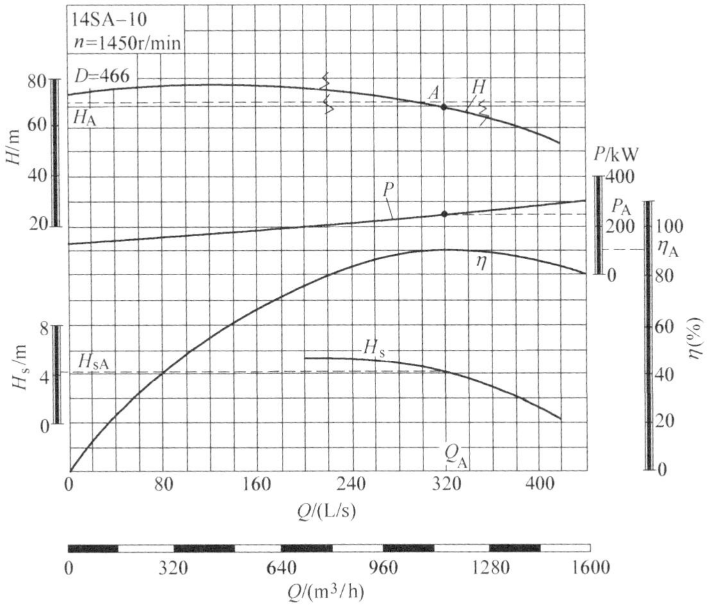

图3-12 14SA-10 型离心泵实测特性曲线

1. 扬程曲线（Q-H）

从图3-12 和图3-13 中可以看出，两种水泵的实测扬程曲线都是下降曲线，即扬程随着流量的增加而逐渐减小。相应于效率最高点值（Q_0，H_0）的各参数，即为水泵铭牌上所标定的各个额定值，它是该泵最经济的工作点。在该点左右的一定范围内（一般不低于最高效率的10%左右）都是属于效率较高的区段，即在图3-12 中 Q-H 曲线上标有竖虚线之间的区域，称为水泵的高效段。在选泵时，应使泵站设计所要求的流量和扬程能落在高效段的范围内。

比较这两种水泵的 Q-H 曲线可知：离心泵的扬程曲线下降较平缓，轴流泵的扬程曲线下降较陡，而且许多轴流泵在其设计流量的40%～60%时出现拐点，曲线呈马鞍形。其主要原因是：流量减少时，在叶片的进口和出口产生回流，水流多次重复得到能量，类似于多级加压状态，所以扬程急剧增加。又由于回流使水流阻力增加，从而造成水泵的轴功率增大的现象，一般空转扬程约为额定扬程的1.5～2倍。

2. 轴功率曲线（Q-P）

离心泵的实测 Q-P 曲线是一条上升的曲线，即实测轴功率 P 随流量 Q 的增加而增大。当流量 $Q=0$ 时（闸阀关闭），轴功率最小，称之为空载功率。这部分空载功率主要消耗于泵的机械损失上，其结果将使泵壳内的水温升高，泵壳、轴承发热等，严重时可能导致泵壳热力变形。所以，在实际运行中，水泵在 $Q=0$ 的空载情况下，只能作短时间运行。

由于流量 $Q=0$ 时功率最小，约为额定功率的 30% ~40% 左右，符合电动机轻载起动的要求。所以，离心泵的起动均采用"闭闸起动"方式。所谓"闭闸起动"就是水泵起动前，要将水泵出口的控制闸阀完全关闭，然后起动电动机（水泵），待电动机运转正常后（很短时间），压力表读数达到额定数值时，再逐步打开控制闸阀，使水泵正常工作。

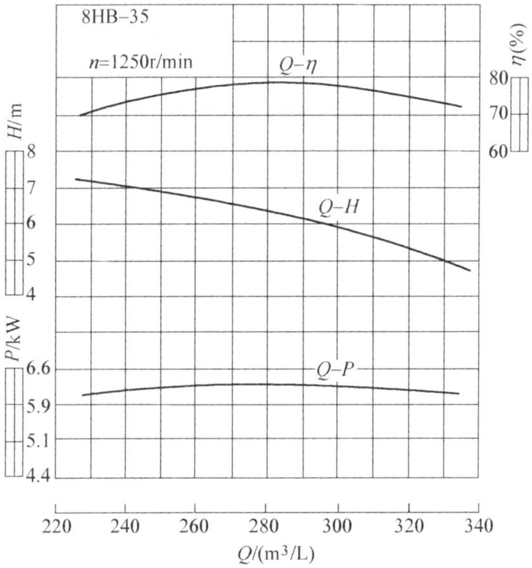

图 3-13 8HB-35 型轴流泵实测特性曲线

与离心泵的 Q-P 曲线不同，轴流泵的 Q-P 曲线是一条陡降曲线，即轴功率随着流量的增加而减小。当 $Q=0$ 时，其轴功率为额定功率的 1.2 ~1.4 倍。因此，轴流泵应在闸阀全开情况下起动，称之为"开闸起动"。

在 Q-P 曲线上各点的纵坐标，表示水泵在不同流量 Q 时的轴功率值。在选择与水泵配套的电动机的输出功率时必须根据水泵的工作情况选择比水泵轴功率稍大的功率，以免在实际运行中，出现小机拖大泵而使电动机过载，甚至烧毁电动机等事故，但亦应避免选配过大功率的电动机造成机大泵小使电动机容量不能得到充分的利用，从而降低了电动机的效率和功率因数 $\cos\phi$。因此，在选配电动机时，不是根据额定功率，而是要根据水泵的实际工况考虑，即要根据泵最不利工况（泵的实际最大轴功率）选配电动机配套功率 P_p，由下式确定

$$P_p = k\frac{P}{\eta'} \tag{3-47}$$

式中 k——考虑可能超载的安全系数，可参考表 3-1 选取；

η'——传动效率。考虑电动机的功率传给泵时，在传动过程中也将损失部分功率。传动方式不同，传动效率也不同；一般采用弹性联轴器传动时，$\eta'>95\%$；采用带传动时，$\eta'=90\% \sim 95\%$；

P——泵装置在实际运行过程中可能达到的最大轴功率。

表3-1 根据水泵实际轴功率确定的 k 值

水泵轴功率/kW	<1	1~2	2~5	5~10	10~25	25~60	60~100	>100
k 值	1.7	1.7~1.5	1.5~1.3	1.3~1.25	1.25~1.15	1.15~1.1	1.1~1.08	1.08~1.05

3. 效率曲线（Q-η）

两种水泵的实测效率特性曲线均具有从最高效率点向两侧下降的变化趋势，当流量由小变大时，效率曲线先上升，再下降，是具有最高点的曲线。其中，离心泵的效率曲线在最高效率点两侧变化平缓，高效段范围较大，即流量在较大范围内变化时，效率变化不大，这就有利于流量调节。而轴流泵的效率曲线在最高效率点两侧急剧下降，高效段较窄，适用范围小。根据轴流泵的这一特点，采用闸阀调节流量是不允许的。一般可采用改变叶片安装角度 β 或改变转速 n 的方法来调节其性能。混流泵的效率曲线则介于离心泵和轴流泵之间。

4. 允许吸上真空高度或汽蚀余量曲线（Q-H_s 或 Q-H_{sv}）

Q-H_s 是一条下降的曲线。在曲线上各点的纵坐标，表示水泵在相应流量下工作时，泵所允许的最大限度的吸上真空高度值。它并不表示水泵在某点（Q，H）工作时的实际吸上真空值。水泵的实际吸上真空值必须小于允许吸上真空高度曲线上的相应值，否则，水泵将会产生汽蚀。在我国，一般离心泵和混流泵用 H_s 表征水泵的吸水性能。

在水泵样本中，轴流泵的吸水性能一般用汽蚀余量 H_{sv} 表示。轴流泵的 Q-H_{sv} 曲线是一条具有最小值的曲线，即在最高效率点对应流量下 H_{sv} 值最小，偏离最高效率点，相应的 H_{sv} 值增加，偏离越远，H_{sv} 值越大。因此，当轴流泵的实际流量大于或小于额定流量时，都应注意水泵产生汽蚀或吸不上水的情况。

在应用特性曲线时，应注意以下几点：

1）特性曲线上任意一点 A 所对应的各项坐标值的意义是：若水泵输送 Q_A（m^3/s）流量时，水泵能够供给单位质量液体能量头为 H_A（m），水泵消耗的轴功率为 P_A（kW），水泵的效率就为 $\eta_A = \dfrac{\rho g Q_A H_A}{P_A}$。

2）水泵的特性曲线是泵厂家在20℃下，以清水为抽升介质，通过水泵性能试验和汽蚀试验得到的。如果水泵输送的液体不是水，而是粘度较大的其他液体，水泵内部的能量损失也大，水泵的流量和扬程都要减小，效率下降，而轴功率却增大，也即水泵的特性曲线将发生变化。故输送粘度较大的液体时，水泵的特性曲线要经过专门的换算才能使用，不能简单套用。

3.4 叶片泵叶轮的相似定律

由于水泵内部液体流动的复杂性，根据目前的理论研究尚不能准确地计算出水泵的性能参数。因此，只有通过试验的方法来解决水泵的设计、制造与运行，以及扩大一台泵的适用范围等问题。但在进行试验研究时，由于受到条件的限制，进行全转速、全尺寸、全性能的试验是非常困难的，经济上也是不可行的。只能应用流体力学的相似理论，借助于试验和模拟手段来解决以下几个问题：

1）通过模型试验进行新泵型的设计和制造。

2）根据已知的水泵性能参数换算出与该泵几何相似的各泵的性能参数。

3）根据同一台水泵在某一转速下的性能参数换算出该泵在其他转速下的性能参数。

3.4.1 相似条件

从流体力学中液体的力学相似原理知道，如果两台泵中的液流条件相似，则必须满足几何相似、运动相似和动力相似三个条件。

1. 几何相似

几何相似是指两个叶轮的主要过流部分一切相对应的尺寸成比例，所有的对应角相等。现有两台泵的叶轮，一个为模型泵的叶轮，其符号以下标 m 表示；另一个为实际泵的叶轮，其符号不带下标 m。若两台泵满足几何相似条件，则有

$$\frac{D_2}{D_{2m}} = \frac{D_1}{D_{1m}} = \frac{b_2}{b_{2m}} = \frac{b_1}{b_{1m}} = \lambda \tag{3-48}$$

$$\beta_2 = \beta_{2m} \qquad \beta_1 = \beta_{1m} \tag{3-49}$$

式中 λ——任一线性尺寸的比例，即模型泵缩小的比例尺，例如，模型泵比实际真型泵小 1 倍，则 $\lambda=2$。

2. 运动相似

运动相似是指模型泵和实际泵的叶轮对应点的同名速度方向相同，大小成比例，即对应点速度三角形相似，则有

$$\frac{C_2}{C_{2m}} = \frac{C_{2r}}{C_{2rm}} = \frac{C_{2u}}{C_{2um}} = \frac{w_2}{w_{2m}} = \frac{u_2}{u_{2m}} = \frac{nD_2}{n_m D_{2m}} = \lambda \frac{n}{n_m} \tag{3-50}$$

$$\alpha_1 = \alpha_{1m} \qquad \alpha_2 = \alpha_{2m} \tag{3-51}$$

3. 动力相似

动力相似是指模型泵和实际泵的叶轮对应点所受力的性质和方向相同，大小成比例。作用在液流中的力有惯性力、压力、重力、粘性力等。这些力同时满足动力相似是有困难的，必须根据具体情况，抓住起主导作用的某种力或某些力满足相似条件，忽略一些次要因素。在流体力学中，我们知道在有压流动中，动力相似的判定准则为雷诺准则，即用雷诺数判定，泵内部的流动为湍流，雷诺数 $Re \geqslant 10^5$，液流处于阻力平方区，亦即为自模区，所有的泵都是自动动力相似的。那么，判定水泵叶轮是否相似时，就不用再判定动力相似条件了。

由此知道，几何相似的泵，只要运动相似就满足相似条件，称为工况相似，此时的泵称为工况相似泵。

3.4.2　相似定律

工况相似泵性能参数之间的关系，称为相似定律。

1. 第一相似定律——确定两台在相似工况下运行的泵的流量之间的关系

泵流量，$Q = \eta_v Q_T = \eta_v F_2 C_{2r}$，所以

$$\frac{Q}{Q_m} = \frac{\eta_v C_{2r} F_2}{\eta_{vm} C_{2rm} F_{2m}} \tag{3-52}$$

因为，$F_2 = \pi D_2 b_2 \Phi_2$

式中　Φ_2——考虑叶片厚度而引起的出口截面减少的排挤系数，对于几何相似的叶轮，$\Phi_2 = \Phi_{2m}$。

将式（3-48）和式（3-50）代入式（3-52）可得

$$\frac{Q}{Q_m} = \lambda^3 \cdot \frac{\eta_v}{\eta_{vm}} \cdot \frac{n}{n_m} \tag{3-53}$$

式（3-53）表示两台相似泵的流量比与线性比例尺 λ 的三次方成正比，与转速及容积效率的一次方成正比，此即为第一相似定律。

2. 第二相似定律——确定两台在相似工况下运行的泵的扬程之间的关系

由式（3-31）可知，泵扬程 $H = \eta_h \dfrac{H_T}{1 + P_f} = \eta_h \dfrac{u_2 C_{2u}}{g(1 + P_f)}$

对于几何相似的叶轮，假定修正系数 P_f 相等，则有

$$\frac{H}{H_m} = \frac{\eta_h u_2 C_{2u}}{\eta_{hm} u_{2m} C_{2um}} \tag{3-54}$$

将式（3-50）代入式（3-53），可得

$$\frac{H}{H_m} = \lambda^2 \cdot \frac{\eta_h}{\eta_{hm}} \cdot \left(\frac{n}{n_m}\right)^2 \tag{3-55}$$

式（3-55）表示两台相似泵的扬程比与转速及线性比例尺 λ 的二次方成正比，与水力效率的一次方成正比，此即为第二相似定律。

3. 第三相似定律——确定两台在相似工况下运行的泵的功率之间的关系

由式（3-4）可知，$P = \dfrac{\rho g Q H}{\eta}$

所以

$$\frac{P}{P_m} = \frac{\eta_m \rho g Q H}{\eta \rho g Q_m H_m} \tag{3-56}$$

将式（3-46）、式（3-53）、式（3-55）代入式（3-56），可得

$$\frac{P}{P_m} = \lambda^5 \cdot \frac{\eta_{Mm}}{\eta_M} \cdot \left(\frac{n}{n_m}\right)^3 \tag{3-57}$$

式（3-57）表示两台相似水泵的功率比与线性比例尺 λ 的五次方成正比，与转速比的三次方成正比，与机械效率的一次方成反比，此即为第三相似定律。

在实际应用中，如果实际泵与模型泵的尺寸相差不大，且转速也相差不大的情况下，则各种效率可近似看成相等的，则相似定律可简化为

$$\frac{Q}{Q_m}=\lambda^3\left(\frac{n}{n_m}\right) \tag{3-58}$$

$$\frac{H}{H_m}=\lambda^2\left(\frac{n}{n_m}\right)^2 \tag{3-59}$$

$$\frac{P}{P_m}=\lambda^5\left(\frac{n}{n_m}\right)^3 \tag{3-60}$$

3.4.3 相似定律的特例——比例律

把相似定律应用于不同转速下运行的同一台叶片泵，即 $\lambda=1$，就可以得到

$$\frac{Q}{Q_m}=\frac{n}{n_m} \tag{3-61}$$

$$\frac{H}{H_m}=\left(\frac{n}{n_m}\right)^2 \tag{3-62}$$

$$\frac{P}{P_m}=\left(\frac{n}{n_m}\right)^3 \tag{3-63}$$

式中　Q、H、P——实际泵的流量、扬程和轴功率；

Q_m、H_m、P_m——模型泵的流量、扬程和轴功率。

以上三式表示同一台叶片泵，当转速改变时，其他性能参数将按上述比例关系而变。上面三式为相似定律的一个特例，称为比例律。对于泵的使用者而言，比例律是很有用处的，它反映出转速改变时泵主要性能变化的规律，可以用来进行变速调节的计算。

3.4.4 相似准数——比转速（n_s）

目前，叶片泵的叶轮构造和水力性能是多种多样的，大小尺寸也各不相同，为了对整个叶片泵进行分类，将同类型的泵组成一个系列，这就需要有一个能够反映叶片泵共性的特征数，作为泵规格化的基础。这个特征数就是现今通用的相似准数，称为叶片泵的比转速（n_s）。

1. 比转速公式的推导

按照泵的相似原理，把各种叶片泵分成若干相似泵群，在每个相似泵群中，拟用一台标准模型泵作代表，用它的几个主要性能参数（Q，H，n）来反映该群相似泵的共同特性和叶轮构造。

标准模型泵定义为：在最高效率下，当有效功率 $P_u=735.5\text{W}$（1 马力），

扬程$H_m = 1m$，流量 $Q_m = 0.075m^3/s$，这时该模型泵的转速，就叫做与它相似的实际泵的比转速 n_s。

根据相似定律有

$$\frac{H}{H_m} = \lambda^2 \left(\frac{n}{n_s}\right)^2$$

从上式中解出 λ，得

$$\lambda = \left(\frac{n_s}{n}\right)\sqrt{\frac{H}{H_m}} \tag{3-64}$$

将式（3-64）代入式（3-58），则有

$$\frac{Q}{Q_m} = \left(\frac{n_s}{n}\right)^2 \sqrt{\left(\frac{H}{H_m}\right)^3} \tag{3-65}$$

所以

$$n_s = n\left(\frac{Q}{Q_m}\right)^{\frac{1}{2}}\left(\frac{H_m}{H}\right)^{\frac{3}{4}} \tag{3-66}$$

式（3-66）即为泵叶轮的相似准数。也就是说，凡两台工况相似的泵，它们的流量、扬程和转速都符合式（3-66）所示的关系。

现将标准模型泵的 $H_m = 1m$，$Q_m = 0.075m^3/s$ 代入式（3-66），可得到下式

$$n_s = \frac{3.65n\sqrt{Q}}{H^{\frac{3}{4}}} \tag{3-67}$$

式中 Q——实际泵的额定流量（m^3/s）；

H——实际泵的额定扬程（m）；

n——实际泵的转速（r/min）。

由上述可知，比转速 n_s 实质上是相似定律中的一个特例。即在一种相似泵群中，选出一个模型泵作为标准，如果甲泵与它相似，乙泵也与它相似，则甲泵与乙泵也就必定相似，从而由式（3-67）算出的比转速 n_s 也必定相同。比转速是比较泵是否相似的标准，凡是 n_s 相同的泵，其工况相似。比转速 n_s 反映了一系列工况相似泵叶轮的综合特性，是叶轮形状和性能的一个综合判据。

在应用式（3-67）计算比转速 n_s 时，应注意以下几点：

1）式中的 Q 和 H 是泵最高效率时对应的流量和扬程，也即泵的设计工况值。

2）式中的 Q 和 H，指的是单级单吸泵的流量和扬程。如果是双吸式泵，要将额定流量的一半代入计算（将 $Q/2$ 代入）。如果是多级泵，H 应采用每级叶轮的扬程（将 H/Z 代入，Z 为多级泵级数）。

3）水泵样本给出的比转速 n_s，是根据输送温度为20℃、密度 $\rho = 1000kg/m^3$ 的清水得出的。

4）比转速 n_s 的单位为转速单位“r/min”，这是作为模型泵转速的原来意义。但是，作为实际泵的比转速时，它并不是一个实际的转速，而是一个比较各种泵性能的一个共同标准，因此它本身的单位含义无多大的用处，一般在书本中略去不写。

5）但值得注意的是，当具体计算某泵的比转速 n_s 时，因使用的单位不同，同一台泵的比转速 n_s 值也不同。国际上有些国家采用式（3-68）来计算比转速 n_s 值，它的 Q、H 和 n 单位有采用英制单位 ft^3/min、ft^3 和 r/min，也有采用公制单位 m^3/min、m 和 r/min，其换算表见表 3-2。

表 3-2　比转速 n_s 换算表

$n_s=\dfrac{3.65n\sqrt{Q}}{H^{\frac{3}{4}}}$	$n_s=\dfrac{n\sqrt{Q}}{H^{\frac{3}{4}}}$						
$Q(m^3/s)$ $H(m)$ $n(r/min)$	$Q(m^3/s)$ $H(m)$ $n(r/min)$	$Q(m^3/min)$ $H(m)$ $n(r/min)$	$Q(L/s)$ $H(m)$ $n(r/min)$	$Q(ft^3/s)$ $H(ft)$ $n(r/min)$	$Q(ft^3/min)$ $H(ft)$ $n(r/min)$	Q(U. S. gal/min) $H(ft)$ $n(r/min)$	Q(U. K. gal/min) $H(ft)$ $n(r/min)$
1	0.274	2.12	8.66	0.667	5.168	14.16	12.89
3.65	1	7.746	31.623	2.435	18.863	51.70	47.036
0.4709	0.129	1	4.083	0.315	2.438	6.68	6.079
0.1152	0.0316	0.245	1	0.077	0.597	1.634	1.4871
1.499	0.411	3.178	12.99	1	7.752	21.28	19.23
0.1935	0.053	0.410	1.675	0.129	1	2.74	2.49
0.0706	0.0193	0.150	0.611	0.047	0.365	1	0.912
0.0776	0.0213	0.165	0.672	0.052	0.401	1.096	1

$$n_s=\frac{n\sqrt{Q}}{H^{\frac{3}{4}}} \tag{3-68}$$

例如，按日本 JIS 标准，我国的比转速为日本的比转速值的 0.47 倍，美国常用的单位是 Q（U. S. gal/min）、H（ft）、n（r/min），按此单位由表 3-2 查得：我国的比转速值为美国的比转速值的 0.0706 倍。

2. 比转速 n_s 的应用

（1）叶片泵的适用范围分析　虽然实际的比转速是模型泵的转速，但是，它包含了实际泵的主要性能参数 Q、H、n 值。因此，它反映了实际泵的主要性能。从式（3-67）可以看出：当转速 n 一定时，$n_s \propto Q^{1/2}$，n_s 越大，流量 Q 就越大；$n_s \propto H^{-3/4}$，n_s 越大，扬程 H 就越小。所以，比转速 n_s 高的泵，流量大，扬程低，如低扬程的农用泵都是高比转速泵。反之，比转速 n_s 低的泵，流量小，扬程高，如高压锅炉给水泵、高层建筑给水泵多数是低比转速的泵。

（2）对叶片泵进行分类　低比转速 n_s 泵：扬程高、流量小。在构造上可用

增大叶轮的外径 D_2 和减小内径 D_1 与叶槽宽度 b_2 的方法得到高扬程、小流量。其 D_2/D_1 可以大到2.5；b_2/D_2 可以小到0.03。结果使叶轮变为外径很大，外形扁平，叶轮流槽狭长（呈瘦长型），出水方向呈径向，如图3-14所示。

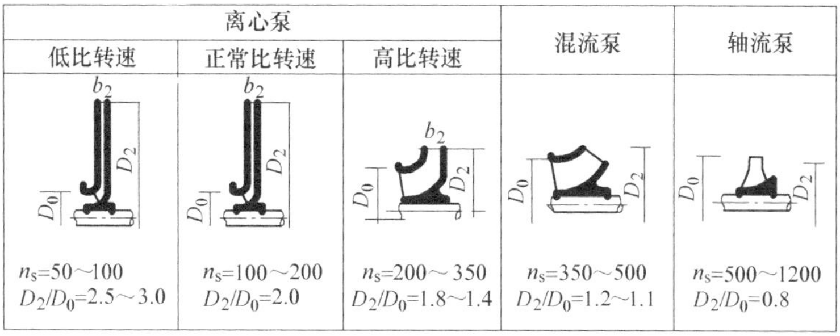

图3-14 叶片泵叶轮按比转速分类

高比转速 n_s 泵：扬程低，流量大。要产生大流量，叶轮进口直径 D_1 及出口宽度 b_2 就要加大，但又因扬程要低，则叶轮的外径 D_2 就要缩小，于是，D_2/D_1 比值就小，b_2/D_2 就大。这样的结果使叶轮外形变成外径小而宽度大，叶槽由狭长而变为粗短（呈矮胖型），水流方向由径向逐渐变为轴向。由图3-15看出，$D_2/D_1=1.0$ 时，离心泵就演变成了轴流泵，其出水方向是沿泵轴方向。介于离心泵和轴流泵之间的是混流泵，其比转速 n_s 为350～500。混流泵的特点是流量大于同尺寸的离心泵而小于轴流泵，扬程大于轴流泵而小于离心泵。

根据上述讨论可知，比转速的大小是泵分类的基础。

（3）对水泵的特性曲线进行分析 水泵的性能随比转速而变。为了清楚起见，用相对性能曲线进行分析。以水泵设计工况下的性能参数 Q_0、H_0、P_0 及 η_0 为100%，非设计工况下的参数为 Q、H、P 及 η，用其相对值 $\bar{Q}$、$\bar{H}$、$\bar{P}$ 及 $\bar{\eta}$ 值表示，并按下式计算

$$\bar{Q}=\frac{Q}{Q_0} \qquad \bar{H}=\frac{H}{H_0}$$

$$\bar{P}=\frac{P}{P_0} \qquad \bar{\eta}=\frac{\eta}{\eta_0}$$

以 $\bar{Q}$ 为横坐标，分别以 $\bar{H}$、$\bar{P}$ 及 $\bar{\eta}$ 为纵坐标，绘得 $\bar{Q}$-$\bar{H}$、$\bar{Q}$-$\bar{P}$ 及 $\bar{Q}$-$\bar{\eta}$ 相对性能曲线，如图3-15、图3-16、图3-17所示。三

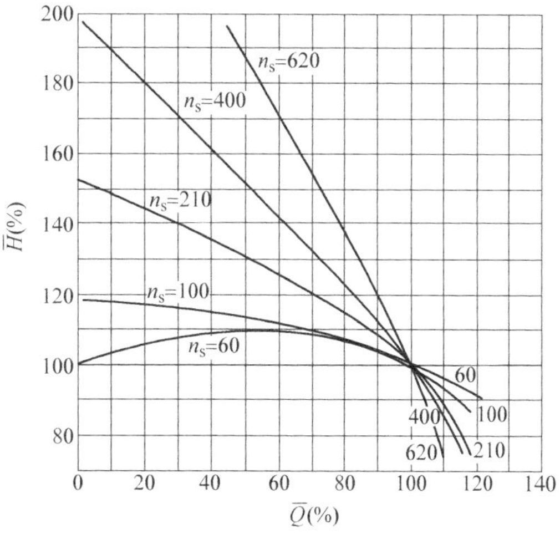

图3-15 不同 n_s 叶片泵的相对 $\bar{Q}$-$\bar{H}$ 曲线

幅图清晰地表示出水泵性能随比转速 n_s 而变化的规律。n_s 越小，曲线越平坦，在零流量时的 P 值越小，曲线在最高效率点两侧下降得越和缓，高效段较宽；反之，n_s 越大，曲线越陡降，在零流量时的 P 越大，曲线在最高效率点两侧下降得越快，高效段较窄。这些更充分地显示了相似泵的共性。

此外，相对性能曲线还具有实用意义，如果在实际工作中遇到一台没有特性曲线资料的泵，而且也无法进行性能试验时，可按照泵铭牌上的 Q、H、P、n 值，按式（3-67）计算出该泵的 n_s 值，根据计算出的该泵的 n_s 值从图 3-15、图 3-16、图 3-17 找出其相对性能曲线，然后按下式点绘出该泵的 Q-H、Q-P、Q-η 曲线。

$$\left.\begin{aligned} Q &= \bar{Q}Q_0 \\ H &= \bar{H}H_0 \\ P &= \bar{P}P_0 \\ \eta &= \bar{\eta}\eta_0 \end{aligned}\right\} \tag{3-69}$$

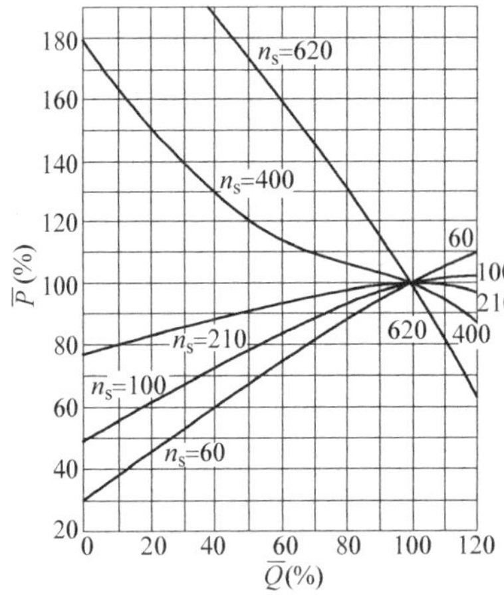

图 3-16 不同 n_s 叶片泵的相对 $\bar{Q}$-$\bar{P}$ 曲线

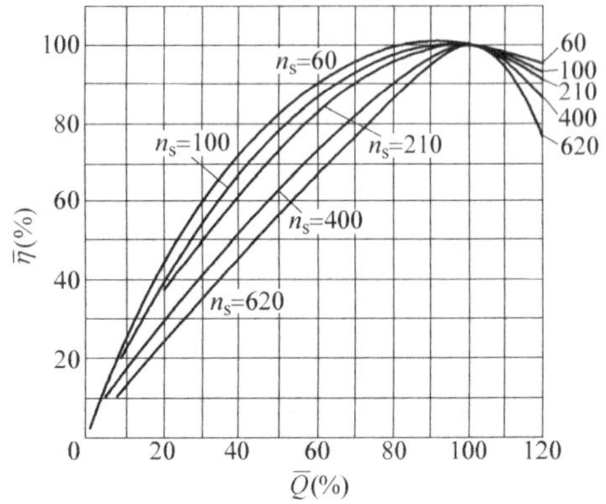

图 3-17 不同 n_s 叶片泵的相对 $\bar{Q}$-$\bar{\eta}$ 曲线

思考题与习题

1. 水泵的基本性能参数有哪几个？它们是如何定义的？

2. 一离心泵装置，转速 $n=1450\text{r/min}$，运行扬程 $H=25\text{m}$，流量 $Q=180\text{m}^3/\text{h}$。当流量 $Q=5.2\text{m}^3/\text{h}$ 时，轴功率 $P=14.67\text{kW}$，机械效率 $\eta_M=95.2\%$，试求：①水泵的有效功率；②水泵效率 η；③水泵的容积效率 η_v；④水泵的水力效率 η_h。

3. 简述高速旋转的叶轮叶槽内液流质点的运动情况。

4. 试讨论叶片泵基本方程式的物理意义。

5. 水泵效率包括哪三种？它们的意义是什么？根据其能量损失的原因，试述提高水泵效率的途径。

6. 现有离心泵一台，量测其叶轮外径 $D_2=280\text{mm}$，宽度 $b_2=40\text{mm}$，出水角 $\beta_2=30°$。假设此泵转速 $n=1450\text{r/min}$，试绘制其 Q_T-H_T 理论特性曲线。

7. 什么是泵的性能曲线？轴流泵的性能曲线与离心泵的性能曲线相比有何差异？使用时应注意什么问题？

8. 什么是工况相似泵，工况相似泵性能参数之间有何关系？

9. 试述比转速 n_s 的物理意义和实用意义？为什么它可以用来对泵进行分类？计算 n_s 时应遵循哪些规定？

10. 同一台泵，在运行中转速由 n_1 变为 n_2，试问其比转速 n_s 值是否发生相应的变化？为什么？

11. 在产品的试制中，一台模型离心泵的尺寸为实际泵的 1/4 倍，并在转速 $n=730\text{r/min}$ 时进行试验。此时，量出模型泵的设计工况出水量 $Q_m=11\text{L/s}$，扬程 $H_m=0.8\text{m}$。如果模型泵与实际泵的效率相等。试求：实际泵在 $n=960\text{r/min}$ 时的设计工况流量和扬程。

12. 试求 12Sh 离心泵的比转速 n_s？由该泵铭牌上已知，额定转速 $n=1450\text{r/min}$，流量 $Q=684\text{m}^3/\text{h}$，扬程 $H=10\text{m}$。

4

第 4 章

水泵运行工况及水泵工况调节

4.1 离心泵装置的总扬程

离心泵基本方程式揭示了决定泵本身扬程的一些内在因素。这对于泵的设计、选型以及深入分析各个因素对泵性能的影响是很有用处的。然而，在实际工程中，水泵是不可能单独完成输送水的任务的，水泵的运行必然要与管路系统及外界条件（如江河水位、水塔高度、管网压力等）联系在一起，形成一个系统才能完成输送水的任务。我们把泵配上动力机、管路以及一切附件后的系统称为“水泵装置”。

本节将讨论如何确定正在运转中的水泵装置的总扬程以及在进行泵站的工艺设计时，如何根据原始资料来计算所需的扬程，从而选择水泵。

4.1.1 水泵装置的工作扬程

所谓的水泵装置的工作扬程就是指水泵站工程已经建成，正在运行的水泵的扬程。

由式（3-2）可知，水泵的扬程 $H = E_2 - E_1$。下面就图 4-1 所示的离心泵装置进行分析。以吸水池水面 0-0 为基准面，列出水泵进口断面 1-1 和水泵出口断面 2-2 的能量方程式。则扬程为

$$
\begin{aligned}
H &= E_2 - E_1 \\
&= \left(Z_2 + \frac{p_2}{\rho g} + \frac{v_2^2}{2g}\right) - \left(Z_1 + \frac{p_1}{\rho g} + \frac{v_1^2}{2g}\right) \\
&= (Z_2 - Z_1) + \left(\frac{p_2 - p_1}{\rho g}\right) + \frac{v_2^2 - v_1^2}{2g}
\end{aligned}
\tag{4-1}
$$

式中　Z_1、$\frac{p_1}{\rho g}$、$\frac{v_1^2}{2g}$——相应于断面 1-1 处的位置水头、绝对压力水头和速度水

头（m）；

Z_2、$\dfrac{p_2}{\rho g}$、$\dfrac{v_2^2}{2g}$——相应于断面2-2处的位置水头、绝对压力水头和速度水头（m）。

为了监视水泵的运行状况，在水泵的进、出口断面处分别安装真空表和压力表。真空表和压力表的读数为相对压力，则有

$$p_1 = p_a - p_v \tag{4-2}$$

$$p_2 = p_a + p_d \tag{4-3}$$

式中　p_a——大气压力（Pa）；

p_v——真空表读数（Pa）；

p_d——压力表读数（Pa）。

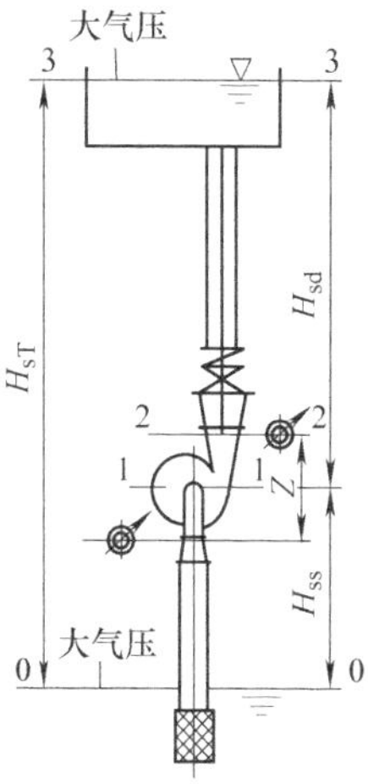

图4-1　离心泵装置

将式（4-2）、式（4-3）代入式（4-1），得

$$H = \Delta Z + \frac{p_v + p_d}{\rho g} + \frac{v_2^2 - v_1^2}{2g} \tag{4-4}$$

式（4-4）中以$H_v = \dfrac{p_v}{\rho g}$，$H_d = \dfrac{p_d}{\rho g}$代入得

$$H = \Delta Z + H_v + H_d + \frac{v_2^2 - v_1^2}{2g} \tag{4-5}$$

因为水泵的吸水管和压水管管径基本相等，所以v_1、v_2差别很小，$\dfrac{v_2^2 - v_1^2}{2g}$可以忽略；实际工程中$\Delta Z$也很小，也可以忽略不计。则式（4-5）在实际应用时可写为

$$H = H_v + H_d \tag{4-6}$$

式（4-6）就是正在工作的水泵装置的总扬程计算公式，即只要把正在运行中的水泵装置的真空表和压力表读数（按mH_2O计）相加，就可得到该水泵装置的工作扬程对应的压力。

4.1.2　水泵装置的设计扬程

所谓水泵装置的设计扬程是指在进行泵站工程设计时，根据工程实际现场条件计算所得到的水泵扬程。

列0-0断面和1-1断面几何意义的能量方程式，得

$$\frac{p_a}{\rho g} = H_{ss} + \frac{v_1^2}{2g} + \frac{p_1}{\rho g} + \sum h_s - \frac{\Delta Z}{2} \tag{4-7}$$

整理化简后，则得

$$H_v = \frac{p_v}{\rho g} = \frac{p_a - p_1}{\rho g} = H_{ss} + \frac{v_1^2}{2g} + \sum h_s - \frac{\Delta Z}{2} \tag{4-8}$$

列 2-2 断面和 3-3 断面几何意义的能量方程式，得

$$H_{ss} + \frac{\Delta Z}{2} + \frac{p_2}{\rho g} + \frac{v_2^2}{2g} = H_{ss} + H_{sd} + \frac{p_a}{\rho g} + \sum h_d \tag{4-9}$$

整理化简后，则得

$$H_d = \frac{p_2 - p_a}{\rho g} = H_{sd} - \frac{v_2^2}{2g} + \sum h_d - \frac{\Delta Z}{2} \tag{4-10}$$

将式（4-8）和式（4-10）代入式（4-5），整理化简得

$$H = H_{ss} + H_{sd} + \sum h_s + \sum h_d \tag{4-11}$$

也即

$$H = H_{ST} + \sum h \tag{4-12}$$

$$H_{ST} = H_{ss} + H_{sd}$$

$$\sum h = \sum h_s + \sum h_d$$

式中 H_{ss}——水泵吸水地形高度（m），即水泵吸水池（井）水面的测压管水面至泵轴之间的垂直距离。若泵轴比吸水池水面的测压管水面高，H_{ss}为正值；反之，H_{ss}为负值；

H_{sd}——水泵压水地形高度（m），即泵轴至高地水池测压管水面之间的垂直高差。若高地水池测压管水面比泵轴高，H_{sd}为正值；反之，H_{sd}为负值；

H_{ST}——水泵的静扬程，即吸水地测压管水面与高地水池测压管水面之间的垂直高差；

$\sum h_s$——水泵装置吸水管路中的水头损失，包括全部沿程损失和局部损失；

$\sum h_d$——水泵装置压水管路中的水头损失，包括全部沿程损失和局部损失；

$\sum h$——水泵装置吸、压水管路中的总水头损失。

由式（4-12）可以看出，水泵的扬程在实际工程中用于两个方面：一是将水由吸水井提升至高位水池（即静扬程）；二是消耗在克服管道的水头损失（$\sum h$）。该公式表达了如何根据外界条件，计算所需水泵的扬程。

水泵装置的设计扬程公式（4-12），虽然是按离心泵装置的吸入式推导出的，但是它适用于一切叶片泵装置及自灌式水泵装置。

4.2 离心泵装置的工况

在上一章我们讨论了叶片泵的性能，可以看出，每一台水泵在特定的转速

下，都有它自己固有的特性曲线，特性曲线反映了水泵本身所具有的潜在的工作能力。但是，在泵站中要发挥水泵的这种能力，必须配置上管路系统才能把水输送到高处。那么，对于一个具体的水泵装置，水泵究竟在特性曲线上的哪一点工作，这就是确定水泵工况点的问题。

水泵工况是指水泵运行时，瞬时的实际出水量 Q、扬程 H、轴功率 N、效率 η 等，把这些值绘在扬程曲线、功率曲线、效率曲线上，就成为一个具体的点，这个点就称为水泵装置的瞬时工况点。工况点反映了水泵瞬时的工作状况。

除了水泵本身的能力外，工况点的具体位置还取决于其他因素。决定水泵工况点的因素有两个方面：①水泵固有的工作能力；②水泵的工作环境，即水泵的管路系统的布置以及水池、水塔水位的变化等边界条件。下面讨论水泵在定速运行条件下，工况点的确定方法。

4.2.1　管路系统特性曲线

从水力学得知，水流经过管道时，存在着水头损失，管路系统的水头损失是指管路沿程水头损失和局部水头损失之和，即

$$\sum h = \sum h_f + \sum h_l \tag{4-13}$$

式中　$\sum h$——管路系统的总水头损失（m）；

$\sum h_f$——管路系统的沿程水头损失（m）；

$\sum h_l$——管路系统的局部水头损失（m）。

管路系统布置一经确定后，则管路长度 l、管径 D、比阻 A 以及局部阻力系数 ζ 等均为已知数，具体计算时可查阅给水排水设计手册中“管渠水力计算表”。

1. 沿程水头损失

沿程水头损失是指水流流经直管段时，水流与管路内壁发生摩擦所引起的能量损失，可用公式计算。当采用水力坡降 i 公式时

对于钢管有　$$\sum h_f = \sum i k_1 l \tag{4-14}$$

对于铸铁管，则有　$$\sum h_f = \sum i l \tag{4-15}$$

当采用比阻（A）公式时

对于钢管有　$$\sum h_f = \sum A k_1 k_3 l Q^2 \tag{4-16}$$

对于铸铁管，则有　$$\sum h_f = \sum A k_3 l Q^2 \tag{4-17}$$

式中　k_1——由钢管壁厚不等于10mm而引入的修正系数；

k_3——由管中平均流速小于1.2m/s而引入的修正系数。

2. 局部水头损失

局部水头损失是指水流流经管件、阀门时，由于其边界条件的突然变化，或

水流方向的改变，使水流形态发生剧烈变化而引起的局部能量损失，可用下式计算

$$\sum h_1 = \sum\zeta \frac{v^2}{2g} \tag{4-18}$$

式中 $\sum\zeta$——管路中局部水头损失之和，ζ 值与管件、阀门的类型有关；

v——水流通过有关管件、阀门的计算流速（m/s）。

对于圆管流动，式（4-18）可写成

$$\sum h_1 = \sum\zeta \frac{Q^2}{2g\left(\frac{\pi D^2}{4}\right)^2} \tag{4-19}$$

3. 总水头损失

当沿程水头损失采用比阻公式表示时，式（4-13）可写成

$$\sum h = \left[\sum Akl + \frac{\sum\zeta}{2g\left(\frac{\pi D^2}{4}\right)^2}\right]Q^2 \tag{4-20}$$

式（4-20）中 k 为修正系数，对于钢管 $k = k_1k_3$，对于铸铁管 $k = k_3$。对于特定的管路系统，方括号中的各项均为常数，用一个新的常数 S 表示，将 S 代入式（4-20），则得

$$\sum h = SQ^2 \tag{4-21}$$

式中 S——管路的沿程阻力系数与局部阻力系数之和（s^2/m^5）。S 通常与管径 D、管长 l、粗糙系数 n、管路布置及管件的多少有关。

式（4-21）可用一条顶点在原点的二次抛物线来表示，即 Q-$\sum h$ 曲线。该曲线反映了管路水头损失与通过管路流量之间的关系，被称之为管路系统水头损失特性曲线，如图 4-2 所示。该曲线上任意一点 $A(Q_A, h_A)$ 表示的含义是，管路系统要输送 Q_A 大小的流量，就要有 h_A 大小的水头损失在管路系统中消耗。

在泵站设计及运行管理中，需要确定水泵装置的工况点，利用管路水头损失特性曲线，并将它与水泵工作的外界条件结合起来，将式（4-21）代入式（4-13），则得

$$H = H_{ST} + SQ^2 \tag{4-22}$$

式（4-22）表示的是一条截距为 H_{ST}，开口向上的抛物线，称之为管路系统特性曲线。它是管路系统水头损失特性曲线向上移动 H_{ST} 单位后形成的，即 Q-$H_{需}$ 曲线，如图 4-3 所示。该曲线表示单位质量液体由吸水池输送到压水池所需能量随流量 Q 的变化规律。该曲线上任意一点 $K(Q_K, H_K)$ 表示：当管路系统输送流量为 Q_K 时，消耗在管路系统的能量相应的水头为 H_K，用以将液体提高 H_{ST} 高度，并克服在管路系统中流动时的水头损失 h_K。

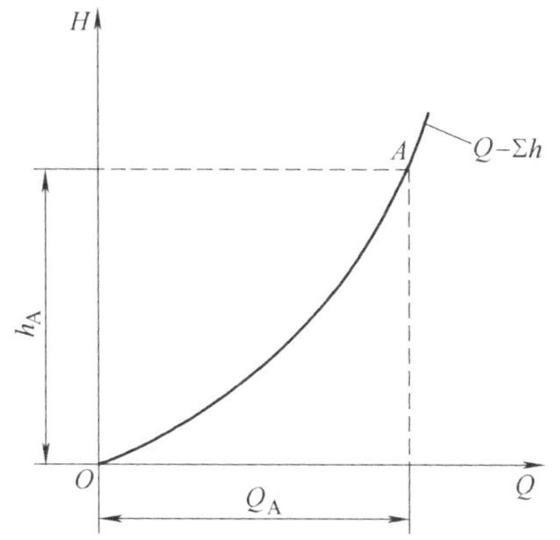

图4-2　管路系统水头损失特性曲线

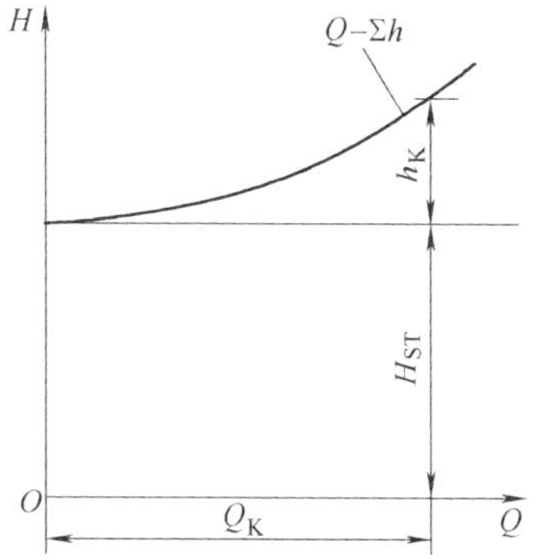

图4-3　管路系统特性曲线

4.2.2　图解法求离心泵装置的工况点

离心泵的工况点的确定方法有图解法和数解法两种。其中图解法简明、直观，在工程上应用非常广泛；而数解法计算相对准确，是电算确定水泵工况点的基础。

根据能量守恒原理，在水泵装置系统中，水泵供给水的比能应和管路系统所需要的比能相等，即水泵扬程曲线 $Q\text{-}H$ 和管路系统特性曲线 $Q\text{-}H_{需}$ 的交点就是二者相互平衡的点。

1. 直接作图法

图4-4所示的离心泵装置，求水泵运行工况点。具体做法如下：

1）建立 $Q\text{-}H$ 坐标系，将 Q 轴与吸水池的自由水面平齐。

2）在建立的坐标系中，绘制水泵扬程特性曲线 $Q\text{-}H$。

3）在建立的坐标系中，根据公式 $H = H_{ST} + SQ^2$，绘制管路系统特性曲线 $Q\text{-}H_{需}$。

4）$Q\text{-}H$ 曲线与 $Q\text{-}H_{需}$ 的交点 M 点即为水泵工况点。

泵装置一定时，M 点是唯一的吗？我们可以分析一下，假设工况点不在 M 点，而是在 M 点左侧 K 点，从图4-4可以看出，此时流量为 Q_K，水泵提供的能量相应的水头 H_{K1} 大于管路系统所需要的能量相应的水头 H_{K2}，$[H]_{供} > [H]_{需}$，供需失去平衡，富余的能量将以动能相应的水头 Δh 的形式出现，使管路中的水流速度加快，流量 Q 增加。由此，水泵工况点将自动向流量增大的一侧移动，直到移至 M 点达到能量供需平衡为止。反之，假设工况点不在 M 点，而是在 M 点右侧 D 点，此时，则水泵提供的能量相应的水头 H_{D1} 小于管路需求的能量相应的水头 H_{D2}，$[H]_{供} < [H]_{需}$，这时，由于管路中水流能量不足，流

速降低，水泵工况点将自动向流量减小的一侧移动，直到退至 M 点达到能量供需平衡为止。所以，M 点就是该泵装置的工况点。当水泵在该点工作时，表明水泵所能提供的比能与管路系统所需求的比能相平衡，所以，该点亦称之为平衡工况点。只要外界条件不发生变化，水泵装置将稳定地在该点工作，其出水量为 Q_M、扬程为 H_M。其对应的轴功率、效率和吸水性能参数可以从其相应的性能曲线上查得。

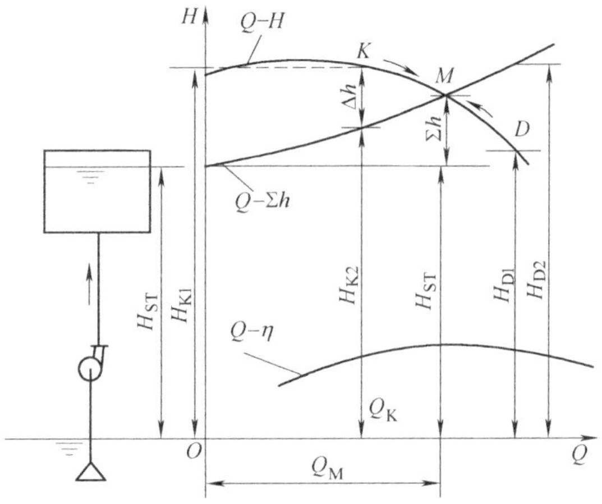

图 4-4 直接作图法求离心泵装置的工况

如果水泵装置在 M 点工作时，管路上的所有闸阀是全开的，则 M 点称为该装置的极限工况点。也就是说，在这个水泵装置中，静扬程 H_{ST} 保持不变时，管路中通过的最大流量为 Q_M。在工程中，如果水泵装置的工况点能经常落在该泵的设计参数值上，那么，水泵工作效率最高，泵站工作最经济。

2. 折引作图法

折引作图法（图 4-5）是将管路折引为水泵的一部分，也就是说，把管路中的水头损失看成水泵内部水头损失。折引法确定水泵工况点，作图步骤如下：

1）建立 Q-H 坐标系，将 Q 轴与吸水池的自由水面平齐。

2）在建立的坐标系中，绘制水泵扬程特性曲线 Q-H。

3）沿 Q 坐标轴下绘出管路水头损失特性曲线 Q-Σh。

4）在水泵性能曲线 Q-H 上减去相应流量下的水头损失 Σh，得到水泵折引特性曲线（Q-H）′，此曲线上各点的纵坐标值表示水泵在扣除了管路中相应流量下的水头损失后，尚剩余的能量，此能量仅用来改变液体的位能。

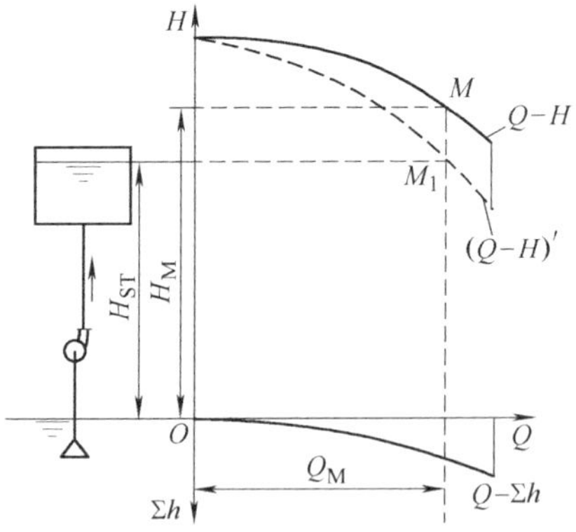

图 4-5 折引作图法求离心泵装置的工况

5）作装置需能曲线 Q-$H_{需}$，它是一条截距为 H_{ST}，平行于 Q 轴的直线。

6）Q-$H_{需}$ 与（Q-H）′曲线交于 M_1 点，M_1 点是折引泵的工况点。

7）过 M_1 点向上引垂线，与 Q-H 曲线相交于 M 点，M 点即为水泵的工况点。

4.2.3 图解法求水箱出流工况点

图 4-6 所示为高位水箱向低位水箱出流的工作简图。高、低水箱水位的高差为 H，考虑水箱相当大，水位近似认为不变，忽略水箱内的行进流速。当管路的管径、长度及布置已定时，确定水箱出流流量 Q 的大小。

1. 直接作图法

在这种情况下，可以把高位水箱假想为一个向低位水箱送水的水泵，高位水箱出流流量 Q 可仿照水泵工况点的图解法求出。作图步骤如下：

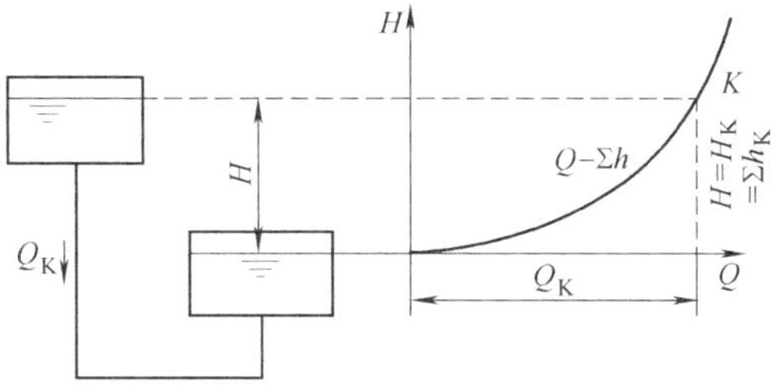

图 4-6 高位水箱出流工况

1）在 Q-H 坐标系中，绘出高位水箱的扬程特性曲线，此曲线是一条纵坐标截距为 H，平行于 Q 轴的直线。

2）根据式（4-21）画出管路水头损失特性曲线 Q-$\sum h$。

3）Q-H 曲线与 Q-$\sum h$ 曲线交于 K 点，K 点的纵坐标 H_K，即表示水箱能够供给液体的能量相应的水头 H，也表示当管路通过流量为 Q_K 时，消耗于摩阻上的液体比能值 $\sum h_K$，即 $H=\sum h_K=H_K$，K 点称为该水箱出流的工况点，Q_K 即为水箱出流的流量。若水箱水位不变，H 不变，则 K 点不变，Q_K 不变。显然，如果水箱水位不断地下降，则工况点 K 将沿此 Q-$\sum h$ 曲线向左下方移动。

2. 折引特性曲线法

将管路与水箱看成一个整体，水箱出流工况点也可以折引特性曲线法求解，如图 4-7 所示，作图步骤如下：

1）在 Q-H 坐标系中，绘出高位水箱的 Q-H 曲线，此曲线是一条纵坐标截距为 H，平行于 Q 轴的直线。

2）在 Q-H 曲线上减去相应流量下管路水头损失 $\sum h$，得到折引特性曲线 $(Q$-$\sum h)'$。

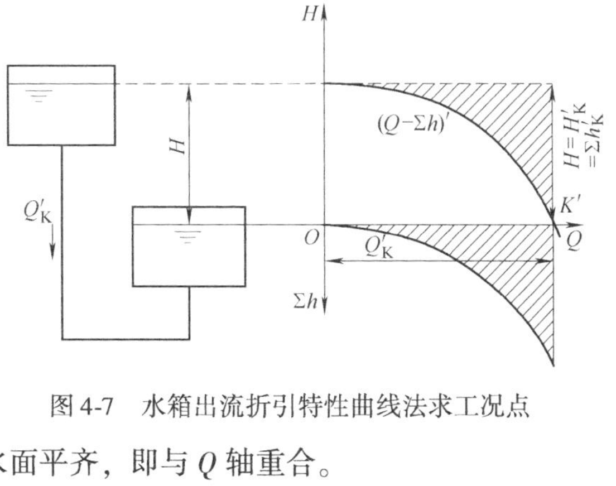

图 4-7 水箱出流折引特性曲线法求工况点

3）绘出管道系统特性曲线，由于管路水头损失已被完全折引到水箱特性曲线上，因此管道系统特性曲线与低位水箱水面平齐，即与 Q 轴重合。

4）$(Q\text{-}\sum h)'$曲线与 Q 轴相交于 K'点，则 K'点表示高位水箱提供的比能全部消耗掉的情况，即高位水箱提供的比能与管路所消耗比能相等的能量平衡点。因此，即 K'点为该水箱出流的工况点。其流量值 Q'_K 等于 Q_K。

4.2.4 数解法求离心泵工况点

在图解法中，水泵装置的工况点是水泵特性曲线和管路特性曲线的交点。数解法则是列出两条曲线的方程，联立求解就能得到水泵工况点 M 所对应的流量 Q 和扬程 H

$$H = f(Q) \tag{4-23}$$

$$H = H_{ST} + SQ^2 \tag{4-24}$$

当管路系统一定时，H_{ST}、S 均为已知，两个方程式，两个未知数，该方程组可以求解。但是，水泵 $Q\text{-}H$ 特性曲线是一条不规则曲线，很难找出一个能完全代表 $Q\text{-}H$ 曲线的方程。因此，数解法求离心泵工况的关键问题就是如何确定水泵的 $H=f(Q)$ 函数关系。根据确定方法不同，数解法分为抛物线法和最小二乘法。

1. 抛物线法

在工程设计中，通常仅仅使用水泵特性曲线上高效段，所以，若能找出一个方程能够较好地与高效段拟合，就能满足工程上的需求。

抛物线法是把离心泵的 $Q\text{-}H$ 曲线上的高效段用抛物线方程近似拟合，即

$$H = H_x - h_x \tag{4-25}$$

式中 H——水泵的实际扬程（高效段内）(m)；

H_x——水泵在 $Q=0$ 时的虚（虚拟）总扬程（m）；

h_x——相应于流量为 Q 时，水泵内部的虚水头损失之和（m），$h_x = S_x Q^m$；

S_x——泵体内虚阻耗系数（s^2/m^5）；

m——指数，对于水泵 $m=2$ 或 $m=1.84$，一般采用 $m=2$。

则式（4-25）可写成

$$H = H_x - S_x Q^2 \tag{4-26}$$

如果在水泵高效段内相距较远的地方任意选取两点，将这两点坐标代入式(4-26)，则得

$$H_x = H_1 + S_x Q_1^2 = H_2 + S_x Q_2^2 \tag{4-27}$$

$$S_x = \frac{H_1 - H_2}{Q_2^2 - Q_1^2} \tag{4-28}$$

因为 H_1、H_2、Q_1、Q_2 为已知值，故可以根据式（4-28）求出 S_x 值。将其代入式（4-27）得到 H_x。在求出了 H_x 和 S_x 后，水泵特性曲线 $Q\text{-}H$ 的方程式，就可以写为

$$H = H_x - S_x Q^2 \tag{4-29}$$

将式（4-29）与式（4-24）联立求解，可得

$$H = H_x - S_x Q^2 = H_{ST} + SQ^2$$

也即

$$Q = \sqrt{\frac{H_x - H_{ST}}{S_x + S}} \tag{4-30}$$

式中，H_x、S_x 及 S 均为已知值，当 H_{ST} 一定时，即可求得水泵工况点的流量 Q 和扬程 H。

实际上，并不是所有的水泵的高效段都能很好地符合抛物线方程的，因此在实际应用中就会存在一定的误差。抛物线法尽管精度不高，但由于方法简单，在工程实际中仍有广泛的应用。

2. 最小二乘法

拟合离心泵 Q-H 曲线方程的另一途径是采用最小二乘法来进行。设 Q-H 曲线可用下列多项式拟合

$$H = H_0 + A_1 Q + A_2 Q^2 + \cdots + A_m Q^m \tag{4-31}$$

则根据最小二乘法原理求 H_0、A_1、A_2、…、A_m 的线性方程组（亦称正则方程组）为

$$\begin{cases} nH_0 + A_1 \sum_{i=1}^{n} Q_i + A_2 \sum_{i=1}^{n} Q_i^2 + \cdots + A_m \sum_{i=1}^{n} Q_i^m = \sum_{i=1}^{n} H_i \\ H_0 \sum_{i=1}^{n} Q_i + A_1 \sum_{i=1}^{n} Q_i^2 + A_2 \sum_{i=1}^{n} Q_i^3 + \cdots + A_m \sum_{i=1}^{n} Q_i^{m+1} = \sum_{i=1}^{n} H_i Q_i \\ H_0 \sum_{i=1}^{n} Q_i^m + A_1 \sum_{i=1}^{n} Q_i^{m+1} + A_2 \sum_{i=1}^{n} Q_i^{m+2} + \cdots + A_m \sum_{i=1}^{n} Q_i^{2m} = \sum_{i=1}^{n} H_i Q_i^m \end{cases} \tag{4-32}$$

解式（4-32）就可求得 H_0、A_1、A_2、…、A_m。

实际工程中，一般取 $m=2$ 或 $m=3$。

$m=2$ 时　　$H = H_0 + A_1 Q + A_2 Q^2$

$m=3$ 时　　$H = H_0 + A_1 Q + A_2 Q^2 + A_3 Q^3$

【例4-1】 现有14SA-10型离心泵一台，转速 $n = 1450\text{r/min}$，叶轮直径 $D_2 = 466\text{mm}$，其 Q-H 特性曲线如图3-12所示。试拟合 Q-H 特性曲线方程。

【解】 由14SA-10型离心泵的特性曲线上，取包括（Q_0，H_0）在内的任意四点，四点的坐标值见表4-1。

表4-1　14SA-10型离心泵 Q-H 曲线上的坐标值

型　号	已知各点坐标值　H/m，Q/（L/s）							
	H_0	Q_0	H_1	Q_1	H_2	Q_2	H_3	Q_3
14SA-10	72	0	70	240	65	340	60	380

将表4-2数据代入方程组（4-32），可得

$$\begin{cases}288+960A_1+317600A_2=267\\69120+317600A_1+108000000A_2=61700\end{cases}$$

解之得：$A_1=0.168$，$A_2=-0.00017$

将 H_0、A_1、A_2 值代入式（4-31），得到该泵的 Q-H 特性性能曲线方程为

$$H=72+0.168Q-0.00017Q^2$$

将上式与该泵装置的管路特性曲线方程 $H=H_{ST}+SQ^2$ 联立，即可求得其工况点（Q，H）值。

最小二乘法较抛物线法具有较高的精度，但计算较复杂，适合电算。

4.3 水泵工况调节

由于用户的用水量是时刻变化的，为了适应这个变化，要求水泵能改变工况。而水泵是建立在水泵与管路系统能量供需关系平衡之上的。那么，二者之一发生变化，其工况点就会发生变化，这种暂时的平衡点就会被新的平衡点所代替。

通过改变管路特性曲线，来改变工况点的方法有自动调节（水位变化）、阀门调节（节流调节）等。通过改变水泵特性曲线，来改变工况点的方法有变速调节（调速运行）、变径调节（换轮运行）、变角调节（改变轴流泵的叶片安装角），以及水泵并联和串联等。

4.3.1 自动调节

在城市供水中，用水量、水源（江河）的水位、高位水池的水位变化，都会引起管路系统特性曲线发生改变，从而使水泵工况点改变。

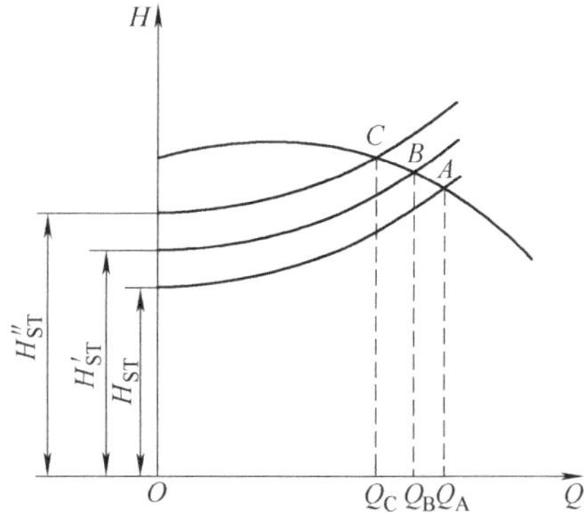

图4-8 离心泵工况点随水位的变化

例如有前置水塔的城镇管网，晚上管网中用水量减少，一部分水输入水塔，水塔中水位不断上升，对离心泵来说，静扬程不断增加，如图4-8所示，水泵工况点将沿 Q-H 曲线向流量减小侧移动（由 A 点向左移至 C 点），供水量减小。与此相反，在白天，城镇用水量增大，管网内压力下降，水塔向管网输水，水塔中水位下降，离心泵工况点将自动向流量增大侧移

动。因此，泵站在整个工作中，只要管网中用水量是变化的，管网中水压就会发生变化，致使水泵的工况点也发生相应的变化。当水源水位变化时，也使得水泵的静扬程增大或减小，使得管路特性曲线上下移动，从而使得水泵工况点改变。

4.3.2　阀门调节（节流调节）

通过改变水泵出水管路上阀门的开启度，使管路的局部阻力发生变化，从而改变管路系统特性曲线，达到改变水泵工况点的目的，称为阀门调节，亦称为节流调节。

如图4-9所示为采用阀门调节时，泵装置工况点的改变情况。图中工况点 A 点表示阀门全开时，该装置的极限工况点。随着控制阀门的逐渐关小，管路局部阻力增加，即 S 值增大，管路系统特性曲线变陡，水泵装置的工况点逐步向左移至 B 点、C 点等，出水量减少。当阀门全关时，相当于 S 无限大，流量 $Q=0$，此时，管路系统特性曲线与纵坐标重合。所以，通过改变控制阀门的开启度，就可以使得水泵的工况点从空载工况点到极限工况点连续变化，达到控制流量的目的。

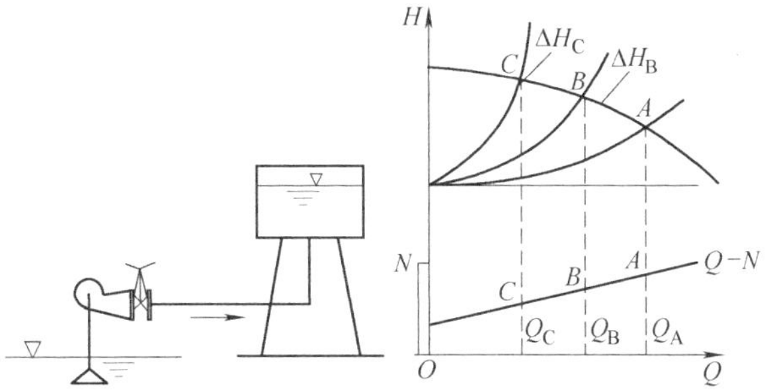

图4-9　阀门节流调节

但是，阀门调节是以增加阀门阻力（阻抗 S 增大），消耗水泵的多余能量为代价的。如果水泵在 A 点工作时，水泵提供的扬程与管路所需要的扬程相等，没有能量浪费，但是当水泵在 B 点工作时，水泵提供的扬程为 H_B，管路所需要的扬程为 H_B'，浪费的扬程 $\Delta H_B = H_B - H_B'$，相应多消耗的功率为 $\Delta N_B = \rho g Q_B \Delta H_B / \eta_B$ 的功率。因此，在泵站的设计和运行中，一般情况下，不易采用阀门调节流量。但是，由于离心泵的曲线是上升的，使用阀门节流时，随着流量减小，水泵轴功率也随之减小，对原动机无过载危害，也不会发生水泵汽蚀的危险。而且该调节方法简单易行，易于控制，管理方便，因此在泵站实际运行中阀门调节仍是常见的一种方法。

4.3.3　变速调节

变速调节指水泵在可调速电动机（或其他的调速设施）驱动下运行，通过改变水泵的转速来改变水泵的性能曲线，从而达到调节水泵运行工况的目的。变速调节的理论基础是前述的比例律。

1. 比例律的应用

比例律在泵站设计与运行中的应用，最常遇到的两种情况：已知水泵转速 n_1 时的特性曲线 $(Q\text{-}H)_1$，如图 4-10 所示，但所需的工况点并不在 $(Q\text{-}H)_1$ 曲线上，而在坐标点 $A_2(Q_2,H_2)$ 处。这时，如果水泵在 A_2 点工作，其转速 n_2 应为多少？已知水泵转速 n_1 时的特性曲线 $(Q\text{-}H)_1$、$(Q\text{-}P)_1$ 和 $(Q\text{-}\eta)_1$，画出转速 n_2 时的 $(Q\text{-}H)_2$、$(Q\text{-}P)_2$ 和 $(Q\text{-}\eta)_2$，以上两种情况均可应用图解法和数解法求解。

（1）比例律应用的图解法

1）第一类问题。采用图解法求水泵转速 n_2 值时，必须在转速 n_1 的 $(Q\text{-}H)_1$ 曲线上，找出与 $A_2(Q_2,H_2)$ 点工况相似的 A_1 点，其坐标值为 $(Q_1,\ H_1)$。

联立式（3-61）和式（3-62），消去转速比后可得

$$\frac{H_1}{H_2}=\left(\frac{Q_1}{Q_2}\right)^2$$

即

$$\frac{H_1}{Q_1^2}=\frac{H_2}{Q_2^2}=k \tag{4-33}$$

由此得

$$H=kQ^2 \tag{4-34}$$

式中 k——相似系数。

由式（4-34）可看出，凡是符合比例律关系的工况点，均分布在一条以坐标原点为顶点的二次抛物线上，此抛物线称为“相似工况抛物线”。如果水泵变速前后的转速相差不大，则相似工况点对应的效率可以认为是相等的，所以“相似工况抛物线”也称作“等效率曲线”。因而，只要作出过 A_2 点的相似工况抛物线，就可读出 A_1 点的坐标，然后将 A_1 和 A_2 点的流量代入式（3-61），可得

$$n_2=n_1\frac{Q_2}{Q_1} \tag{4-35}$$

解题步骤如下：

① 将 A_2 点的坐标值 $(Q_2,\ H_2)$ 代入式（4-34），求出 k 值。

② 绘出通过 A_2 点的相似工况抛物线 $H=kQ^2$，如图 4-10 所示，此抛物线与转速为 n_1 的 $(Q\text{-}H)_1$ 曲线相交于 $A_1(Q_1,H_1)$，A_1 点与 A_2 点为工况相似点。

③ 将 A_1 点和 A_2 点的坐标值 $(Q_1,\ H_1)$ 和 $(Q_2,\ H_2)$ 代入式（4-35），即可求出 n_2 值。

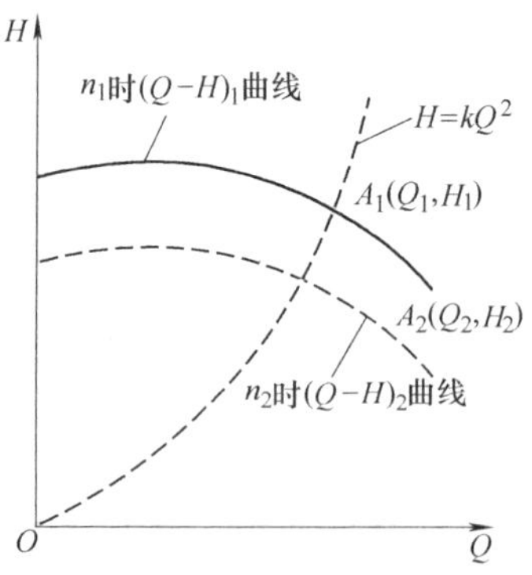

图 4-10 根据用户需要确定水泵转速

2）第二类问题。已知水泵转速 n_1 及该转速下的特性曲线 $(Q\text{-}H)_1$、$(Q\text{-}N)_1$ 和 $(Q\text{-}\eta)_1$，求

水泵转速为 n_2 时的特性曲线 $(Q\text{-}H)_2$、$(Q\text{-}P)_2$ 和 $(Q\text{-}\eta)_2$。此类问题的解题步骤可分为四步，用八个字表述，即“选点”、“计算”、“立点”和“连线”。

① 选点。在水泵扬程特性曲线 $(Q\text{-}H)_1$ 上均匀选取一定数量的点，如图4-11所示，选定 a 点，b 点，c 点，d 点和 e 点，并读出各点对应的坐标值 (Q_a, H_a)、(Q_b, H_b)、(Q_c, H_c)、(Q_d, H_d)、(Q_e, H_e)。

② 计算。将 a、b、c、d 和 e 的坐标值代入比例律，计算出转速为 n_2 时，所选各点相似工况点 a'、b'、c'、d' 和 e' 的坐标值 (Q_a', H_a')、 (Q_b', H_b')、(Q_c', H_c')、(Q_d', H_d')、(Q_e', H_e')。

$$Q_a' = \left(\frac{n_2}{n_1}\right) Q_a \qquad H_a' = \left(\frac{n_2}{n_1}\right)^2 H_a$$

$$Q_b' = \left(\frac{n_2}{n_1}\right) Q_b \qquad H_b' = \left(\frac{n_2}{n_1}\right)^2 H_b$$

$$Q_e' = \left(\frac{n_2}{n_1}\right) Q_e \qquad H_e' = \left(\frac{n_2}{n_1}\right)^2 H_e$$

③ 立点。将根据比例律计算出的 a' 点至 e' 点，按照坐标值的大小点绘在 $Q\text{-}H$ 坐标系中。

④ 连线。用光滑曲线将 a' 点至 e' 点连接起来，就得到转速为 n_2 时的扬程曲线 $(Q\text{-}H)_2$。

同理，根据比例律第三定律，$P_2 = (n_2/n_1)^3 P_1$，可计算出 a 点至 e 点对应于转速为 n_2 时，a' 点至 e' 点的轴功率值：P_a'、P_b'、P_c'、P_d' 和 P_e'。然后，将 a' 点至 e' 点坐标 (Q_a', P_a')、 (Q_b', P_b')、 (Q_c', P_c')、 (Q_d', P_d') 和 (Q_e', P_e') 点绘在 $Q\text{-}P$ 坐标系中并连线，就得到转速为 n_2 时的功率曲线 $(Q\text{-}P)_2$。

在利用比例律时，认为相似工况下对应点的效率是相等的，因此，图4-11中 a、b、c、d、e 各点与转速 n_2 时相应的点 a'、b'、c'、d'、e' 效率相等，所以，通过 a、b、c、d、e 各点的效率点画水平线与 a'、b'、c'、d'、e' 各点垂线的交点的连线就是转速为 n_2 时的效率曲线 $(Q\text{-}\eta)_2$，如图4-11所示。

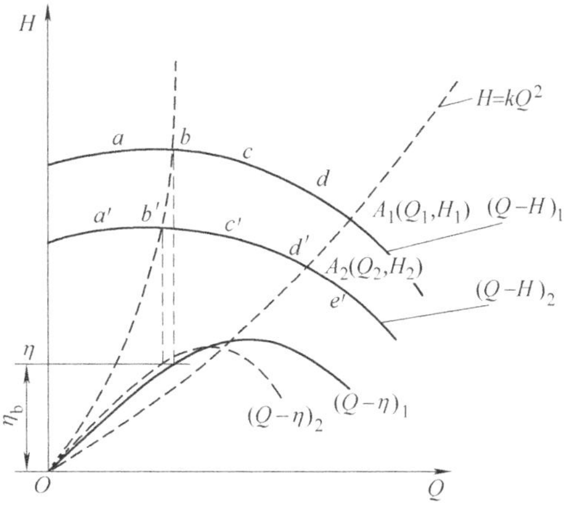

图4-11 转速改变时特性曲线变化

【例4-2】某离心泵转速 $n_1 = 950\text{r/min}$ 时的性能曲线 $(Q\text{-}H)_1$，如图4-12所

示。其管路系统特性曲线方程式为 $H=10\text{m}+17500Q^2$（Q 以 m^3/s 计）。试问：1）转速为 n_1 时水泵工况点的流量 Q_A 和扬程 H_A。2）若保持静扬程不变，流量下降 33.3% 时其转速 n_2 应为多少？3）翻画出转速 n_2 时的（Q-H）$_2$ 曲线。

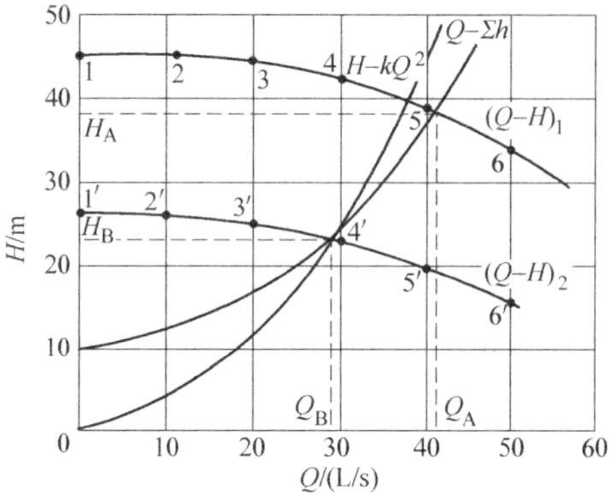

图 4-12 变速特性曲线图

【解】1）根据管路系统特性曲线方程 $H=10+17500Q^2$，计算出该方程曲线上的点的坐标，如表 4-2 所示，按此表点绘 Q-$H_{需}$ 曲线，如图 4-12 所示，此曲线与转速 n_1 时的（Q-H）$_1$ 曲线交于 A 点，A 点是水泵转速为 n_1 时的工况点，$Q_A=42\text{L/s}=0.042\text{m}^3/\text{s}$，$H_A=38.2\text{m}$。

表 4-2 $H=H_{ST}+SQ^2$ 曲线各点 Q、H 值

参数	第 1 点	第 2 点	第 3 点	第 4 点	第 5 点	第 6 点
流量 $Q/(\text{m}^3/\text{s})$	0	0.01	0.02	0.03	0.04	0.05
扬程 H/m	10	11.75	17	25.75	38	54

2）流量下降 33.3% 时，此时所需工况点 B 点的坐标为

$Q_B=(1-0.333)Q_A=0.028\text{m}^3/\text{s}$，

$H_B=10\text{m}+17500\text{s}^2/\text{m}^5\times(0.028\text{m}^3/\text{s})^2=23.1\text{m}$。

将 B 点的坐标值代入式（4-33），可得

$$k=\frac{H_B}{Q_B^2}=29464.3\text{s}^2/\text{m}^5$$

因此，式（4-34）可写成 $H=29464.3Q^2$，按此式算出表 4-3。然后，根据表 4-3 点绘出相似工况抛物线，此曲线与（Q-H）$_1$ 曲线交于 C 点，C 点即是转速为 n_1 时与 B 点相似工况点，从图中读出 C 点的坐标为：$Q_C=36.9\text{L/s}=0.0369\text{m}^3/\text{s}$，$H_C=40\text{m}$。由式（4-35）可求得 n_2 为

$$n_2=n_1\frac{Q_B}{Q_C}=950\text{r/min}\times\frac{0.028\text{m}^3/\text{s}}{0.0369\text{m}^3/\text{s}}=720\text{r/min}$$

表 4-3 $H=29464.3Q^2$ 曲线上各点 Q、H 值

参数	第 1 点	第 2 点	第 3 点	第 4 点	第 5 点
流量 $Q/(\text{m}^3/\text{s})$	0	0.01	0.02	0.03	0.04
扬程 H/m	0	2.95	11.78	26.52	47.14

3）转速为 n_2 时的（Q-H）$_2$ 曲线可按比例律进行换算

$$Q_2=\frac{n_2}{n_1}Q_1=\frac{720\mathrm{r/min}}{950\mathrm{r/min}}Q_1=0.758Q_1$$

$$H_2=\left(\frac{n_2}{n_1}\right)^2H_1=\left(\frac{720\mathrm{r/min}}{950\mathrm{r/min}}\right)^2H_1=0.574H_1$$

在转速为 n_1 时的（Q-H）$_1$ 曲线上任取几点，代入上式可得出表4-4，按表4-4点绘出 n_2 的特性曲线（Q-H）$_2$。

表4-4 转速分别为 n_1 和 n_2 时，曲线上各点 Q、H 值

转速/(r/min)	参数	第1点	第2点	第3点	第4点	第5点	第6点
$n_1=950$	流量 Q/（L/s）	0	10	20	30	40	50
	扬程 H/m	45	44.5	44	42.5	38.5	33.7
$n_2=720$	流量 Q/（L/s）	0	7.58	15.2	22.7	30.3	37.9
	扬程 H/m	25.8	25.5	25.3	24.4	22.1	19.3

（2）比例律应用的数解法

1）第一类问题。由图4-10可知，相似工况抛物线 $H=kQ^2$ 与转速 n_1 时的（Q-H）$_1$ 曲线的交点 $A_1(Q_1,H_1)$ 是与所需工况点 $A_2(Q_2,H_2)$ 工况相似的点，求出 A_1 点的坐标值（Q_1，H_1），即可方便地应用比例律求出转速 n_2 值。

由式（4-29）及式（4-34）得出交点方程

$$H=H_x-S_xQ^2=kQ^2$$

即

$$Q=\sqrt{\frac{H_x}{S_x+k}}=Q_1 \tag{4-36}$$

$$H=k\frac{H_x}{S_x+k}=H_1 \tag{4-37}$$

上式中 $k=\frac{H_2}{Q_2^2}$。因此，根据式（4-35），可求出 n_2 值为

$$n_2=n_1\frac{Q_2}{Q_1}=\frac{n_1Q_2\sqrt{S_x+k}}{\sqrt{H_x}} \tag{4-38}$$

2）第二类问题。已知水泵转速 n_1 时，水泵的（Q-H）$_1$ 特性曲线方程为 $H_1=H_x-S_xQ_1^2$，求解转速为 n_2 时，水泵（Q-H）$_2$ 特性曲线方程 $H_2=H_x'-S_x'Q_2^2$。

为了确定 H_x' 和 S_x' 值，可先假设在（Q-H）$_2$ 曲线高效段内任取两点（Q_A'，H_A'）和（Q_B'，H_B'），与之相似的并位于转速 n_1 时的（Q-H）$_1$ 曲线上的两点为（Q_A，H_A）和（Q_B，H_B），则满足

$$\begin{cases}\dfrac{Q_A'}{Q_A}=\dfrac{n_2}{n_1};\dfrac{H_A'}{H_A}=\left(\dfrac{n_2}{n_1}\right)^2\\[2ex]\dfrac{Q_B'}{Q_B}=\dfrac{n_2}{n_1};\dfrac{H_B'}{H_B}=\left(\dfrac{n_2}{n_1}\right)^2\end{cases} \tag{4-39}$$

根据式（4-27）和式（4-28），H_x 和 S_x 值可由下式计算

$$\begin{cases} S_x = \dfrac{H_A - H_B}{Q_B^2 - Q_A^2} \\ H_x = H_A + S_x Q_A^2 \quad \text{或} \ H_x = H_B + S_x Q_B^2 \end{cases} \tag{4-40}$$

同理，H'_x 和 S'_x 值可由下式计算

$$\begin{cases} S'_x = \dfrac{H'_A - H'_B}{Q'^2_B - Q'^2_A} \\ H'_x = H'_A + S'_x Q'^2_A \quad \text{或} \ H'_x = H'_B + S'_x Q'^2_B \end{cases} \tag{4-41}$$

将式（4-39）代入式（4- 41）得

$$\begin{cases} S'_x = \dfrac{\left(\dfrac{n_2}{n_1}\right)^2 H_A - \left(\dfrac{n_2}{n_1}\right)^2 H_B}{\left(\dfrac{n_2}{n_1}Q_B\right)^2 - \left(\dfrac{n_2}{n_1}Q_A\right)^2} = \dfrac{H_A - H_B}{Q_B^2 - Q_A^2} \\ H'_x = \left(\dfrac{n_2}{n_1}\right)^2 H_A + S'_x Q_A^2 \left(\dfrac{n_2}{n_1}\right)^2 = \left(\dfrac{n_2}{n_1}\right)^2 (H_A + S'_x Q_A^2) \end{cases} \tag{4-42}$$

因此

$$\begin{cases} S'_x = S_x \\ H'_x = \left(\dfrac{n_2}{n_1}\right)^2 H_x \end{cases} \tag{4-43}$$

求出 H'_x 和 S'_x 值后，即可求出转速为 n_2 时水泵 $(Q\text{-}H)_2$ 曲线方程，即

$$H_2 = \left(\frac{n_2}{n_1}\right)^2 H_x - S_x Q_2^2 \tag{4-44}$$

【例 4-3】某工厂的给水泵站装有两台 12Sh-9 型单级双吸离心泵，其中一台备用。12Sh-9 型离心泵的性能参数见表 4-5。管路的阻力系数 $S = 161.5\text{s}^2/\text{m}^5$，静扬程 $H_{ST} = 49.0\text{m}$，试求：（1）水泵装置的工况点；（2）当供水量减少 10% 时，为节电水泵的转速应降为多少？（3）当转速降为 1350r/min，水泵出水量为多少？

表 4-5 水泵性能参数表

型　　号	流量 Q/(L/s)	扬程 H/m	转速 n/(r/min)	轴功率 P/kW	效率 η(%)	允许吸上真空高度 H_s/m
12Sh-9	160	65	1470	127.5	80.0	4.5
	220	58		150.0	83.5	
	270	50		167.5	79.0	

【解】（1）设水泵 $(Q\text{-}H)_1$ 特性曲线高效段的方程为 $H = H_x - S_x Q^2$，H_x

和 S_x 值为

$$S_x=\frac{65\text{m}-58\text{m}}{(0.22\text{m}^3/\text{s})^2-(0.16\text{m}^3/\text{s})^2}=307.02\text{s}^2/\text{m}^5$$

$$H_x=65\text{m}+307.02\text{s}^2/\text{m}^5\times(0.16\text{m}^3/\text{s})^2=72.86\text{m}$$

则水泵转速为 $n_1=1470\text{r/min}$ 时的 $(Q\text{-}H)_1$ 曲线方程为 $H=72.86-307.02Q^2$。

根据已知条件，管路系统特性曲线方程为

$$H=49.0+161.5Q^2$$

将管路系统特性曲线方程与水泵转速为 n_1 时的 $(Q\text{-}H)_1$ 曲线方程联立求解，则有

$$49.0+161.5Q^2=72.86-307.02Q^2$$

解得：水泵装置的工况点 $Q_1=0.2257\text{m}^3/\text{s}$，$H_1=57.22\text{m}$。

（2）当供水量减少10%时，此时所需水泵的流量、扬程分别为：

$$Q_2=0.2257\text{m}^3/\text{s}\times(1-0.1)=0.2031\text{m}^3/\text{s}$$

$$H_2=49.0\text{m}+161.5\text{s}^2/\text{m}^5\times(0.2031\text{m}^3/\text{s})^2=55.66\text{m}$$

根据式（4-34）得

$$k=\frac{H_2}{Q_2^2}=\frac{55.66\text{m}}{(0.2031\text{m}^3/\text{s})^2}=1349.35\text{s}^2/\text{m}^5$$

将计算出的 k 值代入式（4-38），得

$$n_2=\frac{1470\text{r/min}\times0.2031\text{m}^3/\text{s}\times\sqrt{307.02\text{s}^2/\text{m}^5+1349.35\text{s}^2/\text{m}^5}}{\sqrt{72.86\text{m}}}=1424\text{r/min}$$

（3）由式（4-43）可得

$$S_x'=S_x=307.02\text{s}^2/\text{m}^5$$

$$H_x'=\left(\frac{n_2}{n_1}\right)^2H_x=\left(\frac{1350\text{r/min}}{1470\text{r/min}}\right)^2\times72.86\text{m}=61.45\text{m}$$

因此，水泵转速为 $n_2=1350\text{r/min}$ 时的 $(Q\text{-}H)_2$ 曲线高效段方程为 $H=61.45-307.02Q^2$，该方程与管路系统特性曲线方程 $H=49.0+161.5Q^2$ 的交点即为水泵降速为1350r/min时的水泵工况点，即

$$61.45-307.02Q^2=49.0+161.5Q^2$$

解上式可得：$Q=0.1630\text{m}^3/\text{s}$。

2. 改变转速的方法

实现变速调节的途径一般有两种方式。一种方式是电动机转速不变，通过中间传送方式以达到改变转速的目的，属于这种调速方式最常见的有带传动、液力耦合器等。另一种方式是电动机本身的转速可变，属于这种调速方式的有改变电

动机定子电压调速、改变电动机定子极数调速、改变电动机转子电阻调速、串联调速以及变频调速等多种。

液力耦合器是用油作为传递力矩的介质，可对水泵进行无极调速，是属于滑差传动的一种，因此有相当一部分能量变为热能消耗掉。采用这种调速方式可使电动机空载（或轻载）起动，有利于电网工作。

交流电动机转速公式

同步电动机
$$n=\frac{60f}{p} \tag{4-45}$$

异步电动机
$$n=\frac{60f}{p}(1-s) \tag{4-46}$$

式中 n——电动机转速（r/min）；

f——交流电源的频率（Hz）；

p——电动机极对数；

s——电动机运行的转差率。

根据式（4-45）和式（4-46）可知，调节交流电源的f和电动机的p、s均可以改变电动机的转速n。

通过改变交流电源的频率f来达到调速目的的方法称为变频调速。变频调速是无级调速，调速范围很宽，节能效果显著。变频调速必须有一个频率可调的电源装置，这就是变频器。目前国内已有成品可供选用。

通过改变电动机极对数p来达到调速目的的方法称为变极调速。即将电动机定子三相绕组接成几种极对数的方式，由此得到多种转速，这样的电动机称为多速电动机。常用的有双速、三速和四速电动机三种。该调速方法具有投资小、节能效果好的优点。但调速档数少，应用范围受到限制。此外，变速电动机在变速时电力必须瞬间中断，不能进行热态变换。因此，在变速时电动机有电流冲击现象发生。

用调转差率s来改变电动机转速的方法只能用于异步电动机。在正常运行时，其转差率通常很小。而且这种方法属于能耗型调速，效率低，实际应用少。

3. 水泵调速控制的类型

根据水泵调速的控制参数、目的的不同、水泵调速控制可分为三种类型。

（1）恒压调速 水泵恒压调速就是通过调速使水泵出口或最不利点的压力在一个较小范围内波动（认为是恒压）。目前许多城市管网供水系统、建筑给水小区给水系统等，都已应用恒压给水系统。图 4-13 所示为水泵出口压力恒定控制的变频调速给水系统示意图。该系统主要由控制器、变频器、压力变送器、水泵等组成。

其工作过程为：根据用户对水压的要求，先在控制器中设定一个水泵出口压力值p。随着建筑内用水量的变化，水泵出口的压力值p_x也随之改变。压力变送器将水泵出口压力值传送给控制器，控制器根据p_x与p的相互关系，通过变频器调节频率，改变电动机及水泵的转速，使供水量与用水量达到平衡，维持水泵出口压力基本恒定。当建筑内用水量增加时，水泵出口压力p_x下降，$p_x<p$这时控制器通过变频器提高频率，致使水泵电动机转速提高，水泵出水量增加，p_x值上升，直至$p_x=p$；当建筑内用水量减少时，水泵出口压力p_x上升，$p_x>p$，这时控制器通过变频器降低频率，致使水泵电动机转速下降，出水量减少，p_x值下降，直至$p_x=p$。

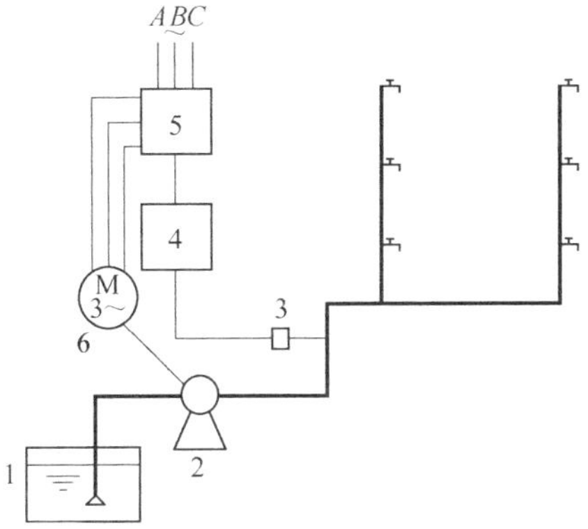

图4-13　水泵出口压力恒定控制的变频调速给水系统示意
1—储水池　2—水泵　3—压力变送器　4—控制器　5—变频器　6—电动机

水泵转速变化幅度一般在(80% ~ 100%)n_0(额定转速)，因为这个范围内机组和电控设备的总效率比较高。

(2) 恒流调速　水泵恒流调速就是通过调速使水泵供水量基本维持不变。在取水泵站中水泵恒流调速应用较多。取水泵站的设计流量一般是不变的，但取水泵站的水源水位有时变化较大，当水泵在水位高于设计水位时（水源最低水位），水泵的静扬程减小，水泵供水量有增大的趋势。如图4-14所示，随着水源水位的升高，管路特性曲线由曲线①的位置平移到曲线②的位置，如果不进行流量调节，流量就会增加。若采用关小管路阀门的方式来保证泵站取水流量恒定，泵站水泵就会长期运行在多能耗、低效率的工况下。采用调速技术也能使泵站的供水量保持恒定，而且可以有效地节约能耗。据介绍，上海某水厂有一台取水泵，恒流调速后，平均电耗由200kW下降到145kW。

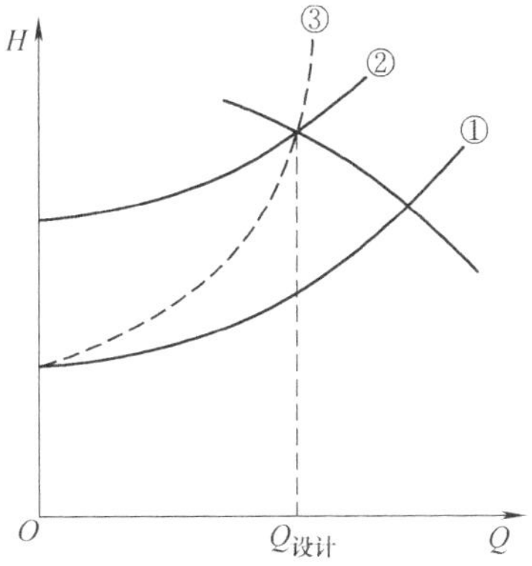

图4-14　水泵恒流调速工况

(3) 其他调节情况　给水排水系统中，还有许多水泵工况调节的情况，较为典型的是各种水处理药剂投加泵的调节。加药泵的调节是采用调速的方法来保证药量按需投加。这是一种非恒压、非恒流的水泵调节情况。

4. 恒压控制点的位置对能耗的影响

变频调速恒压供水系统的压力控制点一般有两种设置方式。一是将控制点设在系统的最不利点处，直接按最不利点水压进行工况调节，此种方式在任何情况下都没有过剩压力；二是将控制点设在水泵的出水口，按该点的水压调节水泵工况，间接地保证最不利点的水压稳定。事实上第二种方式不能保证最不利点在一个恒压下工作，因此，仍然会有一部分过剩压力，即能量浪费。图 4-15 描述了在上述两种恒压控制方式下，变频调节供水系统水泵工况点的变化情况。图 4-15 中的 A 为极限工况点，即最大设计供水量时水泵的工况点。此时水泵出水量为 Q_{max}，扬程为 H_A，轴功率为 P_A。当水泵在极限工况点工作时，最不利点的静扬程为 H_{ST}，恰好等于最不利点所需的压力，能量没有浪费。当用水量降低时，控制系统将通过降低水泵转速改变其工况点，以适应其流量的变化。

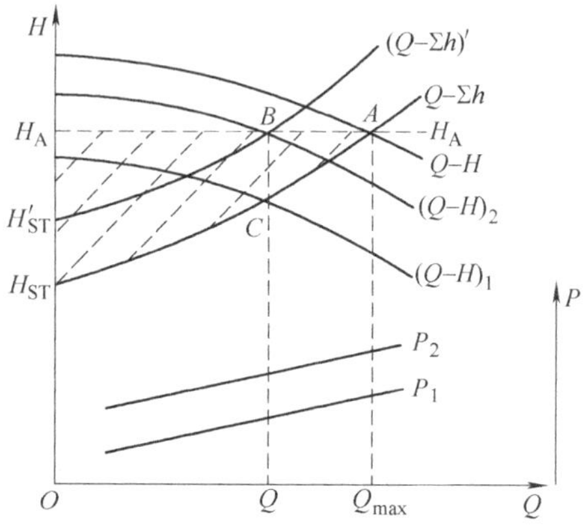

图 4-15 水泵装置工况点的变化

如果恒压控制点设在最不利点，当流量从 Q_{max} 降为 Q 时，水泵装置的工况点将随着水泵转速的变化沿管路特性曲线 Q-Σh 向下移动至 C 点，即水泵转速调至 n_1 时的水泵特性曲线（Q-H）$_1$ 与管路特性曲线 Q-Σh 的交点。C 点就是水泵装置调速后新的工况点，由于在新的工况点下，最不利点的压力仍为 H_{ST}，所以，仍然没有能量浪费。如果将恒压控制点设在水泵出水口，则水泵扬程保持不变。当流量同样从 Q_{max} 降为 Q 时，水泵装置的工况点将随着水泵转速的变化沿直线 H_A-H_A 平移至 B 点，即水泵转速调至 n_2 时水泵的特性曲线（Q-H）$_2$ 与管路特性曲线（Q-Σh）$'$的交点。B 点就是水泵装置的新工况点。从图 4-15 中可以看出，由于水泵出口压力保持不变，导致管路特性曲线由 Q-Σh 位置移至（Q-Σh）$'$位置，最不利点的静水压力由 H_{ST}升至 H'_{ST}。H_{ST}与 H'_{ST}的差值是剩余压力，也就是浪费的多余能量。比较 B 点和 C 点所对应的功率值也可以看出，控制点位置不同，调速后的功率值也不同，也即控制点设在不利点时，能耗明显低于控制点设在水泵出水口处，其能量浪费即为图中阴影部分。

5. 调速应注意的问题

水泵调速运行的最终目的是在满足用户用水要求的前提下实现节能。但是，调速运行必须以安全运行为前提，因此在确定水泵调速范围时，应注意以下问题：

1）水泵机组的转子与其他轴系一样，在配置一定质量的基础后，都有自己固有的振动频率。当机组转子调至某一转速值时，转子旋转出现的振动频率如果接近固有的振动频率，水泵机组就会发生共振。通常把水泵发生共振时的转速称为临界转速（n_c）。调速泵安全运行的前提是调速后转速不能与临界转速重合、接近或成倍数。否则，将可能产生共振现象而使泵机组遭到损坏。通常，单级离心泵设计转速约为转子临界转速的75%～80%。对于多级泵而言，临界转速有第一临界转速和第二临界转速。水泵的设计转速一般大于第一临界转速的1.3倍，小于第二临界转速的70%。因此大幅度地调速必须慎重，最好能征得水泵厂的同意。

2）水泵转速下调不能过大，当转速变化超出一定范围时，实际等效率曲线将偏离相似工况线较大，泵效率下降较大，应用比例律将引起较大的误差，一般降速不宜超过额定转速的30%～50%。

3）水泵叶轮和电动机转子所受到的离心力与转速成正比，如果将水泵转速提高，超过水泵的额定转速时，叶轮、泵轴及电动机转子所受到的离心应力将增加，如果材质的抗裂性能较差或铸造时均匀性较差，就有可能出现机械性的损裂，严重时可能出现叶轮飞裂现象。因此，变速调节工况点，只能降速，不能增速。

4）调速装置价格昂贵，泵站一般采用调速泵与定速泵并联工作的方式。当管网中用水量变化时，采用启闭定速泵台数进行大调，利用调速泵进行细调。调速泵与定速泵配置台数的比例，应以充分发挥每台调速泵的调速范围，以及经过调速运行后，能体现出较高的节能效果为原则。

5）调速后泵站工况点的扬程如果等于调速泵的起动扬程，调速泵不起作用。因此，泵调速的合理范围应根据调速泵与定速泵均能运行于各自的高效段内这一条件确定。

4.3.4 变径调节

变径运行就是将叶片泵的原叶轮沿外径在车床上切削去一部分，再安装好进行运行，叶轮经过切削后，水泵的特性曲线将按一定的规律发生变化，从而使水泵的工况点发生改变。切削叶轮外径改变水泵工况点的方法，称为“变径调节”或“换轮运行”。其优点是简便易行，不增加能量损失；缺点是不灵活。一般用于长期调节。

1. 切削定律

实践证明，由于叶轮切削前后几何不相似，所以不符合相似定律。若水泵叶轮转速，叶轮外径经过少量切削，切削前后水泵性能参数之间的换算关系式称之为“切削定律”。

根据 $Q=\eta_v Q_T=\eta_v C_{2r} F_2$，则

$$\frac{Q'}{Q}=\frac{\eta'_v Q'_T}{\eta_v Q_T}=\frac{\eta'_v C'_{2r} F'_2}{\eta_v C_{2r} F_2} \tag{4-47}$$

在离心泵设计中，为了尽量减少水流在叶槽内的离壁现象，通常使叶槽的过水断面具有相等的面积，即

$$F_2=F'_2$$

如果叶轮切削量较小，可认为切削前后水泵效率不变，即

$$\eta_v=\eta'_v,\ \eta_h=\eta'_h,\ \eta_M=\eta'_M,\ \eta=\eta' \tag{4-48}$$

因此，式（4-47）可以简化为

$$\frac{Q'}{Q}=\frac{C'_{2r}}{C_{2r}} \tag{4-49}$$

假定叶轮切削前后出口速度三角形相似，则有

$$\frac{C'_{2r}}{C_{2r}}=\frac{u'_2}{u_2}=\frac{\pi D'_2 n/60}{\pi D_2 n/60}=\frac{D'_2}{D_2} \tag{4-50}$$

根据式（4-49）、式（4-50）、式（3-18）和式（3-4），可以推导出下列三个适用于切削调节的性能参数之间换算公式，即切削率

$$\frac{Q'}{Q}=\frac{D'_2}{D_2} \tag{4-51}$$

$$\frac{H'}{H}=\left(\frac{D'_2}{D_2}\right)^2 \tag{4-52}$$

$$\frac{P'}{P}=\left(\frac{D'_2}{D_2}\right)^3 \tag{4-53}$$

式（4-51）、式（4-52）和式（4-53）就是切削定律的表达式。

式中 Q、H、P、D_2——叶轮切削前的流量、扬程、轴功率和叶轮外径；

Q'、H'、P'、D'_2——叶轮切削后的流量、扬程、轴功率和叶轮外径。

2. 切削定律的应用

切削律在应用上一般可能遇到两类问题。

（1）第一类问题　已知叶轮外径 D_2 的水泵特性曲线 $Q\text{-}H$、$Q\text{-}P$ 和 $Q\text{-}\eta$，求切削后叶轮外径为 D_2'的水泵特性曲线 $Q'\text{-}H'$、$Q'\text{-}P'$和 $Q'\text{-}\eta'$。

解这一类问题的方法归纳为“选点”、“计算”、“立点”和“连线”四个步骤。

1）选点。在已知水泵特性曲线 $Q\text{-}H$ 上均匀选取一定数量的点，如图4-16所示，选定1点、2点、3点、4点、5点，并在坐标轴上读出各点对应的坐标值（Q_1，H_1）、（Q_2，H_2）、（Q_3，H_3）、（Q_4，H_4）、（Q_5，H_5）。

2）计算。根据切削定律进行计算，计算出选定的各点对应于D_2'时的参数值。

$$Q_1' = \frac{D_2'}{D_1}Q_1, H_1' = \left(\frac{D_2'}{D_2}\right)^2 H_1$$

$$Q_2' = \frac{D_2'}{D_1}Q_2, H_2' = \left(\frac{D_2'}{D_2}\right)^2 H_2$$

$$Q_5' = \frac{D_2'}{D_1}Q_5, H_5' = \left(\frac{D_2'}{D_2}\right)^2 H_5$$

从而得到1′点、2′点、3′点、4′点、5′点的坐标值（Q_1'，H_1'）、（Q_2'，H_2'）、（Q_3'，H_3'）、（Q_4'，H_4'）、（Q_5'，H_5'）。

3）立点。将上述根据切削定律计算出的1′点至5′点坐标值点绘在Q-H坐标系中。

4）连线。用光滑曲线将1′点至5′点连接起来，就得到叶轮外径为D_2'时的扬程曲线Q'-H'。

同理，根据式（4-53），可计算出上述各点对应于D_2'时的功率值：（Q_1'，P_1'）、（Q_2'，P_2'）、（Q_3'，P_3'）、（Q_4'，P_4'）、（Q_5'，P_5'）。然后，将对应各功率点落在Q-P坐标系中并连线，就得到外径为D_2'时的功率曲线Q'-P'。

外径为D_2'时的效率曲线Q'-η'可通过作图法直接绘出，如图4-16所示。由于1、2、3、4、5各点与1′、2′、3′、4′、5′各点效率相等，所以，通过1、2、3、4、5各点的效率点画水平线与1′、2′、3′、4′、5′各点垂线的交点的连线就是外径为D_2'时的效率曲线Q'-η'。

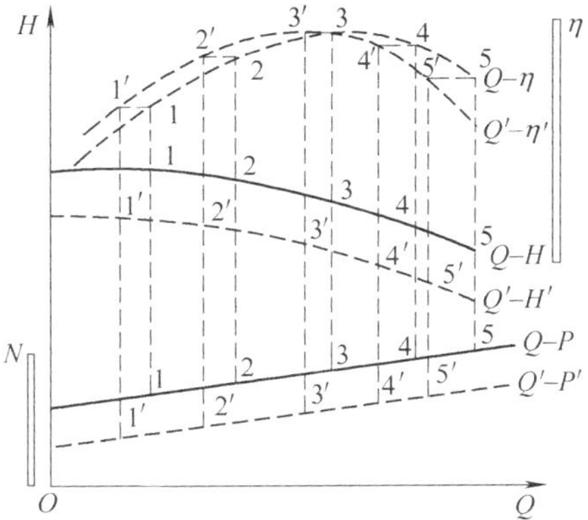

图4-16 用切削率翻画特性曲线

（2）第二类问题 已知叶轮外径为D_2的水泵特性曲线Q-H、Q-P和Q-η，根据用户的要求，需要水泵在$B(Q_B, H_B)$点工作，而B点位于该泵的Q-H曲线下方，如图4-17所示。求使得水泵工况点在$B(Q_B, H_B)$点工作，切削后叶轮的外径D_2'是多少？需要切削百分之几？

根据切削定律第一和第二定律，消去外径比D_2'/D_2，可得

$$\frac{H'}{(Q')^2} = \frac{H}{Q^2} = K \tag{4-54}$$

式中 K——切削系数（s^2/m^5）。

即

$$H = KQ^2 \tag{4-55}$$

式（4-55）代表一条二次抛物线，所有满足切削律的水泵工况点都落在这条抛物线上，这条抛物线称为“切削抛物线”。由实践证明，在切削限度内，叶轮切削前后水泵的效率变化不大，因此在切削抛物线上各点的效率都是相等的，所以“切削抛物线”又称等效率曲线。

将 B 点的坐标值代入式（4-54），求出 K 值后就可以画出切削抛物线，如图 4-17 所示。切削抛物线与水泵的 Q-H 曲线交于 A 点（Q_A，H_A），A 点即为与 B 点满足切削律，叶轮外径为 D_2 时的对应点。

将 A 点流量 Q_A 和 B 点的流量 Q_B 代入式（4-51），即可求得切削后的叶轮外径 D_2'值

$$D_2' = \frac{Q'}{Q} D_2 \tag{4-56}$$

切削量的百分数为

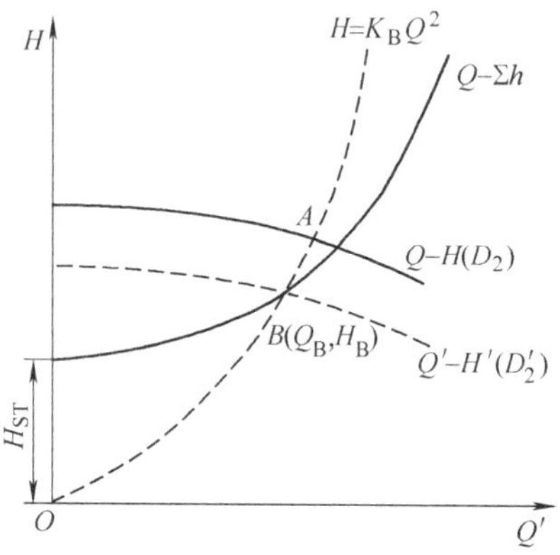

图 4-17　切削抛物线求叶轮切削量

$$\text{切削量（\%）} = \frac{D_2 - D_2'}{D_2} \times 100\% \tag{4-57}$$

【**例 4-4**】某泵站现有一台 250S-39 型泵，叶轮直径 $D_2 = 367\text{mm}$。用户实际所需流量为 130L/s，扬程为 30m。拟采用变径调节满足使用要求。试用图解法确定该叶轮应切削百分之几？

【**解**】根据式（4-54）得切削系数为

$$K = \frac{30\text{m}}{(0.13\text{m}^3/\text{s})^2} = 1775.1\text{s}^2/\text{m}^5$$

所以，过所需工况点的切削抛物线方程

$$H = 1775.1Q^2$$

利用上式可作出切削抛物线，假定几个 Q 值，计算对应的 H 值，结果见表 4-6。

表 4-6　切削抛物线 $H = 1775.1Q^2$ 曲线上的 Q、H 值

Q/（L/s）	120	130	140	150	160
H/m	25.5	29.9	34.7	39.8	45.3

将表 4-7 中各组（Q，H）值点绘于图 4-18 中，并将各点用光滑的曲线连接成切削抛物线，它与 Q-H 曲线交于 A 点，其对应的坐标为 $Q_A = 145\text{L/s}$，$H_A = 37\text{m}$，根据式（4-56）可计算出切削后的直径

$$D_2' = \frac{130\text{L/s}}{145\text{L/s}} \times 367\text{mm} = 329\text{mm}$$

$$切削量(\%)=\frac{D_2-D_2'}{D_2}\times100\%=\frac{367\text{mm}-329\text{mm}}{367\text{mm}}\times100\%=10.4\%$$

3. 切削应注意的事项

(1) 切削量　水泵叶轮切削量应有一定的限度，否则会破坏水泵原来的构造，使叶轮与原有泵壳之间的间隙加大，增加水的回流损失，从而使水泵的效率降低。

叶轮的切削限量与水泵的比转速有关。低比转速叶轮切削后的效率下降不多，可以认为近似不变，故允许切削量大些。对高比转速的叶轮切削后的效率下降很显著，因此，切削量需限制在较小的范围内。轴流泵不允许切削叶轮。

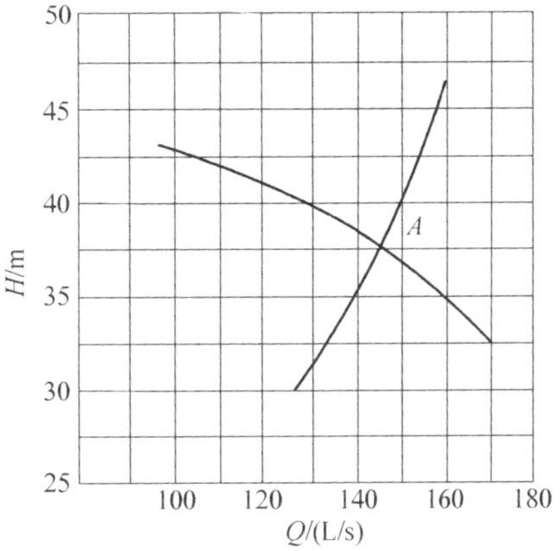

图 4-18　车削量计算图

根据试验得出的切削限量及效率下降情况与比转速的关系见表 4-7。

表 4-7　叶轮切削限量

比转速 n_s	60	120	200	300	350	350 以上
最大允许切削量（%）	20	15	11	9	7	0
效率下降值	每切削 10%，效率下降 1%		每切削 4%，效率下降 1%			

(2) 切削方式　水泵叶轮构造不同，切削方式也不同，如图 4-19 所示。低比转速离心泵的叶轮，前后盖板和叶片的切削量相同，如果有导水器或在叶轮出口有减漏环，则仅切削叶片，不切削盖板；高比转速离心泵的叶轮，则前后盖板切削量不同，后盖板的切削量应大于前盖板；混流泵不适合切削，必须切削时，只切削前盖板；轴流泵不能切削。

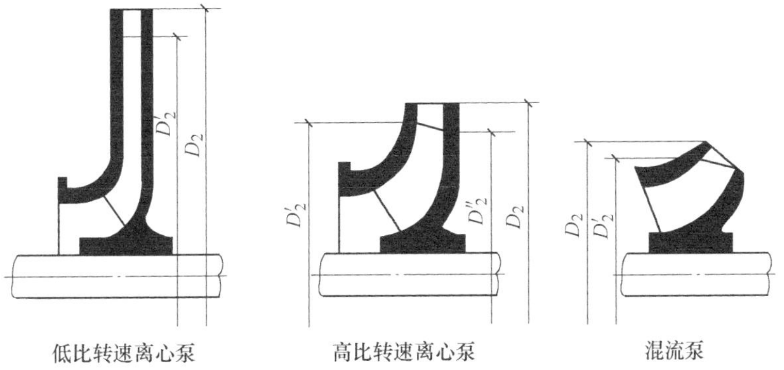

图 4-19　叶轮的切削方式

（3）叶轮切削后出水舌面的处理　离心泵叶轮切削后，其叶片的出水舌端就显得比较厚。如能沿着叶片出水舌端的弧面打磨锉边，使之变薄成刃状，则能大大改善叶轮的出水性能。图4-20中A表示叶片出水舌端没锉的情况，B表示的是锉出水舌上表面的情况，C表示的是锉出水舌下表面的情况。由图可知：锉上表面时，锉前两叶片间距d与锉后两叶片间距d_F基本不变，出水断面可视为不变，根据实践经验，其β_2角改变的影响，在运行中可忽略不计，因此叶片上表面锉尖的意义不大。锉叶片出水舌端的下表面时，两叶片之间的间距从d增值d_F，增大了叶轮出口断面面积，从而改善叶轮工作性能。

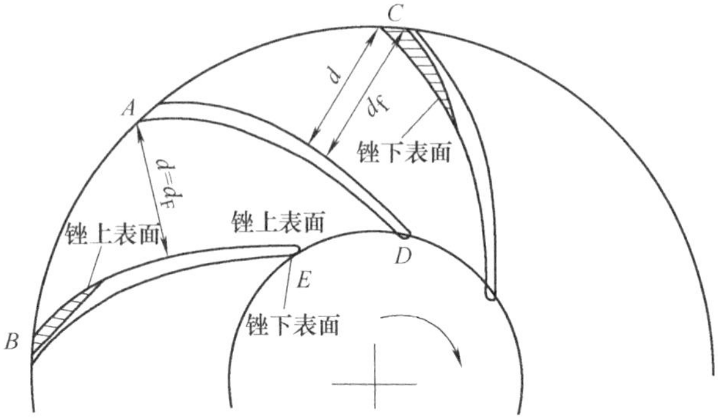

图4-20　叶轮切削后叶片的锉尖

4. 水泵系列型谱图

叶轮切削是解决泵类型、规格的有限性与供水对象要求的多样性之间的矛盾的一种方法，它使泵的使用范围扩大。图4-21所示为12Sh-19型水泵的Q-H曲线（泵高效率方框图），图中实线表示该泵采用叶轮直径D_2 = 290mm时，泵的Q-H曲线，虚线表示该泵采用切削后叶轮直径D_2' = 265mm时，泵的Q'-H'曲线。切削前（D_2 = 290mm）水泵的高效段为AC线段，切削后（D_2' = 265mm）的高效段是CD线段，将图上所示的高效段用直线连接起来，得到$ABCD$面积，这块面积中所有各点的（Q、H）值，其相应的效率均较高，也就是说，当该泵叶轮D_2 = 290mm逐渐切小时，其高效区的（Q、H）值，即在此面积$ABCD$中变化，直到切削至D_2' = 265mm时，高效区即成为图上的一根虚线。$ABCD$这个区域就称为水泵工作的高效率方框图，这样，水泵高效工作范围就由一条线段扩大为一个区域，使得水泵更易于满足实际需要。

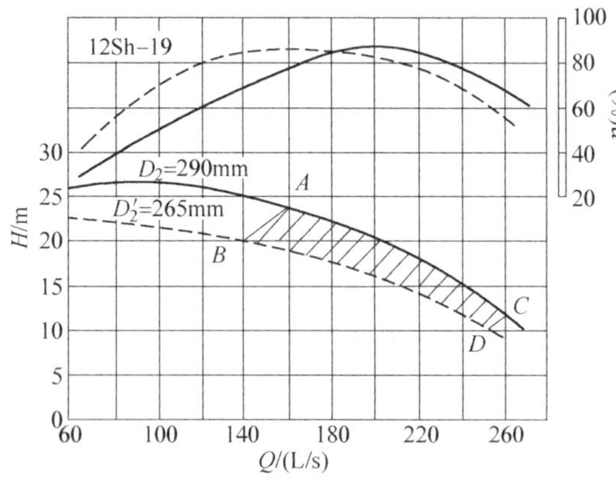

图4-21　泵高效率方框图

目前，叶轮切削一般用于清水泵中，水泵厂常常对同一台水泵，配上2~3个外径不一样的叶轮以便用户使用。为了方便选泵，样本中通常将厂方所生产的某种型号泵的高效率方框图，成系列地绘在同一张坐标纸上，称为性能曲线型谱图，如图4-22所示。图中每一小方框表示一种水泵的高效工作区域。框内注明该水泵的型号、转速及叶轮直径。用户在使用这种型谱图选择水泵时，只需看所需要的工况点落在哪一块方框内，即选用哪一台泵，十分方便简明。

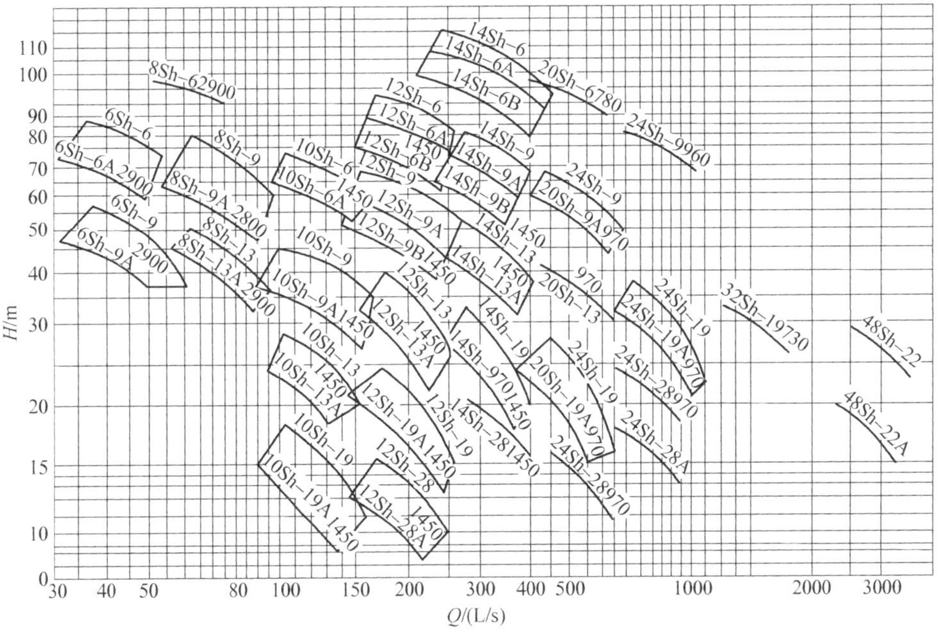

图4-22 S型离心泵性能曲线型谱图

4.3.5 变角调节

通过改变叶片安装角来改变水泵性能，从而达到调节水泵运行工况的目的，称为变角调节。此法只适用于装有可调叶片的轴流泵。

1. 轴流泵叶片变角后的性能曲线

所谓叶片的安装角，是指轴流泵叶片外缘断面的弦与叶片圆周速度反向延长线之间的夹角β_2。叶片断面的弦是指凹面一侧，叶片首尾两端的连线。对于轴流泵，在转速不变的情况下，随着叶片安装角的增大，Q-H和Q-P曲线向右上方移动，Q-η曲线几乎是以不变的数值向右移动，如图4-23所示。为了便于用户使用，将Q-P、Q-η曲线用数值相等的等功率曲线和等效率曲线加绘在Q-H曲线上，称为轴流泵的通用性能曲线，如图4-24所示。这就可以方便地根据所需工作参数来找适当的叶片安装角度或以此来选择水泵。

2. 轴流泵的变角运行

下面以 500ZLB-7.1 型轴流泵为例，说明按照不同扬程变化时，如何调节叶片的安装角度。图 4-24 所示的三条管路系统特性曲线 1、2、3，分别为最小、设计、最大静扬程时的 Q-$H_{需}$ 曲线。如果叶片安装角度为 0°，从图中可以看出，在设计静扬程时，Q = 570L/s、P = 48kW、$\eta>81\%$；在最小静扬程时，Q = 660L/s、P = 38.5kW、$\eta>81\%$，这时水泵轴功率较小，电动机负荷也较小；在最大静扬程时，Q = 463L/s、P = 57kW、η = 73%，这时水泵轴功率较大，效率较低，电动机有超载的危险。

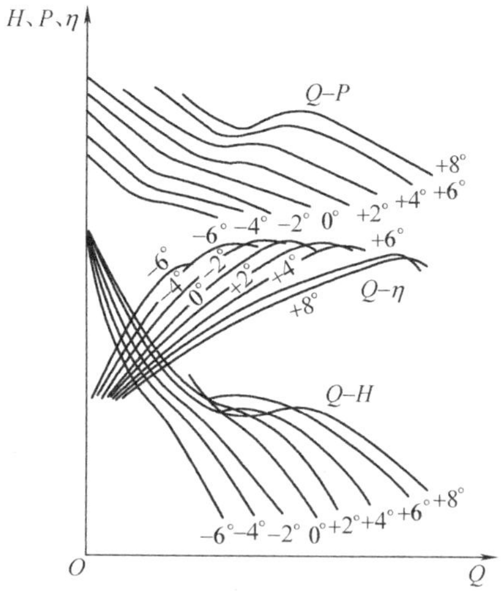

图 4-23 轴流泵变角性能曲线

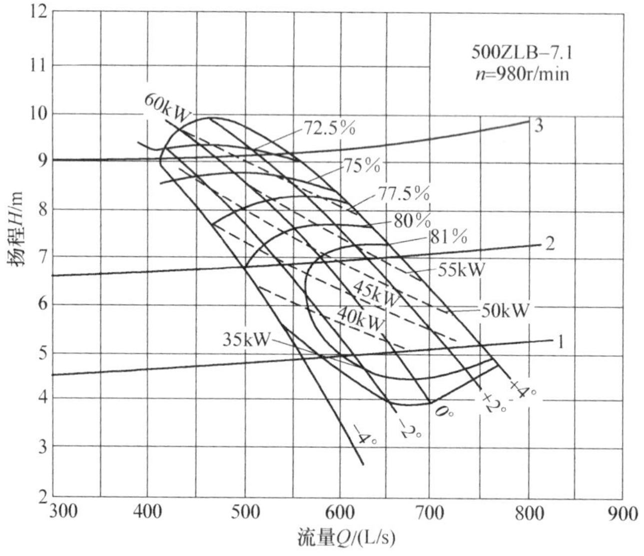

图 4-24 轴流泵通用性能曲线

这台水泵的叶片安装角度是可以调节的，所以在设计静扬程时，将叶片安装角度定为 0°。当在最小静扬程运行时，将叶片安装角调大到 +4°，这时，Q = 758L/s、P = 46kW、η = 81%，效率仍保持在高效率区，流量增加了，更重要的是电动机接近于满负荷运行。当在最大静扬程时，将叶片安装角调到 −2°，这时，Q = 425L/s、P = 51.7kW、η = 73%，虽然流量有所减少，但电动机在满负荷下运行，避免了超载的危险。

由此可见，采用叶片可调节的轴流泵，可以随着实际扬程的变化调节叶片安装角度。当静扬程变大时，把叶片安装角调小，在维持较高效率的情况下，适当地减少出水量，使电动机不至超载；当实际扬程变小时，把叶片安装角调大，使电动机满载运行，且能更多地抽水。所以，采用变角调节不仅使水泵以较高的效率抽更多的水，并且使电动机长期保持或接近满负荷运行，以提高电动机的效率和功率因数。此外，对全调节叶片，在起动时将叶片安装角调至最小，可降低泵的起动力矩。在停车之前，将叶片安装角度调小，可以平稳地完成机组停车。

必须指出的是，中小型轴流泵多为半调节式，一般须在停机、拆卸叶轮之后才能进行调节。而泵站的实际扬程具有随机性，频繁停机调节则有诸多不便。为了使泵站全年或多年运行效率最高，耗能最少，同时满足排水或给水流量的要求，可将叶片安装角调到最优状态，从而达到经济合理的运行。有些泵站在不同季节运行时的扬程是不同的，这时可根据扬程的变化情况，采用不同的叶片安装角。如合流泵站汛期排雨水时，吸水井水位较高，泵的扬程较低，这时可根据扬程将叶片的安装角调大，不但使泵站多抽水，而且电动机满载运行，提高了电动机的效率和功率因数；在非汛期排污水时，吸水井水位较低，泵的扬程较高，这时可将叶片安装角调小，在水泵高效率的情况下，适当减小出水量，防止电动机出现超载。

4.4　水泵并联工作

为了适应用户的用水量、水压变化，水泵站往往设置多台水泵联合工作，用以解决水量、水压变化时的供需矛盾，联合工作的方式包括并联和串联。

多台水泵联合运行，通过联络管共同向一个高地水池或一个城市给水管网送水的水泵工作情况，称为水泵“并联”工作。水泵并联工作的特点：①增加供水量，输水干管中的总流量等于各台并联水泵出水量之和；②可以通过开停水泵的台数来调节泵站的流量和扬程，以适应用户的用水变化；③水泵并联工作的泵有一台损坏时，其他几台水泵仍可继续供水。因此，水泵并联提高了泵站运行调度的灵活性和供水的可靠性，是泵站最常见的一种工作方式。

4.4.1　并联工作的图解法

1. 水泵并联特性曲线的绘制

绘制水泵并联特性曲线的思路如下：用一台假想的水泵来代替并联工作的水泵，这个假想水泵的工况就等于并联水泵的工况，这个假想水泵的性能曲线也就等于并联水泵的性能曲线，那么这个假想水泵的性能曲线就被称为并联特性曲线。这个假想水泵的特性曲线是什么样呢？这是我们解决并联水泵工况首先要解决的问题。

并联水泵工作时，如果从同一个吸水井吸水，送至同一用户，其静扬程是相

同的，如果忽略管路水头损失，并联水泵的扬程也相同，即

$$H_1 = H_2 = H_{并} \tag{4-58}$$

$$Q_1 + Q_2 = Q_{并} \tag{4-59}$$

也就是说，式（4-58）和式（4-59）所表示的就是假想水泵的工作参数。显然，假想水泵的工作扬程就等于各台并联水泵的扬程（不计损失），假想水泵的流量就等于各台并联水泵流量之和，因此水泵并联特性曲线就可以用“横加法”求得，横加法就是在等扬程条件下流量叠加。

如图4-25所示，首先将并联的两台水泵的（Q-H）曲线Ⅰ和Ⅱ绘在同一张坐标图上；然后在不同扬程位置 H_1、H'_1、H''_1 绘几条水平线，与曲线Ⅰ分别交于1、1′、1″点，与曲线Ⅱ分别交于2、2′、2″点，根据横加法的原则，分别计算出在扬程 H_1、H'_1、H''_1 下，并联之后水泵的流量，并将其绘在坐标图上，得到3、3′、3″点；最后用一条光滑曲线连接3、3′、3″各点，即得到水泵并联后的（Q-H）$_{1+2}$曲线。

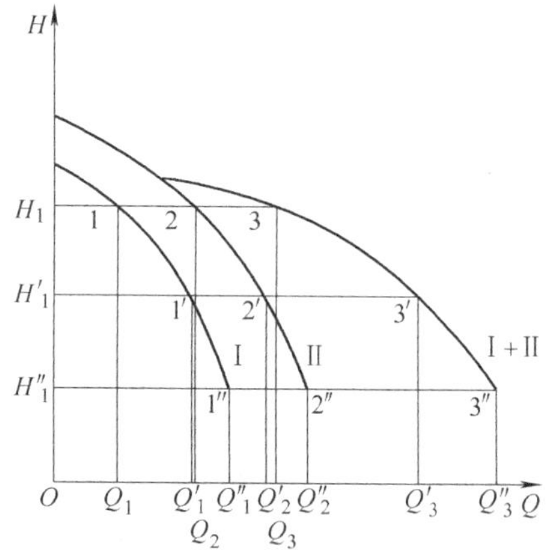

图4-25 水泵并联 Q-H 曲线

事实上，管路水头损失是不能忽略的，因而并联工作的各水泵扬程就不同，所以就不能直接使用“横加法”求出并联特性曲线，所以，寻求并联工况点图解法就没有这么简单。

2. 同型号、同水位、对称布置的两台水泵的并联工作

（1）绘制两台水泵并联特性曲线（Q-H）$_{1+2}$　如图4-26所示，在坐标图上绘出1、2两台水泵的特性曲线。由于两台水泵型号相同，所以特性曲线相同。又因为两台泵从同一水池吸水送往同一高地水池，即静扬程 H_{ST} 相同，并且从吸水口 A、B 两点至并联节点 O 点的管路完全相同，因此，AO、BO 管段的水头损失相同，因此，两台水泵的扬程相同。AO、BO 两管段通过的流量均为 $Q_{1+2}/2$，OG 管段通

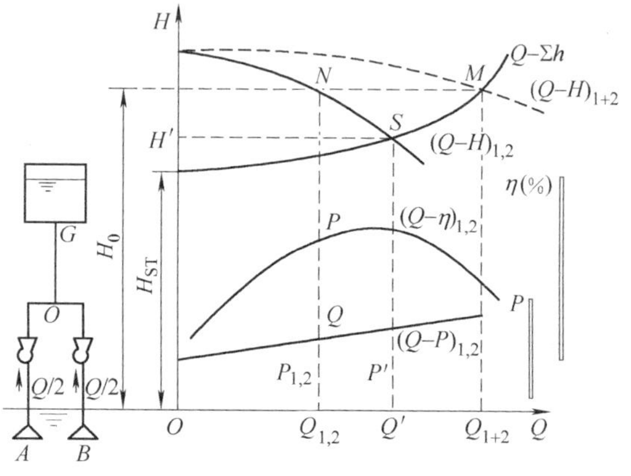

图4-26 同型号、同水位、同对称布置的两台水泵并联

过的总流量为两台泵的流量之和。所以，两台泵在并联运行时总流量等于两台水泵流量之和，总扬程等于各水泵扬程。按照“横加法”原则，将单台水泵同一扬程下的流量扩大两倍即可得到两台泵并联工作的（Q-H）$_{1+2}$曲线。

（2）绘制管路系统特性曲线　根据上面的分析可知，两台水泵的静扬程相同，管路中的水头损失也相同，即并联之后两台水泵的扬程相等，且等于总扬程，则有

$$H = H_{ST} + \sum h_{AO} + \sum h_{OG} = H_{ST} + S_{AO}Q_1^2 + S_{OG}Q_{1+2}^2 \tag{4-60}$$

式中，S_{AO}、S_{OG}分别为管路AO（或BO）及管路OG的阻力系数。因为两台泵同型号，管路中水流是水力对称，故$Q_1 = Q_2 = 1/2Q_{1+2}$，代入式（4-60）

$$H = H_{ST} + \left(\frac{S_{AO}}{4} + S_{OG}\right)Q_{1+2}^2 \tag{4-61}$$

由式（4-61）可绘制出AOG（或BOG）管路系统特性曲线Q-$\sum h_{AOG}$。

（3）并联工况点的确定　（Q-H）$_{1+2}$曲线与Q-$\sum h_{AOG}$曲线的交点M就是并联工作的工况点。M点所对应的流量Q_M即为水泵并联工作的总流量Q_{1+2}，该点对应的扬程H_M即为并联工作的总扬程H_0。

（4）并联工作时，单泵工况点　过M点作水平线，交单泵特性曲线（Q-H）$_{1,2}$于N点，N点即是水泵在并联工作时，各单泵工况点，其流量为$Q_{1,2}$，扬程为H_0。自N点引垂线，交（Q-η）$_{1,2}$曲线于P点，交（Q-N）$_{1,2}$曲线于Q点，P点和Q点分别为并联工作时，单泵的效率点和轴功率点。

（5）单泵单独工作工况点　单泵的特性曲线（Q-H）$_{1,2}$与管路特性曲线Q-$\sum h_{AOG}$交于S点（Q'，H'），S点即是一台水泵单独工作时的工况点。

从图4-26中可以看出，$P' > P_{1,2}$，即单泵单独工作时的轴功率大于并联工作时各单泵的轴功率。因此，在选配电动机时，要根据单泵单独工作的轴功率来配套。另外，$Q_{1,2} < Q' < Q_{1+2}$，两台水泵并联工作时的总流量并不等于单台泵单独工作时流量的两倍，即$Q_{1+2} \neq 2Q'$，$\Delta Q = Q_{1+2} - Q' < Q'$，管路特性曲线越陡，$\Delta Q$越少。这种现象在多台泵并联时，就很明显。

多台同型号水泵并联工作的特性曲线同样可以用横加法求得，如图4-27所示为五台同型号水泵并联工作的情况。由图可知，水泵并联工作时，每增加一台水泵所增加的水量ΔQ并不相同，水泵并联越多，增加的水量ΔQ就越少。

由图4-27可知，以一台泵工作时的流量Q_1为100，当两台水泵并联时的总流量Q_2为190，比单泵工作时增加了90，三台泵并联的总流量Q_3为251，比两台泵并联时增加了61，四台泵并联的总流量Q_4为284，比三台泵并联增加了33，五台水泵并联的总流量Q_5为300，仅比四台水泵并联增加了16。由此可见，当水泵并联台数达到4～5台以上时，增加的流量ΔQ很小，已经没有意义了。每台水泵的工况点，随着并联水泵台数的增多，而向扬程高的一侧移动。台

数过多，就可能使工况点移出高效段范围。所以，是否通过增加并联工作的水泵台数来增加水量，要通过工况分析和计算决定，不能简单地理解增加水泵台数就能成倍增加水量。尤其是改扩建工程，更要认真分析计算水泵并联工况，才能确定。

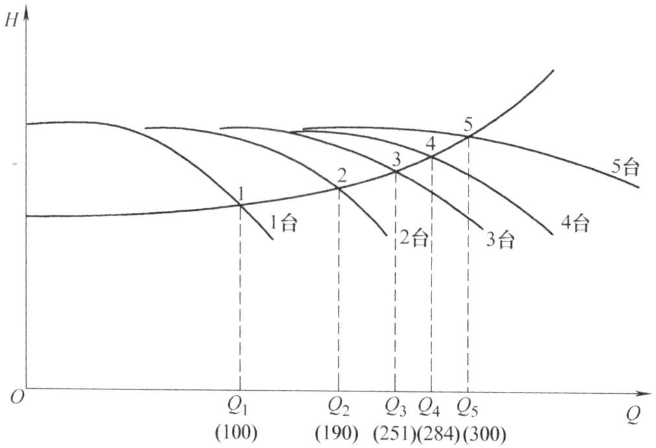

图 4-27　五台同型号水泵并联

3. 不同型号、布置不对称在相同水位下两台水泵的并联工作

如图 4-28 所示，由于两台水泵型号不同，两台水泵特性曲线不同；由于管路布置不对称，*AB* 和 *BC* 管路中的水头损失也不同。所以，两台水泵在并联工作时的扬程也就不同。这样，就不能直接利用等扬程条件下的流量叠加原理，即横加法求得并联特性曲线。

根据水力学知识可以知道，在并联节点 *B* 点安装一根测压管，测压管的值只能有一个，即 *B* 点处的比能值只能有一个。也就是说，水泵 Ⅰ 和水泵 Ⅱ 同时折引到 *B* 点工作，两台水泵所具有的比能一定相同，等于 *B* 点测压管水面与吸水井水面高差 H_B。

Ⅰ 号泵折引到 *B* 点后的剩余比能 H_B 为

$$H_B = H_{\mathrm{I}} - \sum h_{AB} = H_{\mathrm{I}} - S_{AB}Q_{\mathrm{I}}^2 \tag{4-62}$$

同理，把 Ⅱ 号泵折引到 *B* 点后的剩余比能 H_B 为

$$H_B = H_{\mathrm{II}} - \sum h_{BC} = H_{\mathrm{II}} - S_{BC}Q_{\mathrm{II}}^2 \tag{4-63}$$

扣除了差异 $\sum h_{AB}$ 和 $\sum h_{BC}$ 后，Ⅰ 号泵和 Ⅱ 号泵就在相同的扬程 H_B 下工作了，可以按照“横加法”原理做出并联特性曲线，求解工况点。具体求解步骤如下：

1）首先在横坐标下绘制 Q-$\sum h_{AB}$ 和 Q-$\sum h_{BC}$ 曲线。

2）用折引特性曲线法，在对应的流量条件下从水泵特性曲线（Q-H）$_{\mathrm{I}}$ 和

$(Q\text{-}H)_{\text{II}}$上扣除水头损失$\sum h_{AB}$和$\sum h_{BC}$，得到折引特性曲线（$Q\text{-}H)'_{\text{I}}$和（$Q\text{-}H)'_{\text{II}}$。

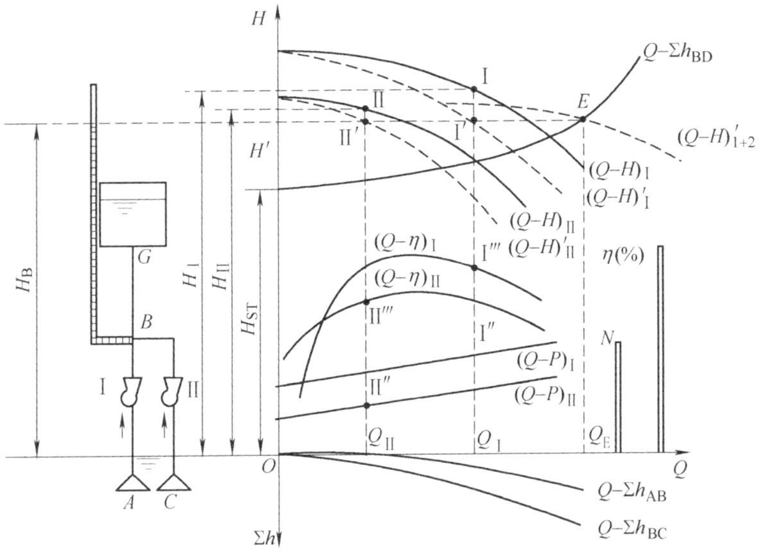

图4-28 不同型号、相同水位下两台水泵并联

3）由于扣除了差异$\sum h_{AB}$和$\sum h_{BC}$，此时可以应用等扬程下流量叠加的原理（横加法），绘出折引并联特性曲线（$Q\text{-}H)'_{1+2}$。

4）绘制BD管路系统特性曲线$Q\text{-}\sum h_{BD}$，该曲线与折引并联特性曲线（$Q\text{-}H)'_{1+2}$交于E点，E点就是并联水泵的工况点，该点对应的流量Q_E，即为两台水泵并联工作的总供水量。

5）自E点引水平线，交（$Q\text{-}H)'_{\text{I}}$和（$Q\text{-}H)'_{\text{II}}$曲线于Ⅰ′点和Ⅱ′点，由Ⅰ′点和Ⅱ′点向上引垂线交（$Q\text{-}H)_{\text{I}}$和（$Q\text{-}H)_{\text{II}}$曲线于Ⅰ(Q_{I}, H_{I})点和Ⅱ(Q_{II}, H_{II})点，显然，Ⅰ点和Ⅱ点就是并联工作时，Ⅰ号水泵和Ⅱ号泵的工况点。

6）由Ⅰ点和Ⅱ点向下引垂线交（$Q\text{-}P)_{\text{I}}$和（$Q\text{-}P)_{\text{II}}$曲线于Ⅰ″点和Ⅱ″点，交（$Q\text{-}\eta)_{\text{I}}$和（$Q\text{-}\eta)_{\text{II}}$曲线于Ⅰ‴点和Ⅱ‴点。各点分别为两台水泵并联工作时功率点和效率点，Ⅰ″点对应I号泵的功率值P_1，Ⅱ″点对应Ⅱ号泵的功率值P_2。Ⅰ‴点对应Ⅰ号泵的效率值η_1，Ⅱ‴点对应Ⅱ号泵的效率值η_2。两台水泵并联工作的总功率和总效率分别为

$$P_{1+2} = P_1 + P_2 \tag{4-64}$$

$$\eta_{1+2} = \frac{\rho g Q_{\text{I}} H_{\text{I}} + \rho g Q_{\text{II}} H_{\text{II}}}{P_1 + P_2} \tag{4-65}$$

在我国北方地区，常见以井群采集地下水。一井一泵，井群以联络管相连以

后，以一根或多根干管输送至水厂，再集中消毒后由泵站加压输入管网。这种情况，从泵的工况来分析，相当于几台泵在管道布置不对称的情况下并联工作。与上述例子所不同的，往往只是各井间的吸水动水位的不同。在进行工况计算时，只须在计算静扬程时，以一共同基准面算起，然后做相应的修正即可，其他算法都是相似的。另外，衡量管路布置的对称与否，应从工程来考虑，一般仅在管路布置差异较大的情况下，才认为是不对称布置。例如在两台离干管汇集点距离相差较大的井泵进行并联工作时，或在两个泵站离管网输水干管的汇集点距离不一而并联工作等场合下，就应按上述方法进行计算。

4. 一台水泵向两个不同高程的高地水池供水

首先假设在管路分支点 B 处安装一根测压管，依测压管水面高度 H_B 可以分析出水泵向两个不同高程的高地水池供水时，可能存在三种不同的情况：① $H_B > H_{ST2}$ 时，水泵向两个高地水池供水；② $H_{ST2} > H_B > H_{ST1}$ 时，水泵和 D 水池联合工作向 C 水池供水；③ $H_B = H_{ST2}$ 时，D 水池处于暂时平衡状态，既不进水也不出水，水泵向 C 水池供水，属于单泵向一个水池送水的简单工况（这是一种瞬间临界的状态，在工程中意义不大）。

（1）$H_B > H_{ST2}$ 时，水泵向两个高地水池供水　若水泵扬程为 H_0，则 B 点的测压管水面高度 $H_B = H_0 - \sum h_{AB}$，H_B 表示水在 B 点所具有的比能，即在 B 点有一扬程为 H_B 的水泵（假想水泵）向 C 水池和 D 水池供水，如图 4-29 所示。具体解题步骤如下：

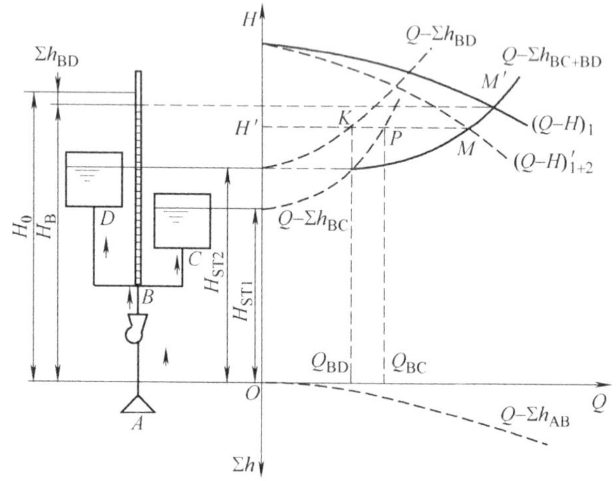

图 4-29　一台泵向两个高地水池供水

1）在横坐标下绘出 AB 管路水头损失特性曲线 $Q\text{-}\sum h_{AB}$。

2）从水泵特性曲线 $Q\text{-}H$ 上减去相应流量下 AB 管路水头损失 $\sum h_{AB}$，得到水泵的折引特性曲线 $(Q\text{-}H)'$。

3）根据公式 $H_{BC} = H_{ST1} + \sum h_{BC}$ 和 $H_{BD} = H_{ST2} + \sum h_{BD}$，作出 BC 及 BD 段管路系统特性曲线 $Q\text{-}\sum h_{BC}$ 和 $Q\text{-}\sum h_{BD}$。

4）应用“横加法”原理，将 $Q\text{-}\sum h_{BC}$ 曲线与 $Q\text{-}\sum h_{BD}$ 曲线进行横加，可以得到并联管路系统特性曲线 $(Q\text{-}\sum h)_{BC+BD}$，该曲线与水泵折引特性曲线

$(Q\text{-}H)'$相交于 M 点，M 点的横坐标为通过 B 点的总流量。

5）自 M 点作水平线交 $Q\text{-}\sum h_{BC}$ 和 $Q\text{-}\sum h_B$ 曲线于 P 点和 K 点；P 点的横坐标即为 C 水池的进水量 Q_{BC}，K 点的横坐标即为 D 水池的进水量 Q_{BD}。

6）自 M 点向上作垂线交水泵特性曲线 $Q\text{-}H$ 于 M'点，M'点即为水泵的工况点，其纵坐标即为水泵的扬程 H_0。

（2）$H_{ST2}>H_B>H_{ST1}$时，水泵和 D 水池联合向 C 水池供水　在这种情况下，若把 D 水池当做一台水泵来对待，则此类问题的求解方法就和不同型号水泵并联工作求解方法相同，关键是先找出 D 水泵的工作特性曲线 $(Q\text{-}H)_D$。

因为 D 水池就是高位水箱出流，D 水泵的工作特性曲线就是一条高度为 H_{ST2} 的水平线，如图 4-30 所示。这样求解其工况点的步骤就为：

1）首先在横坐标下绘出 AB 段管路水头损失特性曲线 $Q\text{-}\sum h_{AB}$。

2）从水泵特性曲线 $Q\text{-}H$ 上减去 AB 管路相应流量下的水头损失 $\sum h_{AB}$，得到水泵的折引特性曲线 $(Q\text{-}H)'$；

3）从 D 水池工作特性曲线 $H=H_{ST2}$上减去 BD 管路相应流量下的水头损失 $\sum h_{BD}$；得到 D 水池的折引特性曲线 $(Q\text{-}H)_{BD}$，然后根据“横加法”将水泵和 D 水池的折引特性曲线 $(Q\text{-}H)'$和 $(Q\text{-}H)_{BD}$横加，得到水泵和 D 水池的并联折引特性曲线 $(Q\text{-}H)_{泵+D}$；

4）作出 BC 段管路系统特性曲线 $Q\text{-}\sum h_{BC}$，该曲线与水泵的并联折引特性曲线 $(Q\text{-}H)_{泵+D}$相交于 M 点，M 点就是并联工况点。该点对应的横坐标 Q_M 就是 C 水池的进水量，纵坐标 H_M 就是 B 点的测压管高度。

5）自 M 点引水平线交 $(Q\text{-}H)'$和 $(Q\text{-}H)_{BD}$曲线于 P 点和 K 点，P 点的横坐标即为水泵的供水量 Q_{AB}，K 点的横坐标即为 D 水池的出水量 Q_{BD}。

6）自 P 点向上引垂线交水泵特性曲线 $(Q\text{-}H)$ 于 P'点，P'点就是水泵工况点。

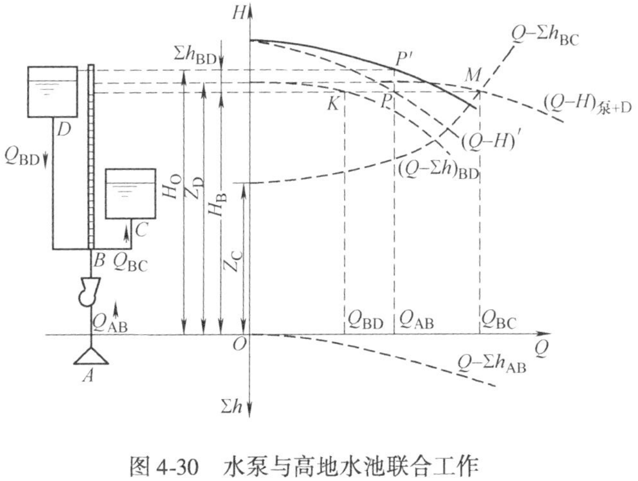

图 4-30　水泵与高地水池联合工作

5. 同型号、同水位、对称布置一定一调两台水泵并联工作

两台泵并联运行时，当一台水泵为定速泵，另一台水泵为调速泵时，通常存在两种情况：

一种情况是调速泵的转速 n_1 和定速泵的转速 n_2 均为已知，求两台水泵并联运行的工况点。若 $n_1=n_2$，则属于同型号水泵并联工作问题，若 $n_1 \neq n_2$，则属于不同型号水泵并联工作问题，这类问题的求解如 4-26 和图 4-28 所示，不再重复。

另一种情况是已知定速泵的转速 n_2 和并联工作的总供水量 Q_P，求调速泵的转速 n_1。

这类问题比较复杂，存在定速泵的工况点值（$Q_{Ⅱ}$，$H_{Ⅱ}$）、调速泵的工况点值（$Q_{Ⅰ}$，$H_{Ⅰ}$），以及调速泵的转速 n_1 等五个未知数，直接求解比较复杂，但仍然可以用折引特性曲线法来求解。

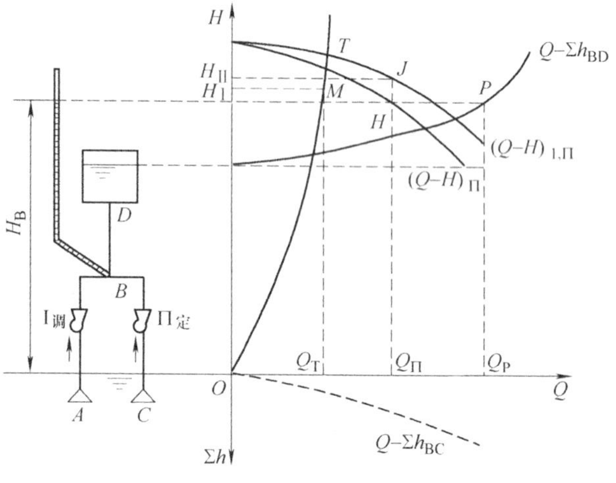

图 4-31 一定一调泵并联工作

求解思路是将不同型号水泵并联步骤反向进行，如图 4-31 所示，已知定速泵的特性曲线 $(Q\text{-}H)_{Ⅱ}$、管路系统特性曲线和总供水量 Q_p。可以根据“横加法”的原理求解上述五个未知数，解题步骤如下：

1）绘出两台同型号水泵的扬程特性曲线 $(Q\text{-}H)_{Ⅰ、Ⅱ}$。

2）根据公式 $H=H_{ST}+S_{BD}Q^2$ 绘出 BD 段管路系统特性曲线 $Q\text{-}\sum h_{BD}$。

3）自总供水量 Q_p 向上引垂线，交 $Q\text{-}\sum h_{BD}$ 曲线于 P 点，P 点的纵坐标就是 B 点测压管高度 H_B。

4）由 $\sum h_{BC}=S_{BC}Q^2$，在横坐标下绘出 BC 管路的水头损失特性曲线 $Q\text{-}\sum h_{BC}$，从定速泵的 $(Q\text{-}H)_{Ⅱ}$ 曲线上减去相应流量下 BC 管路的水头损失 $\sum h_{BC}$，得到定速泵的折引特性曲线 $(Q\text{-}H)'_{Ⅱ}$。

5）从 P 点向右引水平线，交 $(Q\text{-}H)'_{Ⅱ}$ 曲线于 H 点，由 H 点向上引垂线，交水泵特性曲线 $(Q\text{-}H)_{Ⅰ、Ⅱ}$ 于 J 点，J 点就是定速泵的工况点。J 点的横坐标即为定速泵的流量 $Q_{Ⅱ}$，纵坐标就是定速泵的扬程 $H_{Ⅱ}$。

6）调速泵的流量 $Q_{Ⅰ}=Q_P-Q_{Ⅱ}$，调速泵的扬程 $H_{Ⅰ}=H_B+\sum h_{AB}=H_B+$

$S_{AB}Q_{\mathrm{I}}^2$，根据（Q_{I}，H_{I}）就可在图上绘出调速泵的工况点 M。

7）由 $k=\dfrac{H_{\mathrm{I}}}{Q_{\mathrm{I}}^2}$，求得 k 值，再绘出通过 M 点的相似工况抛物线（等效率曲线）$H=kQ^2$，它与定速泵的特性曲线 $(Q\text{-}H)_{\mathrm{I}、\mathrm{II}}$ 相交于 T 点，T 点横坐标为 Q_T。

8）根据式（4-35），就可以求出调速泵的转速 n_1，即 $n_1=n_2\dfrac{Q_{\mathrm{I}}}{Q_T}$。

综上所述，求解水泵并联工作时的工况点，就是求水泵的 $Q\text{-}H$ 曲线与管路系统特性曲线 $Q\text{-}H_{需}$ 的交点。但由于水泵型号不同、静扬程不同以及管路中水头损失不同等因素，使得参加并联工作的各水泵工作时的扬程不相等。因此，采用折引特性曲线法。在水泵特性曲线 $Q\text{-}H$ 上扣除水头损失不同的管路水头损失，即可作出水泵的折引的特性曲线 $(Q\text{-}H)'$，使问题得以简化，这样就可使用等扬程下流量叠加的原理，绘出折引并联特性曲线 $(Q\text{-}H)'_{\mathrm{I}+\mathrm{II}}$。然后即可得出该曲线与总的管路系统特性曲线的交点，从而求得并联后的总供水量。再反推回去即可求得每台水泵的工况点。

4.4.2　并联工作的数解法

1. 定速泵并联工作的数解法

（1）水泵并联时 $Q\text{-}H$ 曲线方程式　n 台同型号水泵并联运行时，其总的 $Q\text{-}H$ 曲线上各点的流量为 $Q=nQ'$，Q' 为某一扬程时对应的一台水泵的流量。由于水泵型号相同，并联运行时水泵的总虚扬程 H_x 等于每台水泵的虚扬程 H'_x。因此，n 台同型号水泵并联运行时，$Q\text{-}H$ 曲线的方程式为

$$H=H_x-S_x(nQ')^2 \tag{4-66}$$

式中　S_x——并联运行时，水泵的总虚阻耗，其值可以用下式求得

$$S_x=\frac{H'_a-H'_b}{(nQ'_b)^2-(nQ'_a)^2}=\frac{H'_a-H'_b}{n^2[(Q'_b)^2-(Q'_a)^2]} \tag{4-67}$$

式中　H'_a、H'_b——并联运行时总的 $Q\text{-}H$ 曲线高效段上任取两点扬程；

Q'_a、Q'_b——扬程为 H'_a、H'_b 时，各水泵的流量。

由式（4-28）可知，式（4-67）为

$$S_x=\frac{S'_x}{n^2} \tag{4-68}$$

式中　S'_x——每台水泵的虚阻耗。

对于两台不同型号的水泵并联工作时

$$S_x = \frac{H_a - H_b}{(Q'_b + Q''_b)^2 - (Q'_a + Q''_a)^2} \tag{4-69}$$

式中　Q'_a、Q''_a——在扬程为 H_a 时，第一台水泵和第二台水泵的流量；

Q'_b、Q''_b——在扬程为 H_b 时，第一台水泵和第二台水泵的流量。

因此，两台不同型号的水泵并联工作时

$$H_x = H_a + S_x(Q'_a + Q''_a)^2 = H_b + S_x(Q'_b + Q''_b)^2 \tag{4-70}$$

同样可用类似的方法确定 n 台不同型号的水泵并联运行时的总虚扬程 H_x 及总虚阻耗系数 S_x 值。

（2）工况点的确定　将水泵并联特性曲线方程 $H = H_x - S_x Q^2$ 与管路系统特性曲线方程 $Q\text{-}H_{需}$ 联立求解，即可解得并联运行时的工况点，进而确定每台泵的工况点。

2. 调速运行时并联工况的数解法

（1）取水泵站调速运行的数解法　对于取水泵站来说，由于水源水位的变化，将引起水泵流量的变化。为了保证向净水构筑物均匀供水，可采用调速运行的方式来实现取水泵站的均匀供水。

如图 4-32 所示，某取水泵站有两台不同型号的离心泵并联工作。其中 1 号泵为定速泵，其 $Q\text{-}H$ 曲线高效段的方程为 $H = H_{x1} - S_{x1}Q^2$。2 号泵为调速泵，当转速为额定转速 n_0 时，$Q\text{-}H$ 曲线高效段的方程为 $H = H_{x2} - S_{x2}Q^2$。图 4-32 所示 Z_1、Z_2 分别为 1 号泵和 2 号泵吸水井的水位标高，Z_0 为水厂混合井中的水面标高，S_1、S_2、S_3 分别为不同管段管路的阻力系数。当水厂要求取水泵站的供水量为 Q_T 时，为实现取水泵站的均匀供水，调速泵的转速应为多少？

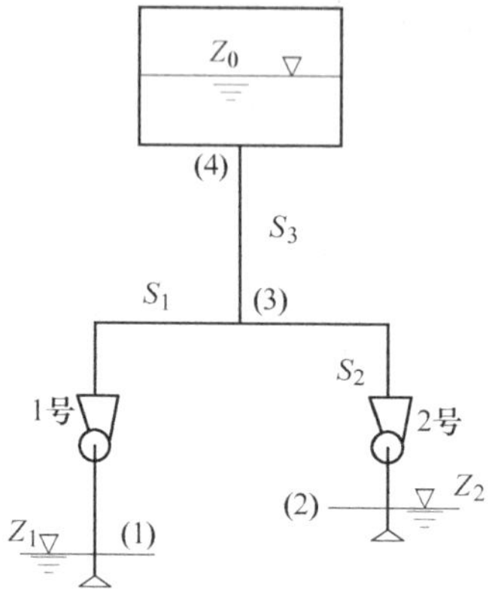

图 4-32　调速取水泵站

计算步骤如下：

1）计算并联节点（3）的测压管水头 H_3 值

$$H_3 = Z_0 + S_3 Q_T^2 \tag{4-71}$$

2）计算水泵的流量。定速泵的流量可按式（4-30）计算，此时 $H_{ST} = H_3 - Z_1$，因此有

$$Q_1 = \sqrt{\frac{H_{x1} + Z_1 - H_3}{S_1 + S_{x1}}} \tag{4-72}$$

调速泵的流量 Q_2 与水泵的转速有关，设调速泵运行时的转速为 n_T，则相应的 $Q\text{-}H$ 曲线高效段的方程式根据式（4-44）得

$$H=\left(\frac{n_T}{n_0}\right)^2 H_{x2}-S_{x2}Q^2$$

由式（4-30）可得调速泵的流量为

$$Q_2=\sqrt{\frac{\left(\frac{n_T}{n_0}\right)^2 H_{x2}+Z_2-H_3}{S_2+S_{x2}}} \tag{4-73}$$

3）计算调速泵的转速 n_T 值。取水泵站均匀供水，即要求泵站中运行泵的流量之和等于水厂要求的供水量 Q_T，亦即

$$Q_T=Q_1+Q_2=\sqrt{\frac{H_{x1}+Z_1-H_3}{S_1+S_{x1}}}+\sqrt{\frac{\left(\frac{n_T}{n_0}\right)^2 H_{x2}+Z_2-H_3}{S_2+S_{x2}}} \tag{4-74}$$

解上式即可求出调速泵的转速 n_T 值。

通常，当取水泵站中有多台定速泵与一台调速泵并联运行时，可将并联运行的定速泵按本书介绍的方法，求出并联后的并联特性曲线，并视它们为一台当量泵，这样，就转换为一台定速泵与一台调速泵的联合运行，再按上述步骤求出调速泵的转速 n_T 值。或者，先对每台定速泵，仿式（4-72）式求出其出水量，然后按公共节点连续方程列出类似于式（4-74）的方程并求解得出 n_T 值。一般而言，后一种方法可能更适合于数解。

4）求泵的实际工况点。前面已经指出，水泵调速是有一定的范围限制，也只有在这样的范围内才有等效率工况相似点。当求得 n_T 值小于允许的最低转速 n_{min}时，应取 $n_T=n_{min}$值。此时，有必要计算出相应于 $n_T=n_{min}$时的各泵的工况点和总出水量，以便采取其他措施实现均匀供水。

（2）送水泵站调速运行的数解法　送水泵站与管网联合工作工况点的计算比较复杂，这里仅介绍以等压供水为目标的单一水源水泵的调速运行计算方法。所谓等压供水就是控制送水泵站的出水压力使管网控制点的水压能满足用户所需服务水头的要求，并尽量使两者接近。调速泵转速 n_T 的确定方法如下：

1）送水泵站出水压力的确定。送水泵站的出水压力应保证管网中各节点的水压均能满足用户所需的服务水压。当管网中某些节点的服务水压小于用户所需的服务水压时，送水泵站应通过增大水泵机组等措施来增大出水压力；当服务水压大于用户所需值时，为降低泵站能耗、减少管网的漏水及防止爆管事故的发生，可通过降低调速泵转速的方法来减少送水泵站的出水压力，以降低服务水压。

图 4-33 所示为送水泵站与管网联合工作的示意图。设送水泵站出水点 A 的水压相应的水头为 H_A，地面标高为 Z_A，出水点 A 至管网中任一节点 i 管道的水头损失为$\sum h_i$，节点 i 的地面高程为 Z_i，用户所需的服务水压相应的水头为 H_{ci}。该节点的实际服务水压相应的水头为 H_i，可由下式计算

$$H_i = H_A + Z_A - Z_i - \sum h_i \qquad (4\text{-}75)$$

为了保证用户用水的需要，服务水压相应的水头 H_i 应满足

$$H_i \geqslant H_{ci} \qquad (4\text{-}76)$$

则送水泵站出水点 A 的水压相应的水头 H_A 应满足

$$H_A \geqslant H_{ci} + Z_i + \sum h_i - Z_A \qquad (4\text{-}77)$$

当管网中节点 t 为控制点时，最理想的送水泵站出水压力相应的水头 H_A^* 应为

$$H_A^* = H_{ci} + Z_t + \sum h_t - Z_A \qquad (4\text{-}78)$$

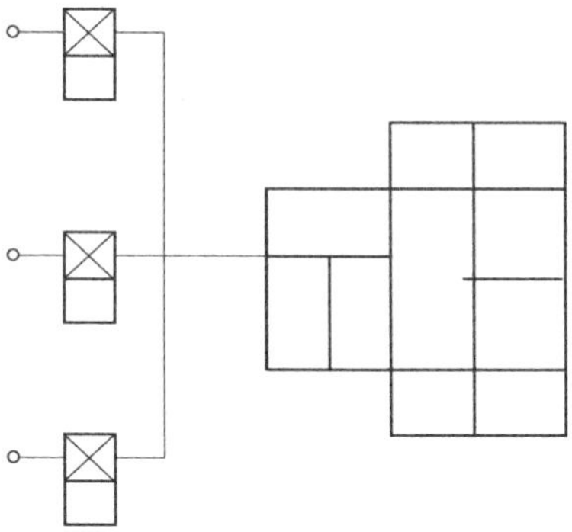

图 4-33　送水泵站与管网联合工作

式中　Z_t——控制节点 t 的位置标高；

$\sum h_t$——为管网中 A 节点到 t 节点管路的水头损失。

2）计算调速泵的转速 n_T

对于单水源供水管网，泵站的供水量 Q_T 即为管网中用户的用水量，即管网的节点流量之和。如能确定水厂出水压力，实际上就能确定所要确定的泵站运行工况（Q_T，H_A^*）。

当送水泵站出水压力为 H_A^* 时，各定速泵的实际供水量 QP_j 可由式（4-30）求出，此时 $H_{ST} = H_A^* + Z_A - ZP_j$，则

$$QP_j = \sqrt{\frac{H_{xj} + ZP_j - H_A^* - Z_A}{S_{xj} + SP_j}} \qquad (4\text{-}79)$$

求出各定速泵的实际供水量后，调速泵的供水量 Q'可由下式确定

$$Q' = Q_T - \sum QP_j \qquad (4\text{-}80)$$

调速泵的扬程 H'为

$$H' = H_A^* + Z_A + S'Q'^2 - Z_P \qquad (4\text{-}81)$$

式中　S'——调速泵吸、压水管路的阻力系数；

Z_P——调速泵吸水井的水位标高。

设调速泵在额定转速 n_0 运行时的 Q-H 曲线方程为 $H = H_x - S_x Q^2$，由式（4-38）可求出所需调速泵转速 n_T 值。

$$n_T = \frac{n_0 Q' \sqrt{S_x + k}}{\sqrt{H_x}} \qquad (4\text{-}82)$$

式中，k 值为

$$k = \frac{H'}{Q'^2} = S' + \frac{H_A^* + Z_A - Z_P}{Q'^2} \qquad (4\text{-}83)$$

3）校核调速泵的转速

若按式（4-82）计算出的 $n_T < n_{min}$，则取 $n_T = n_{min}$，此时，应计算出相应于 $n_T = n_{min}$ 各水泵的出水流量和总出水量及节点的实际水压。

4.4.3　并联运行中调速泵台数的确定

给水泵站中并联运行的水泵，如果全部采用调速泵，在满足用户用水量和水压的同时，将减少大量的能源消耗。但由于调速装置价格较高，这样势必增大泵站的投资；另外，给水泵站在控制运用时，可用定速泵的开停来大调供水流量和水压，而用调速泵进行微调，即可满足用户用水量和水压的要求。因此，水泵并联工作时，调速泵与定速泵的配置比例应以充分发挥每台调速泵在调速运行时仍能在高效率范围内工作为原则。

例如图4-34所示为三台同型号水泵并联工作，如果采用二定一调方案，当泵站被要求供水量为 Q_A，如果 $Q_2 < Q_A < Q_3$ 时，开起两台定速泵，一台调速泵是完全可以满足需要的。此时，泵站供水量为 Q_A，两台定速泵每台流量为 Q_0、调速泵的流量为 Q_i。若 Q_A 更小一些，接近 Q_2 时，调速泵的流量 Q_i 就非常小，其效率一定很低，不但不能节能，反而可能增加能耗。如果上述情况改为二调一定配置方案，情况就不一样了。此时，泵站总供水量为 Q_A，一台定速泵的流量为 Q_0，每台调速泵的流量为 $(Q_0 + Q_i)/2$，远远大于 Q_i，因此，可以控制调速泵在高效率范围内，使得定速泵和调速泵都处于高效段工作。如果泵站要求的供水量 Q_A 减少（$Q_A < Q_2$），此时，可以关掉一台定速泵，由两台调速泵供水，这样也比较容易使调速泵在它高效段内工作，达到调速节能目的。

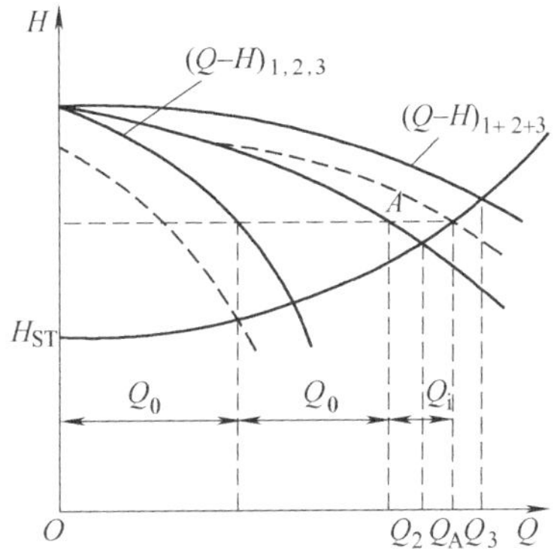

图4-34　三台同型号水泵并联调速

显然，如果泵站要求的供水量 $Q_A > Q_3$ 时，可设两台调速泵和两台定速泵来满足要求，按此方案类推，可使每台调速泵的流量在定速泵额定流量的0.5～1.0倍之间变化，这样可缩小调速泵的调速范围，使得节能效果更加显著。

4.5　水泵串联工作

水泵串联工作就是将第一台水泵的压水管作为第二台水泵的吸水管，第一台水泵从水池吸水加压送入第二台水泵，第二台水泵从第一台水泵的压水管吸水加压输水，水流以同一流量依次流过每台水泵，水流获得的总能量等于各台泵供给能量之和，如图4-35所示。

4.5.1 水泵串联工作图解法

串联工作的总流量等于每一台水泵的流量之和 $Q=Q_1=Q_2$，总扬程等于每台水泵的扬程之和 $H=H_1+H_2$，即串联工作特性曲线可以在等流量条件下将扬程叠加求得，称之为“竖加法”。

如图4-35所示，水泵Ⅰ和水泵Ⅱ的特性曲线分别为 $(Q\text{-}H)_1$ 和 $(Q\text{-}H)_2$，将 $(Q\text{-}H)_1$ 和 $(Q\text{-}H)_2$ 曲线上横坐标相等的各点纵坐标相加（流量相同，扬程相加），就得到串联特性曲线 $(Q\text{-}H)_{1+2}$，它与管路系统特性曲线 $Q\text{-}\sum h$ 相交于 A 点，A 点就是水泵串联工况点。自 A 点向下引垂线，交水泵Ⅰ和水泵Ⅱ的特性曲线 $(Q\text{-}H)_1$ 和 $(Q\text{-}H)_2$ 于 B 点和 C 点，则 B 点和 C 点分别为水泵串联工作时水泵Ⅰ和水泵Ⅱ的工况点。

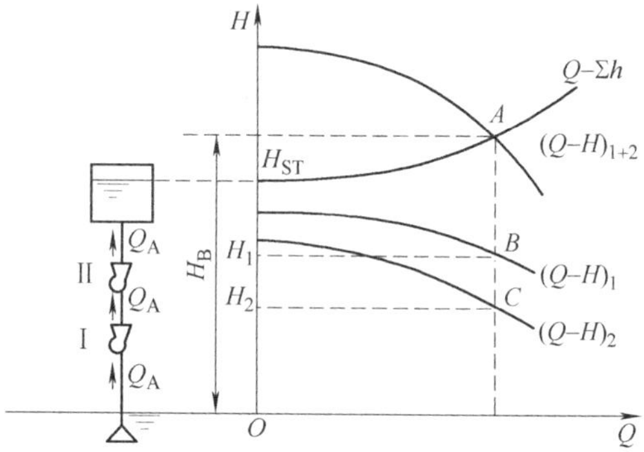

图4-35 水泵串联工作

4.5.2 水泵串联工作数解法

n 台同型号水泵串联工作时，其总扬程等于每台泵的扬程之和。因此，水泵的总虚扬程为

$$H_x=nH_x \tag{4-84}$$

水泵的总虚阻耗为

$$S_x=nS'_x \tag{4-85}$$

所以，水泵串联特性曲线为

$$H=nH'_x-nS'_xQ^2=n(H'_x-S'_xQ^2) \tag{4-86}$$

两台不同型号的水泵串联工作，水泵的总虚阻耗为

$$S_x=\frac{(H'_2+H''_2)-(H'_1+H''_1)}{Q_1^2-Q_2^2} \tag{4-87}$$

式中 H'_2、H''_2——流量为 Q_2 时，每台泵的扬程；

H'_1、H''_1——流量为 Q_1 时，每台水泵的扬程。

总虚扬程为

$$H_x=H'_x+H''_x=(H'_1+H''_1)+S_xQ_1^2=(H'_2+H''_2)+S_xQ_2^2 \tag{4-88}$$

同样采用类似的方法可确定多台不同型号水泵串联工作时的 H_x 和 S_x 值。

求得串联工作的水泵总 H_x 和 S_x 值后，即可确定水泵串联工作时总的 Q-H 特性曲线，该曲线与管路系统特性曲线 Q-$H_{需}$ 的交点即为串联工作时的工况点，进而可确定每台泵的工况点。

在实际工程中，泵站中采用多台水泵串联工作的情况很少见，这是因为：第一，目前生产的各种型号的水泵扬程已经能够满足给水排水工程对扬程的要求；第二，目前生产的多级水泵实际上就是水泵串联工作，工程中常用多级水泵代替水泵串联；第三，在工程中，当需长距离、高扬程输水时，并不采用水泵串联工作，而是在一定距离设置中途加压泵站，采用泵站串联工作的方法。泵站串联工作要比水泵串联工作节省能量，并减少泄漏量。

如果需要水泵串联运行，要注意：①参加水泵串联工作的每台水泵的设计流量应是接近的，否则，就不能保证每台水泵都在高效率下运行，严重时，可使得小泵过载或者反而不如大泵单独工作；②水泵串联工作时，应考虑后续工作的水泵强度问题，因为后续工作的水泵要承受高压。

思考题与习题

1. 泵站设计时如何计算总扬程？
2. 试在图4-36所示的诸水泵装置中标出水泵的静扬程，写出其设计扬程的表达式。

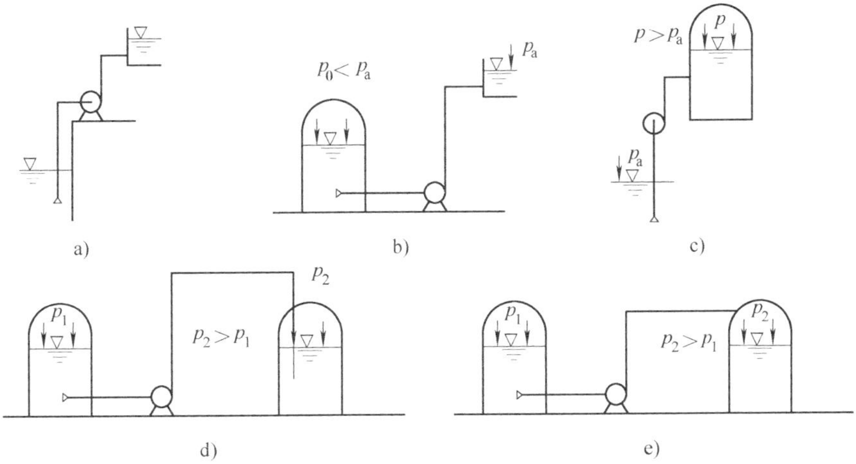

图4-36 水泵装置图

3. 图4-37所示的泵装置，泵从一个密闭水箱抽水，输入另一个密闭水箱，水箱内的水面与泵轴齐平，试问：

（1）该泵装置的静扬程 H_{ST}(m)是多少？

（2）泵的吸水地形高度 H_{ss}(m)是多少？

（3）泵的压水地形高度 H_{sd}(m)是多少？

注：1atm = 101. 325kPa

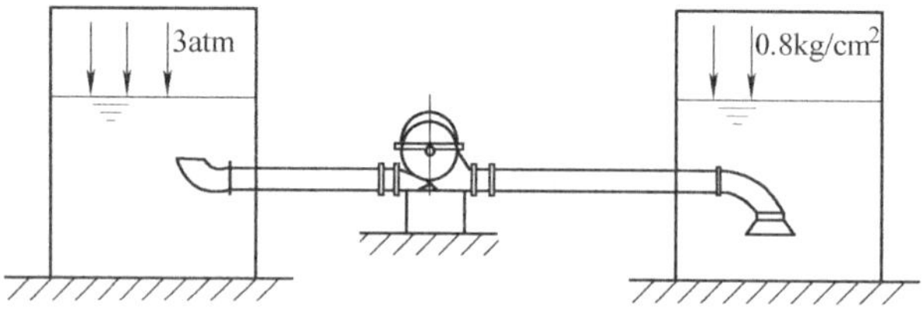

图 4-37 密闭式离心泵装置

4. 三台泵三种抽水装置如图 4-38a、b、c 所示。三台泵的泵轴都在同一标高上，其中 b、c 装置的吸水箱是密闭的，a 装置吸水井是敞开的（注：1atm = 101. 325kPa）。

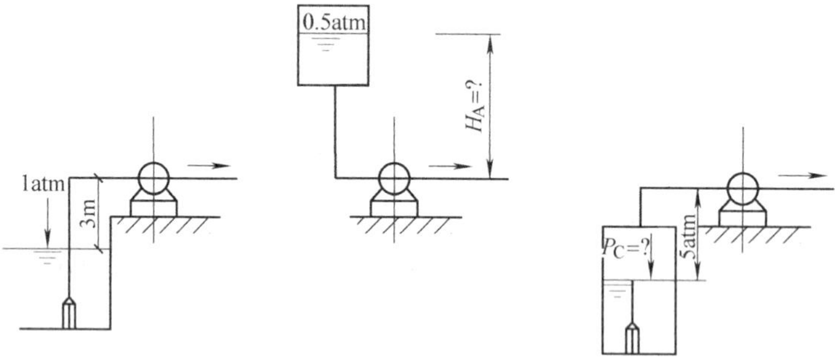

图 4-38 三种抽水装置

5. 什么叫水泵的工况点？工况点与哪些因素有关？当发生如下情况时，水泵的工况点如何变化？

（1）管道的直径变粗和变细时。

（2）当管路上闸阀的开度变小时。

（3）水源水位或出水池水位升高或降低时。

（4）水泵的转速增加或减少时。

（5）水泵减漏环严重磨损，叶片和减漏环间隙增大时。

（6）管路年久失修，严重锈蚀时。

6. 一台输送清水的离心泵，现用来输送密度为水的 1.3 倍的液体，该液体的其他物理量性质可视为与水相同，泵装置均同。试问：

（1）该泵在工作时，其流量与扬程的关系曲线有无改变？在相同的工作情况下，泵所需的功率有无改变？

（2）泵出口处的压力表读数（MPa）有无改变？如果输送清水时，泵的压水地形高度 H_{sd} = 0. 5MPa，此时压力表读数应为多少 MPa？

（3）如果泵将液体输送往高地密闭水箱时，密闭水箱的压力为 2atm(1atm =

101.325kPa)，试问此时该泵的静扬程 H_{ST} 应为多少？

7. 某取水泵站从水源取水，将水输送至净水池。已知水泵流量 $Q=1800m^3/h$，吸、压水管道均为钢管，吸水管长 $L_1=15.5m$，管径 $D_1=500mm$，压水管长 $L_2=450m$，管径 $D_2=400mm$。局部水头损失按沿程水头损失的15%计算。水源设计水位76.83m，蓄水池最高水位为89.45m，水泵泵轴标高为78.83m。水泵的效率在 $Q=1800m^3/h$ 时为75%。试计算该水泵装置所需扬程 H 及轴功率 N。

8. 试从概念上区分水箱自由出流时，测压管水头线与管路水头损失特性曲线间的不同。

9. 在图4-39所示的泵装置上，在出水闸阀前后装A、B两只压力表，在进水口出装上一只真空表C，并均相应地接上测压管。现问：

(1) 闸阀全开时，A、B压力表的读数及A、B两根测压管的水面高度是否一样？

(2) 闸阀逐渐关小时，A、B压力表的读数以及A、B两根测压管的水面高度有何变化？

(3) 在闸阀逐渐关小时，真空表C的读数以及它的测压管内水面高度如何变化？

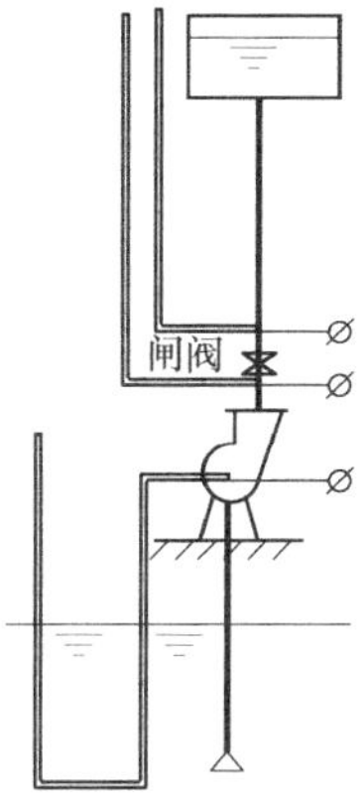

图4-39 闸阀调节时的压力变化

10. 某泵站装有一台6Sh-9型泵，其性能参数见表4-8所示。管道阻力系数 $S=1850.0s^2/m^5$，静扬程 $H_{ST}=38.6m$。试用数解法求此时水泵的出水量、扬程、轴功率和效率。

表4-8 6Sh-9型泵的性能参数

流量/（L/s）	扬程/m	转速/（r/min）	轴功率/kW	效率（%）
36	52		24.8	74
50	46	2950	28.6	79
61	38		30.6	74

11. 什么叫工况调节？在哪些情况下需要进行工况调节？工况调节的方法有哪几种？各适用于什么场合？

12. 某取水泵站，设置20Sh-28型泵3台（两用一备），20Sh-28型泵的性能参数见表4-9。已知：吸水井设计水位11.4m，出水池设计水位为20.30m，吸水管阻力系数 $S_1=1.04s^2/m^5$，压水管阻力系数 $S_2=3.78s^2/m^5$，并联节点前管道对称。试用图解法和数解法求水泵并联工况点。

表4-9 20Sh-28型泵的性能参数

流量 Q/（L/s）	扬程 H/m	转速 n/（r/min）	轴功率 P/kW	效率 η（%）
450	27		148	80
560	22	970	148	82
650	15		137	70

13. 某水泵转速 $n_1=970r/min$ 时的 $(Q\text{-}H)_1$ 曲线高效段方程为 $H=45-4583Q^2$，管道系

统特性曲线方程为 $H=12+17500Q$，试求：（1）该水泵装置的工况点；（2）若需水泵的工况点流量减少 10%，为节电，水泵转速应降为多少？

14. 某循环泵站，夏季为一台 12Sh-9 型泵工作 $D_2=290\text{mm}$，Q-H 曲线高效段方程为 $H=28.33-184.6Q^2$，管道阻力系数 $S=225\text{s}^2/\text{m}^5$，静扬程 $H_{ST}=15\text{m}$，到了冬季需减少 12% 的供水量，为节电，拟将一备用叶轮切削后装上使用。试问切削后叶轮外径应为多少？切削百分之几？

15. 已知某离心泵的叶轮外径为 $D_2=316\text{mm}$、$D_1=160\text{mm}$，该泵的基本性能如表 4-10 所示。

（1）试绘出该泵的基本性能曲线 Q-H、Q-P、Q-η。

（2）转速恒定，叶轮外径切削使 $D_2=285\text{mm}$，换算叶轮切削后的性能曲线。

（3）求水泵的比转速 n_s。

表 4-10 离心泵性能试验数据（$n=1450\text{r/min}$）

流量 Q/（L/s）	0	20	40	60	80	100	120
扬程 H/m	32	33	33	32	28	24	17
轴功率 P/kW	12.1	14.39	18.50	23.84	27.80	32.92	38.52

第 5 章

5

水泵的汽蚀与安装高度

水泵的正常工作，是以水泵的吸水条件满足其吸水性能为前提的。在很多情况下，水泵装置出现故障，无法进行正常工作，常常是由于吸水条件选择不当引起的。正确的吸水条件，就是指在抽水过程中，泵内不产生汽蚀情况下的最大吸水高度。因此，分析和研究水泵的汽蚀及其危害，了解水泵的吸水性能和影响因素，对于正确使用水泵是十分重要的。

5.1 水泵吸水管中的压力变化及计算

5.1.1 水泵吸水管中的压力变化

如图 5-1 所示，水泵运行中，由于叶轮的高速旋转，在其入口处造成了真空，在吸水池水面大气压与叶轮进口处的绝对压力之差的作用下，水自吸水管端流入叶轮的进口。由于 1atm 等于 10. 33mH_2O 高，所以水泵的最大吸水高度 H_{ss} 不会超过 10. 33m。实际上，这个压力差在水流的流动过程中要转化成位置头、流速头，并克服各项水头损失，还要保持在进口具有一定能量（压头），这就使水泵的吸水高度要远小于 10. 33m。

从水泵进水口到叶轮的进口，流道的过水断面面积一般是收缩减小的，当流量一定时，流速沿程增加，但是压力是相应降低的。当水流进入叶轮，绕流叶片头部时，水流急剧转弯、流速增大，在叶片背面 k 点处尤为显著，使水流在 k 点处的压力急剧降低。k 点以后，由于叶片对水流做功，水流在叶轮中受到由叶片传来的机械能，压力才迅速升高。上述流速变化及水流从水泵进口到 k 点处的流程中，均伴有水力损失，消耗部分能量，使压力降低。

由此可见，吸水管上的绝对压力是按水流的方向沿程下降的，水泵进口处并不是泵内压力最低的地方，泵内水流压力最低的地方是在叶片进口附近背面的 k 点处。

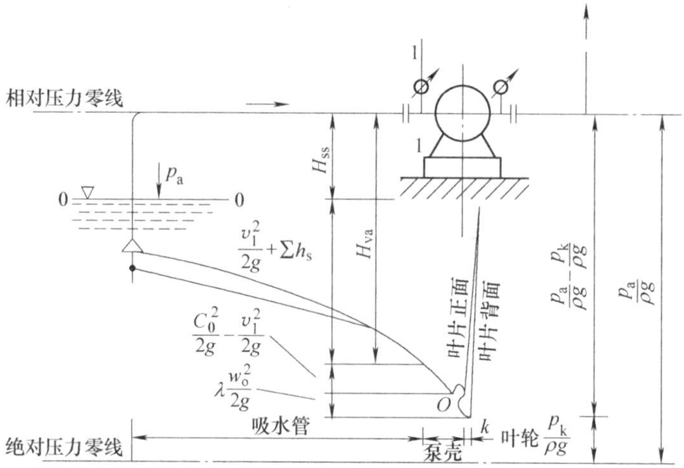

图 5-1　离心泵吸水装置及压力变化示意图

5.1.2　泵内最低压力的计算

如图 5-1 所示，以吸水池自由水面为基准面，忽略水池行进流速，对吸水池水面和泵进口安装压力表处 1-1 断面列几何意义的能量方程式，得

$$\frac{p_a}{\rho g}=\frac{p_1}{\rho g}+H_{ss}+\frac{v_1^2}{2g}+\sum h_s$$

移项之后可得

$$\frac{p_a-p_1}{\rho g}=H_{ss}+\frac{v_1^2}{2g}+\sum h_s \tag{5-1}$$

式中　p_a、p_1——吸水池水面大气压与水泵进口处的绝对压力（Pa）；

H_{ss}——吸水地形高度（m）；

$\sum h_s$——吸水管进口至 1-1 断面之间的水头损失之和（m）；

v_1——水泵进口 1-1 断面的平均流速（m/s）。

式（5-1）表示的是：水从吸水池到达 1-1 断面所消耗的能量，即把水提升 H_{ss}高度、克服吸水管中水头损失（$\sum h_s$）并产生水泵进口的流速水头$\left(\frac{v_1^2}{2g}\right)$所需的能量。此压力水头差$\frac{p_a-p_1}{\rho g}$即真空表的读数 H_v，反映的是压力沿吸水管路的下降情况。

对吸水池水面及叶片入口稍前处 0-0 断面（图 5-1 中压力线上 O 点的位置）列几何意义上的能量方程式，整理之后得

$$\frac{p_a}{\rho g}-\frac{p_o}{\rho g}=H_{ss}+\frac{C_0^2}{2g}+\sum h_s+\sum h_{1-o} \tag{5-2}$$

式中　C_0、p_o——0-0 断面上的流速及绝对压力。

$\sum h_{1-o}$——吸水管进口 1-1 断面至 0-0 面之间的水头损失（m），由于两者距离很小，一般取 $\sum h_{1-o}=0$

再对 0-0 断面中心 O 点与叶片进口附近背面的 k 点（图 5-1 中压力线上 k 点的位置）列出相对运动的几何意义上的能量方程式

$$Z_o+\frac{p_o}{\rho g}+\frac{w_o^2}{2g}-\frac{u_o^2}{2g}=Z_k+\frac{p_k}{\rho g}+\frac{w_k^2}{2g}-\frac{u_k^2}{2g}+\sum h_{o-k} \tag{5-3}$$

式中　$\frac{p_o}{\rho g}$、$\frac{p_k}{\rho g}$——O 点与 k 点的绝对压力水头（m）；

Z_o、Z_k——O 点与 k 点到基准面的垂直高度（m）；

w_k——k 点水流的相对速度（m/s）；

u_o、u_k——O 点、k 点的圆周速度（m/s）；

$\sum h_{o-k}$——O 点到 k 点的水头损失之和（m）。

因 O 点与 k 点距离很短，故 $Z_o=Z_k$，$\sum h_{o-k}\approx 0$，$u_o\approx u_k$，所以上式可以简化为

$$\frac{p_o}{\rho g}+\frac{w_o^2}{2g}=\frac{p_k}{\rho g}+\frac{w_k^2}{2g}$$

即

$$\frac{p_o}{\rho g}=\frac{p_k}{\rho g}+\frac{w_o^2}{2g}\left(\frac{w_k^2}{w_o^2}-1\right)$$

如果令 $\lambda=\frac{w_k^2}{w_o^2}-1$，则

$$\frac{p_o}{\rho g}=\frac{p_k}{\rho g}+\lambda\frac{w_k^2}{2g} \tag{5-4}$$

式中　λ——汽蚀系数

将式（5-4）代入式（5-2）可得

$$\frac{p_a-p_k}{\rho g}=H_{ss}+\sum h_s+\frac{C_0^2}{2g}+\lambda\frac{w_o^2}{2g}$$

上式可以改写成

$$\frac{p_a-p_k}{\rho g}=\left(H_{ss}+\frac{v_1^2}{2g}+\sum h_s\right)+\frac{C_0^2-v_1^2}{2g}+\lambda\frac{w_o^2}{2g} \tag{5-5}$$

式（5-5）的左边 $\left(\frac{p_a-p_k}{\rho g}\right)$ 表示吸水池中的水到达 k 点后能量相应的水头的

消耗值，此能量相应的水头的差值用来支付：水从吸水池到水泵进口1-1断面所需要的能量$\left(H_{ss}+\frac{v_1^2}{2g}+\sum h_s\right)$；产生泵内的流速水头差$\left(\frac{C_0^2-v_1^2}{2g}\right)$以及供应叶片背面$k$点压头下降值$\left(\lambda\frac{w_o^2}{2g}\right)$。而$\left(\frac{C_0^2-v_1^2}{2g}+\lambda\frac{w_o^2}{2g}\right)$则反映了泵壳内部压力下降情况，其中$\lambda\frac{w_o^2}{2g}$是叶轮进口和叶片进口附近背面$k$点的压头差，通常不小于3m。可见，泵壳内部的压头下降值是相当可观的。

从图5-1可以看出：$\frac{p_a}{\rho g}$是水在吸水池所具有的能量相应的水头，$\frac{p_k}{\rho g}$是水到达k点后所具有的压头，它不能低于该水温下的饱和蒸汽压头，否则水将在k点发生汽蚀。

5.2 水泵的汽蚀现象及其危害

5.2.1 汽穴和汽蚀

当外界大气压低于水在工作温度下的某一压力值时，水就会汽化。把在一定温度下，液体开始汽化的临界压力称为该温度下液体的饱和蒸汽压力，用p_{va}（Pa）表示，也可用饱和蒸汽压头H_{va}（m）表示，$H_{va}=\frac{p_{va}}{\rho g}$。表5-1所示为水在不同温度下的饱和蒸汽压头。

表5-1 水在不同温度下的饱和蒸汽压头

水温/℃	0	5	10	20	30	40	50	60	70	80	90	100
饱和蒸汽压头 H_{va}/m	0.06	0.09	0.12	0.24	0.43	0.75	1.25	2.02	3.17	4.82	7.14	10.33

当水泵运转时，由于某些原因使泵内局部位置液体的压力降到工作温度下的饱和蒸汽压力时，水就会大量汽化，同时原先溶解在水里的气体也自动逸出，形成汽泡，出现“冷沸”现象。形成的汽泡中充满蒸汽和逸出的气体。汽泡被水流带入叶轮中高压区域时，受到四周水的挤压而溃灭，又重新凝结成水。此时，可以听到汽泡被压破时炸裂的噪声，这种现象称为汽穴现象。在汽泡被压碎的过程中，会产生很高的水锤压力，使材料的边壁遭受到侵蚀和破坏，通常把汽泡形成、发展、溃灭，以致使材料受到破坏的过程，称为汽蚀。

水泵发生汽蚀后，泵内部的水力条件变差，会使水泵性能恶化，甚至停止出水，同时还将产生噪声和振动，对过流部件材料产生破坏。

5.2.2　水泵产生汽蚀的原因

水泵产生汽蚀的直接原因是泵内局部压力低于水的饱和蒸汽压力，或者说汽化是形成汽蚀的先决条件。造成泵内压力过低的原因大致有以下几个方面：

1）水泵安装高度过大。随着水泵安装高度的增加，泵进口处的真空度增加，致使泵内压力降得过低。

2）水泵实际工况偏离设计工况点较远。当水泵在非设计工况下运行时，也可能在叶轮下方产生自下而上的带状漩涡（称涡带）。当涡带中心压力下降到饱和蒸汽压力时，该涡带即成为汽蚀带。当此涡带伸入泵内时，不仅能促进和加重水泵某些部件的汽蚀，而且还会引起机组的强烈振动，并发出轰鸣声。

3）水泵的进水条件不好。对采用肘形进水流道的泵，由于弯道流速压力分布不均，造成水泵叶轮进口流速分布也不均匀，如图 5-2 所示；进水池产生漩涡会使进入水泵的水预旋或将空气带入，同样造成叶轮进口处流速、压力分布不均匀，从而导致汽穴及汽蚀的发生。据国外汽蚀试验资料指出，水中含气量愈大，则汽蚀开始得愈早。

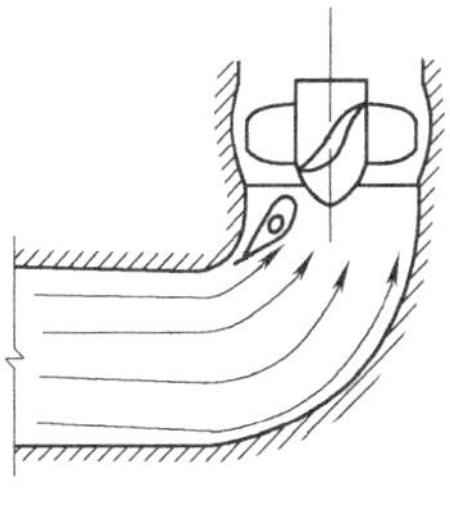

图 5-2　肘形进水流道流线

4）水泵安装地点的海拔较高，则水泵输送的水温较高。在高海拔地区，大气压力较低，会使泵吸入口的压力也相应较低；而水温越高，饱和蒸汽压力就会越大，水就越容易汽化。表 5-2 所示为不同海拔时的大气压头。

表 5-2　不同海拔高程时的大气压头

海拔高程 /m	-600	0	100	200	300	400	500	600	700	800	900	1000	1500	2000	3000	4000	5000
大气压头 /m	11.3	10.33	10.2	10.1	10.0	9.8	9.7	9.6	9.5	9.4	9.3	9.2	8.6	8.4	7.3	6.3	5.5

注：$1mH_2O = 9.8kPa$

5.2.3　水泵汽蚀的危害

水泵的汽蚀是一种极其复杂的物理、化学现象，汽蚀的发生和发展，会对水泵造成以下危害。

1. 水泵性能恶化

在产生汽蚀过程中，由于水流中含有大量汽泡，破坏了水流的正常流动规律，改变了流道内的过流面积和流动方向，因而叶轮与水流之间能量交换的稳定性遭到破坏，能量损失增加。从而引起水泵的流量、扬程和效率的迅速下降，甚至达到断流状态。

这种对水泵性能的影响，会因水泵比转速的不同而呈现程度上的差异。低比转速离心泵由于叶槽狭长，宽度较小，当汽蚀开始后，汽泡会迅速扩展到叶槽的整个宽度而形成“堵塞”现象，从而破坏水流运动的连续性，引起水流断裂，水泵性能曲线呈急剧下降的形状，如图 5-3a 所示；对于中、高比转速的离心泵和混流泵由于叶轮叶槽较宽，不易被汽泡所“堵塞”，只有当流量（流速）增大、汽化发展到一定程度时，才会布满全部叶片，出现断流。因此，在出现断流状况之前，其性能曲线下降先缓后陡，如图 5-3b 所示；对高比转速轴流泵，由于叶片之间流道相当宽阔，故汽蚀开始后汽蚀区不易扩展到整个叶槽，因此性能曲线下降缓慢，且无明显的断流点，如图 5-3c 所示。

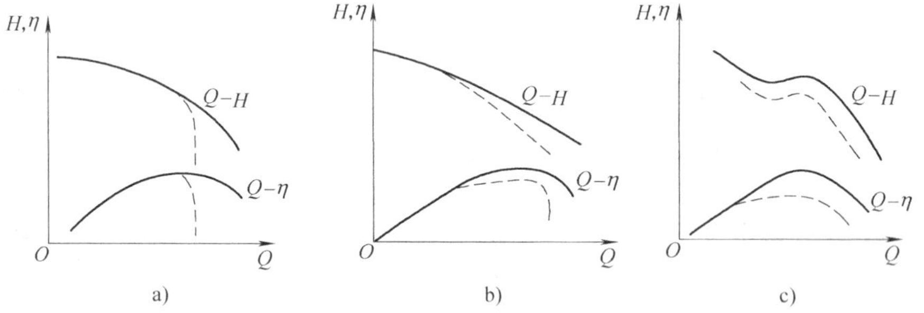

图 5-3 不同比转速泵受汽蚀影响性能曲线下降的形式

a）离心泵 b）混流泵 c）轴流泵

2. 过流部件受到剥蚀破坏

当汽泡被水流带到高压区后，由于汽泡周围的水流压力增高，使汽泡迅速破裂，汽泡四周的水流质点高速地向汽泡中心冲击，水流质点互相撞击，产生强烈的水锤。根据观测资料表明，其产生的冲击频率很高，每分钟可达几万次，并且集中作用在微小的金属表面上，瞬时局部压力可达几百个或几千个大气压。如此巨大的冲击力，持续、长久的作用在叶轮和泵壳的壁面上，会引起金属材料的塑性变形和局部硬化，并产生金属疲劳现象，变得脆弱，很快会发生裂缝、击破与剥落，以致金属表面呈蜂窝状的孔洞。在冲击压力的进一步作用下，使裂缝相互贯穿，直到叶轮或泵壳蚀坏和断裂，这就是汽蚀的机械剥蚀作用。

汽蚀过程中的水汽凝结是一个放热过程，汽泡在高压区被挤压破裂的同时，温度也随之升高。同时，由于水锤冲击引起水流和壁面的变形也会使温度升高。根据魏勒（Wheeler. W. H.）的试验表明，汽泡破裂附近的瞬时局部温度可达 500～800℃。在高温高压情况下，水流会产生带电现象，这是由于金属表面不同部位因温度差异而形成热电偶，产生电位差，从而对金属表面发生电解作用（即电化学腐蚀），使光滑表面变得粗糙。

水在汽化的同时，原来溶解在水中的一些活泼气体（如氧气），会因低压从水中逸出，在高温高压条件下，对金属表面产生化学腐蚀作用，进一步加剧机械剥蚀的损坏。

汽蚀对过流部件的破坏，是机械剥蚀、化学及电化学腐蚀共同作用的结果，它们相伴而生，相互促进，加快了金属材料的损坏速度。其中机械剥蚀是造成材料破坏的主要因素。

3. 产生噪声和振动

在汽泡连续形成和溃灭过程中，因水流质点间的撞击和对过流部件表面的打击，泵内会产生强烈的脉冲压力。因此，水泵发生汽蚀时，水泵会产生频率很高的噪声和振动。振动会使机组零件和机座受到破坏。尤其是汽蚀振动的频率与机组自振频率相接近时，会引发共振现象，甚至出现严重后果。

5.3　离心泵的安装高度

泵房内的地坪标高取决于泵的安装高度。水泵安装高度过小，会造成泵房的土建费用增加；水泵安装高度过大，会影响水泵的吸水性能导致水泵产生汽蚀，不能正常使用。因此，合理确定水泵的安装高度具有很重要的意义。

离心泵的安装高度通常是通过离心泵的吸上真空高度来计算的，而吸上真空高度也是表征离心泵和中、小型混流泵汽蚀性能的参数。

5.3.1　吸上真空高度

1. 吸上真空高度

水泵的汽蚀是由于泵内局部压力低于水流工作温度下的饱和蒸汽压力所引起的，而水泵进口断面压力的大小又是决定泵内压力大小的主要影响因素。水泵的吸上真空高度就是水泵进口断面上的真空值，也就是进口断面真空表的读数，用 H_{sa} 表示。

根据式（5-1）和吸上真空高度的定义，可得

$$H_{sa}=\frac{p_a-p_1}{\rho g}=H_{ss}+\frac{v_1^2}{2g}+\sum h_s \tag{5-6}$$

可以看出，吸上真空高度 H_{sa} 的大小与吸水池自由水面上的压力 p_a、水泵的安装高度 H_{ss}、水泵进口断面的平均流速 v_1 以及吸水管路中的水力损失 $\sum h_s$ 有关。

式（5-6）也说明，在水泵吸水过程中，吸水池水面与泵进口断面之间的压头差，一方面用于把水提高 H_{ss} 高度，另一方面用于水流运动所需的流速水头，再一方面用于克服水流在吸水管中流动所产生的水头损失。这三者中任何一项增

大，都会引起吸上真空高度 H_{sa} 的增加，造成泵进口断面的绝对压力 p_1 减小，水泵就越容易发生汽蚀。

2. 临界吸上真空高度

在 1atm、水温为 20℃的标准状况下，水泵开始产生汽蚀时的吸上真空高度称为临界吸上真空高度，用 H_{sc} 表示。显然，临界吸上真空高度 H_{sc} 是水泵运行是否发生汽蚀的分界点，当 $H_{sa} \geqslant H_{sc}$ 时，水泵将在汽蚀状态下运行，当 $H_{sa} < H_{sc}$ 时，水泵将不会发生汽蚀。

3. 允许吸上真空高度

允许吸上真空高度是保证水泵运行时不发生汽蚀的最大吸上真空高度，我国国家标准规定把试验得到的临界吸上真空高度 H_{sc} 减去 0.3m 的安全量作为允许吸上真空高度 H_s，即

$$H_s = H_{sc} - 0.3 \tag{5-7}$$

式中 0.3——安全量（m）。

因此，要保证水泵不发生汽蚀，水泵运行时的实际吸上真空高度 H_{sa} 必须小于或等于允许吸上真空高度 H_s，即

$$H_{sa} \leqslant H_s \tag{5-8}$$

水泵厂一般在样本中，用 Q-H_s 曲线来表示该泵的吸水性能，它是水泵厂根据汽蚀试验结果绘制出来的，如图 3-12 所示。为了保证水泵不发生汽蚀，水泵实际的吸上真空高度 H_{sa} 必须小于或等于对应流量下的允许吸上真空高度 H_s。

4. 允许吸上真空高度的修正

由于水泵产品样本或说明书给出的 H_s 值是标准状况下的数值，如果泵的使用条件与标准状况不同则应对 H_s 进行修正。

（1）当外界大气压不是一个标准大气压时

$$H'_s = H_s - \left(10.33 - \frac{p_a}{\rho g}\right) \tag{5-9}$$

式中 $\frac{p_a}{\rho g}$——水泵实际使用地点海拔高度对应的吸水池水面压头（m），见表 5-2；

10.33——海拔高程为 0 时的大气压头（m）。

（2）当水温不是 20℃时

$$H'_s = H_s - \left(\frac{p_{va}}{\rho g} - 0.24\right) \tag{5-10}$$

式中 $\frac{p_{va}}{\rho g}$——水泵所输送水流工作水温下的饱和蒸汽压头（m），见表 5-1；

0.24——20℃水的饱和蒸汽压头（m）。

（3）当吸水面上的压强不是标准大气压且水温不是 20℃时

$$H'_s = H_s - \left(10.33 - \frac{p_a}{\rho g}\right) - \left(\frac{p_{va}}{\rho g} - 0.24\right) \tag{5-11}$$

（4）当水泵的实际转速 n_1 不同于设计转速 n 时

$$H'_s = 10.09 - (10.09 - H_s)\left(\frac{n_1}{n}\right)^2 - 0.3\left(1 - \frac{n_1^2}{n^2}\right) \tag{5-12}$$

需要说明的是，当水泵的允许吸上真空高度 H_s 需要同时进行大气压、水温和转速修正时，应先进行转速修正，再将转速修正后的值进行大气压和水温的修正。

5.3.2　离心泵安装高度

水泵的安装高度通常是指吸水池测压管水面至水泵进口计算断面的高差。水泵计算断面按泵的结构形式来确定，对于卧式泵，计算断面为通过泵轴心中心线的水平面；对于立式泵，计算断面是以通过叶轮叶片的进水边中心的水平面为计算断面，如图 5-4 所示。

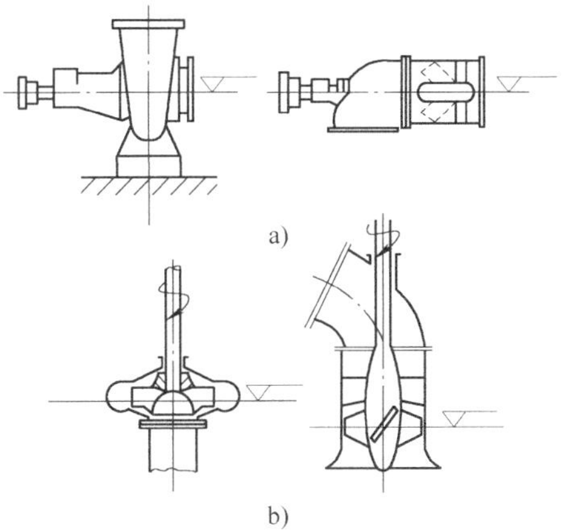

图 5-4　水泵进口计算断面

a）卧式泵　b）立式泵

离心泵的最大安装高度是通过其允许吸上真空高度 H_s 来进行计算的。由前面分析已知，要保证水泵运行不发生汽蚀，泵进口断面的吸上真空高度应不大于泵的允许吸上真空高度，即式（5-8）。根据式（5-6），当实际吸上真空高度 H_{sa} 等于 H_s 时，安装高度达到最大值。该安装高度的最大值称为离心泵的最大安装高度［H_{ss}］，即

$$[H_{ss}] = H_s - \frac{v_1^2}{2g} - \sum h_s \tag{5-13}$$

式（5-13）说明，要保证水泵在运行中不发生汽蚀，其实际安装高度 H_{ss} 应小于等于该泵的最大安装高度［H_{ss}］。

【例 5-1】 12Sh-19A 型离心泵，流量为 220L/s 时，在泵样本中 Q-H_s 查得其允许吸上真空高度为 4.5m，泵进口直径为 300mm，吸水管从喇叭口到泵进口的水头损失为 1.0m，当地海拔为 1000m，水温为 40℃，试计算该泵的最大安装高度［H_{ss}］。

【解】 首先对允许吸上真空高度 H_s 进行修正

查表5-1，水温为40℃时，$\frac{p_{va}}{\rho g}=0.75\text{m}$

查表5-2，当海拔为1000m时，$\frac{p_a}{\rho g}=9.2\text{m}$

根据式（5-11）可得

$$H'_s = 4.5\text{m} - (10.33\text{m} - 9.2\text{m}) - (0.75\text{m} - 0.24\text{m}) = 2.86\text{m}$$

$$v_1 = \frac{Q}{\omega} = \frac{0.22\text{m}^3/\text{s}}{0.785 \times (0.3\text{m})^2} \approx 3.11\text{m/s}$$

$$\frac{v_1^2}{2g} \approx 0.5\text{m},\ \sum h_s = 1\text{m}$$

由式（5-13）

$$[H_{ss}] = H'_s - \frac{v_1^2}{2g} - \sum h_s$$

所以，该泵最大安装高度为

$$[H_{ss}] = 2.86\text{m} - 0.5\text{m} - 1\text{m} = 1.36\text{m}$$

5.4 汽蚀余量

5.4.1 汽蚀余量

离心泵的吸水性能通常是用允许吸上真空高度来衡量的。H_s 值越大，说明水泵的吸水性能越好，或者说，抗汽蚀性能越好。但是，对于轴流泵、大型混流泵和热水锅炉给水泵等，其安装高度通常是负值，叶轮常须安在最低水面下，对于这类泵通常采用“汽蚀余量”来衡量它们的吸水性能。

1. 汽蚀余量

汽蚀余量是指在水泵进口断面，单位质量的液体所具有的超过饱和蒸汽压力的富余能量相应的水头，用 Δh_a 表示。

如图5-1所示，列出吸水面0-0至泵进口1-1断面的能量相应的水头方程，忽略吸水池的行进流速，得

$$\frac{p_a}{\rho g} = H_{ss} + \frac{p_1}{\rho g} + \frac{v_1^2}{2g} + \sum h_s$$

等号两端同时减去$\frac{p_{va}}{\rho g}$并整理之后得

$$\frac{p_1}{\rho g} + \frac{v_1^2}{2g} - \frac{p_{va}}{\rho g} = \frac{p_a - p_{va}}{\rho g} - H_{ss} - \sum h_s$$

根据汽蚀余量的定义，可得

$$\Delta h_a = \frac{p_a - p_{va}}{\rho g} - H_{ss} - \sum h_s \tag{5-14}$$

式（5-14）即为汽蚀余量的计算表达式。从该式可以看出，水泵进口的汽蚀余量的大小与吸水池表面压力 p_a、被抽液体的饱和蒸汽压力 p_{va}、水泵的安装高度 H_{ss} 以及吸水管路系统的阻力损失 $\sum h_s$ 有关。

从式（5-14）可以看出，在 H_{ss} 及吸水管路系统保持不变的情况下，Δh_a 随水泵安装地点海拔高程和被吸液体温度的升高以及流量 Q 的增加而减小，水泵发生汽蚀的可能性增大；在 p_a、p_{va} 及 Q 保持不变的情况下，Δh_a 与水泵的安装高度 H_{ss} 和吸水管路系统密切相关，H_{ss} 越大，即水泵安装得越高，Δh_a 越小，水泵发生汽蚀的可能性也就越大，吸水管路系统的阻力损失系数越大，将引起阻力损失的增大，从而也使 Δh_a 减小。

2. 临界汽蚀余量

在工程实际中，常常会遇到下面的情况：在某一装置中运行的水泵发生汽蚀，但在装置条件完全相同的使用条件下更换另一型号的泵，就不发生汽蚀。这说明泵在运行中是否发生汽蚀与水泵本身的汽蚀性能有关，水泵本身的汽蚀性能通常用临界汽蚀余量 Δh_c 来描述。

临界汽蚀余量是仅表示水泵本身汽蚀性能而与水泵装置的吸入条件无关的参数。它是指叶轮内压力最低点 k 点的压力刚好等于所输送水流水温下的饱和蒸气压力时的汽蚀余量，其实质是水泵进口处的水在流到叶轮内压力最低点，压力下降为饱和蒸气压力时的能量损失相应的水头损失。

如图 5-1 所示，列水泵进口 1-1 断面到叶轮叶片进口前 0-0 断面水流几何意义的能量方程

$$\frac{p_1}{\rho g} + \frac{v_1^2}{2g} = \frac{p_o}{\rho g} + \frac{C_0^2}{2g} + h_{1-o} \tag{5-15}$$

式中　p_1、p_o——水泵进口 1-1 断面和 0-0 断面的绝对压力（Pa）；

v_1、C_0——水泵进口 1-1 断面和 0-0 断面平均流速水头（m/s）；

h_{1-o}——从水泵进口 1-1 断面和 0-0 断面的水头损失（m）。

列 0-0 断面到叶片进口稍后压力最低点所在 k-k 断面的相对运动几何意义的能量方程（假定两断面位置高度相同），则

$$\frac{p_o}{\rho g} + \frac{w_o^2}{2g} - \frac{u_o^2}{2g} = \frac{p_k}{\rho g} + \frac{w_k^2}{2g} - \frac{u_k^2}{2g} + h_{o-k} \tag{5-16}$$

式中　w、u——相对速度和圆周速度；

h_{o-k}——从水泵进口 0-0 断面和 k-k 断面的水头损失。

将式（5-15）代入式（5-16）整理可得

$$\frac{p_1}{\rho g}+\frac{v_1^2}{2g}=\frac{p_k}{\rho g}+\frac{C_0^2}{2g}+\frac{w_k^2-w_o^2}{2g}+\frac{u_o^2-u_k^2}{2g}+h_{1-o}+h_{o-k} \tag{5-17}$$

由于0-0断面与k-k断面距离很近，可以近似认为$u_o=u_k$，而$h_{1-o}=\xi_v\frac{C_0^2}{2g}$，$h_{o-k}=\xi_w\frac{w_o^2}{2g}$，代入上式可得

$$\frac{p_1}{\rho g}+\frac{v_1^2}{2g}=\frac{p_k}{\rho g}+\frac{C_0^2}{2g}+\frac{w_k^2-w_o^2}{2g}+\xi_v\frac{C_0^2}{2g}+\xi_w\frac{w_o^2}{2g} \tag{5-18}$$

整理后得

$$\frac{p_1}{\rho g}+\frac{v_1^2}{2g}=\frac{p_k}{\rho g}+(1+\xi_v)\frac{C_0^2}{2g}+\left(\frac{w_k^2}{w_o^2}-1+\xi_w\right)\frac{w_o^2}{2g}$$

令$\mu=(1+\xi_v)$、$\lambda=\left(\frac{w_k^2}{w_o^2}-1+\xi_w\right)$，则

$$\frac{p_1}{\rho g}+\frac{v_1^2}{2g}-\frac{p_k}{\rho g}=\mu\frac{C_0^2}{2g}+\lambda\frac{w_o^2}{2g} \tag{5-19}$$

式（5-19）表示水泵进口断面的总能量与k点压头之间的差值被用来维持液流从泵进口到叶轮进口运动所必需的动能和克服流动过程中的水力损失。如果叶轮内最低压力点的压力p_k降低到汽化压力p_{va}时，即k点发生汽蚀时，则该式变为

$$\frac{p_1}{\rho g}+\frac{v_1^2}{2g}-\frac{p_{va}}{\rho g}=\mu\frac{C_0^2}{2g}+\lambda\frac{w_o^2}{2g} \tag{5-20}$$

式（5-20）表示水流到达k点后，压力p_k正好等于其饱和蒸汽压力p_{va}，也就是当叶轮内最低压力点的压力p_k等于汽化压力p_{va}时，水泵进口的超过饱和蒸汽压力的余量全部被消耗在水泵进口和k点之间，此时的水泵进口断面的汽蚀余量，就是临界汽蚀余量Δh_c。

则

$$\Delta h_c=\mu\frac{C_0^2}{2g}+\lambda\frac{w_o^2}{2g} \tag{5-21}$$

式（5-21）即为临界汽蚀余量的理论计算公式，又称泵的汽蚀基本方程。目前，由于式中的压降系数μ和λ还无法用理论计算的方法得到，所以临界汽蚀余量也就不能用计算的方法来确定，故Δh_c需通过泵的汽蚀性能试验确定。

式（5-21）表明了当叶轮内最低压力点的压力p_k等于饱和蒸汽压p_{va}时，水泵进口所需的超过饱和蒸汽压力的最小富裕能量相应的水头。当水泵进口具有的超过饱和蒸气压力的富裕能量相应的水头大于Δh_c时，水泵运行时就不会发生汽蚀，否则就会发生汽蚀。因此，临界汽蚀余量Δh_c是水泵能否发生汽蚀的判别条件。

从式（5-21）可以看出，Δh_c 的大小只与水泵进口部分的结构和流动特性有关，而与水泵的吸入装置特性无关。它表示的是泵本身抗汽蚀的能力。在流量和转速相同的条件下，Δh_c 越小的泵，为了使其不发生汽蚀，泵进口断面所需要的能量就越小，因此，该泵的抗汽蚀能力也就越强。

3. 允许汽蚀余量

允许汽蚀余量是将临界汽蚀余量适当加大以保证水泵运行时不发生汽蚀的汽蚀余量，用符号 H_{sv}或 Δh 表示，即

$$\Delta h = \Delta h_c + k \tag{5-22}$$

式中 k——安全余量值，一般取0.3m

应当注意，Δh 和 Δh_c 一样，也是由水泵本身特性决定的汽蚀参数，在泵的流量和转速相同的情况下，Δh 数值越小，则表明泵的抗汽蚀性能越好。

要使水泵在运行中不发生汽蚀，水泵进口的汽蚀余量 Δh_a 应该大于等于相应流量下的允许汽蚀余量 Δh。

即

$$\Delta h_a \geqslant \Delta h \tag{5-23}$$

把式（5-6）代入式（5-14）可得

$$\Delta h_a = \frac{p_a - p_{va}}{\rho g} - H_{sa} + \frac{v_1^2}{2g} \tag{5-24}$$

上式表明，水泵进口吸上真空度越大，汽蚀余量就越小，泵内就越易发生汽蚀。

要保证水泵运行不发生汽蚀，必须使 $\Delta h_a \geqslant \Delta h$ 或 $H_{sa} \leqslant H_s$，因此，当被抽升液体种类、温度和泵进口平均流速相同的情况下，根据式（5-24）可得

$$\Delta h = \frac{p_a - p_{va}}{\rho g} - H_s + \frac{v_1^2}{2g} \tag{5-25}$$

上式反映了水泵的两种不同形式汽蚀性能参数（允许汽蚀余量和允许吸上真空高度）之间关系的数学表达式，它们可用作 Δh 与允许吸上真空高度 H_s 的相互换算。

5.4.2 水泵的安装高度的计算

根据式（5-14）可得

$$H_{ss} = \frac{p_a}{\rho g} - \frac{p_{va}}{\rho g} - \Delta h_a - \sum h_s \tag{5-26}$$

根据前面的分析，要保证水泵不发生汽蚀，泵进口断面上的汽蚀余量就应大于等于泵的允许汽蚀余量，当 Δh_a 取最小值 Δh 时，安装高度达到最大值，即

$$[H_{ss}] = \frac{p_a}{\rho g} - \frac{p_{va}}{\rho g} - \Delta h - \sum h_s \tag{5-27}$$

要使水泵在实际运行中不发生汽蚀，其实际安装高度 H_{ss} 应不大于其最大安装高度 $[H_{ss}]$。

最后，应当说明的是：

1）当由式（5-13）和式（5-27）算出的最大安装高度 $[H_{ss}]$ 为正值时，表示该泵可以安装在吸水面以上不超过 $[H_{ss}]$ 高度的位置。否则，表示该泵必须淹没在吸水面以下，如果计算得到的淹没深度值不足 0.5～1.0m，应当采用 0.5～1.0m 的淹没深度。

2）大中型水泵的汽蚀参数一般只能借助模型泵汽蚀试验结果，利用汽蚀相似律换算得出。但是，由于汽蚀试验代价较高。加上尺寸效应的影响，因而许多厂家提不出泵的允许汽蚀余量，只给出叶轮淹深的推荐值。在泵站工程设计及水泵安装时，应保证叶轮的淹没深度不小于该推荐值。

【例 5-2】 一台离心泵，样本上给定 $\Delta h = 5.2\text{m}$，抽送常温水 $\left(\frac{p_{va}}{\rho g} = 0.24\text{m}\right)$，吸水管从喇叭口到泵进口的水头损失为 1.0m，分别计算在天津和兰州两地使用时的最大安装高度 $[H_{ss}]$。

【解】 天津当地大气压力 $\frac{p_a}{\rho g} = 10.35\text{m}$，兰州当地大气压力 $\frac{p_a}{\rho g} = 8.68\text{m}$

根据式（5-27）可得

$$[H_{ss}]_{天津} = 10.35\text{m} - 0.24\text{m} - 5.2\text{m} - 1\text{m} = 3.91\text{m}$$

$$[H_{ss}]_{兰州} = 8.68\text{m} - 0.24\text{m} - 5.2\text{m} - 1\text{m} = 2.24\text{m}$$

【例 5-3】 一台冷凝泵，从密闭容器吸水，吸入液面压力等于其饱和蒸汽压力 $\left(\frac{p_a}{\rho g} = \frac{p_{va}}{\rho g}\right)$，$\Delta h = 0.6\text{m}$，吸水管路损失为 1.0m，试计算其安装高度 $[H_{ss}]$。

【解】 根据式（5-27）

$$[H_{ss}] = \frac{p_a}{\rho g} - \frac{p_{va}}{\rho g} - \Delta h - \sum h_s$$

$$[H_{ss}] = -0.6\text{m} - 1.0\text{m} = -1.6\text{m}$$

解得安装高度为负值，说明该泵必须安装在水面下 1.6m 处，也称为倒灌高度。

5.4.3 预防和减轻汽蚀的措施

由前述可知，泵在运行过程中是否会发生汽蚀，是由泵本身的吸水性能和进水装置条件共同决定的。因此，提高泵的抗汽蚀性能，设计良好的进水装置，是预防水泵发生汽蚀的重要措施。另外，由于水泵一般都在非设计工况下运行，要完全避免和消除汽蚀是比较困难的。所以，在运行管理中尽可能避免或减轻汽蚀的危害。

1. 提高水泵的抗汽蚀性能

（1）降低必需汽蚀余量

1）采用双吸式叶轮的水泵。由于双吸泵的 Δh_c 比单吸泵的 Δh_c 小，对于转速 n 和流量 Q 相同的泵，尽量采用双吸式叶轮。

2）适当加大叶轮进口直径及增大叶片入口宽度。当叶轮进口直径和叶片入口宽度增大时，其叶轮进口绝对速度 C_1 和相对速度 w_1 均减小，由式（5-21）可知，泵的临界汽蚀余量 Δh_c 降低。但此时叶轮进口处的减漏环面积增大，泄漏量增加，泵的容积效率会有降低。

3）叶轮前加设诱导轮。在离心泵叶轮前设置诱导轮，如图5-5所示。诱导轮与泵的叶轮同轴组装后一起运转，其产生的压力对叶轮入口增压，提高泵的抗汽蚀性能。但加设诱导轮，会使水泵性能不稳定，因此，尚需对其进行进一步的探索和研究。

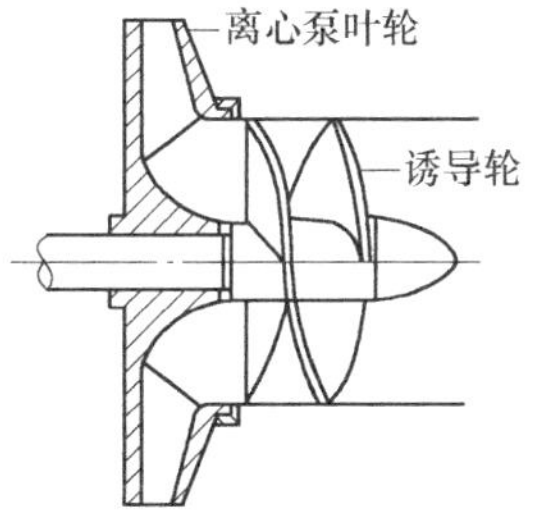

图5-5　离心泵叶轮前加诱导轮

（2）提高过流部件材料的抗汽蚀能力　为了减轻汽蚀对水泵过流部件的损坏，延长其使用寿命，往往选用抗汽蚀性能较强的材料。如采用铸锰、青铜、不锈钢及合金钢等材料铸造叶轮；或用聚合物涂复或激光喷镀过流部件表面以抵抗汽蚀破坏。另外，对过流部件表面进行精加工，提高其光洁程度，也可减轻汽蚀的危害。

2. 提高进水装置的防汽蚀能力

根据（式5-14）可知，Δh_a 是与进水装置和管路系统有密切关系，因此应设计良好的进水装置，尽可能地提高泵进口的汽蚀余量，以满足泵内动压降的要求。

1）合理确定水泵的吸水高度。由于水泵一般都在非设计工况下运行，因此应充分考虑水泵工作中可能遇到的各种工况，所确定的吸水高度在任何工况下都应满足水泵吸水性能的要求。

2）选配合理的进水管道。尽可能减少进水管道长度及不必要的管道附件，适当加大进水管径，以减小进水管的水力损失，提高泵进口的汽蚀余量 Δh_a。对于大、中型轴流泵，进水管道内的水流流速和压力尽可能均匀分布，将有利于防止汽蚀的发生。

3）设计良好的进水池。良好的进水池不仅可以减小池中水位的降落，减小进水管口的阻力系数，而且池中水面平稳不产生漩涡。可避免空气进入泵内，防止汽蚀过早地发生。

3. 运行管理中可采取的措施

1）尽量使水泵在设计工况附近运行。可根据泵站的具体条件，采用变阀、变速、变角等调节措施，来防止水泵运行工况偏离设计工况过远。

2）控制水泵实际转速高于设计转速的幅度。由于必需汽蚀余量与转速的平方成正比，转速过高时，不仅使必需汽蚀余量大幅增加，而且使有效汽蚀余量减小。

3）水泵在运行中发生汽蚀时，可采用向水泵进口充入少量空气或高压水流的办法，来减轻或避免汽蚀危害。

思考题与习题

1. 什么是水泵汽蚀？有哪些危害？如何采取措施进行防止？

2. 汽蚀余量与吸上真空度有何区别？有什么关系？

3. 允许吸上真空高度受海拔和水温影响时，如何进行修正？

4. 24Sh-9 型离心泵的铭牌上注明：在抽升 20℃ 水温的水时，$H_s=2.5\text{m}$。试问：（1）该泵在实际使用中，是否其吸入口的真空值表值 H_v，只要不大于 2.5m，就能够保证该泵在运行中不产生汽蚀？（2）铭牌上 $H_s=2.5\text{m}$ 是否意味着该泵在叶轮中的绝对压头最低不能低于 $10.33\text{m}-2.5\text{m}=7.83\text{m}$ 高，为什么？

5. 一台泵吸入口径为 200mm，流量为 77.8L/s，样本给定 $H_s=3.6\text{m}$，估计吸水管路损失为 0.5m，分别求在标准状况下和在拉萨地区从开式容器中抽送 40℃ 清水时的安装高度。

第6章

常用叶片泵

6.1 IS系列单级单吸式离心泵

IS系列单级单吸式离心泵是采用国际标准设计的统一系列产品，主要由泵体、泵盖、叶轮、轴、密封环、轴套及悬架轴承部件等所组成，其外形、构造如图6-1所示。

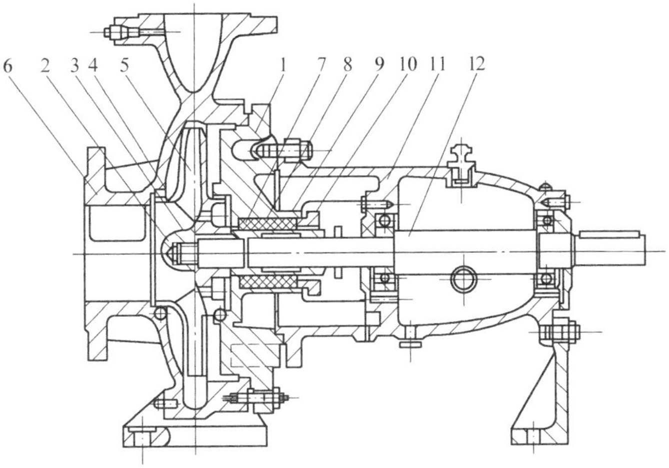

图6-1 IS系列单级单吸式离心泵

1—泵体 2—叶轮螺母 3—止动垫圈 4—密封环 5—叶轮 6—泵盖 7—轴套 8—填料环 9—填料 10—填料压盖 11—悬架轴承部件 12—轴

IS型单级单吸悬臂式离心泵的特点是：

1）性能分布合理，流量范围为6.3～400m^3/h，扬程范围为5～125m，用户可选择到比较满意的型号。

2）标准化程度高，泵的效率达到国际水平。

3）检修方便。检修时不动泵体、进水管路、出水管路和电动机，只要拆下联轴器，即可取下整个轴承部件进行检修。

IS 型单级单吸式离心泵全系列共 29 种基本型，其效率平均比老产品提高 3.67%。IS 型单级单吸式离心泵用于输送温度不超过 80℃的清水及物理化学性质类似水的液体，适用于工业和城市给水、排水及农田灌溉。

6.2 Sh（SA）系列单级双吸式离心泵

Sh 型泵主要由泵体、泵盖、轴承、转子等部件组成，按泵轴的安装位置不同，有卧式和立式两种。图 6-2 所示为 Sh 型单级双吸卧式离心泵。该泵为单级双吸叶轮，泵体为水平中开。泵的吸入管和排出管均在泵轴中心线下方成水平方向，并与泵体铸成一体。泵体与泵盖的分开面在轴中心线上方，无需拆卸管路及电动机即可检修泵的转动部件。该泵采用填料密封，密封的作用主要是防止漏气。

可以根据需要，将这类泵改成反转向，在订购水泵时，应向水泵厂注明转向的要求。

Sh 型单级双吸离心泵用来输送不含固体颗粒及温度不超过 80℃的清水或物理、化学性质类似水的其他液体。这种泵在城镇给水、工矿企业的循环用水、农田排灌、防洪排涝等方面应用十分广泛，是给水排水工程中最常用的一种水泵。目前，常见的流量为 90 ~ 20000m^3/h，扬程为 10 ~ 100m。

与 Sh 型泵的结构形式相类似的泵有 SA 型和 S 型泵，还有一种 SLA 型立式双吸离心泵，见图 6-3。它是将 SA 型泵的泵轴改为立式安装。这类水泵布置紧凑，能够减小泵房平面面积。

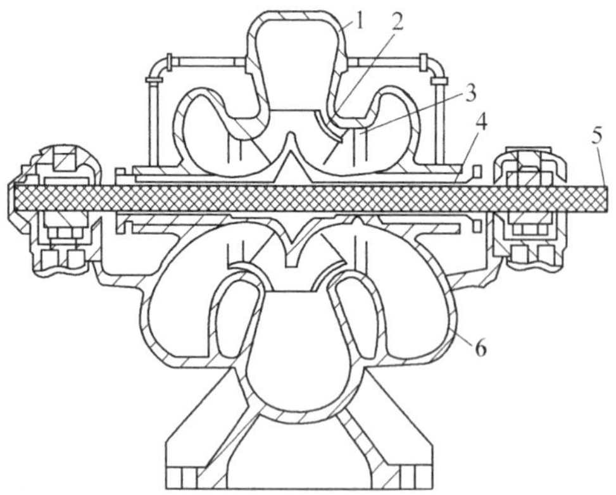

图 6-2 Sh 型泵结构（使用滑动轴承）
1—泵盖 2—叶轮 3—泵体密封环
4—轴套 5—泵轴 6—泵体

图 6-3 SLA 型水泵

6.3　多级离心泵

6.3.1　D型多级离心泵

多级泵相当于将几个叶轮同时安装在一根轴上串联工作，轴上叶轮的个数就代表泵的级数。多级泵工作时，液体由吸入管吸入，顺序地由一个叶轮压出进入后一个叶轮，每经过一个叶轮，液体的比能就增加一次。所以，泵的总扬程是按叶轮级数的增加而增加。

图6-4　D型多级离心泵

多级泵的泵体是分段式的，由一个前段、一个后段和数个中段组成，用螺栓连接成一个整体，如图6-4所示。多级泵的结构如图6-5所示。多级离心泵的叶轮都是单吸式的，吸入口朝向一边。泵壳铸有蜗

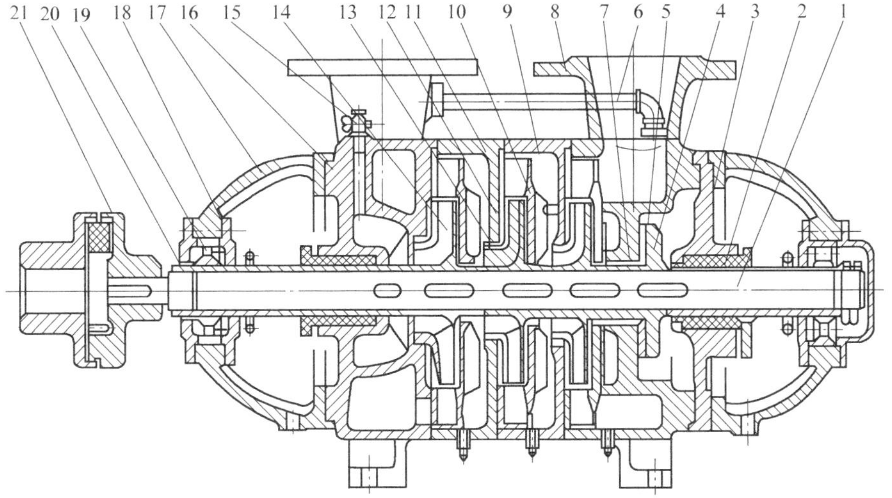

图6-5　D型多级离心泵结构

1—轴　2—轴套　3—尾盖　4—平衡盘　5—平衡板　6—平衡水管　7—平衡套　8—排出段　9—中段　10—导叶　11—导叶套　12—次级叶轮　13—密封环　14—首级叶轮　15—气嘴　16—吸入段　17—轴承体　18—轴承盖　19—轴承　20—轴承螺母　21—联轴器

壳形的流道，水从一个叶轮流入另一个叶轮，以及把动能转化为压能的作用是由导流器来进行的。导流器的结构如图 6-6a 所示，它是一个铸有导叶的圆环，安装时用螺母固定在泵壳上。水流通过导流器时，犹如水流经过一个不动的水轮机的导叶一样，因此，这种带导流器的多级泵通常称为导叶式离心泵（又称透平式离心泵）。图 6-6b 表示泵壳中水流运动的情况。

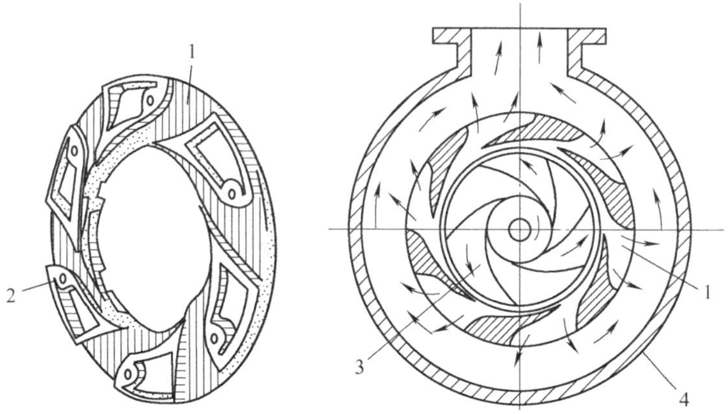

a)　　b)

图 6-6　导叶式离心泵

a）导流器　b）水流运动情况

1—流槽　2—固定螺栓孔　3—水泵叶轮　4—泵壳

D 型多级泵用来输送不含固体颗粒、温度低于 80℃ 的清水或物理化学性质与清水类似的液体，适用于矿山、工厂和城市给排水。

该泵性能范围：流量 Q 为 6.3～450m^3/h；扬程 H 为 50～650m。

D 型多级泵是由多个单吸式叶轮组成，泵体中液体流动的形式如图 6-7 所示。从图中可以看出，D 型多级泵的轴向推力将随着叶轮个数的增加而增大，因此，轴向力的平衡是一个不容忽视的问题。为了消除轴向推力，通常在水泵最后一级，安装平衡盘装置，如图 6-8 所示。平衡盘装置主要通过平衡室内进出水的相对变化来减小轴向不平衡力。平衡盘以键销固定于轴上，随轴一起旋转。它与泵轴及叶轮可视为同一个刚性体，而泵壳及泵座则视为另一个刚性体。当最后一级叶轮出口的压力水有一部分经轴隙 a 流至平衡室时，平衡室内将有一个 $\Delta p'$ 的力作用在平衡盘的内表面上，其值为 $\Delta p' = \rho ghA$（A 为平衡盘的面积），其方向与水泵的轴向力 Δp 相反。如 $\Delta p'$ 接近 Δp 时，对泵轴而言，意味着使它向左移动

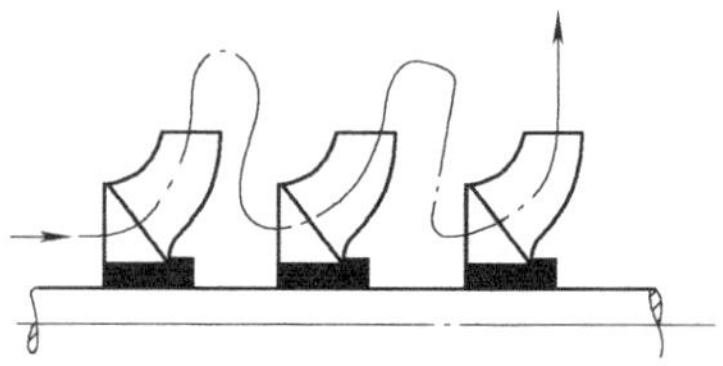

图 6-7　D 型多级泵中液流示意图

的力和使它向右移动的轴向力平衡，所以称 $\Delta p'$为轴向力的平衡力。在水泵运行中，由于水泵的出水压力是变化的，因此，轴向力 $\Delta p'$也是变化的，当 $\Delta p > \Delta p'$时，泵轴及平衡盘向右移动，盘隙 b 变小，泄漏量也变小，但因轴隙 a 是始终不变的，此时，平衡室内就进水多出水少，平衡室压力 ρghA 值增大，也即向左的平衡力 $\Delta p'$增大，很快地它增长至 $\Delta p' = \Delta p$ 值，此时，轴和平衡盘又从右边拉回到原来平衡位置。

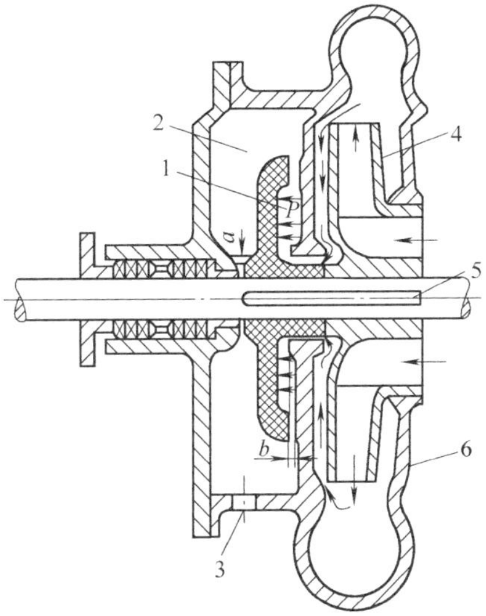

图6-8 平衡盘
1—平衡室 2—平衡盘 3—通大气孔
4—叶轮泵 5—键 6—泵壳

分段多级泵中装了平衡盘以后，轴向力不平衡的调整是随时进行的，平衡盘始终处于一种动态平衡之中，因此，泵的整个转动部分也始终是在某一平衡位置的左右做微小的轴向脉动。一般水泵厂在水泵的总装图上，对装上平衡盘后的水泵，轴的窜动量都有明确的技术要求。

另外，应该注意，安装平衡盘的水泵，就不采用推力轴承，因为推力轴承限制了泵转动部分的轴向移动，使平衡盘失掉自动平衡轴向力这个最大的优点。

此外，将各个单吸式叶轮作“面对面”或“背靠背”的布置，也能消除多级泵轴向力，如图6-9所示。但这种方式使水泵结构更加复杂。

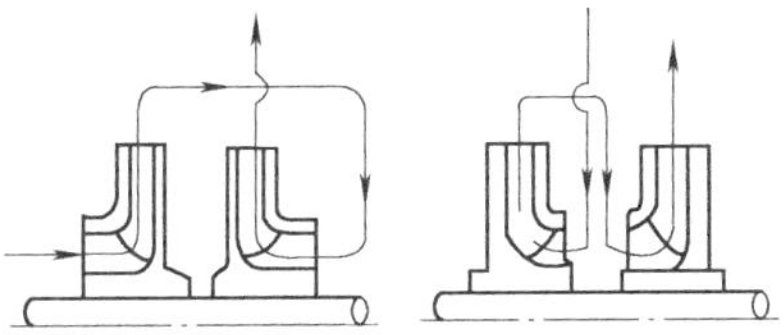

a) b)

图6-9 叶轮对称布置
a）背靠背布置 b）面对面布置

6.3.2 DG型锅炉给水泵

DG型锅炉给水泵是卧式多级单吸分段式离心泵，供输送杂质含量小于1%、颗粒度小于0.1mm、介质温度不高于105℃的清水。适用于小型锅炉给水及城镇给水。

DG型锅炉给水泵是卧式多级离心泵，为两端支承，壳体部分是节段式。吸入口和排出口均为垂直向上。泵的前段、中段和后段用螺栓联结成一体。泵由泵体、叶轮、轴、导叶、导叶套和平衡盘等零部件组成，其结构如图6-10所示。转子的轴向力由平衡盘平衡，轴承为滚动轴承，黄油润滑。轴封为浮环式密封、机械密封和填料密封。密封腔内通有一定压力的水，起水封、水冷和水润滑作用。电动机与泵轴通过弹性联轴器直联驱动，从电动机端看，泵为顺时针方向旋转。

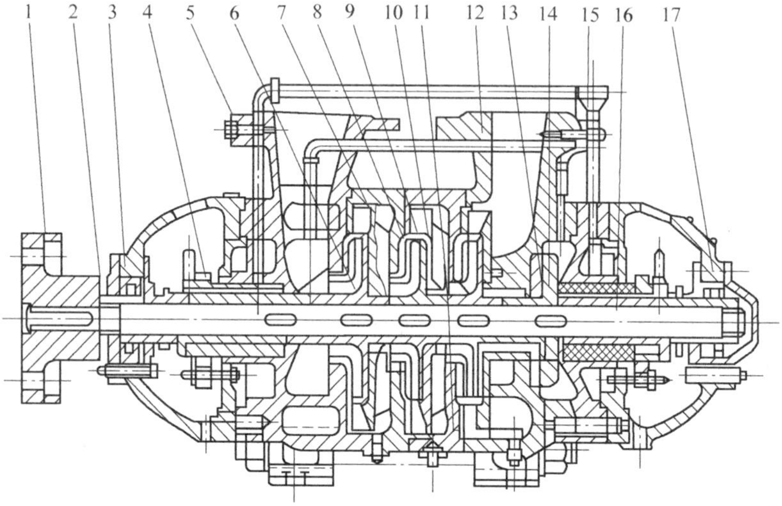

图 6-10 DG 型泵结构

1—柱销弹性联轴器 2—轴 3—滚动轴承部件 4—水冷填料 5—吸入段 6—密封环 7—中段 8—叶轮 9—导叶 10—导叶套 11—螺栓 12—排出段 13—平衡套（环） 14—平衡盘 15—填料盒体 16—水冷室盖 17—轴承

该泵的性能范围：流量 Q 为 6.5～450m^3/h；扬程 H 为 50～650m。

型号意义：例 DG 85-67×3

DG——多级节段式锅炉给水泵；

85——泵设计点流量（m^3/h）；

67——泵设计点单级扬程（m）；

3——泵的级数（即叶轮数）。

6.4 潜水泵

潜水泵主要是由电动机、水泵和扬水管三个部分组成的，电动机与水泵连在一起，完全浸没在水中工作。

潜水泵按其用途分有给水泵和排污泵。潜水排污泵按其叶轮的形式分有离心式、轴流式和混流式。近些年潜水泵在工矿及城市给水排水工程中应用越来越广泛。

潜水泵的主要优点是：

1）电动机与水泵合为一体，不用长的传动轴，质量轻。

2）电动机与水泵均潜入水中，不需修建地面泵房。

3）由于电动机一般是用水来润滑和冷却的，所以维护费用小。

由于潜水泵长期在水下运行，因此对电动机的密封要求非常严格，如果密封质量不好，或者使用管理不好，会因漏水而烧坏电机。

潜水电动机较一般电动机有特殊要求，通常有干式、半干式、湿式、充油式及气垫密封式电动机等几种类型。

干式电动机除对绕组绝缘加强防潮外，与一般电动机无区别。由于干式潜水电动机不允许所输送液体进入电动机内腔，故在电动机的轴伸端需要采取良好的密封措施，通常采用机械密封装置，但由于这种密封装置结构较复杂，加工工艺要求高，若水中含有泥砂，则密封构件很容易被磨损，使密封失效，故抽送不含泥砂的清水，采用机械密封效果较好。

半干式电动机是仅将电动机的定子密封，而让转子在水中旋转。

湿式电动机是在电动机定子内腔充以清水或蒸馏水，转子在清水中转动，定子是用聚乙烯、尼龙等防水绝缘导线绕制而成。为解决电动机绕组及水润滑轴承的冷却问题，电动机内腔充满清水。因而，这种泵的轴封仅起防止泥砂进入电动机的作用，结构较简单，便于制造和维修。但是，这种泵对电动机定子所用的绝缘导线和水润滑轴承材料要求较高，还要考虑部件的防锈蚀问题。

充油式电动机就是在电动机内充满绝缘油（如变压器油），防止水和潮气进入电动机绕组，并起绝缘、冷却、润滑和防止水及潮气侵入电动机内腔的作用。同时，在电动机轴伸端仍需设置机械密封，以阻止水和泥砂进入以及油的泄漏。电动机定子线圈用加强绝缘的耐油、耐水漆包线绕制。这种泵的电动机转子因在粘性较大的油中转动，造成较大的功率损耗，导致效率有所下降，一般约下降3%～5%。

气垫密封式潜污泵的电动机与干式潜水电动机一样，但在电动机下端有一个气封室，并由几个孔道与外界相通。泵潜入吸水池后，气封室内的空气在外界液体压力的作用下形成气垫，达到阻止液体进入电动机内腔的目的。由于这种泵只适用于潜水深度较小且稳定的场合，这种密封方式存在因空气的溶解而使水进入电动机内腔的危险，故使用得很少。

很多型号的潜水泵都设有自动耦合装置，在泵出口端设有滚轮，在导轨内上下滚动，耦合装置保证泵的出水口与固定在基础上的出水弯管自动耦合和脱接，泵的检修工作可在池外进行。竖向导轨下端固定于弯管支座之上，上端与污水池顶梁或墙（出口弯管侧）内预埋钢板焊接固定。轴承与潜水电动机共用。轴封采用机械密封，传动与潜水电动机同轴，由电动机直接驱动。

6.4.1 QXG 型潜水给水泵

QXG 型潜水给水泵是吸收国内外目前最优秀的水力模型及国内部分高校最新研究成果和实际制泵经验而设计的产品，供输送水和物理化学性质类似于水的液体，液体最高温度不超过 40℃。适用于城镇、工厂、矿山、电站的给水排水和农田排灌等。

QXG 型潜水给水泵的流量范围为 200～400m^3/h，扬程范围为 6.5～60m，功率范围为 11～150kW。

型号意义说明：

QXG900-30-110

QXG——潜水给水泵；

900——流量（m^3/h）；

30——扬程（m）；

110——配套功率（kW）。

QXG 型潜水给水泵安装方式有三种（图 6-11）：

1）固定湿式安装，采用德国 ABS 公司专利——自动耦合系统，泵可沿导杆下滑到达底座，与出水口自动连结，密封可靠。

2）固定干式安装，在泵房基础上固定好支撑底座，装上水泵，连接进、出水管即可运行。

3）移动式，它以支架支承，接上出水软管即可工作。

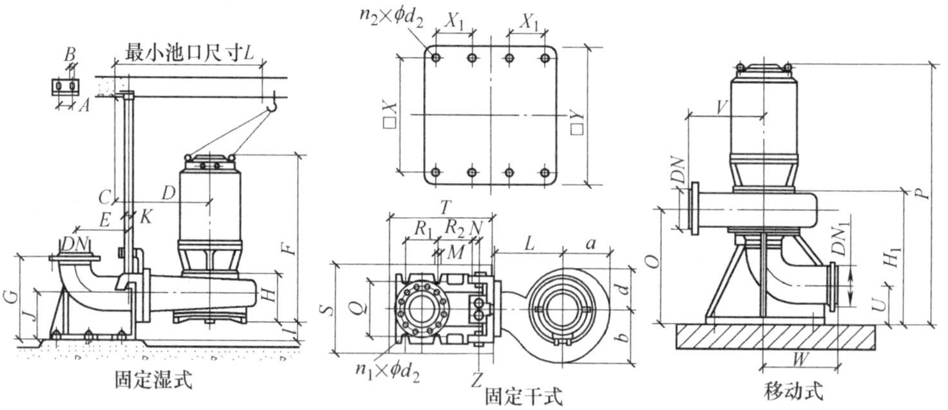

图 6-11 QXG 型潜水给水泵外形及安装

6.4.2 潜污泵

潜污泵的流量范围为 3～1000m^3/h，扬程为 7～40m，功率为 0.25～30kW。

其中 QWB 型潜污泵是使用较多的一种，它适用于输送 40℃以下的工矿企业排放的工业废水、生活污水、粪便或含有纤维、纸屑等非磨蚀性固体的液体。液体的 pH 值在 5 ~9 范围内，固体颗粒直径小于 20mm。被广泛地应用于矿山建设、市政工程以及医院、宾馆、饭店污水杂物的排放，也可用做采油、水处理及农田灌溉等。

图 6-12 所示为 QWB 型立式潜水污水泵的结构示意图。吸入口位于泵的底部，排出口为水平设置。选用立式潜水电动机与泵体直联，过负荷保护装置和浸水保护装置保证了运转的安全。

图 6-13 所示为 QWB 型泵的外形及安装示意图。

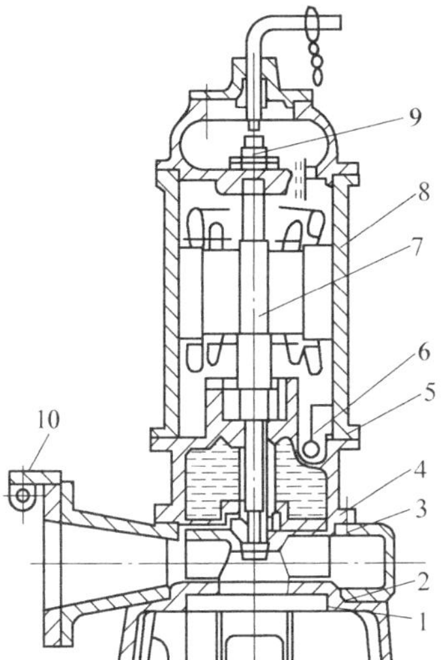

图 6-12 QWB 型立式潜污泵结构示意图

1—进水端盖 2—O 形密封圈

3—泵体 4—叶轮 5—浸水检出口

6—机械密封 7—轴 8—电动机

9—过负荷保护装置

10—连接部件

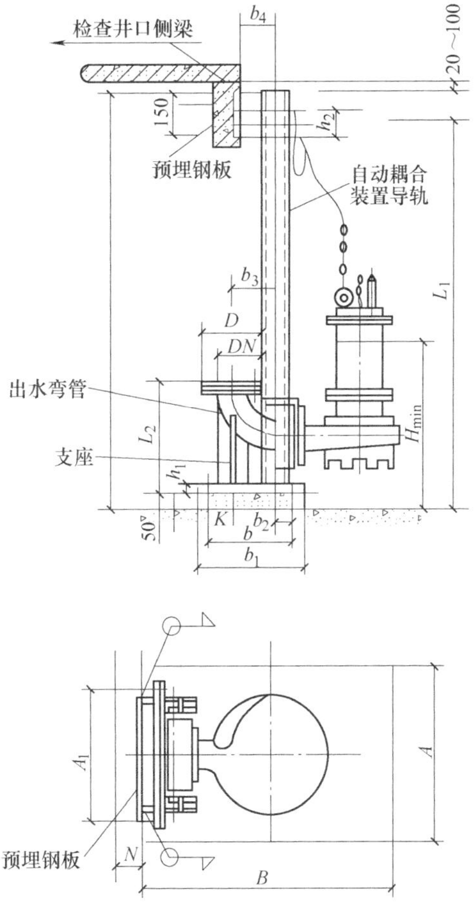

图 6-13 QWB 型泵的外形及安装示意图

型号意义：例 80QWB-0. 3-10

80——排出口直径（mm）；

QWB——潜水污水泵；

0.3——设计点流量（m^3/min）；

10——泵总扬程（m）。

6.4.3 轴流潜水泵和混流潜水泵

轴流潜水泵用的比较多是ZQB型，混流潜水泵用的比较多是HQB型。ZQB型轴流潜水泵和HQB型混流潜水泵是传统的水泵、电动机机组的换代产品，电动机与泵可一体长期潜入水中运行。供输送低扬程、大流量、最高温度50℃的水或物理、化学性质类似于水的其他液。适用于农田排灌、工矿船坞、城市建设、电站给排水。

ZQB型轴流潜水泵流量范围为570～22000m^3/h，扬程为3～9m，功率为7.5～250kW。HQB型混流潜水泵流量范围为1110～8100m^3/h，扬程为4～17m，功率为45～3100kW。

轴流式、混流式潜水泵的安装方式主要有以下几种（图6-14）：

1）湿室井筒式安装，采用钢制或钢筋混凝土预制井筒，将潜水泵置于筒中，用橡胶密封。

2）悬吊式安装，潜水泵悬吊在基座下。

3）落地式安装，在潜水泵下部有支架，支撑在基座上。

4）卧式或斜式安装。

5）开敞式安装。

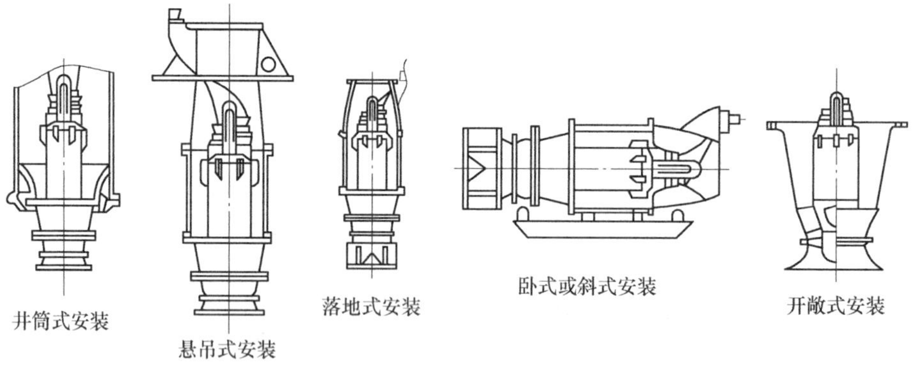

图6-14 ZQB型轴流潜水泵安装方式

型号意义：例如500ZQB-70型

500——泵出口名义直径（mm）；

Z——轴流泵（如果是“H”代表混流泵）；

Q——潜水电泵；

B——泵叶轮的叶片为半可调式；

70——泵的比转速代号（即比转速为700）。

6.5 污水泵、杂质泵

6.5.1 WL型立式污水泵

WL型污水泵是杂质泵的一种，它与清水泵的不同之处在于：叶轮的叶片少，流道宽，便于输送带有纤维或其他悬浮杂质的污水。另外，在泵体的外壳上开设有检查、清扫孔，便于在停车后清除泵壳内部的污浊杂质。

WL型系列立式污水泵效率高，节能效果好。结构上的特点是具有单叶片或双叶片，并采用大流道形式，以减少纤维垃圾缠绕，且能通过大的物料。能抽送直径为100～250mm、纤维长度为300～1500mm的大颗粒固体块。另外，WL型系列立式污水泵功率曲线平坦，可以在全性能范围内运行而无过载之忧。

WL型系列立式污水泵适用于输送城市生活污水、工矿企业污水、泥浆、粪便、灰渣及纸浆等浆料，还可用做循环泵、给排水用泵及其他用途。

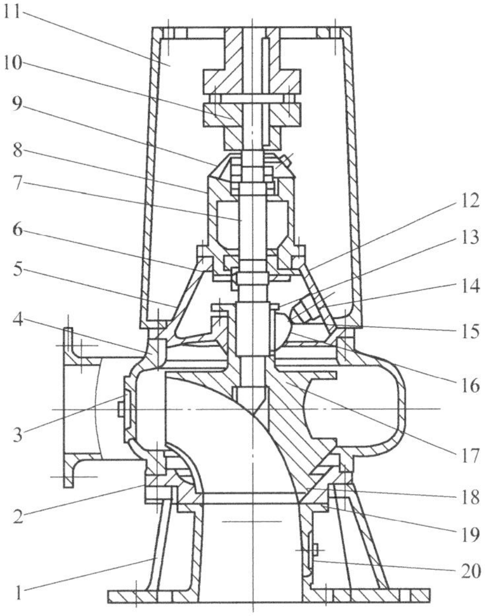

图6-15 WL型泵结构

1—底座 2—前泵盖 3、20—手孔盖 4—泵体 5—后泵盖 6—T轴承盖 7—轴 8—轴承架 9—上轴承盖 10—弹性联轴器 11—电动机支架 12—挡水圈 13—填料压盖 14—汽油杯 15—填料 16—填料杯 17—叶轮 18—密封环 19—进口锥管

WL型系列泵为单级单吸立式污水泵，主要由蜗壳、叶轮、泵座体、支撑管、轴、电动机座等组成，如图6-15所示。泵体和进水管上都设有手孔，以供排出杂物，液体沿轴向吸入，水平方向排出。泵的传动方式是通过联轴器与电动机连接，WL（Ⅰ）型为立式电动机直接与水泵相连，WL（Ⅱ）型为立式电动机通过加长轴的联轴器与水泵相连。泵的旋转方向，从电动机端看为顺时针方向旋转。

型号意义：例200WL（Ⅰ）480-13

200——泵出口直径（mm）；
WL——立式排污泵；
Ⅰ——电动机直联式；
480——泵设计点流量（m^3/h）；
13——泵设计点扬程（m）。

6.5.2 WW型无堵塞污水污物泵

WW型无堵塞污水污物泵是一种单级单吸离心泵，是一种新型杂质泵，其结构如图6-16所示。该泵采用单叶片流道闭式叶轮，泵的进出口口径和叶轮流道的最小过流部位的尺寸相同。这样就保证了被抽送介质中的最大颗粒固体物质能顺利通过，从而达到泵的无堵塞效果。该种型号泵的最大的特点是：可以抽送大块矿石，抽送含有杂草、麦穗、稻草等大量纤维状物质的污水而不会产生堵塞现象。它被用做化工流程泵时，不会因被抽送液体结晶而堵塞。如用来抽送鱼虾，则能保证鱼虾不被叶轮绞死打烂。所以，WW型无堵塞污水污物泵是一种很理想的高性能杂质泵。

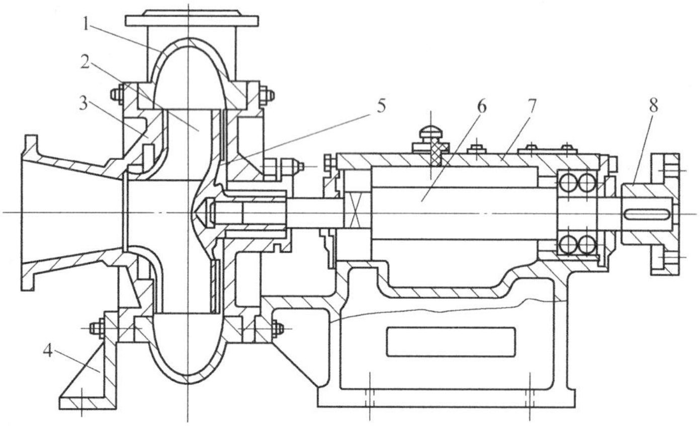

图6-16 WW型无堵塞污水污物离心泵结构图

1—泵体 2—叶轮 3—前盖 4—支架 5—后盖 6—泵轴 7—托架 8—联轴器

WW型无堵塞污水污物泵的轴封采用外供水冲洗的填料盒，用软填料密封。当用于抽送带腐蚀性的液体时，则可采用机械密封，并设水冷却系统。泵与电动机采用弹性联轴器连接。

WW型无堵塞污水污物泵的性能范围：流量Q为20～500m^3/h，扬程H为5～30m，目前被广泛用于冶金、矿山、煤炭、电力、石油、化工等工业部门和城市污水处理、港口河道疏浚等作业。

型号意义：例150WW260-14

150——进出口口径（mm）；
WW——无堵塞污水污物泵；
260——泵设计点流量（m^3/h）；
14——泵设计点扬程（m）。

6.6 深井泵

6.6.1 JD型深井泵

深井泵是用来从深井中提取地下水的设备，供以地下水为水源的城市、工矿企业及农田灌溉之用。常用的深井泵有JC型和JD型。图6-17为JD型深井泵的外形图和构造图。

JD型深井泵实际上是一种立式单吸分段式多级离心水泵。其组成包括三部分：①包括滤网在内泵的工作部分；②包括泵座和传动轴在内的扬水管部分；③带电动机的传动装置部分等。

叶轮1可以有2~36个固定于同一根竖直的传动轴2上。泵壳由上导流壳3、中导流壳4与下导流壳5三部分组成。叶轮位于中导流壳内，下导流壳是用来连接中壳与吸水管6，把水流导向叶轮。上导流壳是用来连接中壳与扬水管7，并把叶轮甩出的水引入扬水管中。吸水管下端连有滤水网8，用来防止砂石及其他杂物进入水泵。水泵运行时，水从滤网经下导流壳流道进入叶轮，以逐级增加压力，最后通向扬水管至泵底座弯管9排出。工作部分在井内至少要让2~3个叶轮浸入动水位以下，而滤水网一方面至少要比最低动水位低0.5~1.0m，另一方面要离开井底不小于2m距离。

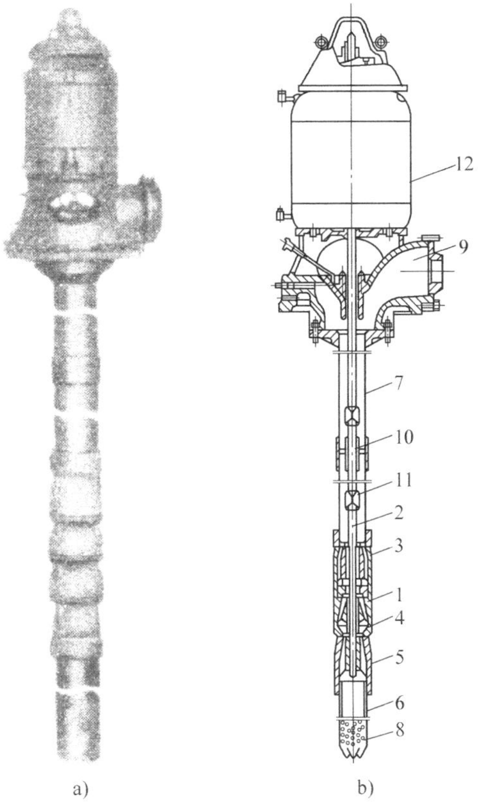

图6-17 JD型深井泵构造
a）外形 b）构造
1—叶轮 2—传动轴 3—上导流壳 4—中导流壳 5—下导流壳 6—吸水管 7—扬水管 8—滤水网 9—泵底座弯管 10—轴承 11—联轴器 12—电动机

传动轴通过扬水管中心并由橡胶轴承 10 支承。整个泵轴系由许多单个短轴，采用联轴器 11 将它联为一整体。所谓短轴就是一定标准长度的单节，其节数根据井的深度来决定，传动轴一般用螺纹联轴节连接。传动装置由立式电动机和电动机座所组成，泵的转动部分和轴向力全部由电动机推力轴承来承受。从传动装置顶端向下看泵，泵为逆时针方向旋转。

JD 型深井泵适用于输送常温、无腐蚀性的清水，水中不允许含有任何油类，含砂量应小于 0.01% （质量分数）、水质为中性（pH 值为 6.5 ~8.5）。

型号意义：例如 6JD-28 ×11 型

6——适用井径为 6in 及 6in 以上；

JD——深井多级泵；

28——额定流量为 $28m^3/h$；

11——表示叶轮级数。

6.6.2 LT 型深井泵

LT 型深井泵是以国外钢厂用立式沉淀泵和铁皮泵的技术为基础开发的新产品。采用耐磨橡胶作为导轴承，传动轴采用不锈钢护管将轴和导轴承与输送介质完全隔离，并运用螺旋反抽原理形成护管内清水微正压状态，从而提高导轴承和轴套的运行寿命。由于采用耐油抗磨高分子新材料与耐磨橡胶材料相结合，因此，导轴承经久耐用。LT 型深井泵外形如图 6-18 所示。

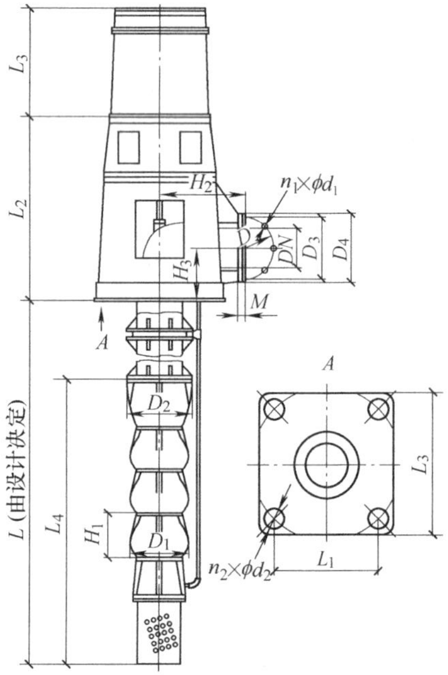

图 6-18 LT 型深井泵外形

LT 型深井泵供输送含固体颗粒的含量不大于 10% （质量分数）、颗粒粒径不大于 2mm，且不含纤维的水或物理化学性质与水相似的介质。适用于冶金、矿山、电站、城市给水排水。

型号意义说明：例如 200 LT-400 × *i*-L

200——出口公称直径（mm）；

LT——深井泵；

400——最小井径（mm）；

i——叶轮级数；

L——井下总长度（m）。

6.7　自吸泵

自吸泵具有一定的自吸能力，能够使水泵在吸不上水的情况下方便起动，并维持正常运行。我国目前生产的自吸泵基本上是自吸离心泵。自吸泵因其实现自吸方式的不同，可分为外混式自吸泵、内混式自吸泵及带有由泵本身提供动力的真空引水泵式自吸泵等多种结构形式。如图6-19所示为TC型（外混式）自吸泵基本结构。其主要零件有：泵体、泵盖、叶轮、轴、轴承等。泵体内具有涡形流道，流道外层周围有容积较大的气水分离腔，泵体下部铸有座角作为固定泵用。

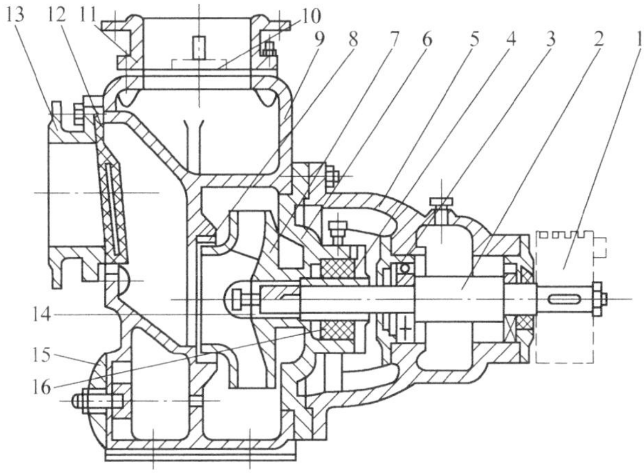

图6-19　TC型自吸泵结构

1—带轮（联轴器）　2—轴　3—轴承　4—填料压盖　5—轴承体　6—泵盖　7—叶轮　8—密封环　9—泵体　10—引水塞　11—出水管接头座　12—吸入止回阀　13—吸水管接头　14—轴套　15—放水盖　16—润滑油封

与所有自吸泵一样，TC型（外混式）自吸泵的吸入口位于叶轮上方，每次停机后，泵内都能存留一些水，作为下次起动之用。初次起动前，需向泵内人工加足自吸用水，使叶轮大部分淹没在水中。泵起动后，叶轮中的水受到离心力作用流向叶轮外缘，并在叶轮外缘处与气体混合，形成一圈泡沫带状气水混合物。该泡沫带在隔舌的刮削作用下，使气水混合物通过扩散管进入气水分离室。此时，由于过水面积突然增大，流速迅速降低，气体的相对密度小，从水中逸出并由泵压出口排走，水的相对密度大，落到气水分离室的底部，并经轴向回流孔返回叶轮外缘，再次与气体混合。随着上述过程的不断循环，吸水管内的真空度就不断增大，被输送的水便不断沿吸水管上升。待泵内完全充满水时，泵就进入正常工作状态，完成自吸过程。

泵体的进出水口可用胶管或法兰管连接。当配胶管时，进口胶管接头座附有止回阀，以阻止停机液体倒流。泵体涡形流道内装有闭式单吸叶轮，泵盖上具有密封室，轴承体内装黄油以润滑轴承，泵轴后端装V带轮或联轴器，用电动机或内燃机来带动泵。

TC型自吸泵的性能范围：流量 Q 为 $6\sim120m^3/h$，扬程 H 为 $4.8\sim87m$，转速 n 为 $2600\sim2900r/min$。可用来输送清水及物理化学性质与清水类似的液体，液体的最高温度不超过80℃。

TC型自吸泵的结构简单、体积小、质量轻，具有良好的自吸性能；使用时不需安装底阀，维修操作方便，只要在第一次启动前往泵内灌满水即可进行抽水，以后启动可不再灌水。但与离心泵比较，同样性能参数的自吸泵，一般其泵效和汽蚀性能略差一些。此种水泵很适合于小型稻田、菜地、园林的灌溉，鱼塘、工厂、学校、别墅的供水，工程施工、地下室、下水沟排水等之用。

型号意义：例3TC-15

3——泵入口直径（in）；

TC——离心自吸泵；

15——泵设计点扬程（m）。

6.8 GD型管道泵

GD型管道泵是立式单吸单级离心泵，可以直接安装在管道中直接进行加压。泵的出入口在同一水平方向上，并成180°，泵主要由泵体、泵盖、叶轮、轴、机械密封等零件组成，其结构如图6-20所示。

口径100mm及以下的泵与电动机共轴，叶轮直接装在电动机上，轴向力由电动机轴承承受。泵的支撑方式分无支承脚与有支承脚两种。

口径125 mm及以上的泵，泵轴与电动机分开，泵轴由中间轴承体轴承支承，电动机轴套入泵轴内。整机有底座支承，轴封采用机械密封。

泵由电动机直接驱动，从电动机端部看，泵为顺时针方向旋转。

GD型管道泵一般供输送温度低于80℃无腐蚀性的清水或物理、化学性质类似清水的液体。如果过流部件用不锈钢制造，则可输送奶类、饮料、酱油等卫生液体。

GD型管道泵轻便灵活，使用时可以直接将泵安装在水平管道中，小型泵还可以安装在竖直管道中运行。根据具体情况可以单台工作，也可多台串联或并联运行，适合工业系统中途加压、城市高层建筑给水及空调循环水输送使用。

GD型管道泵的性能范围：流量 Q 为 $6\sim200m^3/h$；扬程 H 为 $13\sim78m$。

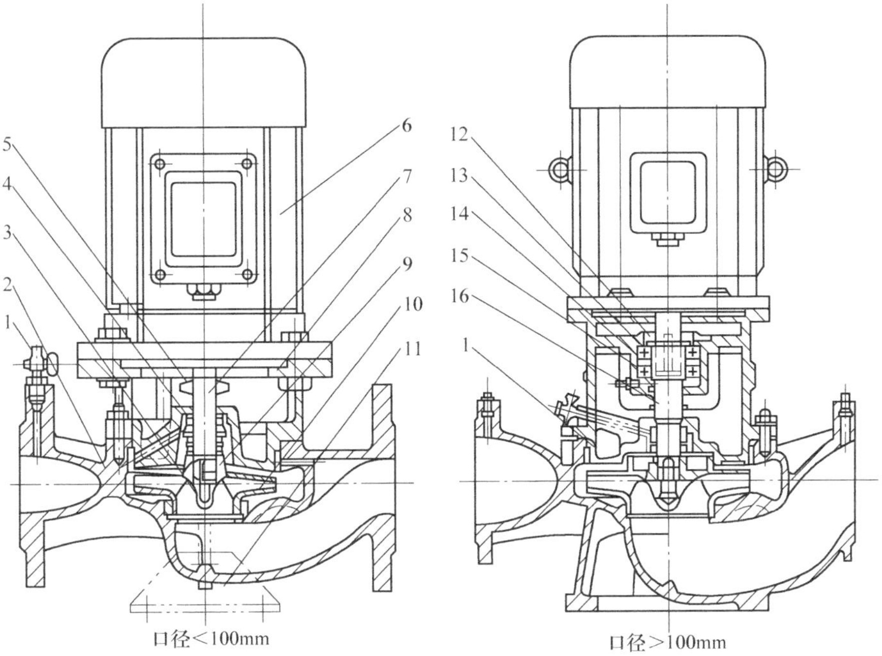

图6-20 GD型管道泵结构

1—放气阀 2—泵体 3—叶轮螺母 4—机械密封 5—挡水圈 6—电动机 7—电动机轴 8—盖架 9—叶轮 10—密封环 11—支撑脚 12—轴承盖 13—轴承 14—轴承垫圈 15—弹性挡圈 16—联接轴

型号意义：例GD150-315A

GD——管道离心泵

150——泵出入口直径（mm）；

315——叶轮名义直径（mm）；

A——泵叶轮外径经第一次切削。

6.9 IH型单级单吸化工离心泵

IH型单级单吸化工离心泵是根据国际标准ISO 2858、ISO 3069和ISO 3661规定进行设计的，并按国际标准ISO5199/DIS制造的，其技术经济指标与老产品比较，效率平均提高了5%左右，汽蚀余量降低了2m左右，是国家确定替代F型耐腐蚀离心泵的高效节能、更新换代产品。

IH型泵主要是由泵体、叶轮、泵盖、轴、轴套、密封环、叶轮螺母、中间支架、悬架部件等组成，如图6-21所示。该泵采用后开门结构，设计有加长联轴器，检修时不用拆卸与泵体连接的进、出口管路，也不用拆卸电动机，只需拆下加长联轴器的中间连接件，就可以拆除泵的转子部件进行检修，使维修工作十分方便。

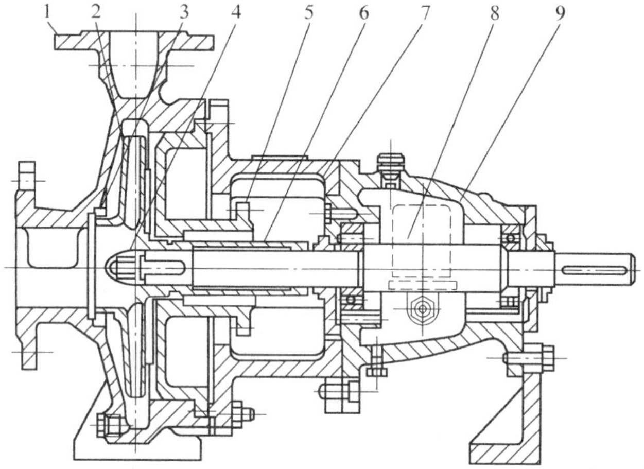

图 6-21 IH 型单级单吸化工离心泵结构

1—泵体 2—叶轮 3—密封环 4—叶轮螺母 5—泵盖 6—密封部件 7—中间支架 8—轴 9—悬架部件

轴向力的平衡，主要是通过叶轮前盖板处设置密封环和叶轮后盖板上设置的背叶片来实现的，滚动轴承承受泵的径向力和残余的轴向力。轴封一般采用机械密封，最常用的是非平衡型内装式单端面机械密封，以防止泄漏和进气。根据工作条件也可采用外装式机械密封、平衡型机械密封和双端面机械密封。在某些情况下，还需要密封附加装置，如旋风分离器、孔板、换热器等。泵的传动是通过加长联轴器与电动机直接相联。从电动机方向看，泵为顺时针方向旋转。由于 IH 泵是耐腐蚀泵，因此叶轮、中间支架等应采用耐腐蚀材料制造。

IH 型泵主要用于输送化工流程中有腐蚀性、粘度类似于水的液体，介质温度为 -20 ~ 105℃；必要时可采用适当的冷却措施，以输送更高温度的介质。广泛用于化工、石油、石油化工、冶金、轻工、印染、制药、环保、海水淡化、电力等工业部门。

该泵的性能范围：流量 Q 为 3.4 ~ 460m^3/h，扬程 H 为 3.6 ~ 132m，温度 t 为 -20 ~ 105℃，最高工作压力为 1.6MPa。

型号意义：例 IH 80-50-200AS1-306

IH——符合国际标准的单级单吸化工泵；

80——泵入口直径（mm）；

50——泵出口直径（mm）；

200——叶轮名义直径（mm）；

A——叶轮外径经第一次切削；

S1——泵的轴封形式，见 GB/T 5656—2008；

06——泵零件的材料代号，见 GB/T 2100—2002。

思考题与习题

1. 单吸单级水泵的轴向力平衡措施与单吸多级水泵的轴向力平衡措施有什么不同?
2. 潜水泵有哪些优点?
3. 写出 6JD-28×11 和 200WL（Ⅰ）480-13 各符号和数字的含义。
4. Sh（SA）系列单级双吸式离心泵在结构上有什么特点?

第7章 其他类水泵

7

7.1 射流泵

射流泵也称水射器，基本结构如图7-1所示，由喷嘴1、吸入室2、混合管3以及扩散管4等部分所组成，构造简单，工作可靠，在给排水工程中经常应用。

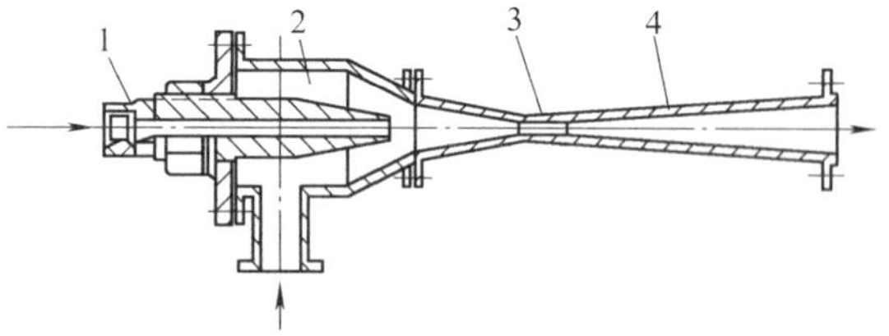

图7-1 射流泵构造

1—喷嘴 2—吸入室 3—混合管 4—扩散管

7.1.1 工作原理

如图7-2所示，高压水以流量 Q_1 由喷嘴高速射出时，连续挟走了吸入室2内的空气，在吸入室内造成不同程度的真空，被抽升的液体在大气压力作用下，以流量 Q_2 由管5进入吸入室内，两股液体（Q_1+Q_2）在混合管3中进行能量的传递和交换，使流速、压力趋于拉平，然后，经扩散管4使部分动能转化为压能后，以一定流速由管道6输送出去，在图7-2中：

H_1——喷嘴前工作液体具有的能量相应的水头（m）；

H_2——射流泵出口处液体具有的能量相应的水头，也即射流泵的扬程（m）；

Q_1——工作液体的流量（m^3/s）；

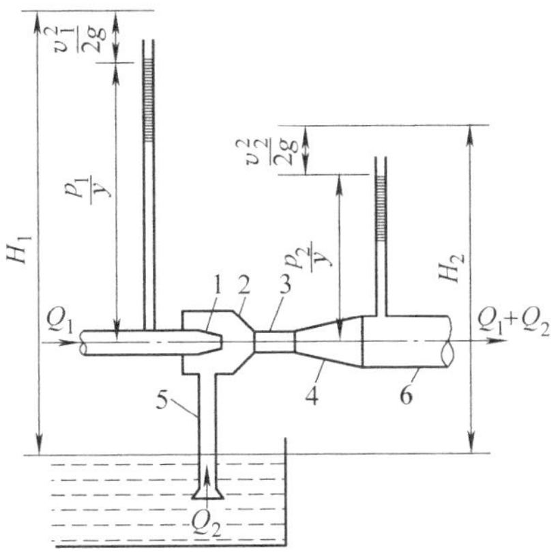

图7-2 射流泵工作原理

1—喷嘴 2—吸入室 3—混合管 4—扩散管 5—吸水管 6—压出管

Q_2——被抽液体的流量（m^3/s）；

F_1——喷嘴的断面积（m^2）；

F_2——混合室的断面积（m^2）。

射流泵的工作性能一般可用下列参数表示：

流量比
$$\alpha=\frac{\text{被抽液体流量}}{\text{工作液体流量}}=\frac{Q_2}{Q_1}$$

压头比
$$\beta=\frac{\text{射流泵扬程}}{\text{工作压力相应的压头}}=\frac{H_2}{H_1-H_2}$$

断面比
$$m=\frac{\text{喷嘴断面}}{\text{混合室断面}}=\frac{F_1}{F_2}$$

表7-1所示为射流泵效率较高时（达30%左右），其参数α、β、m之间的关系。

表7-1 射流泵α、β、m之间的关系

m	0.15	0.20	0.25	0.30	0.40	0.50	0.60	0.70	0.80	0.90	1.00
α	2.00	1.30	0.95	0.78	0.55	0.38	0.30	0.24	0.20	0.17	0.15
β	0.15	0.22	0.30	0.38	0.60	0.80	1.00	1.20	1.45	1.70	2.00

7.1.2 射流泵的应用

射流泵优点有：

1）构造简单、尺寸小、质量轻、价格便宜。

2）便于就地加工，安装容易，维修简单。

3）无运动部件，启闭方便，当吸水口完全露出水面后，断流时无危险。

4）可以抽升污泥或其他含颗粒液体。

5）可以与离心泵联合串联工作从大口井或深井中取水。

射流泵的缺点是效率较低，最高也只有30%。

在给水排水工程中一般用于：

1）用做离心泵的抽气引水装置，在离心泵泵壳顶部接一射流泵，当水泵起动前，可用外接给水管的高压水，通过射流泵来抽吸泵体内空气，达到离心泵起动前抽气引水的目的。

2）在水厂中利用射流泵来抽吸液氯和矾液，俗称“水老鼠”。

3）在地下水除铁曝气的充氧工艺中，利用射流泵作为带气、充气装置，射流泵抽吸的始终是空气，通过混合管进行水气混合，以达到充氧目的。这种水、气射流泵一般称为加气阀。

4）在排水工程中，作为污泥消化池中搅拌和混合污泥用泵。近年来，用射流泵作为生物处理的曝气设备及气浮净化法的加气水设备发展异常迅速。

5）与离心泵联合工作以增加离心泵装置的吸水高度。如图7-3所示，在离心泵的吸水管末端装置射流泵，利用离心泵压出的压力水作为工作液体，这样可使离心泵从深达30~40m的井中提升液体。目前，这种联合工作的装置已常见，它适用于地下水位较深的地区或牧区解决人民生活用水、畜牧用水和小面积农田灌溉用水。

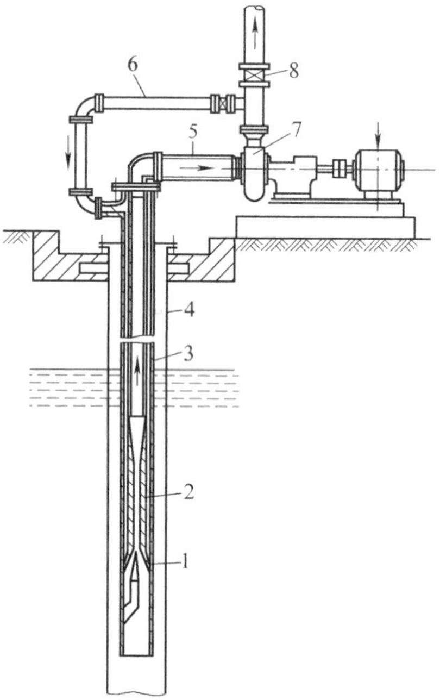

图7-3 射流泵与离心泵联合工作

1—喷嘴 2—混合管 3—套管 4—井管 5—水泵吸水管 6—工作压力水管 7—水泵 8—闸阀

6）在土方工程施工中，用于井点来降低基坑的地下水位等。

7.2 气升泵

7.2.1 基本结构与工作过程

气升泵又名空气扬水机。它是以压缩空气为动力来升水、升液或提升矿浆的一种装置。其基本构造是由扬水管1、输气管2、喷嘴3和气水分离箱4等四部分组成（图7-4）。构造简单，在现场可以利用管材就地装配。

图7-4所示为一个带有气升泵的钻井示意。地下水的静水位为0—0，来自空气压缩机的压缩空气由输气管2经喷嘴3输入扬水管1，于是，在扬水管中形成了空气和水的水气乳状液，沿扬水管上涌，流入气水分离箱4。在该箱中，水气乳状液以一定的速度撞在伞型钟罩7上，由于冲击而达到了水气分离的效果，分离出来的空气经气水分离箱顶部的排气孔5逸出，落下的水则借重力流出，由管道引入清水池中。

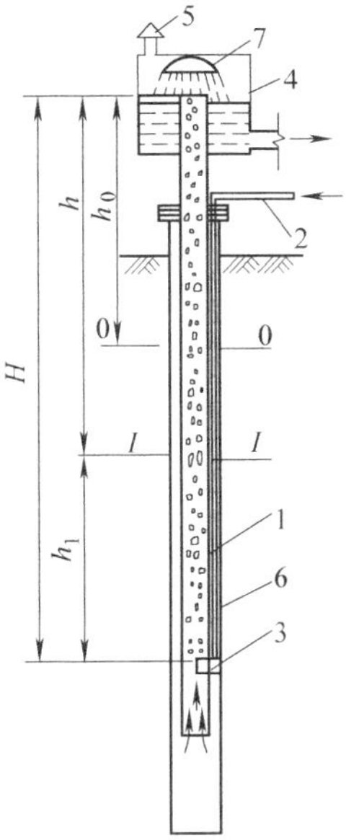

图7-4 气升泵构造

1—扬水管 2—输气管 3—喷嘴 4—气水分离箱 5—排气孔 6—井管 7—伞形钟罩

7.2.2 气升泵装置总图

图7-5所示为气升泵装置的总图。其中包括空气过滤器、风罐、喷嘴、扬水管、气水分离箱。现将各部件的作用及基本构造作一扼要介绍。

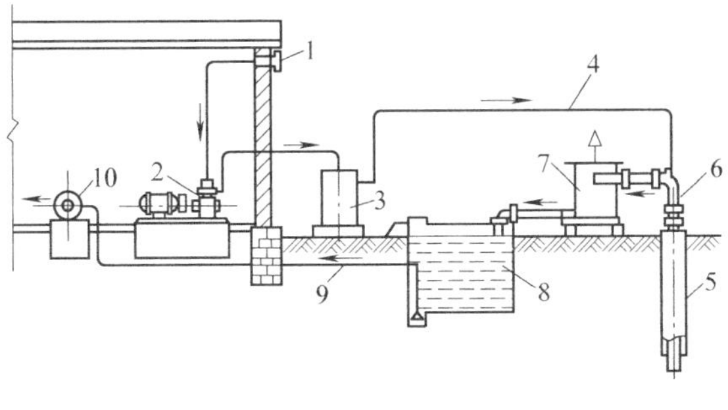

图7-5 气升泵装置总图

1—空气过滤器 2—空气压缩机 3—风罐 4—输气管 5—井管 6—扬水管 7—空气分离器 8—清水池 9—吸水管 10—水泵

1. 空气过滤器

它是空气压缩机的吸气口，其作用是防止灰尘等侵入空气压缩机。常用的结构形式是多块油浸穿孔板，以一定的间距排列在框架上，邻板之间的孔眼互相错开，空气穿过前一板块的孔眼后就碰在后一块板的油壁上，空气中尘土就被粘在油壁上，这样就达到了过滤目的。一般空气过滤器安装在户外离地2～4m高的背阳地方。

2. 风罐

风罐的功能是使空气在罐内消除脉动，并均匀地输送到扬水管中去（如往复式空气压缩机的输气量是不均匀的）。另外，风罐还起着分离压缩空气中挟带的机油和潮气的作用。

3. 喷嘴

喷嘴的作用是在扬水管内形成水气乳液。为了使空气与水充分混合，气泡的直径不宜大于6 mm，由于空气不应集中在一处喷出，需设布气管。按布气管与扬水管的布置方式，喷嘴在扬水管中的位置有并列布置、同心布置及同心并列组合式布置共三种。

4. 扬水管

扬水管直径过小时，井内水位降落大，抽水量将受到限制。扬水管直径过大时，升水产生间断，甚至不能升水。扬水管的直径与水气乳液的流量（即抽水量和气量之和）、流速和升水高度以及布气管的布置形式等因素有关。扬水管与布气管并列布置虽使井孔稍增大些，但扬水管直径较同心布置时为小，且扬水管内水头损失也较小。因此，一般较多采用并联布置。

5. 气水分离箱

气水分离箱的作用主要是防止气体随水流走，影响水的流动。气水分离箱的形式很多，常用的是带伞形反射罩的分离箱。

气升泵在给水排水工程中可用于回流污泥的提升。

7.3 螺旋泵

7.3.1 螺旋泵的工作原理及组成

螺旋泵也称阿基米德螺旋泵，它是利用螺旋推进原理来提水的，其工作原理如图7-6所示。螺旋倾斜放置在泵槽中，螺旋的下部浸入水下，由于螺旋轴对水面的倾角小于螺旋叶片的倾角，当

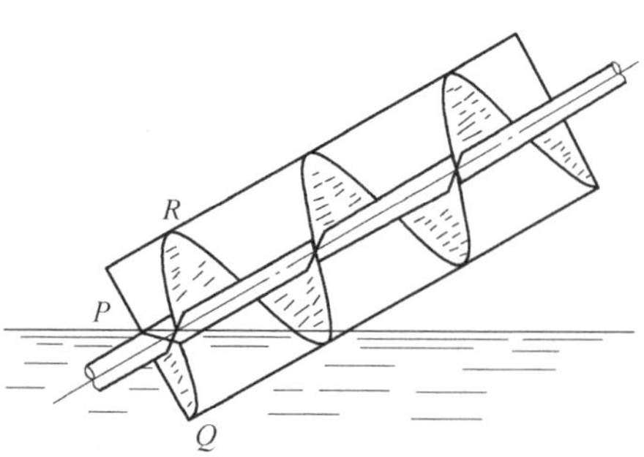

图7-6 螺旋泵提水原理

螺旋泵低速旋转时，水就从叶片的 P 点进入，然后在重力的作用下，随着叶片下降到 Q 点，由于转动产生的惯性力将 Q 点的水又提升到 R 点，而后在重力的作用下，水又下降到高一级叶片的底部。如此不断循环，水沿螺旋轴一级一级地往上提升，最后升高到螺旋泵槽的最高点而出流。

7.3.2　螺旋泵装置

螺旋泵装置主要由电动机、变速装置、泵轴、叶片、轴承座、泵壳等组成，如图7-7所示。泵体连接着上下水池，泵壳仅包住泵轴及叶片的下半部，上半部只要安装小半截挡板，以防止污水外溅。泵壳与叶片间，既要保持一定的间隙，又要做到密贴，尽量减少液体侧流，以提高泵的效率，一般叶片与泵壳之间保持1mm左右间隙。大中型泵壳可用预制混凝土砌块拼成，小型泵壳一般采用金属材料卷焊制成，也可用玻璃钢等其他材料制作。

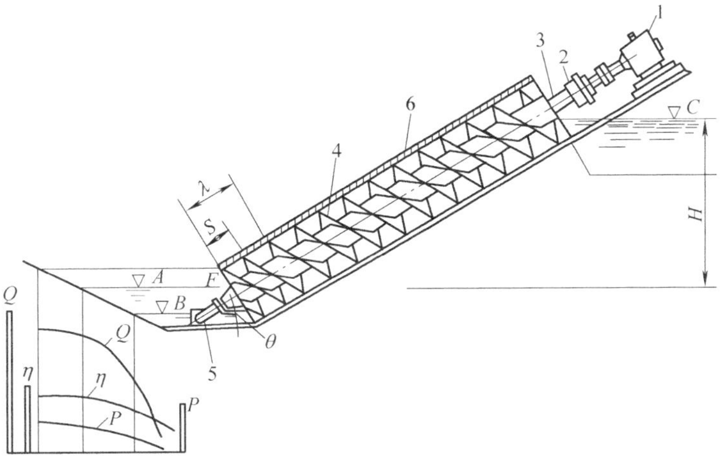

图7-7　螺旋泵装置

1—电动机　2—变速装置　3—泵轴　4—叶片　5—轴承座　6—泵壳

A—最佳进水位　B—最低进水位　C—正常出水位　H—扬程　θ—倾角　S—螺距

图7-7所示的特性曲线表明：当进水水位升高到泵轴上边缘的 F 处，流量为最高值，假如水位继续上升，则泵的流量就不会再增加。不仅如此，由于进水水位增高，叶片在水中作无用的搅拌，螺旋泵的轴功率加大，而效率会下降。

影响螺旋泵效率的参数主要有以下几个：

1）倾角 θ：指螺旋泵轴对水平面的安装夹角。它直接影响泵的扬水能力，倾角太大时，流量下降。

2）泵壳与叶片的间隙：间隙越小，水流失越小，泵效率越高。为了保持微量的间隙，要求螺旋叶片外圆的加工精密，同时，泵壳内表面要求光滑平整。

3）转速 n：实验资料表明，螺旋泵的外径越大，转速宜越小，泵外径小于

400mm时，其转速可达90r/min左右；外径为1m时，转速约50r/min为宜；当泵外径达4m以上时，转速骤降至20r/min左右为宜。

4）扬程 H：螺旋泵是低扬程水泵。扬程低时，效率高。扬程太高时，泵轴过长，挠度大，对制造、运行都不利。螺旋泵扬程一般在3~6m左右。

5）泵直径 D：泵的流量取决于泵的直径。一般资料认为：泵直径越大，效率越高。

泵的直径与泵轴直径之比以2:1为宜；如果比例不当，如叶片直径大，轴径过小时，则由于泵在旋转时产生离心力，被螺旋泵带上的水反而不多；反之，盛水空间小，效率低。

6）螺距 S：沿螺旋叶片环绕泵轴呈螺旋形旋转360°所经轴向距离，即为一个螺旋导程 λ。螺距 S 与导程 λ 的关系为

$$S = \frac{\lambda}{Z} \tag{7-1}$$

式中 Z——螺旋头数，也即叶片数，一般为1、2片至4片左右。当 $Z=1$ 时，导程就等于螺距（即 $S=\lambda$）。

目前，大型螺旋泵一般采用1片；中型采用1~2片；小型采用2~4片。泵的直径 D 与螺距 S 之比的最佳值为1。也就是说泵直径为1m时，其螺距也宜为1m。

7）流量 Q 及轴功率 P：螺旋泵的流量与螺旋叶片外径 D、螺距 S、转速 n 和叶片的扬水断面率 α 有关，如下式

$$Q = \frac{\pi}{4}(D^2 - d^2)\alpha S n \tag{7-2}$$

式中 Q——流量（m^3/min）；

d——泵轴直径（m）；

D——水泵叶轮外径（m）；

S——螺距（m）；

n——转速（r/min）。

轴功率 P 按式（3-4）计算。

7.3.3 螺旋泵的主要特点及应用

螺旋泵构造简单，便于制造，工作可靠，能量消耗少，泵站设备简单，在国内外广泛应用于污水处理厂中回流污泥的提升、农业灌溉及排涝等方面。

螺旋泵的主要优点有：

1）采用螺旋泵抽水可以不设集水池，不建地下式或半地下式泵房，节约土建投资。螺旋泵抽水不需要封闭的管道，因此水头损失较小，电耗较省。

2）螺旋泵螺旋部分是敞开的，维护与检修方便，运行时不需看管，便于实

行遥控和在无人看管的泵站中使用，还可以直接安装在下水道内提升污水。

螺旋泵叶片间隙大，可以提升破布、石头、杂草、罐头盒、塑料袋以及废瓶子等任何能进入泵叶片之间的固体物。因此，泵前可不必设置格栅。格栅设于泵后，在地面以上，便于安装、检修与清除。

3）使用螺旋泵时，可完全取消通常其他类型污水泵配用的吸水喇叭管、底阀、进水和出水闸阀等配件和设备。

4）螺旋泵转速慢，在提升活性污泥和含油污水时，不会打碎污泥颗粒和矾花；用于沉淀池排泥，能使沉淀污泥起一定的浓缩作用。

由于以上特点，螺旋泵在排水工程中的应用近年来日渐增多。

但是，螺旋泵也有其本身的缺点：

1）受机械加工条件的限制，泵轴不能太粗太长，所以扬程较低，一般为3~6m，国外介绍可达12m。因此，不适用于高扬程、出水水位变化大或出水为压力管的场合。

2）螺旋泵的出水量直接与进水位有关，因此不适用于水位变化较大的场合。

3）螺旋泵必须斜装，占地较大。

7.4　螺杆泵

螺杆泵是利用螺杆的回转来吸排液体的。螺杆泵工作时，液体被吸入后就进入螺纹与泵壳所围的密封空间，当主动螺杆旋转时，螺杆泵密封容积在螺牙的挤压下提高螺杆泵压力，并沿轴向移动。由于螺杆是等速旋转，所以液体出流流量也是均匀的。

螺杆泵特点为：螺杆泵损失小，经济性能好。压力高而均匀，流量均匀，转速高，能与原动机直联。

螺杆泵分单螺杆泵，双螺杆泵及三螺杆泵，污水处理厂的污泥输出主要使用单螺杆泵，如图7-8所示。

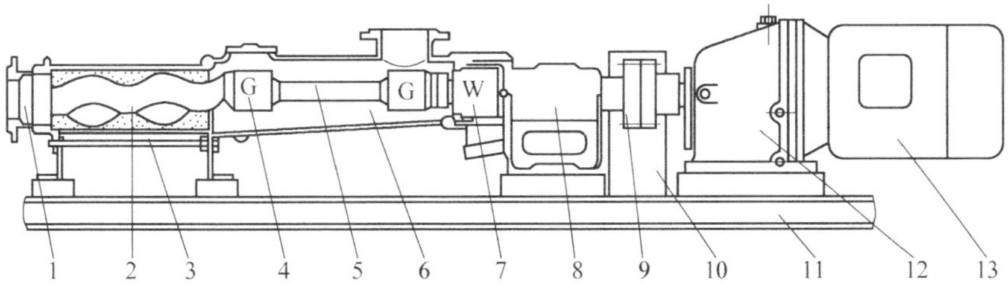

图7-8　单螺杆泵

1—排出室　2—转子　3—定子　4—联轴器　5—联轴杆　6—吸入室　7—轴封
8—轴承座　9—联轴器　10—联轴器罩　11—底座　12—减速箱机　13—电动机

单螺杆泵又称莫诺泵，是按回转啮合容积式原理工作的新型泵种。

7.4.1 螺杆泵的转子

螺杆泵的转子是一根具有大导程的螺杆，根据所输送介质的不同，转子由高强度合金钢、不锈钢等制成。为了抵抗介质对转子表面的磨损，转子的表面都经过硬化处理，或者镀一层抗腐蚀、高硬度的铬层。转子表面的光洁度非常高，这样才能保证转子在定子中转动自如，并减少对定子橡胶的磨损。转子在其吸入端通过联轴器等方式与联轴杆连接，在其排出端则是自由状态。在污水处理行业，螺杆泵所输出的主要介质有生污泥、消化污泥以及浮渣等，这些介质有较强的腐蚀性及砂粒，因而螺杆泵的转子都采用高强度合金钢及表面硬化处理并镀铬而成。

7.4.2 定子

定子的外壳一般用钢管制成，两端有法兰与连杆箱及排出管相连接，钢管内是一个具有双头螺线的弹性衬套，用橡胶或者合成橡胶等材料制成。

7.4.3 联轴杆

由于转子在作行星转动时有较大的摆动，与之连接的联轴杆也必须随之摆动。目前常用的有两种联轴杆：一种是使用特殊的高弹性材料制成的挠性联轴杆。它的两端与减速机输出轴和转子之间用法兰做刚性连接，靠联轴杆本身的挠曲性去驱动转子转动并随转子摆动。为了防止介质中的砂粒对挠性轴的磨损和介质对轴的腐蚀，在轴的外部包裹有橡胶及塑料护管。这种挠性轴价格昂贵，据了解，目前只有美国莫诺公司及其子公司生产安装这种挠性轴的螺杆泵。另一种是在联轴杆的两端，在与转子的连接处和与减速机输出轴的连接处各安装一个万向联轴节，这样就可以在驱动转子转动的同时适应转子的摆动。为了保护联轴节不受泥砂的磨损，每一个联轴节上都有专用的橡胶护套。国内几个厂家目前均使用这种连接方式。

有些螺杆泵为了输送一些自吸性差的物质（如浮渣）时，在吸入腔内的联轴杆上还设置了螺旋输送装置。

7.4.4 减速机与轴承架

一般在污水处理厂用做输送污泥与浮渣的螺杆泵，其转子的转速在 150 ~ 400r/min，因此必须设置减速装置。减速机采用一级至两级齿轮减速，一些需要调节转速的螺杆泵还在减速机上安装了变速装置。减速机使用重载齿轮油来润滑。为了防止联轴杆的摆动对减速机的影响，在减速机与联轴杆之间还设置了一个轴承座，用以承受摆动所造成的交变径向力。

7.4.5　螺杆泵的密封

螺杆泵的吸入室与轴承座之间的密封是关键的密封部位，一般有三种密封方式：

1）填料密封：这是使用较为广泛的密封方式，由填料盒、填料及压盖等构成，它利用介质中的水作为密封、润滑及冷却液体。

2）带轴封液的填料密封：在塑料圈填料中加进一个带有很多水孔的填料环，用清水式缓冲液提供密封压力、润滑和防止介质中的有害物质及空气对填料及轴径的侵害，这种方式操作较为复杂，但能大大提高填料的寿命。

3）机械密封：机械密封的形式很多，如单端面及双端面的，它的密封效果较好，无滴漏或有很少滴漏，但有时要加接循环冷却水系统。

型号意义：例 FG35-1

F——表示泵体和内部零件材料全部为不锈钢，无字母表示泵体为铸铁其内部零件材料为不锈钢；

G——系列单螺杆泵；

35——螺杆名义直径（mm）；

1——表示 1 级泵，如果是 2 则表示 2 级。

7.5　计量泵

计量泵是一种具有投加功能的计量设备，利用泵内柱塞的往复运动加压并计量流体，通过改变柱塞的行程长度和往复频率来调节流量。

计量泵计量准确，在零流量和额定最大流量范围内可以任意调节，计量精度高。

7.5.1　分类与构造

按照泵内的构造，计量泵分为柱塞式和隔膜式两种，调节流量的方法有手动、气动、电动和变频几种。

按照泵体材料，有计量一般流体的金属计量泵，也有计量腐蚀性流体的陶瓷计量泵。水处理过程中使用最多的是各类隔膜式计量泵。

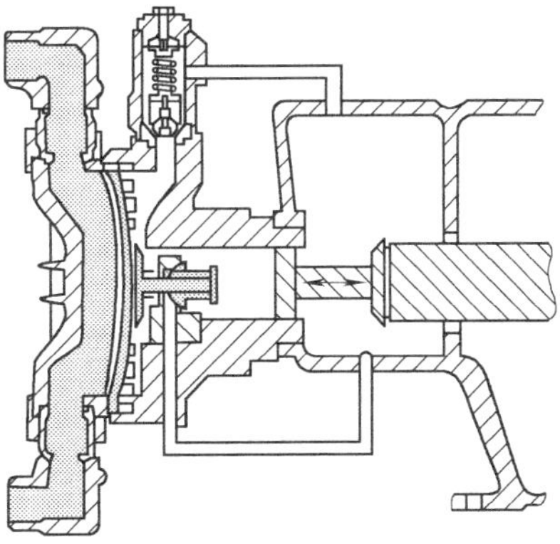

图 7-9　隔膜式计量泵构造图

计量泵主要由动力驱动、流体输送和调节控制三部分组成。图 7-9 所示是一种有自动机械加油系统的隔膜式计量泵的构造图，其中主要包括泵缸、柱塞、隔膜、吸水和压水单向止回阀、加油系统等。

7.5.2 工作原理

计量泵的工作原理如图 7-10 所示。当柱塞在电动机带动下由右向左移动时，泵缸内造成高压，隔膜也向左移动，下端的吸水单向止回阀关闭，上端的压水单向止回阀开启，由此将水排出，进入压水管路，完成了压水过程。在这个过程中（图 7-10a），自动机械补油阀向左压，关闭液压油提升阀，阻止补油管内的液压油进入泵缸。相反，当柱塞在电动机带动下由左向右移动时，泵缸内造成低压，隔膜也向右移动，上端的压水单向止回阀关闭，下端的吸水单向止回阀在泵外大气压作用下推开，液体由吸水管进入泵内，完成了吸水过程。在这个过程的初始阶段（图 7-10b），自动机械补油阀也向右运动，但提升阀关闭表示不需补充液压油。若柱塞再向右运动（图 7-10c），自动机械补油阀也继续向右运动，由于压力降低，提升阀打开，允许液压油通过管路进入泵缸。

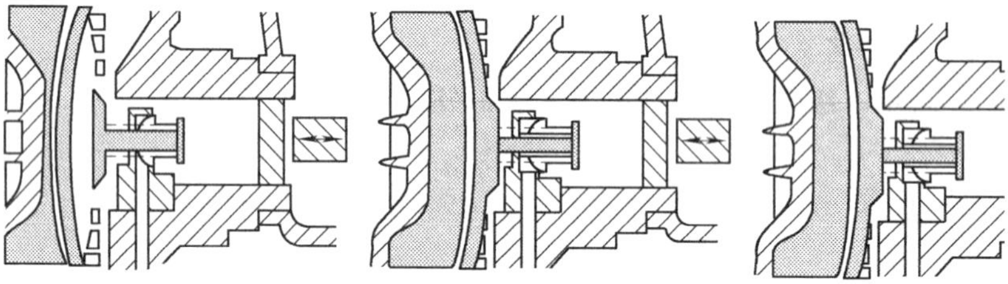

a)　　b)　　c)

图 7-10　隔膜式计量泵工作原理图

a）压水过程　b）吸水过程初始　c）提升阀打开

柱塞不断进行往复运动，液体就间歇不断地被吸入和排出。柱塞在泵缸内从一顶端位置移至另一顶端位置，这两顶端之间的距离 S 称为柱塞行程长度（也称冲程）。柱塞往复一次（即两冲程），泵缸内只吸入一次和排出一次液体，其流量为

$$Q_T = FSn = \frac{\pi D^2}{4}Sn$$

式中　Q_T——流量（m^3/min）；

F——柱塞断面积（m^2）；

n——柱塞每分钟往复次数（次/min）；

S——冲程（m）；

D——柱塞断面直径（m）。

7.5.3 计量泵性能与应用

计量泵在给水排水工程中主要用于水处理药剂的投加，如混凝剂、消毒剂的投加等。应用较多的有以下几类：

1. J型计量泵

J系列计量泵为卧式单作用可调式容积泵。机座有 J_1-W、JX、JZ、JD 和 J_2、J_5、J_6、J70。液缸部分分柱塞式和隔膜式两大类。JX 机座为联板凸轮式结构，由电动机通过蜗杆蜗轮，带动偏心凸轮旋转、经十字头使柱塞作直线往复运动；其他机座为N形轴式结构，由电动机通过蜗杆蜗轮，带动下套筒、偏心块、N形轴旋转、经连杆、十字头使柱塞作直线往复运行，在阀的启闭作用下，达到吸排液体的目的。

泵的流量调节通过改变柱塞行程长度或泵速来实现。行程可在0%～100%范围内无级调节，运行和停车时均可进行。配上电控或气控装置后，可实现远距离操作或自动化控制要求。配上交流变频器或调速电动机，可实现双控或降低泵速适应工艺流程的需要。

J型计量泵供输送温度在－30～100℃、粘度为0.3～800mm^2/s及不含固状颗粒的介质。按液体腐蚀性质，可选用不同材料满足其使用要求。根据用户的不同要求还可派生电控型、气控型、双调型、高温型、高粘度型、悬浮液型等有特殊功能要求的计量泵。适用于石油化学工业、医药、饮食、火电厂、环境保护、矿山、国防等科研和生产部门。

型号意义：例6J-ZDM500/1.6

6——柱塞数（单泵不标）；

J——计量泵；

Z——机座代号；

D——流量调节形式；

M——液缸结构形式（隔膜泵，柱塞泵不标）；

500——单泵额定流量（L/h）；

1.6——额定排出压力（MPa）。

2. 美国 W & T Encore700·44 系列隔膜计量泵

Encore700·44 系列计量泵可自动调节行程长度和（或）行程频率。

Encore700·44 系列隔膜计量泵供输送与计量乳状溶液、腐蚀性化学物质、高粘度聚合物及泥浆类液体。

Encore700·44 系列隔膜计量泵的药剂投加量可在0%～100%范围内调节，行程长度可以0.25%的百分刻度显示，行程调节旋钮每转1圈，投加量改变10%。

3. 计量泵选用要点

1）根据液体介质性质情况，如药液的浓度、腐蚀性质、水温等情况，来确定计量泵的材料。

2）根据药液投加量及其变化范围、药液入泵方式（是自灌式还是自吸式）、计量泵的安装位置和药液的提升高度（工作压力）来确定计量泵的主要工作参数：计量范围、排出压力和功率。

3）根据水处理工艺要求的药剂投加精度，确定计量泵的计量精度。

思 考 题

1. 射流泵在给水排水工程中有哪些应用?
2. 射流泵有哪些优缺点?
3. 螺旋泵有哪些优缺点?

第 8 章 给水泵站工艺设计

泵站是安装水泵机组和辅助设备的场所，其主要作用是为机电设备的运行、检修、拆装等提供良好的工作条件和场地。合理地选择泵站类型，确定泵站尺寸，对保证设备安全高效运行、降低运行成本、减少工程造价，都具有十分重要的意义。泵站设计的主要内容包括：

1）选择水泵，包括水泵类型和水泵的台数。

2）配套的电动机、电器设备的选用。

3）水泵机组布置、基础计算和泵房长度的确定。

4）吸压水管路的设计，包括管径确定、管路布置与管道敷设等，由此确定泵房的跨度。

5）水泵的安装高度和室内地坪高程的计算。

6）起吊设备的选用和泵房高度的确定。

7）保证泵、管、机正常运行与维护所必须的辅助设施如：计量、引水、排水、通风、减噪、采光、交通以及水锤消除等方面的设备与措施的选用。

8）对土建和电气工程等工种提出设计任务书。

9）编制工程概预算。

8.1 给水泵站的分类与特点

目前，在生产上采用的泵站类型很多，由于机组类型、水源与地质条件、枢纽布置和施工条件等不同，因此要求设计与客观条件相适应的泵站形式也各不相同。归纳起来，给水泵站一般分成如下几类：

1）按照水泵机组设置的位置与地面的相对标高关系，可分为地面式泵站、地下式泵站与半地下式泵站。

2）按照操作条件及方式，可分为人工手动控制、半自动化、全自动化和遥控泵站等。

3）按泵房位置变动与否可分为固定式泵房和移动式泵房。

4）按基础及水下结构的特点可分为分基型、块基型、干室型和湿室型等形式。

5）按水泵类型，可分为卧式泵泵房、立式泵泵房和深井泵房。

6）按泵站供水情况，可分为均匀供水泵站和分级供水泵站。

7）按泵房外形可分为矩形泵房、圆形泵房和半圆形泵房。

8）在给水工程中，常见的分类是按泵站在给水系统中的作用可分为取水泵站、送水泵站、加压泵站及循环水泵站。

8.1.1 取水泵站（一级泵站）

取水泵站在给水系统中也称为一级泵站，在地表水水源中，取水泵站一般由吸水井、泵房及闸阀井（又称闸阀切换井）等三部分组成，其工艺流程如图8-1所示。

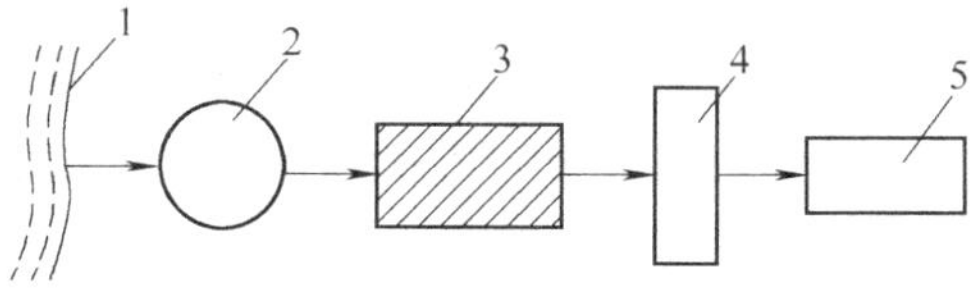

图8-1 地表水取水泵站工艺流程
1—水源 2—吸水井 3—取水泵房
4—闸阀井（切换井） 5—净化厂

取水泵站一般靠江临水建造，河道的水文、水运、地质以及航道的变化等都会直接影响到取水泵站本身的埋深、结构形式以及工程造价等。由于水位变化很大，在设计枯水位时应保证能取到水，而在设计洪水位时又不能被淹没，因此泵房高度很大。在设计时应注意以下几点：

1）泵房一般采用圆形钢筋混凝土结构，有“贵在平面”的说法，机组及各辅助设施的布置，应尽可能地充分利用泵房内的面积。

2）在土建结构方面应考虑到河岸的稳定性，在泵房筒体的抗浮、抗裂、防倾覆、防滑坡等方面均应有周详的计算。

3）在施工过程中，应考虑到争取在河道枯水位时施工，要抢季节，要有比较周全的施工组织计划。

4）在泵房投产后，在运行管理方面必须很好地使用通风、采光、起重、排水以及水锤防护等设施。

5）取水泵站由于其扩建比较困难，所以在新建给水工程时，应充分认识到它“百年大计，一次完成”的特点。泵房内机组的配置，可以近远期相结合，对于机组的基础、吸压水管的穿墙嵌管，以及电气容量等都应该考虑到远期扩建的可能性。

对于采用地下水作为水源的给水系统，因地下水水质良好，一般经消毒处理后水质即可符合生活饮用水卫生标准，取井水的泵站可直接将水送到用户。在工业企业中，有时采用分质供水的方式，即同一泵站内可能安装有将水输送给净水构筑物的泵，又有直接将水输送给某些车间的泵供生产工艺用水，其工艺流程如图 8-2 所示。

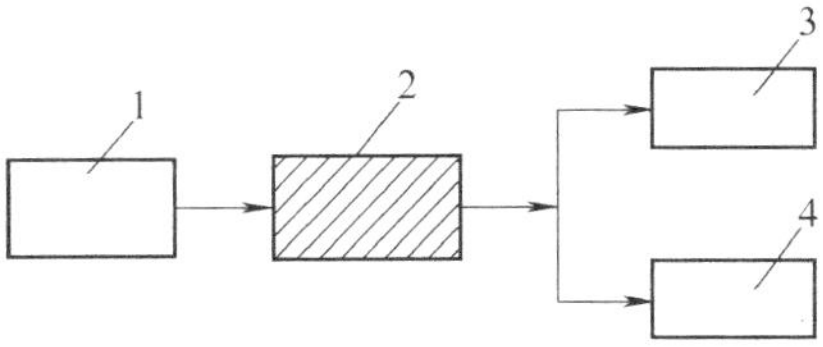

图 8-2　地下水取水泵站工艺流程
1—水源　2—取水泵房　3—生产车间　4—净水构筑物（或用户）

8.1.2　送水泵站（二级泵站）

送水泵站通常是建在水厂内，也称为二级泵站，由于抽送的是清水，所以又称为清水泵站，其工艺流程如图 8-3 所示。净化构筑物处理后的出厂水，由清水池流入吸水井，送水泵站中的泵从吸水井中吸水，通过输水干管将水输送至管网。送水泵站的供水情况直接受用户用水情况的影响，一般呈长方形，吸水井形状一般也呈长方形。

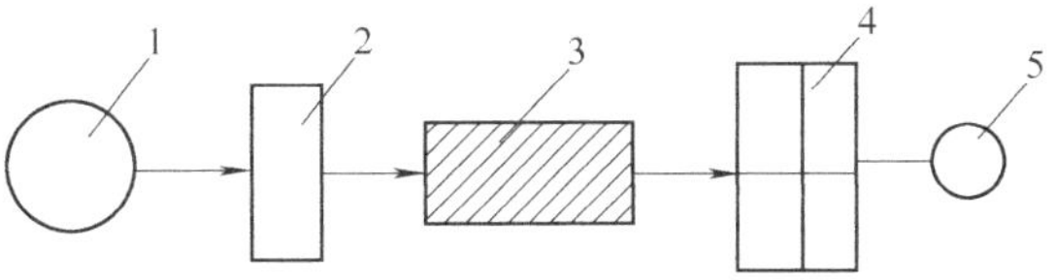

图 8-3　送水泵站工艺流程
1—清水池　2—吸水井　3—送水泵站
4—管网　5—高地水池（水塔）

吸水井形式有分离式吸水井和池内式吸水井两种。分离式吸水井如图 8-4 所示，它是邻近泵房吸水管一侧设置的独立构筑物。平面布置一般分为独立的两格，中间隔墙上安装阀门，阀门口径应足以通过邻格最大的吸水流量，以便当进水管 A（或 B）切断时泵房内各机组仍能工作，分离式吸水井可提高泵站运行的安全可靠性。池内式吸水井如图 8-5 所示，它是在清水池的一端用隔墙分出一部分容积作为吸水井。吸水井分成两格，图 8-5a 隔墙上装阀门，图 8-5b 隔墙上装闸板，两格均可独立工作。吸水井一端接旁通管。当主体清水池需清洗时，可关闭隔墙上的进水由旁通管供水，使泵房仍能维持正常工作。

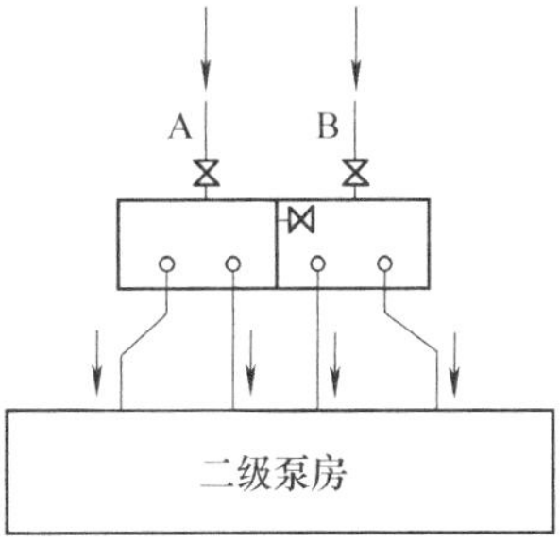

图 8-4　分离式吸水井

送水泵站吸水水位变化范围小，泵站埋深较浅，一般可建成地面式或半地下式。为了适应管网中用户水量和水压的变化，必须设置各种不同型号和台数的水泵机组，这样就导致泵站建筑面积增大，运行管理复杂，因此水泵的调速运行在送水泵站中显得尤为重要。

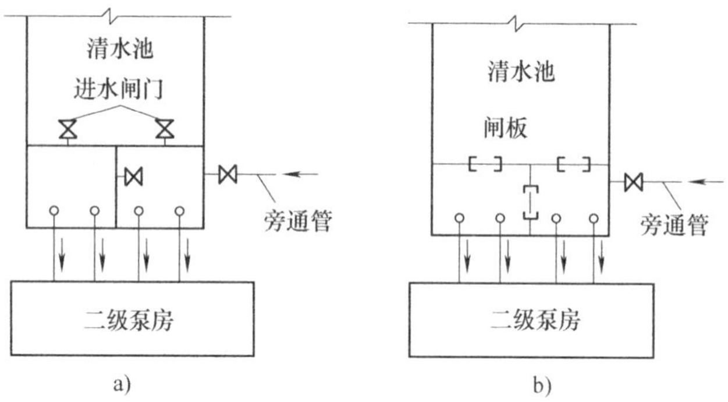

图 8-5 池内式吸水井

8.1.3 加压泵站

在城市给水区很大、地形高差显著或远距离输水，以及大城市由于管网面积较大，而致管网水头损失过大，边缘地区水压不足的情况下，通过技术经济比较，可以在城市管网中增设加压泵站，形成分区供水方式。加压所用的手段一般有两种：一是采用在输水管线上直接串联加压的方式，如图 8-6a 所示，这种方式，水厂内送水泵站和加压泵站同步工作，一般用于水厂位置远离城市管网的长距离输水的场合；二是采用清水池及泵站加压供水方式（又称水库泵站加压供水方式），如图 8-6b 所示，这种方式，水厂内送水泵站将水输入远离水厂、接近管网起端处的清水池内，由加压泵站将水输入管网，城市中用水负荷可借助于加压泵站的清水池调节，从而使水厂的送水泵站工作制度比较均匀，有利于调度管理。

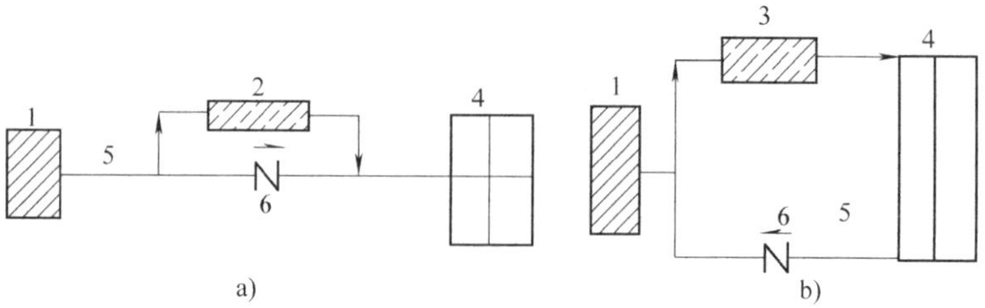

图 8-6 加压泵站供水方式

1—二级泵房 2—增压泵房 3—水库泵站 4—配水管网 5—输水管 6—止回阀

8.1.4 循环水泵站

在某些工业企业中，为了达到节约用水的目的，生产用水循环使用或经过简单处理后回用时采用循环水泵站，一般设置输送冷、热水的两组水泵。例如在火力发电、冶金、化工等生产用水中，大量用的是冷却水，从有效利用水资源和节省动力费用着眼，可采用循环给水系统，工艺流程如图8-7所示。水在生产车间1使用后，水温有所升高，而且含有杂质，需要把废水先输送到净水构筑物2进行处理，然后由循环泵站4中的热水泵压送到冷却构筑物5中进行冷却处理，再由循环泵站4中的冷水泵压送回生产车间使用。在循环使用过程中会损耗一些水量，包括循环过程中蒸发、渗漏等损失的水量，需从水源取水加以补充。

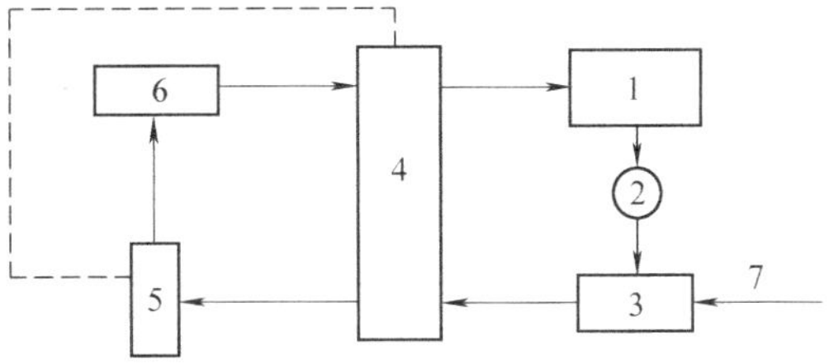

图8-7　循环给水系统工艺流程

1—生产车间　2—净水构筑物　3—热水井　4—循环泵站　5—冷却构筑物　6—集水池　7—补充新鲜水

循环水泵站的工艺特点是其供水对象的水压比较稳定，水温随季节的气温改变而变化，供水安全性要求高，水泵备用率大，水泵台数多，为便于管理，大多采用自灌式、半地下式泵房。

8.2　工作泵的选择

工作泵的选择是指确定泵站中运行水泵的型号、规格和台数。正确的选用水泵机组，对于节省泵站投资、降低运行管理费用、节约能源、提高泵站供水的安全可靠性具有重要的作用。

8.2.1　选泵的主要依据

泵站的设计流量和设计扬程及其变化规律是选泵的主要依据。由于不同类型的泵站位置及作用不同，选泵的主要依据也各不相同，现分述如下。

1. 一级泵站

(1) 确定一级泵站的设计流量，有两种基本情况

1) 泵站从水源取水，输送到净水构筑物。为减少取水构筑物、输水管道和水处理构筑物的尺寸，降低工程造价，使水厂稳定运转和便于操作管理，通常一级泵站是连续、均匀地运行。因此，泵站的设计流量为最高日平均时设计用水量加上水厂的自用水量，即

$$Q_r = \frac{\alpha Q_d}{T} \tag{8-1}$$

式中　Q_r——一级泵站中水泵所供给的流量（m^3/h）；

Q_d——供水对象最高日用水量（m^3/h）；

α——输水管漏水及净水构筑物自身用水系数，一般取 $\alpha=1.05\sim1.10$；

T——一级泵站一昼夜内工作小时数。

2）泵站将水直接供给用户或送到集水池。取用地下水若仅需在进入管网前消毒而无需其他处理时，一级泵站可直接将井水输入管网，但为提高水泵的效率和延长井的使用年限，一般先将水输送到地面水池，再经二级泵站将水池水输入管网。因此，取用地下水的一级泵站计算流量为

$$Q_1=\frac{\beta Q_d}{T} \tag{8-2}$$

式中 β——给水系统中的自水系数，一般取 $\beta=1.01\sim1.02$。

（2）设计扬程 水泵扬程等于静扬程和水头损失之和。静扬程需根据抽水条件确定。一级泵站静扬程是指水泵吸水井最低水位与水厂的前端处理构筑物（一般为混合絮凝池）最高水位的高程差。在工业企业的循环给水系统中，水从冷却池（或冷却塔）的集水井直接送到车间的冷却设备，这时静扬程等于车间所需水头（车间地面标高加所需服务水压）与集水井最低水位的高程差。

水头损失 $\sum h$ 包括水泵吸水管、压水管和泵站连接管线的水头损失。

所以一级泵站的扬程为（图 8-8）

$$H=H_{ST}+\sum h_s+\sum h_d \tag{8-3}$$

式中 H——泵站的扬程（m）；

H_{ST}——静扬程，采用吸水井的最低动水位与净水构筑物进口水面标高差（m）；

$\sum h_s$——吸水管路的水头损失（m）；

$\sum h_d$——压水管和泵站到絮凝池管线中的水头损失（m）。

此外，计算时还应考虑增加一定的安全水头，一般为 1～2m。

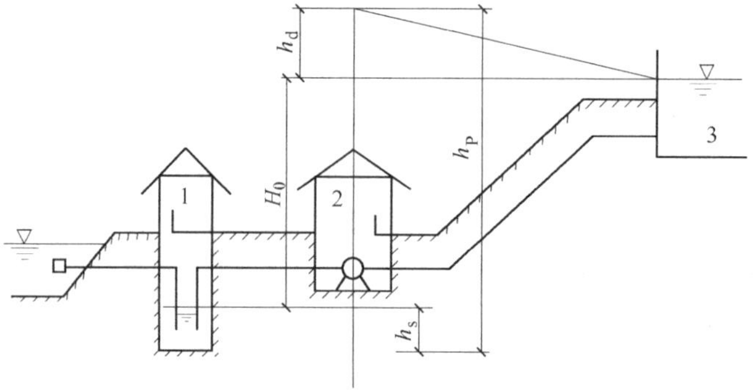

图 8-8 一级泵站供水到净水构筑物的流程

1—吸水井 2—泵站 3—净水构筑物

当直接向用户供水时，例如用深井泵抽取深层地下水供城市居民或工厂生活饮用水或生产冷却用水时，则泵的扬程为

$$H = H'_{ST} + H_{sev} + \sum h \tag{8-4}$$

式中　H——泵站的扬程（m）；

H'_{ST}——控制点的地面高程与吸水井的最低水位标高差（m）；

$\sum h$——管网中的总水头损失（m）；

H_{sev}——给水管网中控制点所要求的最小自由水头（也叫服务水头）（m）。

此外，计算时还应考虑增加一定的安全水头，一般为 1 ~2m。

2. 二级泵站

（1）设计流量　二级泵站的工作情况与管网中是否设置流量调节构筑物（水塔或高地水池等）有关。当管网中无流量调节构筑物时，任意一小时的二级泵站供水量应等于用水量。这种情况下，二级泵站最大供水流量，应等于最高日最高时设计用水量 Q_h。为使二级泵站在任何时候既能保证安全供水，又能在高效率下经济运转，设计二级泵站时，应根据用水量变化曲线选用多台大小搭配的水泵（或采用改变水泵转速的方式调节水泵装置的工况）来适应用水量变化。实际运行时，由管网的压力进行控制。例如，管网压力上升时，表明用水量减少，应适当减开水泵或大泵换成小泵（或降低水泵转速）；反之，应增开水泵或小泵换成大泵（或提高水泵转速）。水泵切换（或改变转速）均可自动控制。这种供水方式，完全通过二级泵站的工况调节来适应用水量的变化，使二级泵站供水曲线符合用户用水曲线。目前，大中城市一般不设水塔，均采用此种供水方式。

当管网内设有水塔或高地水池时，二级泵站分级供水。二级泵站的设计供水线应根据用水量变化曲线拟定。拟定时应注意以下几点：①泵站各级供水线尽量接近用水线，以减小水塔的调节容积，但从泵站运转管理的角度来说，分级数又不宜过多，一般不应多于 3 ~5 级；②分级供水时，应注意每级能否选到合适的水泵，以及水泵机组的合理搭配，并尽可能满足目前和今后一段时间内用水量增长的需要。

管网内设有水塔或高地水池时，由于它们能调节水泵供水和用户用水之间的流量差，因此，二级泵站每小时的供水量可以不等于用水量。从图 8-9 所示的二级泵站设计供水线看出，水泵工作情况分成两级：从 5 时到 20 时，一组水泵运转，流量为最高日用水量的 4.80%；其余时间的水泵流量为最高日用水量的 3.11%。虽然每小时泵站供水量不等于用户用水量，但一天的泵站总供水量等于最高日用水量，即

$$4.80\% \times 15 + 3.11\% \times 9 = 100\%$$

设计的水泵分级供水线应满足这一要求。

（2）设计扬程　二级泵站水泵扬程和水塔的高度与管网中是否设置水塔及水

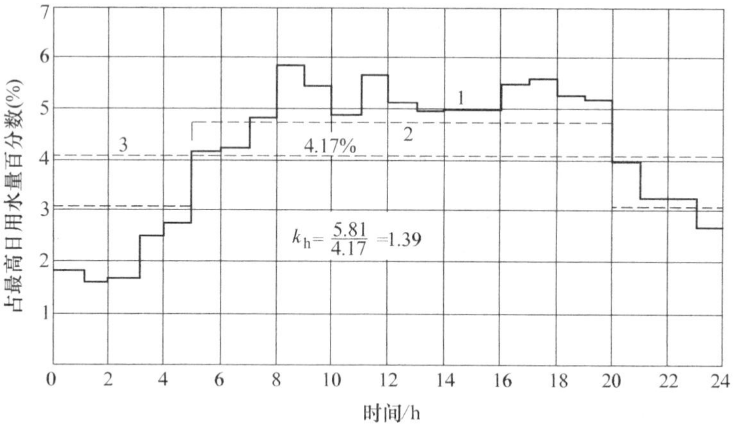

图 8-9 城市用水量变化曲线

1—用水量变化曲线 2—二级泵站设计供水线 3—一级泵站设计供水线

塔在管网中的位置有关。大中城市常采用无水塔的管网系统，无水塔的管网（图 8-10）由泵站直接输水到用户时，二级泵站扬程为

$$H_p = Z_c + H_c + h_s + h_c + h_n \tag{8-5}$$

式中 Z_c——管网控制点 C 的地面标高和清水池最低水位的高程差（m）；

H_c——控制点所需的最小服务水头（m）；

h_s——吸水管中的水头损失（m）；

h_c、h_n——输水管和管网中水头损失（m）。

h_s、h_c 和 h_n 都应按水泵最高时供水量计算。

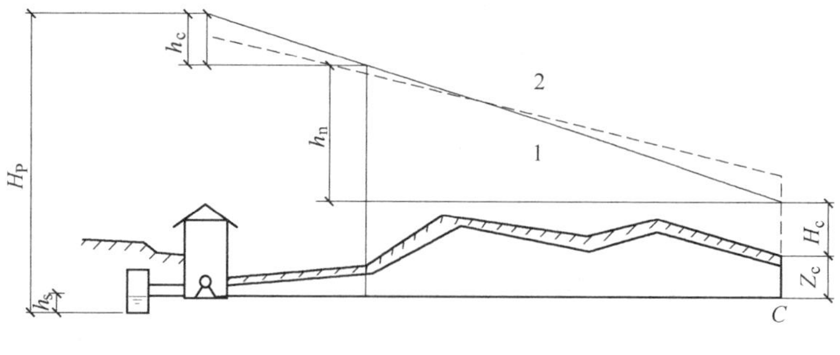

图 8-10 无水塔管网的水压线

1—最小用水时 2—最高用水时

3. 循环泵站

（1）设计流量 循环泵站设计流量采用平均日平均时流量进行计算，即

$$Q_o = \frac{Q_h}{k_d k_h} \tag{8-6}$$

式中　Q_o——循环泵站中水泵所供给的流量（m^3/h）；

Q_h——供水对象最高日最高时用水量（m^3/h）；

k_h——时变化系数；

k_d——日变化系数。

（2）设计扬程

$$H = H_{ST} + \sum h_s + \sum h_d \tag{8-7}$$

式中　H——泵站的扬程（m）；

H_{ST}——静扬程，采用吸水井的最低动水位与所提升地点最高水面标高差（m）；

$\sum h_s$——吸水管路的水头损失（m）；

$\sum h_d$——输水管路的水头损失（m）。

此外，计算时还应考虑增加一定的安全水头，一般为1～2m。

8.2.2　选泵要点

选泵就是要确定泵的型号和台数。对于各种不同功能的泵站，选泵时考虑问题的侧重点也有所不同，一般可归纳如下：

1）大小兼顾，调配灵活。无论是生活或生产用水，用水量是经常变化的。生活用水量随着生活习惯和气候而变化，如假期比平日高，夏季比冬季用水多。从我国大中城市的用水情况来看，在一天内又以早晨起床后和晚饭前后用水最多（图8-9）。又如工业企业的冷却用水量，随气温和水温而变化，夏季多于冬季。而给水管道中水头损失又与用水量大小有关，因而所需的水压也相应发生变化。选泵时不能仅仅只满足最大流量和最高水压时的要求，还必须全面顾及用水量的变化。为了节省动力费用，应根据管网用水量与相应的水压变化情况，合理地选择不同性能的水泵，做到大小泵兼顾，在运行中可灵活调度，以求得最经济的效果。

例如，某泵站向某用水区供水，用水量从最大为795m^3/h到最小为396m^3/h,逐时变化。按最大工况时的要求选泵，则泵的流量为795m^3/h，扬程为19.8m。虽然选用一台12Sh-19型泵（流量为795m^3/h，扬程为20m），即可满足要求，但是，就全年供水来说，最大用水量出现的机率很小，往往只占百分之几，绝大部分时间，用水量和所需扬程均小于最大工况。因此，按上述方法选泵，将使泵站在长期运行中造成很大的能量浪费。

在图8-11上作出12Sh-19泵的*Q-H*曲线和管路特性曲线。在最大用水量（795m^3/h）时，泵效率较高为$\eta=82\%$，流量满足要求，扬程也没有浪费。但是，在最少用水量（396m^3/h）时，管路中所需水压从20m减小到12m，而这时泵的扬程却从20m增加至26m，泵效率也下降到$\eta=63\%$，即泵实际消耗的能量大大超过管网所需的能量，造成很大的浪费。设用水量的变化是均匀的，图中斜线部分可以表示浪费的能量。

在上例中，如果选用几台不同型号的水泵供水，如图 8-12 所示。图中曲线 1、2、3、4 代表四台性能不同的泵的 *Q-H* 曲线。用水量为 396 ~ 504m^3/h，用泵 1 工作；用水量为 504 ~612m^3/h，用泵 2 工作；用水量为 612 ~720m^3/h，用泵 3 工作；用水量为 720 ~795m^3/h，用泵 4 工作。图中的斜线部分面积表示用水量为均匀变化时的能量浪费。显然，比只用一台泵工作的情况浪费的能量少得多。

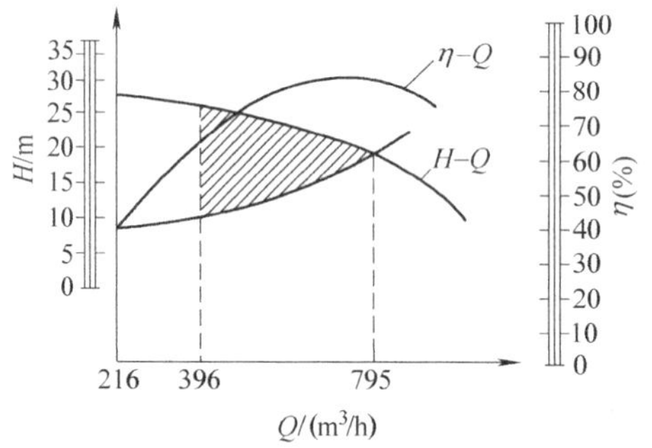

图 8-11　四台不同型号水泵特性曲线

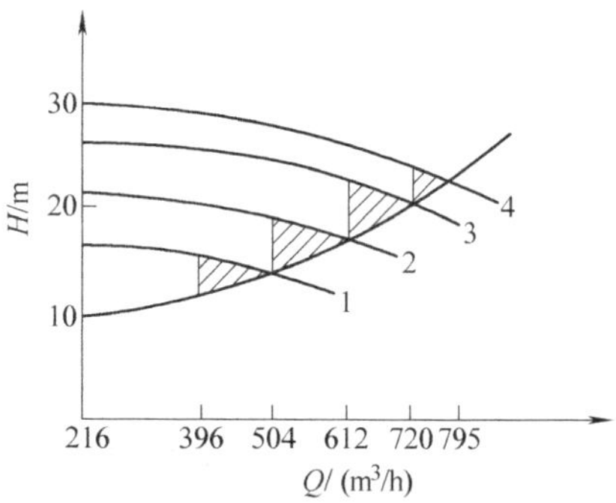

图 8-12　12Sh-19 型离心泵特性曲线

2）型号整齐，互为备用。从泵站运行管理与维护检修的角度来看，如果水泵的型号太多则不便于管理。一般选择同型号的水泵并联工作，这样无论是对电动机、电器设备的配套与储备，管道配件的安装与制作均会带来很大的方便。对于水源水位变化不大的取水泵站，管网中设有足够调节容量的网前水塔（或高地水池）的送水泵站以及流量与扬程比较稳定的循环水泵站，均可在选泵中采用本要点给予侧重考虑。当全日均匀供水时，泵站可以选 2 ~3 台同型号的水泵并联运行。

上述两个要点，形式上似乎有矛盾，在实际工程中往往可以统一在选泵过程中。

3）合理地用尽各水泵的高效段。单级双吸式离心泵是给水工程中常用的一种离心泵（如 Sh 型、SA 型）。它们的经济工作范围（即高效段）一般在 $0.85Q_P$ ~$1.15Q_P$ 之间（Q_P 为水泵铭牌上的额定流量值）。选泵时应充分利用各水泵的高效段。水源水位变化大的取水泵房，宜选用 *Q-H* 特性曲线较陡的水泵；流量变幅大的送水泵房，宜选用 *Q-H* 特性曲线平缓的水泵。

4）水泵的构造形式对泵房的大小、结构形式和泵房内部布置等均有影响，因而对泵站造价很有关系。对于水源水位很低，必须建造很深的泵站时，选用立式泵可使泵房面积减小，降低造价。

5）应保证水泵的正常吸水条件。在保证不发生汽蚀的前提下，应充分利用水泵的允许吸上真空高度，以减少泵站的埋深，降低工程造价。同时应避免泵站内各泵安装高度相差太大，致使各泵的基础埋深参差不齐或整个泵站埋深增加。

6）应选用效率较高的水泵，如尽量选用大泵，一般大泵比小泵的效率高。

7）水泵选择必须考虑节约能源，除了选用高效率泵外，还应考虑运行工况的调节。

8）选泵时应尽量结合地区条件优先选择当地制造的成系列生产的、比较定型的和性能良好的产品。

8.2.3 分级供水泵站的选泵方法

该方法是利用型谱图初步选定2～3台同型号或者不同型号的水泵并联，满足Q_{max}和H_{max}的要求，可选择2～3个方案。再以各泵单独工作或两台、三台并联工作来满足分级要求。经方案比较，确定出一个采用的最优方案，然后经管路布置，定出实际需要的管路损失$\sum h$和H_{max}，再验算初步选择的水泵是否都在高效段内工作，个别不在的可修正管路和管配件来减小$\sum h$，都不在高效段的则要重新选泵，这步验算工作称为精选水泵。

为什么要经过初选水泵和精选水泵两步才能选好泵呢？因为开始并不知道具体管路大小和怎样布置，无实际的$\sum h$，一般先按照经验数据假定$\sum h$值来初选水泵，选出水泵才知管径和管路布置形式，求出实际需要的$\sum h$值和H_{max}值，再验算和精选修正，所以必须经两步走。

具体选泵的方法步骤为：

1）在型谱图上绘制一条参考管道系统特性曲线ab。

其中a点坐标为

$$Q_{max}=Q_h \tag{8-8}$$

$$H_{max}=H'_{ST}+H_{sev}+2+h_c+h_n+1.5\sim2 \tag{8-9}$$

式中 H'_{ST}——管网控制点的地面标高和清水池最低水位的高程差（m）；

H_{sev}——控制点所需的最小服务水头（m）；

h_c、h_n——输水管和管网中水头损失（m）。

b点坐标为

$$Q_{min}=30\text{L/s}$$

$$H_{min}=H'_{ST}+H_{sev}+2+1.5\sim2 \tag{8-10}$$

2）过a点绘制一条$H=H_{max}$的水平线。

3）在ab线和$H=H_{max}$都相交的高效方框图中，选2～3台（一般选3台）水泵进行并联组合，即在$H=H_{max}$等扬程下流量相加求出并联组合$Q_{1+2+3}\geq Q_{max}$的组合方案，所选得各泵的高效段与ab线的交点，以及两两并联或三台水泵并联曲线与ab线的交点，就是分级界限工况点。

4）所选出的水泵经管路布置、确定管径后，再验算初步确定的$\sum h$值是否合适，即精选水泵。

【例 8-1】 根据给水管网设计资料，已知最高日最高时用水量为 920L/s，时变化系数 K_h 为 1.7，日变化系数 K_d 为 1.3，管网最大用水时水头损失为 11.5m，输水管水头损失为 1.5m，泵站吸水井最低水位到管网中最不利点地形高差为 2m，用水区建筑物层数为 3 层，试进行送水泵站泵的选型设计。

【解】 已知管网要求的服务水头为 16m（由建筑物层数为 3 层而得），假设用水量最大时泵站内水头损失为 2m，考虑 2m 的安全水头，则由式（8-9），可求得泵站的最大扬程为

$$H_{max} = (2 + 16 + 2 + 1.5 + 11.5 + 2)\,m = 35m$$

如图 8-13 所示，根据 Q_{max} = 920L/s 和 H_{max} = 35m，在泵综合性能图上作出 a 点。当 Q_{min} = 30L/s 时（即本泵综合性能图上的坐标原点），泵站内水头损失甚小，此时输水管和配水管网中水头损失也较小，假定三者之和为 2m，则所需泵的扬程应为

$$K_{min} = (2 + 16 + 2 + 2)\,m = 22m$$

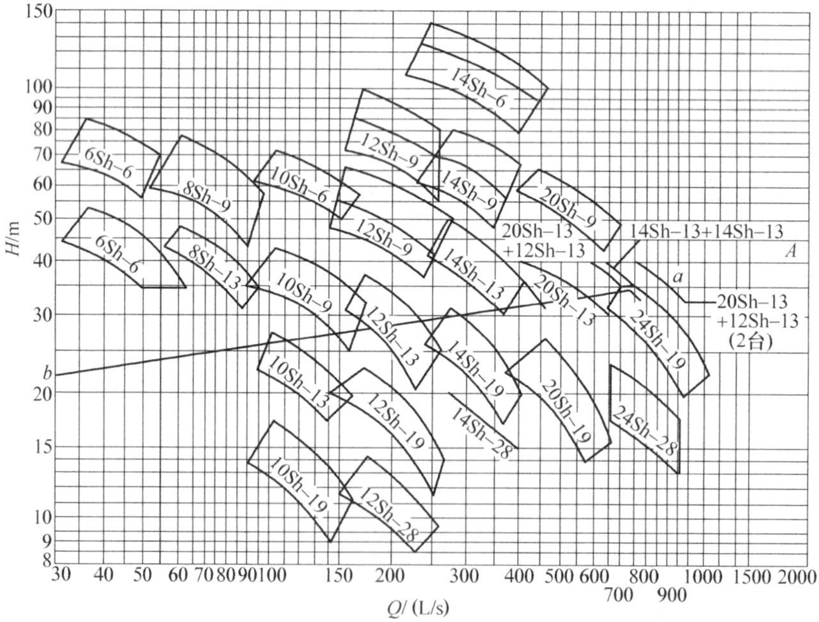

图 8-13　选泵参考特性曲线

在泵综合性能图上作出 b 点。在图 8-13 中，同时与 ab 线及 $H = H_{max}$ = 35m 水平线相交的方框有：24Sh-19、20Sh-13、14Sh-13、12Sh-13 和 10Sh-9A 等五种水泵，从中选出三台泵在等扬程下并联总和流量 Q_{1+2+3} ≥920 L/s 的组合：

方案 1：一台 20Sh-13 与两台 12Sh-13 组合，如图 8-13 所示流量为：(540 +

190 + 190）L/s = 920L/s。

方案2：一台14Sh-13与一台14Sh-13A及一台12Sh-13组合，如图8-13所示流量为：（410 + 320 + 190）L/s = 920L/s。

还有许多 Q_{1+2+3}≥920L/s的组合方案，但均不如上述两方案准确，就不再列出。

方案1和方案2列表进行详细比较，如表8-1所示，主要比较扬程利用率，重点比较平均日平均时附近的扬程利用率，因 Q_{max} 出现的几率很低，一年中绝大部分时间在平均日平均时附近流量运行。因为该用水区的时变化系数为1.7，日变化系数为1.3，所以平均日的平均时用水量应为416L/s。

表8-1　选泵方案比较

方案编号	用水变化范围/（L/s）	运行泵及其台数	水泵扬程/m	所需扬程/m	扬程利用率（%）	水泵效率/（%）
方案1选用一台20Sh-13两台12Sh-13	750～920	一台20Sh-13 两台12Sh-13	40～35	34～35	85～100	80～88 78～82
	600～750	一台20Sh-13 一台12Sh-13	39～34	33～34	85～100	82～88 79～86
	460～600	一台20Sh-13	38～33	31～33	82～100	82～87
	240～460	两台12Sh-13	42～31	28～31	67～100	69～84
	<240	一台12Sh-13	>28	<28		<83
方案2选用一台14Sh-13一台14Sh-13A一台12Sh-13	760～920	一台14Sh-13 一台14Sh-13A 一台12Sh-13	40～35	34～35	85～100	83～75 82～84 78～85
	570～760	一台14Sh-13 一台14Sh-13A	40～34	32～34	80～100	83～74 82～83
	370～570	一台14Sh-13A 一台12Sh-13	42～32	30～32	71～100	76～82 69～84
	240～370	一台14Sh-13A	42～30	28～30	67～100	76～78
	<240	一台12Sh-13	>28	<28		<83

1）表中分级流量界限，都是各泵高效段与 ab 线的交点，即单泵工作的工况点流量，或是两泵并联 $(Q\text{-}H)_{1+2}$ 高效段性能曲线与 ab 线的交点，即为两泵并联工作的工况点流量，如方案1中，12Sh-13与 ab 线的交点流量为240L/s，20Sh-13与 ab 线的交点流量为600L/s，两台12Sh-13与 ab 线的交点流量为460L/s，一台12Sh-13与一台20Sh-13并联曲线与 ab 线的交点流量为750L/s，所以得分级情况为240L/s以下为一级，240～460L/s为一级，460～600L/s为一

级，600～750L/s为一级，750～920L/s为一级，共分为五级供水，方案2与方案1类同，不再详述。

2）表8-1所示的水泵扬程及所需扬程是指各分级流量工作时，水泵 Q-H 高效段上供给的扬程和 ab 线上管道系统所需要的扬程。如12Sh-13的工况点是（240，28），即在小于240L/s一级供水时，水泵扬程和所需扬程都是28m；两台12Sh-13并联曲线与 ab 线的交点是（460，31）即为这一级供水的上限工况点，水泵供给的扬程和所需扬程都是31m，在此一级的下限 $Q=240\text{L/s}$ 时，并联 $(Q\text{-}H)_{1+2}$ 曲线上的扬程42m是水泵供给的扬程，ab 线上28m是管道系统所需要的扬程，那么浪费的扬程是14m，扬程利用率为 $\frac{28}{42}\times100\%=67\%$，各级上限点利用率都是100%，其他都类同，不再详述。

从表8-1可以看出，方案1能量利用略好于方案2，特别是在出现几率较大时，如370～750L/s的范围内（这一范围用水量接近于平均用水量），能量浪费较少，而且水泵台数两个方案均相等，故采用方案1。

8.3 备用泵的选择

8.3.1 备用泵数量

泵站内除选用一定数量的工作泵外，根据供水对象对供水可靠性的不同要求，还需选用一定数量的备用泵。备用泵的数量要根据用户的用水性质和对供水安全可靠性的要求确定，例如，工业用水比居民用水的可靠性要求高，而某些重要工业企业如电厂、钢铁厂、炼油厂等断水后会造成重大损失，一般不允许断水，所要求的供水安全可靠性更高。一般来讲，备用泵的设置应遵循以下原则：

1）在不允许减少供水量的情况下，应有两套备用机组。

2）允许短时间内减少供水量的情况下，备用泵只保证供应事故用水量。

3）允许短时间内中断供水时，可只设1台备用泵。

4）城市给水系统中的泵站，一般也只设一台备用泵，通常备用泵的型号可以和泵站中最大的工作泵相同。

5）当管网中无水塔且泵站内机组较多时，也可考虑增设一台备用泵，它的型号和最常运行的工作泵相同。

6）如果给水系统中具有足够大容积的高地水池或水塔时，可以部分或全部代替泵站进行短时间供水，则泵站中可不设备用泵，仅在仓库中储存一套备用机组即可。

备用泵和其他工作泵一样，应处于随时可以起动的状态。

8.3.2 选泵后的校核

在泵站中水泵是按照最高日最高时流量和扬程确定的，能否满足其他工况（例如消防时、最大转输时、事故时）的要求呢？所以选泵后必须进行复核，以确保经济合理地供水。一般将备用泵并联后校核泵站的流量和扬程是否满足要求，必要时需另选合适的水泵。

1. 消防校核

（1）一级泵站　就消防用水来说，一级泵站的任务只是在规定的时间内向清水池中补充必要的消防储备用水。一般可以不另设专用的消防水泵，而是在补充消防储备用水时间内，开动备用水泵以加强泵站的工作。

备用泵的流量可用下式进行校核

$$Q = \frac{2\alpha(Q_f + Q') - 2Q_r}{t_f} \tag{8-11}$$

式中　Q_f——设计的消防用水量（m^3/h）；

Q'——最高用水日连续最大两小时平均用水量（m^3/h）；

Q_r——一级泵站正常运行时的流量（m^3/h）；

t_f——补充消防用水的时间，从24～48h，由用户的性质和消防用水量的大小决定，见建筑设计防火规范；

α——计及净水构筑物本身用水的系数。

（2）二级泵站　二级泵站的扬程除了满足最高用水的水压外，还应满足消防流量时的水压要求。在消防时，管网额外增加了大量的消防流量，管网的水头损失会明显增大，水压也会发生变化。因此，为保证安全供水，必须按消防时的条件进行核算，我国城镇给水一般均按低压制消防条件进行核算，即消防时管网通过的总流量按最高时设计用水量加消防流量（$Q_h + Q_x$），管网的自由水压值应保证不低于10mH$_2$O（100kPa）进行核算，以确定按最高用水时确定的管径和水泵扬程是否能适应这一工作情况的需要。

无水塔管网系统在消防时的水压线如图8-14所示（按最不利情况着火点可考虑在控制点C处），其扬程为

$$H_{px} = Z_c + H_f + h_{sx} + h_{cx} + h_{nx} \tag{8-12}$$

式中　Z_c——管网控制点C的地面标高和清水池最低水位的高程差（m）；

H_f——消防时所需的最小服务水头（m）；

h_{sx}——消防时吸水管中的水头损失（m）；

h_{cx}、h_{nx}——消防时输水管和管网中水头损失（m）。

h_{sx}、h_{cx}、h_{nx}都应按消防时流量计算。

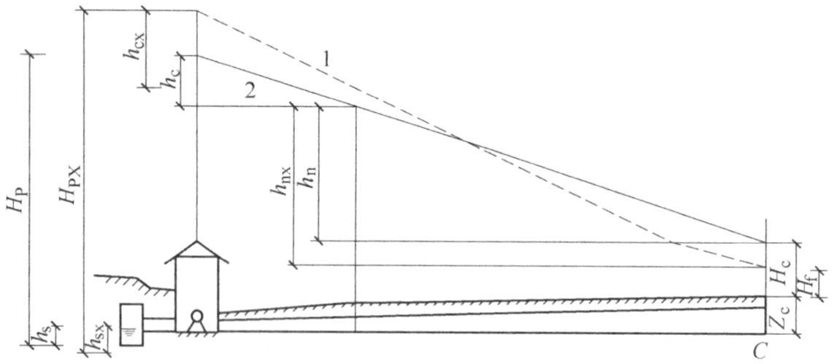

图 8-14 泵站供水时的水压线

1—消防时 2—最高用水时

消防时，一方面由于管网中增加了消防流量，使管网系统的水头损失明显增大，另一方面，消防时要求的自由水压 H_f 通常小于最高用水时要求的自由水压 H_c。因此，视管网水头损失的增值 $\Delta h(\sum h_x - \sum h)$ 和减少的自由水压值 $\Delta H(H_c - H_f)$ 大小，比较消防时所需的水泵扬程 H_{px} 和最高用水时所需的水泵扬程 H_p。当 $\Delta h < \Delta H$，则 $H_{px} < H_p$，按最高时用水所选水泵扬程满足消防时的水压要求；当 $\Delta h > \Delta H$，则 $H_{px} > H_p$，根据两种扬程的差别大小，有时需在泵站内设置专用的消防泵，或放大管网中个别管段的管径以减少水头损失而不用设专用消防泵。

2. 转输校核

对于设置水塔的管网，在一天内有若干小时因二级泵站供水量大于用水量（图 8-9），多余的水通过管网转输入水塔储存，一般取最大一小时的转输流量作为水泵设计校核的依据。

最大转输时水泵扬程的计算公式为

$$H'_p = Z_t + H_t + H_0 + h'_s + h'_c + h'_n \tag{8-13}$$

式中 H'_p——最大转输时水泵扬程（m）；

Z_t——设置水塔处的地面标高（m）；

H_t——水塔高度（m）；

H_0——水塔水柜的有效水深（m）；

h'_s、h'_c、h'_n——最大转输时吸水管、输水管和管网中水头损失（m）。

h'_s、h'_c 和 h'_n 都应按最大转输流量计算。

这时需校核根据最高用水量确定的水泵扬程 H_p 能否满足最大转输时水泵扬程 H'_p。

3. 事故校核

事故时应有的流量，在城市为设计用水量的 70%，工业企业的事故流量按有关规定。

8.4　水泵机组的布置和基础设计

8.4.1　水泵机组布置

水泵机组的布置是泵站内布置的重要内容之一，它决定了泵房建筑面积的大小以及泵站工程的造价。机组间距以不妨碍操作和维修的需要为原则。机组布置的基本要求是：保证运行安全、装卸、维修和管理方便，管道总长度最短、接头配件最少、水头损失最小并应考虑泵站有扩展的余地。常见的布置形式有以下几种。

1. 纵向排列（机组轴线平行单排并列）

纵向排列如图8-15所示，这种排列方式适用于如IS型单级单吸悬臂式离心泵。因为悬臂式泵系轴向进水顶端出水，采用纵向排列能使吸水管保持顺直状态，机组布置较为紧凑，检修方便，泵房长度较小，但宽度较大。当泵房内既有IS型水泵又有Sh型（单级双吸式）水泵时，视具体情况，可采用这种布置形式，也可采用横向排列方式（当Sh型水泵占多数时）。

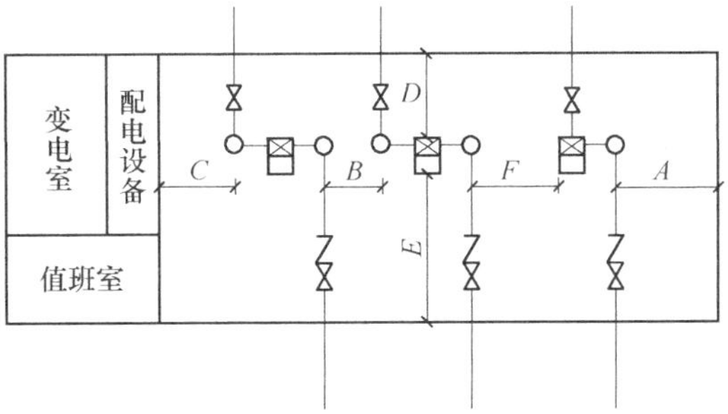

图8-15　纵向排列

在图8-15中，机组之间各部尺寸应符合下列要求：

1）泵房大门口要求通畅，既能容纳最大的设备（水泵或电动机），又有操作余地。其场地宽度一般用水管外壁和墙壁的净距 A 值表示。A 等于最大设备的宽度加1m，但不得小于2m。

2）水管与水管之间的净距 B 值应大于0.7m，保证工作人员能较为方便地通过。

3）水管外壁与配电设备应保持一定的安全操作距离 C。当为低压配电设备时 C 值不小于1.5m，高压配电设备 C 值不小于2.0m。

4）水泵外形凸出部分与墙壁的净距 D，需满足管道配件安装的要求，但是，为了便于就地检修水泵，D 值不宜小于1m。如水泵外形不凸出基础，D 值则表示基础与墙壁的距离。

5）电动机外形凸出部分与墙壁的净距 E，应保证电动机转子在检修时能拆卸，并适当留有余地。E 值一般为电动机轴长加0.5m，但不宜小于3m，如电动机外形不凸出基础，则 E 值表示基础与墙壁的净距。

6）水管外壁与相邻机组的突出部分的净距 F 应不小于 0.7m，如电动机容量大于 55kW 时，F 应不小于 1m。

2. 横向排列（水泵轴线呈一直线布置）

横向排列如图 8-16 所示，这种排列方式适用于侧向进、出水的水泵，如单级双吸卧式离心泵 Sh 型、SA 型。横向排列虽然稍增加泵房的长度，但布置简单、整齐、跨度可减小，进出水管顺直，水力条件好，节省电耗，被广泛采用。

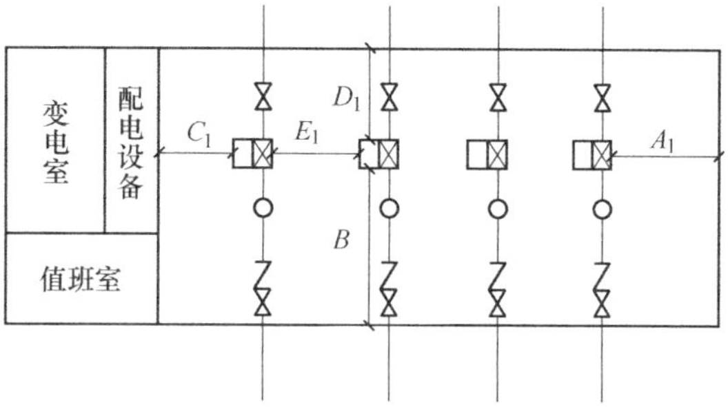

图 8-16 横向排列

在图 8-16 中，各部尺寸应符合下列要求：

1）水泵凸出部分到墙壁的净距 A_1 与纵向排列的第一条要求相同，如水泵外形不凸出基础，则 A_1 表示基础与墙壁的净距。

2）出水侧水泵基础与墙壁的净距 B_1 应按水管配件安装的需要确定。但考虑到水泵出水侧是管理操作的主要通道，故不宜小于 3m。

3）电动机凸出部分与配电设备的净距，应保证电动机转子在检修时能拆卸，并保持一定安全距离，其值要求为：C_1 = 电动机轴长 +0.5m。但是，低压配电设备应 $C_1 \geqslant 1.5$m；高压配电设备 $C_1 \geqslant 2.0$m。

4）进水侧水泵基础与墙壁的净距 D_1，也应根据管道配件的安装要求决定，但不小于 1m。

5）水泵基础之间的净距 E_1 值与 C_1 要求相同。如果电动机和水泵凸出基础，E_1 值表示为凸出部分的净距。

6）为了减小泵房的跨度，也可考虑将吸水阀门设置在泵房外面。

3. 横向双行排列

横向双行排列如图 8-17 所示。当泵房内机组台数较多时，采用这种排列更为紧凑，节省建筑面积。泵房跨度大，起重设备需考虑采用桥式行车。在泵房中机组较多的圆形取水泵站，采用这种布置可节省较多的基建造价。采用此种布置形式应注

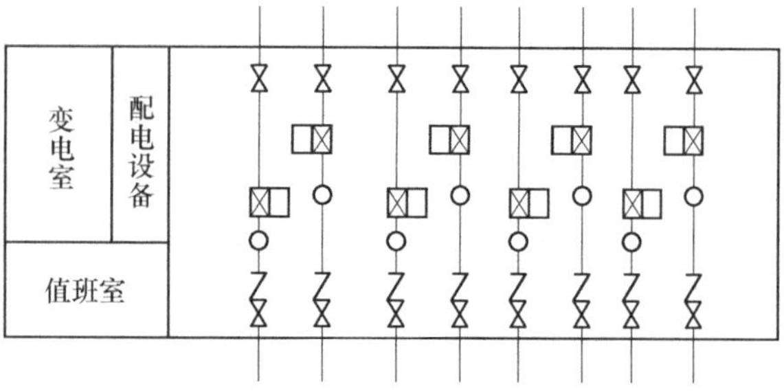

图 8-17 横向双行排列

意对水泵进行调向，购买水泵时应向供货单位提出要求。

布置机组时，除满足上述要求外，还应遵照以下规定：

1）相邻机组的基础之间应有一定宽度的过道，电动机容量不大于55kW，净距应不小于0.8m，电动机容量大于55kW时，净距不小于1.2m。电动机容量小于20kW时，过道宽度可适当减小。但在任何情况下，设备的凸出部分之间或凸出部件与墙之间应不小于0.7m，如电动机容量大于55kW时，则不得小于1.0m。

2）对于非水平接缝的水泵，水泵离墙壁或其他机组的距离应大于泵轴长度加0.5m。

3）装有大型机组的泵站内，应留出适当的面积作为检修机组之用。其尺寸应保持在被检修机组周围有0.7～1.0m的过道。

4）泵站内主要通道宽度应不小于1.2m。

5）辅助泵（排水泵、真空泵）通常安置于泵房内的适当地方，尽可能不增大泵房尺寸。辅助泵可靠墙安装，只需一边留出过道。必要时，真空泵可安置于托架上。

8.4.2　机组基础设计

机组安装在同一个基础上。基础的作用是支承并固定机组，使它运行平稳，不致发生剧烈振动和基础沉陷。因此，对基础的要求是：①坚实牢固，除能承受机组的静荷载外，还能承受机械振动荷载；②要浇制在较坚实的地基上，不宜浇制在松软地基或新填土上，以免发生基础下沉或不均匀沉陷。

1. 基础设计

1）对于大型水泵及电动机的基础必须通过结构计算，并尽量与构筑物连成整体，以增加刚度；大型立式水泵基础，由于受力较复杂，需根据水泵的起动转矩、电动机所受轴向力等，验算基础的强度；对于底部进水、切向偏心出水的蜗壳形水泵，必须验算起泵、停泵时的基础偏心受力条件，并能承受正常启闭阀门及起、停泵时的水锤振动影响。

2）对于分离式的中、小型水泵基础可参照下列经验数据设计（整体式基础可根据具体情况适当调整）。

a. 基础材料通常采用150号混凝土，预留螺孔待地脚螺栓埋入后，用200号细石混凝土填灌固结。

b. 地脚螺栓埋入基础长度为20倍螺栓直径，预留螺孔深度大于螺栓埋入总长度3～5cm。

c. 基础尺寸大小按水泵及电动机安装尺寸所提供的数据确定，如无具体资料，可考虑如下：

带底座的小型水泵基础尺寸：

基础长度 L = 底座长度 L_1 + (0.15 ~ 0.20) m

基础宽度 B = 底座螺孔间距（在宽度方向上）B_1 + (0.15 ~ 0.20) m

基础高度 H = 底座地脚螺钉的长度 l + (0.15 ~ 0.20) m

图 8-18 所示为 S 型带底座水泵安装外形尺寸图，具体安装尺寸可查有关手册水泵安装尺寸表。

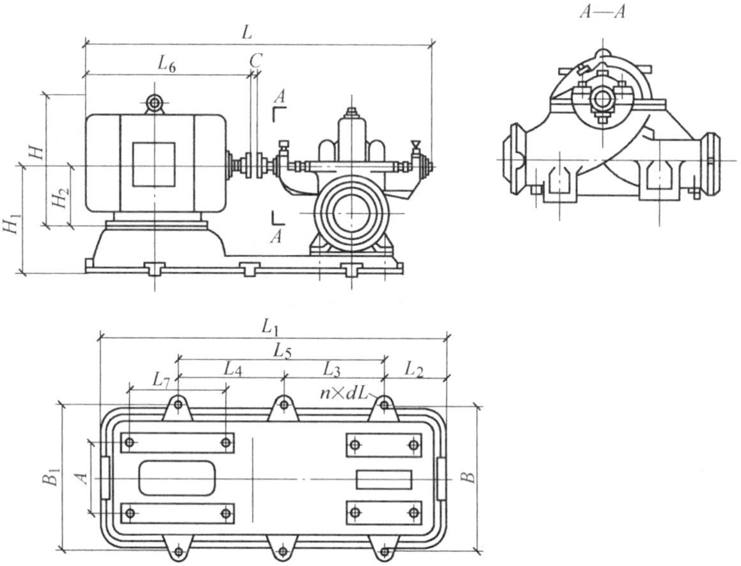

图 8-18 S 型带底座水泵安装外形尺寸图（带底座）

无底座的大、中型水泵基础尺寸：

基础长 L = 水泵宽向地脚螺孔间距(a) + 机泵地脚螺孔间距(b) + 电动机地脚螺孔间距(c) + 400 ~ 500mm。

基础宽 B = 电动机宽向螺孔间距(d) + 400 ~ 500mm。

基础高
$$H = \frac{3.0 \times W}{LB\gamma} \tag{8-14}$$

式中 W——机组总质量，$W = W_P + W_M$，其中水泵质量 W_P 和电动机质量 W_M 可由手册或样本查得。

γ——基础材料的容重，如混凝土 $\gamma = 2400\text{kg/m}^3$。

图 8-19 所示为 S 型不带底座水泵安装外形尺寸图，具体安装尺寸可查有关手册水泵安装尺寸表。

基础质量 >2.5 ~ 4.5 倍机组质量。

基础高度一般应不小于 50 ~ 70cm。基础一般用混凝土浇筑，混凝土基础应高出室内地坪约 10 ~ 20cm。基础在室内地坪以下的深度还取决于临近的管沟深度，不得小于管沟的深度。基础的底应在地下水位以上，否则应将泵房地板做成整体的连续钢筋混凝土板，而将机组安装在地板上凸起的基础座上。

d. 预留螺孔

当 $d_{螺栓} > 40mm$ 时，螺孔中心距基础边缘 >300mm。

当 $d_{螺栓} < 40mm$ 时，螺孔中心距基础边缘 >150 ~ 200mm，但基础螺孔边缘与基础边缘间距不得小于 100 ~ 150mm。

螺孔尺寸可为 80 ~ 200mm 方孔，一般采用 100 × 100mm 或 150 × 150mm。

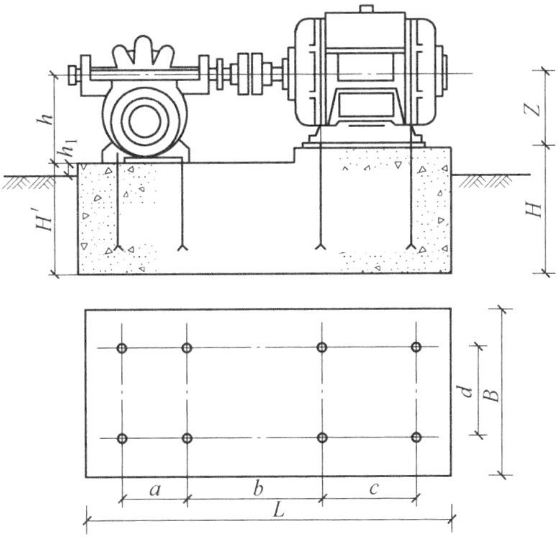

图 8-19 S 型水泵安装外形尺寸图（不带底座）

e. 水泵基础底面以下土壤应进行夯实，可采用良质砂土或天然优质地基；基础浇捣以后必须注意养护，达到强度后才能进行安装。

2. 泵房长度的确定

泵房的长度是指泵房两山墙轴线间的距离 L，如图 8-20 所示。

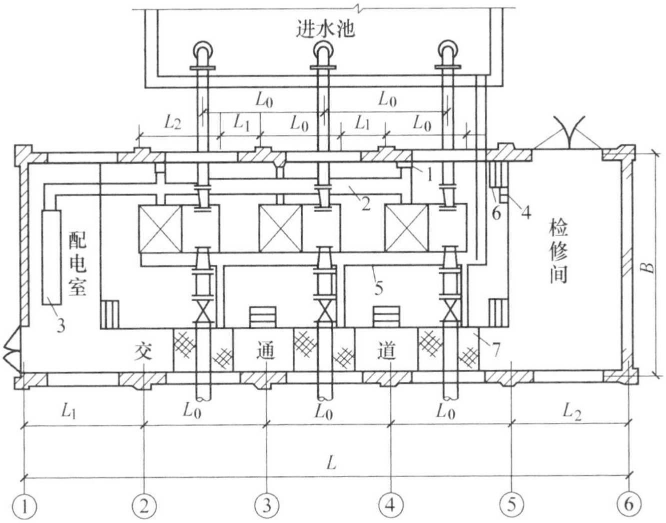

图 8-20 泵房长度示意图

1—启动器 2—电缆沟 3—配电柜 4—真空泵 5—排水沟 6—踏步 7—钢盖板

泵房的长度L由设备尺寸满足设备安装、检修与交通要求的尺寸，以及山墙的厚度等来确定。L可由下式计算

$$L = n(l_0 + l_1) + L_1 + L_2 \tag{8-15}$$

式中 L——泵房的长度（mm）；

n——主机组的台数；

L_1、L_2——配电间与检修间的开间（mm）；

l_0——主机组基础的长度（mm）；

l_1——两主机组基础间的距离（mm）。

沿泵房的纵轴方向，泵房立轴的中心距L_0称为柱距或开间。水泵的进水管与出水管应从两立柱中部穿过，避开侧墙立柱，以免影响泵体的整体结构与稳定性。

8.5 吸水和压水管路系统

吸水管路和压水管路是泵站的重要组成部分，正确设计、合理布置与安装吸、压水管路，对于保证泵站的安全运行、节省投资与电耗具有重要的作用。

8.5.1 对吸水管路的要求

吸水管路通常处在负压下工作，所以对吸水管路的基本要求是不漏气、不积气和不吸气，为此常采用以下措施：

1）为保证吸水管不漏气，要求管材必须严密。因此，吸水管路一般采用钢管，钢管埋于土中时应涂沥青防腐层。采用铸铁管时，施工时接头一定要严密。

2）为保证吸水管不积气，吸水管应有沿水流方向连续上升的坡度i，一般大于0.005，为避免产生气囊，应使沿吸水管线的最高点在水泵吸入口的顶端。吸水管的断面一般应大于水泵吸入口的断面，吸水管路上的变径管可采用偏心渐缩管（即偏心大小头），保持渐缩管的上边水平，水泵进口应避免直接与弯头相连，应在二者之间加装一段直管。图8-21所示为吸水管几种正确和不正确的安装方法。

3）不吸气。吸水管进口淹没深度不够时，由于进口处水流产生漩涡、吸水时带进大量空气。严重时也将破坏泵正常吸水。这类情形，多见于取水泵房在河道枯水位情况下吸水。为了避免吸水井（池）水面产生漩涡，使水泵吸入空气，吸水管进口在最低水位下的淹没深度h应不小于0.5～1.0m，如图8-22所示。若淹没深度不能满足要求，则应在管子末端装置水平隔板。水平隔板长为$2D$或$3d$，如图8-23所示。

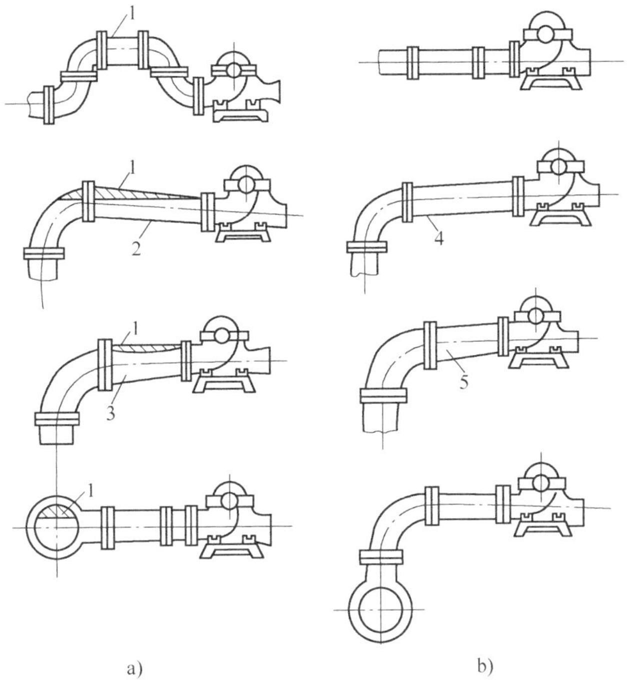

图8-21　正确和不正确的吸水管安装图

a）不正确　b）正确

1—存气　2—向水泵下降　3—同心渐缩管

4—向水泵上升　5—偏心渐缩管

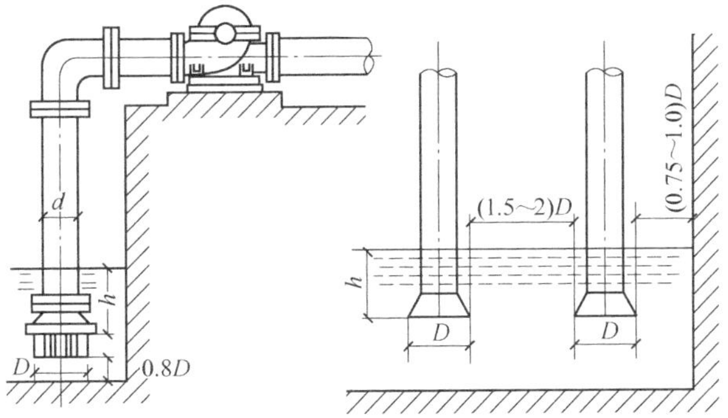

图8-22　吸水管在吸水井中的位置

4）为了防止水泵吸入井底的沉渣，并使水泵工作时有良好的水力条件，应遵守以下规定：

a. 吸水管的进口至池底的垂直距离（即悬空高度）宜采用0.6～0.8D，如图8-22所示。D为吸水管喇叭口（或底阀）扩大部分的直径，通常取D为吸水管直径的1.3~1.5倍。

不同的悬空高度水流进口的流线形状不同，如图8-24所示。若悬空高度过大，会增加池深和工程量，同时还会造成如图8-24b所示的单面进水的情况，使管口流速和压力分布不均匀，水泵效率下降，有时还会形成漩涡，使水泵产生振动和噪声。若悬空高度过小，如图8-24a所示，进入喇叭口的流线过于弯曲，进口水头损失增大，水泵效率降低，并会产生漩涡，同时会使池底冲刷。

b. 吸水管喇叭口边缘距离井壁不小于0.75~1.0D。

c. 在同一井中安装有几根吸水管时，吸水喇叭口之间的距离不小于1.5~2.0D。

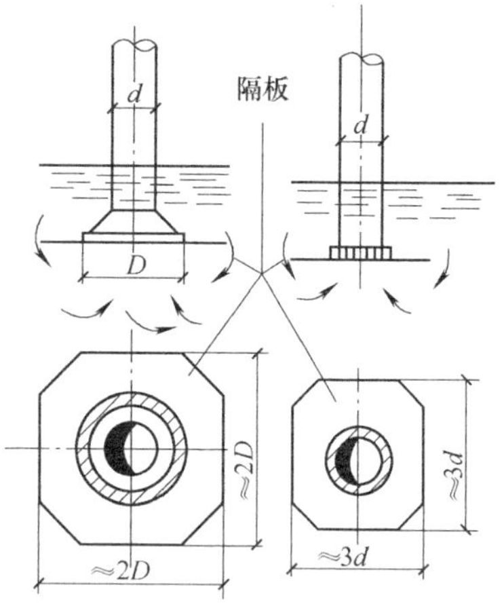

图8-23 吸水管末端的隔板装置

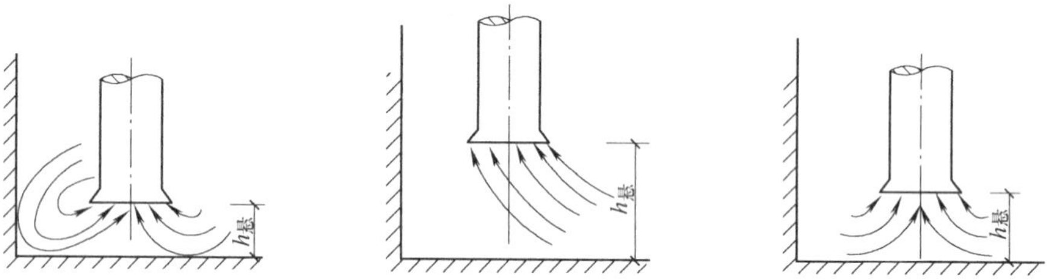

图8-24 不同悬空高度进口流线形状

a) h悬过小 b) h悬过大 c) h悬适中

当泵采用抽气设备充水或能自灌充水时，为了减少吸水管进口处的水头损失，吸水管进口通常采用喇叭口形式。

5）当吸水井水位高于水泵轴线时，吸水管路上应设置闸阀，以利于水泵检修。

6）如水中有较大的悬浮杂质时，喇叭口外面需加设滤网，以防水中杂物进入水泵。当泵从压水管引水起动时，吸水管上应装有底阀。

底阀过去一般用水下式，装于吸水管的末端（图8-25）。底阀的种类很多，它的作用是使水只能吸入泵，而不能从吸水喇叭口流出，所

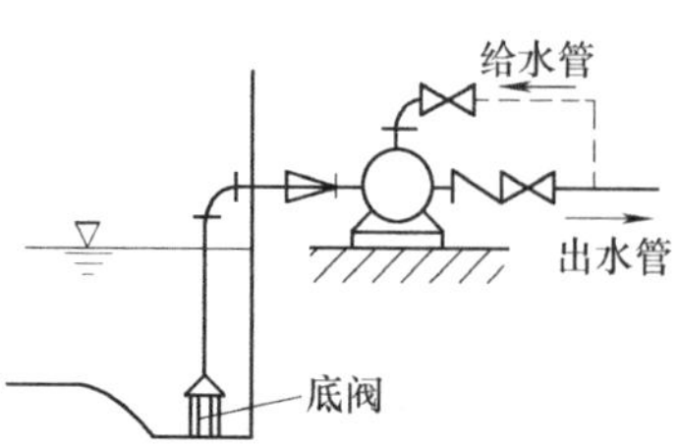

图8-25 水下式底阀

以是一种止回阀，但阻力很大。底阀上附有滤网，以防止杂物进入泵堵塞或损坏叶轮。实践表明，水下式底阀因胶垫容易损坏，引起底闸漏水，须经常检修拆换，给使用带来不便。为了改进这一缺点，试验成功了水上式底阀，如图8-26所示。由于水上式底阀具有使用效果良好，安装检修方便等优点，因而设计中采用者日益增多。水上式底阀使用的条件之一，是吸水管路水平段应有足够的长度，一般应大于3倍以上的垂直距离，以保证泵充水起动后，管中能产生足够的真空值。

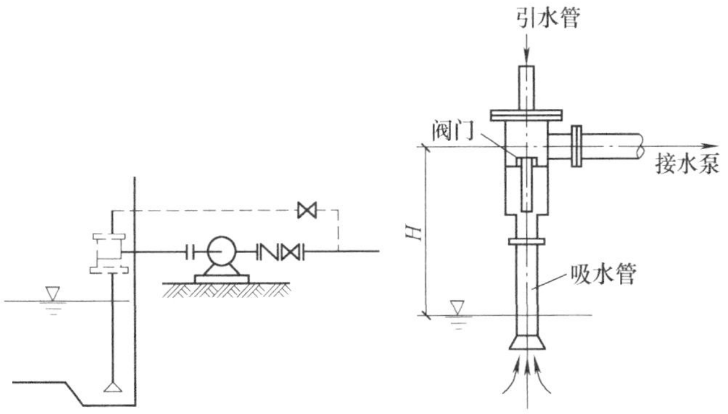

图8-26　水上式底阀

7）吸水管中的设计流速一般为：$DN<250$mm时，为1.0～1.2m/s；$DN\geqslant 250$mm时，为1.2～1.6m/s。

在吸水管路不长且吸水地形高度不是很大的情况下，可采用比上述数值大些的流速，为1.6～2.0m/s。

8.5.2　对压水管路的要求

泵站内的压水管路经常承受高压（尤其是发生水锤时），所以要求它坚固而不漏水，供水安全、安装及检修方便。

1）压水管路通常采用钢管，并尽量采用焊接接口，但为了便于拆装与检修，在适当地点可设法兰接口。

2）压水管路上的闸阀，因为承受高压，所以启闭都比较困难。当直径$DN\geqslant 400$mm时，因启动较为困难，大都采用电动或水力闸阀，图8-27所示为电动楔式闸阀。

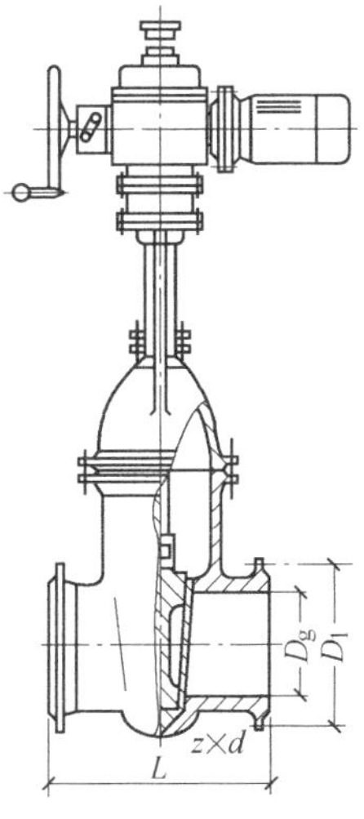

图8-27　电动楔式闸阀

3）为了避免管路上的应力（自重应力、温度应力、水锤作用力）传至水泵，以及安装和拆卸方便，一般应在吸水管路和压水管路适当位置上设置补偿接头或伸缩节、可曲挠的橡胶接头等。图 8-28 所示为钢制柔性法兰补偿器，图 8-29 所示为可曲挠双球体橡胶接头。

4）为了承受管路中内压力所造成的推力，在一定的部位上（各弯头处）应设置专门的支墩或拉杆。

5）在不允许水倒流的给水系统中，应在水泵压水管上设置止回阀。在以下情况应设置止回阀：

a. 井群给水系统。

b. 输水管路较长，突然停电后无法立即关闭操作闸阀的送水泵站（或取水泵站）。

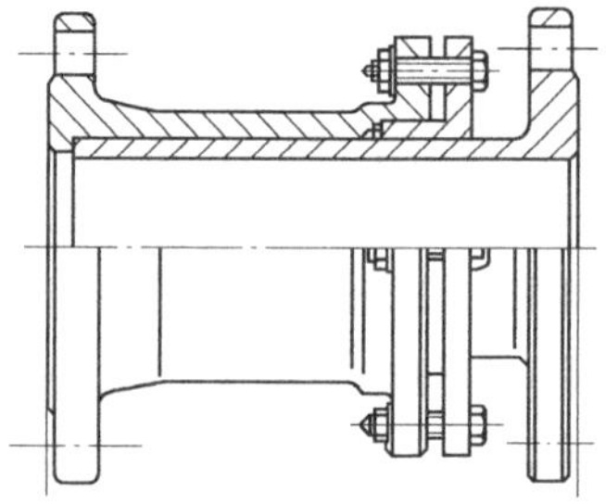

图 8-28 法兰补偿器

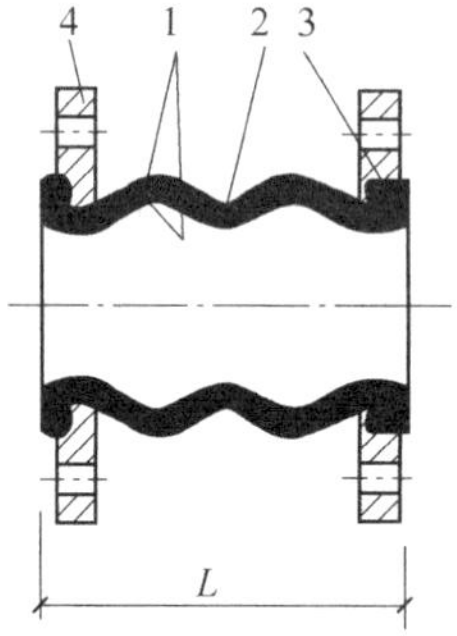

图 8-29 可曲挠双球体橡胶接头

1—主体 2—内衬 3—骨架 4—法兰

c. 吸入式起动的泵站，管道放空以后再抽真空比较困难。

d. 遥控泵站无法关闸。

e. 城市供水系统多水源、多泵站系统。

f. 管网布置位置高于泵站，如无止回阀时，倒流使管网内可能出现负压。

因为止回阀经常损坏，所以止回阀通常装在泵与压水闸阀之间，这样需要检修、更换止回阀时，可用闸阀把它与压水管路隔开，以免水倒入泵站内。这样装的另一个优点是，泵每次起动时，阀板两边受力均衡便于开启；缺点是压水闸阀要检修时，必须将压水管路中的水放空，造成浪费，因此也有的泵站，将此阀放在压水闸阀的后面。这样布置的缺点是当止回阀外壳因发生水锤而损坏时，水流迅速倒灌入泵站，有可能使泵站被淹。故只有水锤现象不严重，且是地面式泵站时，才允许这样布置。或者将止回阀装设于泵站外特设的切换井中。图 8-30 所示为法兰连接的旋启式止回阀，通常用于 $DN200 \sim 600$mm 的管路中。这种旋启式止回阀的最大缺点是在它关闭时会产生关阀水锤。目前，已有许多不同形式的止回阀在工程中可供选用。

6）压水管路的设计流速为：$DN<250$mm 时，为 1.5～2.0m/s；$DN \geqslant 250$mm 时，为 2.0～2.5m/s。

上述压水管路设计流速比吸水管路大些，因为压水管路允许的水头损失较大。压水管路上管件较多，因此缩小管件的直径，就可减小它们的质量、造价和缩小泵房的建筑面积。

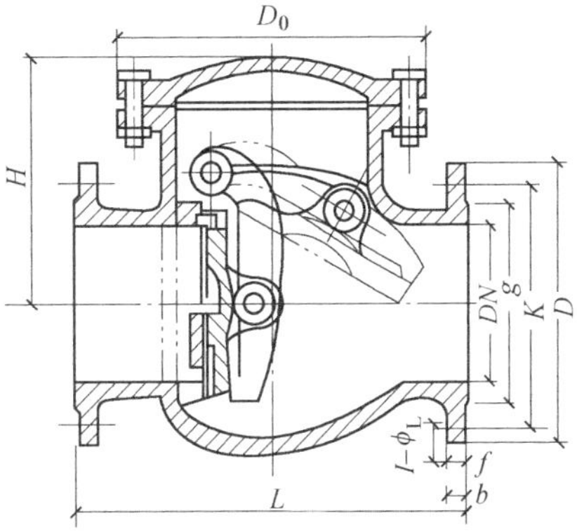

图 8-30　旋启式止回阀

另外，泵站内吸压水管路设计流速的取值较给水管网设计中的平均流速要大，因为泵站内吸压水管路不长，流速取大一点，水头损失增加不多，但可减小管道和配件的直径。

8.5.3　吸水管路和压水管路的布置

吸入式的水泵，每台水泵应设单独的吸水管，并应尽量减少吸水管的长度和管配件，以减少吸水管的水头损失，如图 8-31a 所示。当泵站内机组台数较多或吸水井距泵站较远时，可以采用多台水泵从共用吸水管中吸水，如图 8-31b 所示。在每条吸水管路上装设一个闸阀 1，在公共吸水管上装设两个闸阀 2，在每台泵附近装设一个闸阀 3。当两个闸阀 2 都关闭的时候，水分别由两条吸水管路引向泵 H_1 和 H_3。其他情况运转时（H_1 和 H_2 或 H_2 和 H_3），要开启两个闸阀 2 中的一个。如果闸阀 1 中有一个要修理，则一条吸水管将供应两台泵吸水。设置共用吸水管时，应使吸水总管处于正压状态。

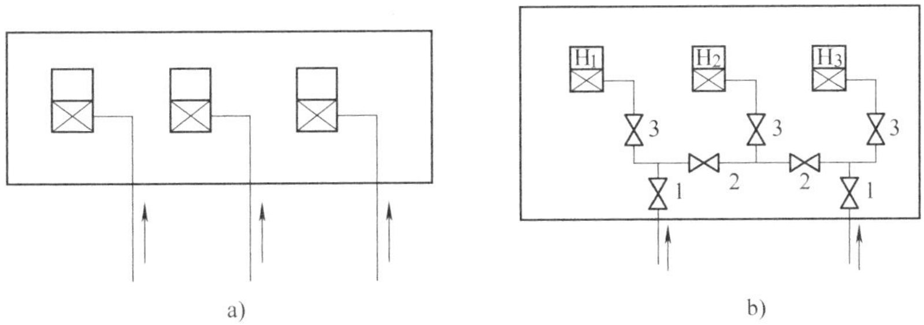

图 8-31　吸水管路的布置

一般情况下，为了保证安全供水，输水干管通常设置两条（在给水系统中有较大容积的高地水池时，也可只设一条），而泵站内水泵台数常在 2～3 台以上。为此，必须考虑当一条输水干管发生故障需要修复或工作水泵发生故障改用备用水泵送水时，均能将水送往用户。

供水安全要求较高的泵站，在布置压水管路时，必须满足：

1）能使任何一台水泵及闸阀停用检修而不影响其他水泵的工作。

2）每台水泵能输水至任何一条输水管。

送水泵站通常在站外输水管路上设一检修闸阀，或每台水泵均加设一检修闸阀，即每台泵出口设有两个闸阀。这种闸阀经常是开启状态的，只有当修理水泵或水管上的闸阀时，才关闭。

检修闸阀和联络管路上的闸阀，因使用机会很少，不易损坏，一般不再考虑修理时的备用问题，但是，所有常开闸阀，也应定期进行开闭的操作和加油保护，以保持其工作的可靠性。

压水管路及管路上闸阀布置方式的不同，对泵站的节能效果与供水安全性均有紧密联系。如图 8-32 所示的三台泵（二用一备）、两条输水管可采用两种不同的方式布置，这两种布置共同的特点是：当压水管上任一闸阀 1 需要检修时，允许有一台泵及一条输水管停用，两台泵的流量由一条输水管送出。当修理任一闸阀 2 时，将停用两台泵及一条输水管。这两种方式布置的不同点在于，图 8-32a 中布置了可节省两个 90°弯头，运行费用低，与图 8-32b 比较有明显的节能效果。

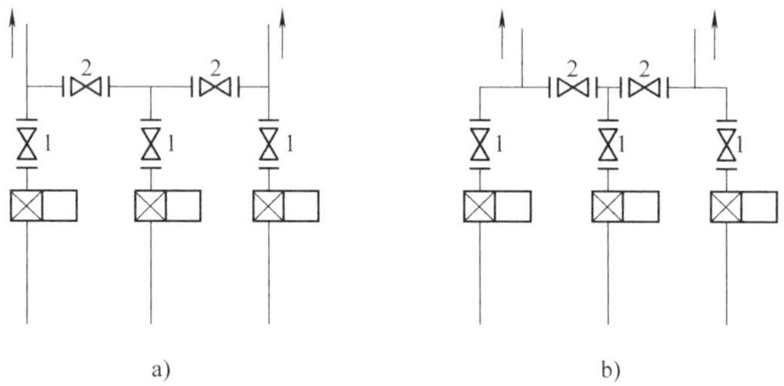

图 8-32 输水管不同方式布置比较

上述这种情况，如果必须保证有两台泵向一条输水管送水时，则应在联络母管 a-b 上增设两个双闸阀，如图 8-33a 所示。当修理任一闸阀 2 时，将停用一台泵及一条输水管，较图 8-32 所示联络管上只设置单阀的情况供水安全可靠性大为提高。有时为了缩小泵房的跨度，可将出水干管闸阀装在联络母管的延长线上，如图 8-33b 所示。由此可看出，压水管上闸阀的设置，主要是取决于供水对象对于供水安全性的要求，不同要求应有不同的布置方式。

有时为了减小房屋的跨度，将联络管置于墙外的管廊中或将联络管置于站外，把联络管上的闸阀置于阀门井中。

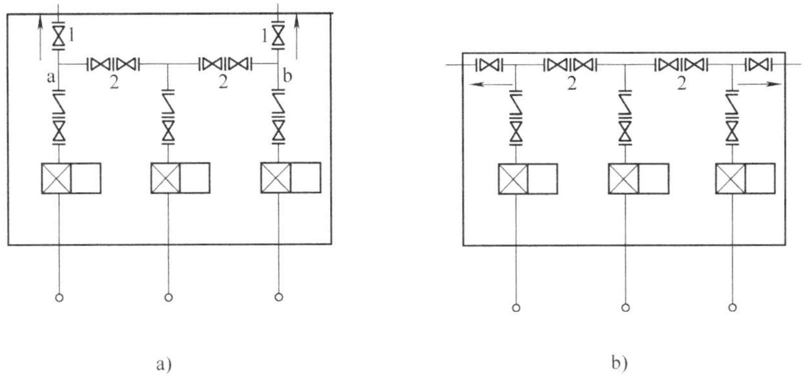

图 8-33　三台水泵时压力管路的布置

8.5.4　吸水管路和压水管路的敷设

管路及其附件的布置和敷设应当保证使用和修理上的便利。敷设互相平行的管路时，应使管道外壁相距 0.4 ~ 0.5m，以便维修人员能无阻地拆装接头和配件。为了承受管路中压力所造成的推力，应在必要的地方（如弯头、三通处）装置支墩、拉杆等。管路上必须设置放水口，供放空管路之用。泵站内的水管不能直接埋于土中，视具体情况可以敷设于：①砖、混凝土或钢筋混凝土的地沟中；②机器间下面的地下室中；③泵站地板上。

1. 地沟中敷设

水泵的吸、压水管路均敷设在地沟中，如图 8-34 所示。这种敷设形式使得泵房内比较整洁、交通便利。在管径小于 500mm 的地面式或半地下式泵站中采用较多。

为减少吸水管路的水头损失，也可以将吸水管敷设在地面上，压水管敷设在管沟中，压水管一侧作为泵房的主要通道，这种布置方式也较多见，如图 8-35 所示。

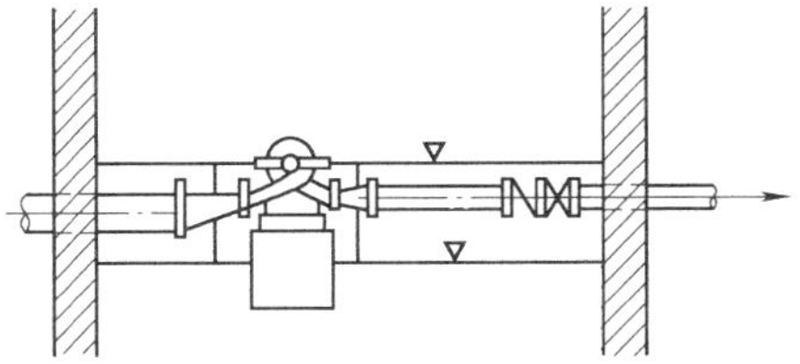

图 8-34　管道在地沟中敷设

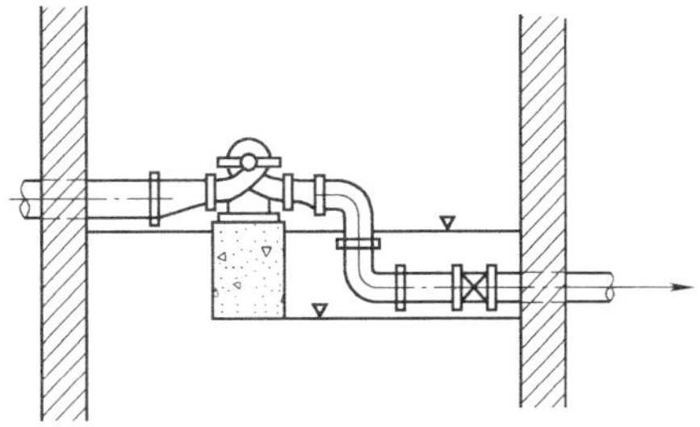

图 8-35　吸水管在地面上，压水管在地沟中敷设

在机组为数不多（不多于 2 ~ 3 套）和管路不很长的个别场合，直径大于 500mm 的水管也可以敷设于地沟中。

为了便于安装和检修，地沟上应有活动盖板，管沟断面尺寸应符合下列要求，如图 8-36 所示：

1）从管壁到沟的顶盖距离 L_1 应不小于 100 ~ 200mm。

2）从沟底到下管壁的距离 L_3 不应小于 350mm。

3）直径在 200mm 以下的水管应敷设在地沟的中间，沟壁与水管侧面的距离 L_2 应不小于 350mm。直径为 250mm 或更大的水管应不对称地敷设于沟中，管壁到沟壁的距离，一侧距离 L_2 不应小于 350mm，另一侧距离 L_4 应不小于 450mm。

4）沟底应有向集水坑或排水口倾斜的坡度 i，一般为 0. 01。

2. 地板上敷设

直径大于 500mm 的水管，可同水泵一起安装在泵站机器间的地板上，如图 8-37 所示。水泵吸、压水管安装呈一直线，不设弯头。这种敷设形式减少了管道长度和应力损失，水力条件好，便于安装、检修和操作。为便于在泵房内通行，应修建跨过管道并能走近机组和闸阀的便桥和梯子。

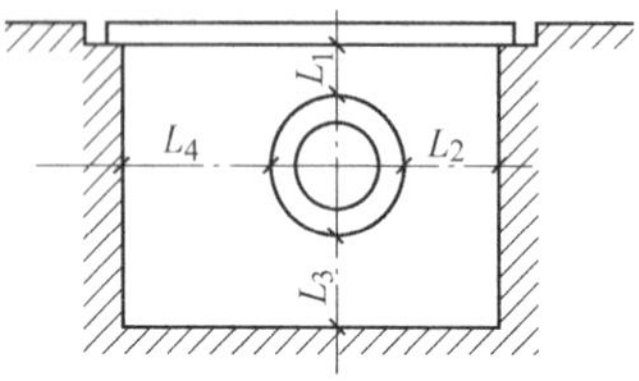

图 8-36 管沟断面尺寸

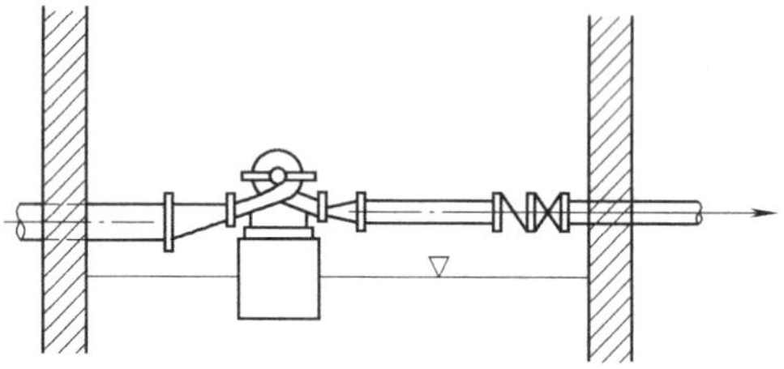

图 8-37 管道在地板上敷设

3. 架空敷设

泵站内管道一般不宜架空安装。但地下深度较大的泵房，为了与室外管路连接，有时不得不作架空管道。管道架空安装时，应做好支架或支柱，但不应阻碍通行，更不能妨碍水泵机组的吊装及检修工作。不允许将管道架设在电气设备的上方，以免管道漏水或凝露时，影响下面电气的安全工作。

吸、压水管在引出泵房之后，必须埋设在冰冻线以下，并应有必要的防腐防振措施。如管道位于泵站施工工作坑范围内，则管道底部应作基础处理，以免回填土发生过大的沉陷。

8. 5. 5 泵房跨度的确定

泵房跨度是指泵房屋面大梁（或屋架）的跨度，即泵房进、出水侧墙（或柱）轴线间的尺寸。跨度的大小由水泵、管道、附件的长度，设备安装、检修空

间与操作空间等来确定。图8-38中泵房的跨度B是轴线A与B之间的距离，可由下式计算

$$B = b_0 + b_1 + b_2 + b_3 + b_4 + b_5 + b_6 + b_7 + b_8 \tag{8-16}$$

式中　B——泵房的跨度（mm）；

b_1、b_8——轴线以内墙的厚度（mm）；

b_2——装拆水管所需的空间；常不小于300mm；

b_3——偏心渐缩管的长度（mm）；

b_0——水泵的长度（mm）；可由水泵样本查得；

b_4——渐扩管的长度（mm）；

b_5——水平接管的长度（mm）；

b_6——闸阀的长度（mm）；由闸阀产品样本查得；

b_7——交通道的宽度（mm）；

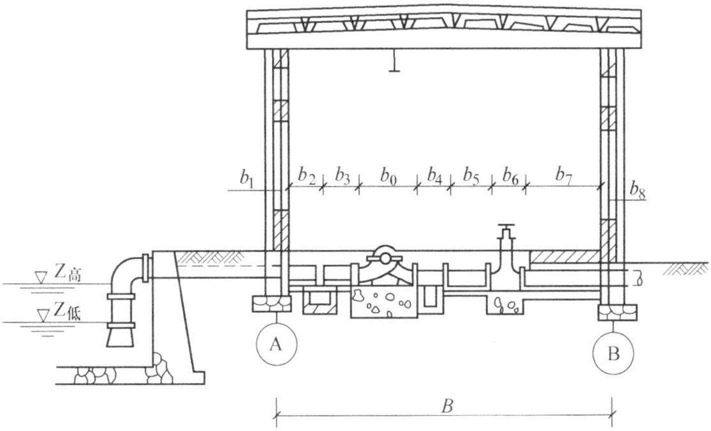

图8-38　泵房跨度示意图

如果水泵出水管上设有止回阀，一般应设在泵房外面。若止回阀装在泵房内，则泵房的跨度应计入止回阀的长度。

8.6　泵站水锤及防护

8.6.1　停泵水锤

在压力管道中，由于水流流速突然变化而引起水流压力急剧上升或降低的现象，称为水锤（又叫水击）。水流是具有惯性的，在泵站中，当水泵突然起动、停止或为调节流量而起用阀门，都将使水流速度发生变化而产生惯性力，惯性力

的大小等于水流质量 m 与加速度$\frac{dv}{dt}$的乘积，方向与加速度方向相反。在出水管路中，这个惯性力就表现为水锤压力。

泵站水锤有启动水锤、关阀水锤和停泵水锤。一般情况下启动水锤不大，只是在空管情况下，当管中空气不能及时排出而被压缩时才会加剧水流压力的变化。关阀水锤在正常操作时不会引起过大的水锤压力。由于突然停电或误操作造成的事故停泵所产生的停泵水锤往往数值较大，一般可达正常压力的1.5～4倍，甚至更大，破坏性强，常造成意外损失，所以对停泵水锤必须进行认真分析，以便采取必要的防护措施。

停泵水锤的主要特点是：突然停电（泵）后，泵工作特性开始进入水力暂态（过渡）过程，其第Ⅰ阶段为水泵工况阶段。在此阶段中，由于停电主驱动力矩消失，机组失去正常运行时的力矩平衡状态，由于惯性作用仍继续正转，但转速降低，导致流量减少和压力降低。此压力降以波（直接波或初生波）的方式由泵站及管路首端向末端的高位水池传播，并在高位水池处引起升压波（反射波），此反射波由水池向管路首端及泵站传播。

压力水管中的水，在断电后的最初瞬间，主要靠惯性作用，以逐渐减慢的速度，继续向高位水池方向流动，然后使其流速降至零，但这种状态是不稳定的。在重力水头的作用下，管路中的水又开始向泵站倒流，速度又由零逐渐增大。之后水流的技术特点，应视在泵出口处有无止回阀而分别出现下述几种情况。

1. 在泵出口处有止回阀的情况（有阀系统）

当管路中倒流水流的速度达到一定程度时，止回阀很快关闭，因而引起很大的压力上升，而且当泵机组惯性小，供水地形高差大时，压力升高也大。

这种带有冲击性的压力突然升高能击毁管路或其他设备。国内外大量的实践证明，停泵水锤的危害主要是因为泵出口止回阀的突然关闭所引起的。

突然停泵后，流量 Q、压头 H、转速 n 和转矩 M 等随时间变化的曲线，称为停泵暂态过程线。图8-39所示为泵出口处设有止回阀的某泵站的停泵暂态过程线。

从图中可以看出，水锤增压还是很大的，最高压力几乎达到正常压力的200%；另一方面，各基本工作参数皆为正值。

2. 压水管路无止回阀（无阀系统）

在泵突然断电后，水泵出水侧的阀门无法及时关闭，管内水倒流产生水锤，图8-40所示为水泵出口 A 点的水锤过程线。水锤过程分三个阶段：

（1）水泵工况阶段　由图8-40所示可知，从开始停泵至流量降到零为水泵工况阶段（即图中第Ⅰ阶段）。停电后水泵转速下降，水泵和管中的水流由于惯性继续沿原方向运动，但其流速随时间而减小，压力降低，直到水流速度减小到

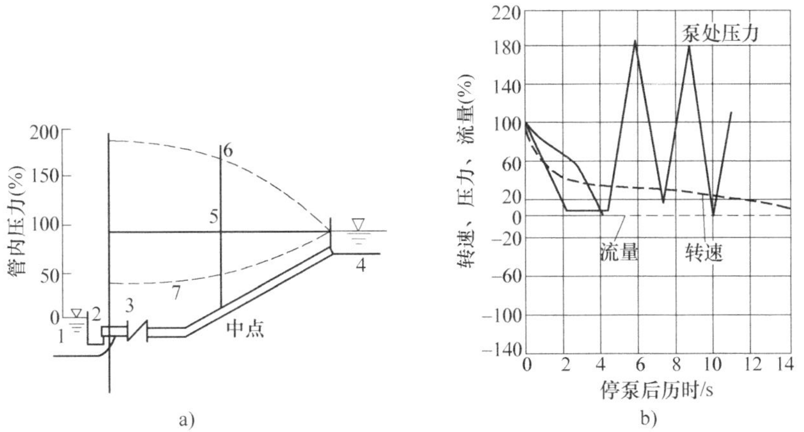

图8-39　泵站管路纵断面图及停泵水锤暂态过程线（有阀系统）

a）泵站及管路纵断面图　b）停泵水锤暂态过程线

1—吸水池　2—立式水泵　3—普通止回阀　4—压水池（高位水池）

5—正常运行时水头（压力）线（不计摩阻）　6—最高水头压力线　7—最低水头（压力）线

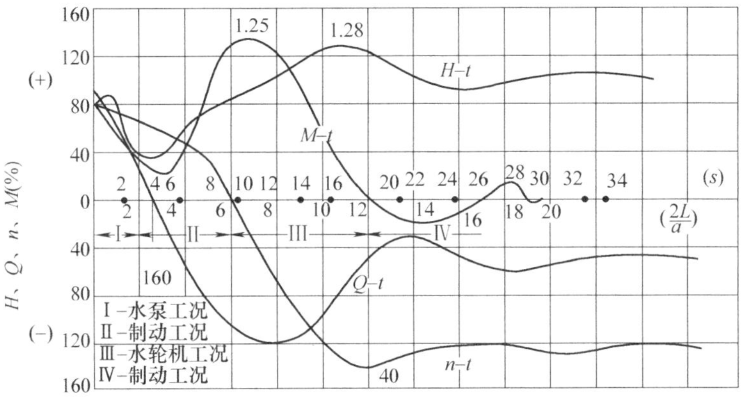

图8-40　停泵水锤暂态过程线（无止回阀）

注：立式单级离心泵：额定转速 $n_0=400\text{r/min}$，$H_0=94.6\text{m}$，$Q_0=6.1\text{m}^3/\text{s}$，压力管长 $L=669\text{m}$，比转速 $n_s=115$

零为止。

（2）制动工况　由流量等于零至转速降到零这一阶段，称为制动（耗能）工况阶段，即图8-40中第Ⅱ阶段。由于水泵机组惯性的作用，叶轮继续正转，转速逐步降低，此时瞬态静止的水，由于受到静水头的作用，管路中水又向泵站方向倒流，其流速绝对值由零逐渐增大，但流速的符号是“负”，故流速的代数值是逐渐减小的。因为在泵出口处不设普通止回阀，故水池及管路中的水能持续不断地倒流并对正向转动的泵叶轮施加反向制动力矩，使泵的正向转速不断减小，最后降到零，在此阶段水倒流，流量为负值，而泵是依惯性做正向转动，故也称为耗能工况阶段。转动的泵叶轮可视为一个局部阻力（它的阻力系数是变化的），因此在泵工况时降低了的压力，在制动工况时又开始回升（图8-40），但其最大的升压值要比有止回阀的情况小得多，这也是近代泵站中不设止回阀的重要原因之一。

（3）水轮机工况阶段　水泵转速从零到最大反向转速——最大飞逸转速 n_{max} 的阶段，即图中第Ⅲ阶段。随着倒流流量的加大，机组反向的转速也很快增大，最后达到最大反向转速。在此阶段中机组的工作好像空载的水轮机机组，故也称此阶段为逸转水轮机工况阶段。机组达最大飞逸转速时，机轴上转矩 M 为零。在此时刻之前，由于通过泵的倒流流量减少，因而在泵及管路中又引起了压力升高（图8-40），但升压速率较小，最大升压值也不高，在图8-40中为 $1.28H_0$。从图中可以看出：转矩 M、水头 H、倒流流量及反向转速等的极大值均发生在水轮机工况阶段。

（4）由转矩 M 为零时刻起泵工作进入第Ⅳ阶段　即另一种状况的制动工况阶段之后，泵工作的水力暂态（过渡）过程并没有停息，只是由于各种阻尼的影响，使水头的振荡和流速的变化等逐渐衰减下来。

8.6.2　停泵水锤防护措施

减小水锤对于降低管路造价和改善机组运行条件都有很大意义，因此必须对停泵水锤采取必要的防护措施，并结合泵站的具体情况加以确定。

由于停泵水锤首先出现降压，如果在初始阶段降压过大，则随后第二阶段的升压也较大，所以首先从防止降压着手，其次再考虑防止第二阶段的升压措施。

1. 防止降压措施

（1）减小管路中流速　管中流速减小，则管中水柱惯性能量就减小，因而达到防止过大的压降目的。减小流速是通过增大管径的办法得到的，因此常常是不经济的。采用此措施必须与其他措施进行经济比较。

（2）变更出水管路纵断面的布置形式　如图8-41所示，当管路纵剖面在最低压力线以上时，则管中（虚线）将出现负压，尤其在上缓下陡的管路接头处（拐点 B）压降最大，也最易引起水柱中断。若管路布置改成如图中上陡下缓的实线形式，则避免了上述情况，但是管路布置是根据地形决定的，所以常常不能随意更改，只有在挖方增加不大的情况下才是有利的。

（3）设置调压室　调压室是一个具有自由水面的水槽，通过室中水流进管道，或管道中水流进调压室来缓和管路中的压力变化。调压室有双向和单向两种，双向用于低扬程、大流量抽水装置，如图8-42所示；单向用于高扬程抽水

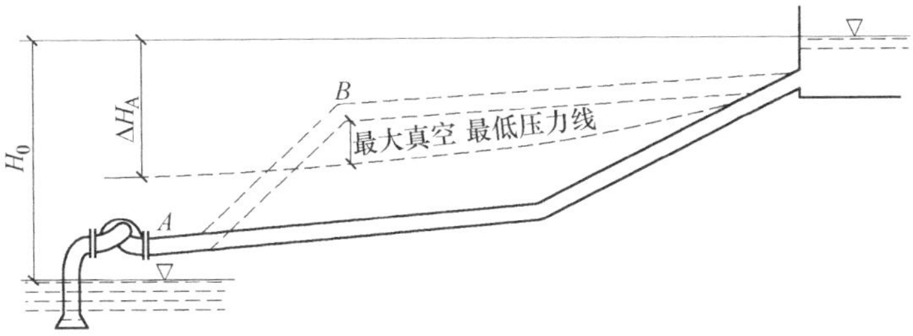

图8-41　管路布置与压力下降而引起的水柱中断关系图

装置，如图8-43所示。这里着重介绍单向调压室。

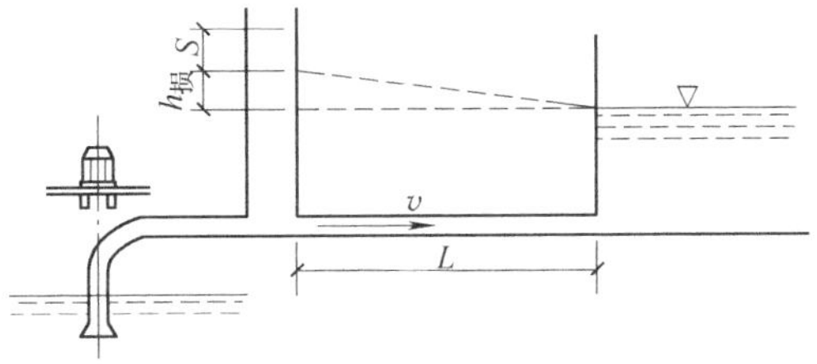

图8-42　具有双向调压室管路示意图

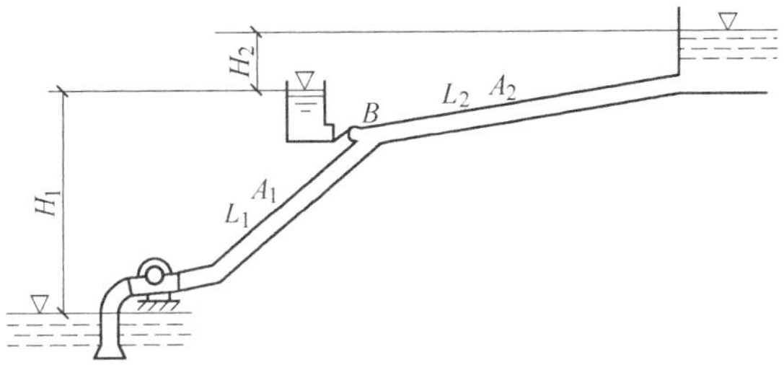

图8-43　具有单向调压室管路示意图

单向调压室是为了防止管路内产生水柱中断而设置的补水装置，因此它应设置在易于产生水柱中断的拐点B处。它由水槽、止回阀、浮球、进水管和主水管等组成，如图8-44所示。当管中产生局部负压或水柱中断时，单向调压室的止回阀被槽中水体推开，向负压处补压、向水柱中断处补水，从而达到防止管中压降过大或水柱中断，也避免了中断后的水柱重新弥合时产生较大的水锤压力上升。向主管补水后，由于槽中水位下降而浮球阀被打开，当主管内水压力恢复后，主管中压力水即通过打开的浮球阀向槽中补水，这时止回阀由于主管恢复了原来的压力而关闭。当槽中水位达到所需值，浮球阀即关闭。

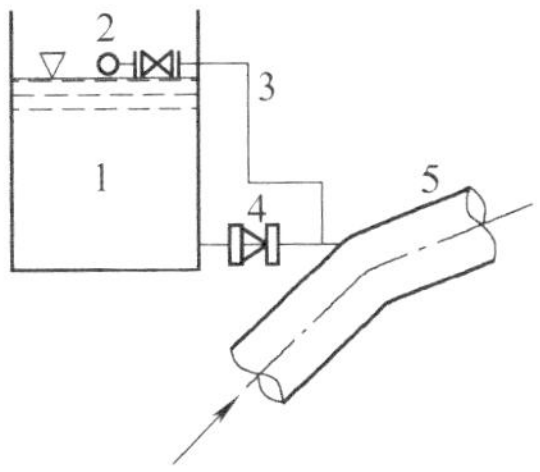

图8-44　单向调压室
1—水槽　2—浮球　3—进水管
4—止回阀　5—主水管

单向调压室的最小有效容积，通常可根据下述公式确定。

如图8-43所示，视管内水柱为刚体，不考虑水头损失，则在事故停泵时，L_1管段内流量从Q_0变为0的时间（即水柱惯性时间）为

$$t_1 = \frac{L_1 Q_0}{A_1 g H_1} \tag{8-17}$$

L_2管段内的流量从Q_0变到0的时间为

$$t_2 = \frac{L_2 Q_0}{A_2 g H_2} \tag{8-18}$$

式中 A_1、A_2——分别为 L_1、L_2 管段的断面面积（m^2）；

H_1、H_2——分别为前池水位至调压室水位高差和调压室水位至出水池水位高差（m）。

因在 t_1 和 t_2 时段内的平均流量为$\frac{0+Q_0}{2}=\frac{Q_0}{2}$，则 $\frac{Q_0}{2}(t_2-t_1)$ 即为水柱中断后管道内产生的空容积。这个容积也就是水槽的最小有效容积。

这种单向调压室比双向调压室容积小，通常比较经济。但是，这种调压室只对管路中低于水槽水位的局部有效，所以当水管较长，可能几处产生水柱中断时，应同时设置几个单向调压室，这时就有必要与双向调压室进行经济比较决定。

（4）设置空气室　在紧接止回阀出水侧的管路上，安装一钢制密闭圆筒，上部为压缩空气，下部存水和管路压力水流相通，如图 8-45 所示。当管中压力降低时，上部压缩空气把室中存水压入管路中，从而防止了降压过大。当管中增压时，水又进入室中将空气压缩，减缓了对止回阀阀瓣的冲击，因而使升压降低。空气室最小有效容积确定方法如下。

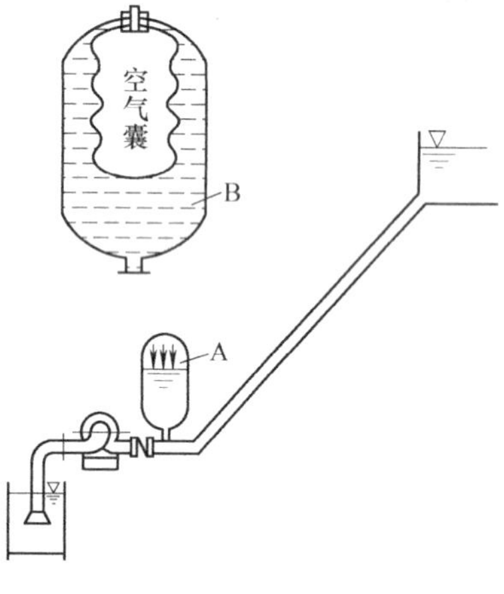

图 8-45　空气缸
A—没有气囊　B—有气囊

根据等温条件下的气体方程式，对空气室可写出下列方程

$$V = V_a \frac{H_a}{H} \tag{8-19}$$

式中 V——空气室上部气体容积；

V_a——空气室上部气体容积 V 与管中水柱中断后所空出的容积 ΔV 之和，即 $V_a = V + \Delta V$（ΔV 可用上述求水箱容积的方法确定）（m^3）；

H——正常运行时，室中上部空气压力，一般可令其等于水泵正常运行时的扬程（m）；

H_a——室中因填补管路空间水面下降后的上部空气压力，为了保证管中不产生负压，可采用 10m。

将 $V_a = V + \Delta V$ 代入式（8-19）并整理得

$$V = K\frac{\Delta V H_a}{H - H_a} = K\frac{10\Delta V}{H - 10} \tag{8-20}$$

式中 K——大于1的安全系数，一般采用 $K=1.25$。

从上式可以看出，断离的空腔容积越大，水泵工作扬程越小，所需空气室的容积也越大。因此，这种设备适用于高扬程、小流量的泵站。

2. 防止升压过高的措施

（1）设置水锤消除器 水锤消除器是一个具有一定泄水能力的安全阀，它安装在止回阀的出水侧。当停泵后管中形成降压或升压水锤波时，阀门打开，将管中一部分高压水泄走，从而达到降低水锤压力，保护管路的目的。

1）设下开式水锤消除器。即在降压作用下开启的水锤器，其结构和工作原理如图8-46所示。泵正常工作时，管道内水压作用在阀板1上的向上托力大于重锤3和阀板1向下的压力，阀板与阀体密合，水锤消除器处于关闭状态。突然停泵时，管道内压力下降，作用于阀板的下压力大于上托力，重锤下落，阀板落于分水锥2中（图中双点画线所示位置）从而使管道与排水口4相连通。当管道内水流倒流冲闭止回阀致使管道内压力回升时，由排水口泄出一部分水量，从而水锤压力将大大减弱，使管道及配件得到了保护。

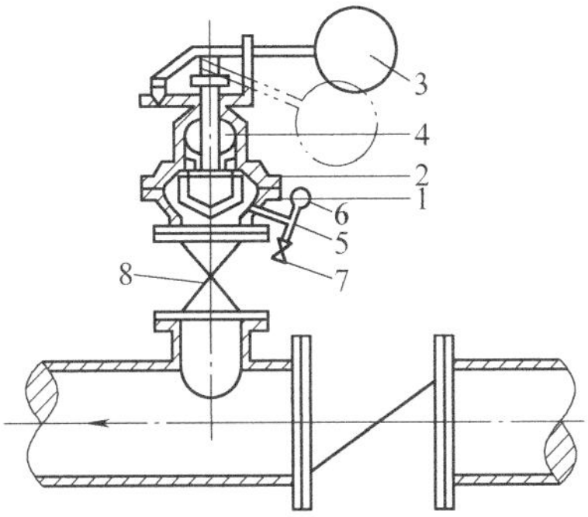

图8-46 下开式水锤消除器
1—阀板 2—分水锥 3—重锤
4—排水口 5—三通管 6—压力表
7—放气门 8—闸阀

此种水锤消除器的优点是管路中压力降低时发生动作，能够在水锤升压发生之前，打开放水，因而能比较有效地消除水锤的破坏作用。此外，它的动作灵敏、结构简单、加工容易、造价低、工作可靠。缺点是消除器打开后不能自动复位，且在进行复位操作时，容易发生误操作。

消除器的复位工作应先关闸阀把重锤从杆上拿下来，抬起杠杆，插上横销，再加上重锤，开闸阀复位后，还要拔下横销，下次发生突然停电时，消除器才能再打开。否则，在下次发生突然停电时，消除器将不动作。另外，如果没有关闸阀就把杠杆和阀板1抬起，往往容易形成二次水锤。

下开式水锤消除器的直径 d 和数目可参考有关资料选用。

也可利用下述经验公式确定

$$d = 0.25D \tag{8-21}$$

式中 d——下开式水锤消除器的直径（mm）；

D——为输水管直径（mm）。

下开式水锤消除器安装注意事项：

a. 必须安装在止回阀下游（以正常水流方向），离止回阀越近越好。

b. 在排水口上应安装比消除器直径大一号的排水管，排水管上最好没有弯头，如有弯头时，最好用法兰弯头，并必须设置支墩。

c. 消除器及其排水管道必须注意防冻。

d. 消除器重锤下面，必须设置支墩，托住重锤，支墩上表面覆以厚木板，以缓冲重锤向下冲击力，重锤下落时杠杆不能直接压在消除器连杆帽上，以免发生倾覆力矩，损坏消除器。

2）自动复位下开式水锤消除器。图 8-47 所示为自动复位下开式水锤消除器，它具有普通下开式消除器的优点，并能自动复位。其工作原理是：突然停电后，管道起端产生降压，水锤消除器缸体外部的水经闸阀 9 向下流入管道 8，缸体内的水经单向阀 3 也流入管道 8，此时，活塞 1 下部受力减小，在重锤 5 作用下，活塞下降到锥体内（图中虚线位置），于是排水管 4 的管口开启，当最大水锤压力到来时，高压水经消除器排水管流出，一部分水经单向阀阀瓣上的钻孔倒流入锥体内（阀瓣上的钻孔直径根据水锤波消失所需时间而定，一般由试验求得），随着时间的延长，水锤逐渐消失，缸体内活塞下部的水量慢慢增多，压力加大，直至重锤复位。为使重锤平稳，消除器上部设有缓冲器 6，活塞上升，排水管口又复关闭，这样即自动完成一次水锤消除作用。

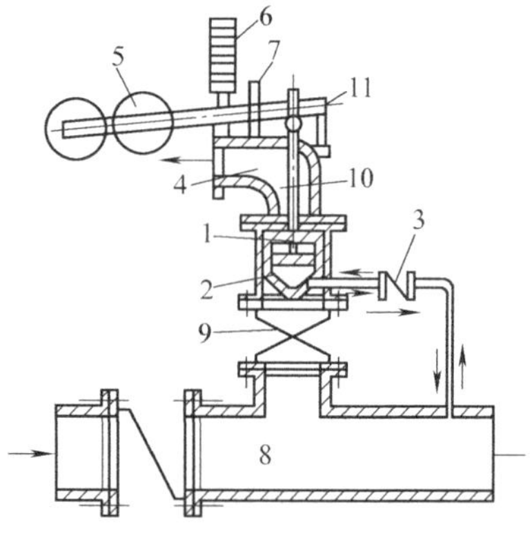

图 8-47 自动复位下开式水锤消除器
1—活塞 2—缸体
3—阀瓣上钻有小孔的单向阀 4—排水管
5—重锤 6—缓冲器 7—保持杆
8—管道 9—闸阀（常开）
10—活塞联杆 11—支点

这种消除器的优点是：一是可以自动复位，二是由于采用了小孔延时方式，有效地消除了二次水锤。

（2）采用缓闭阀 缓闭阀有缓闭止回阀及缓闭式止回蝶阀，它们均可用于泵站中消除停泵水锤。阀门的缓慢关闭或不全闭，允许局部倒流，能有效地减弱由于开闸停泵而产生的高压水锤。压力上升值的控制与阀的缓闭过程有关。图 8-48 所示为液压式缓闭止回阀，它是一种比较理想的分阶段缓闭的设施，安装在泵压水管上可作为闸阀和止回阀两用（即一阀代替两阀作用）。当泵站突然停电时，闸阀借助于重锤及液压缸的特性，前 60°蝶阀圆板为快关动作，后 30°为慢关动作，快关和慢关的时间通过计算，可按需要预先调定。这种阀能有效地减小管路系统中水的倒流和消除水锤压力波动，目前国内已有许多水厂泵站采用。

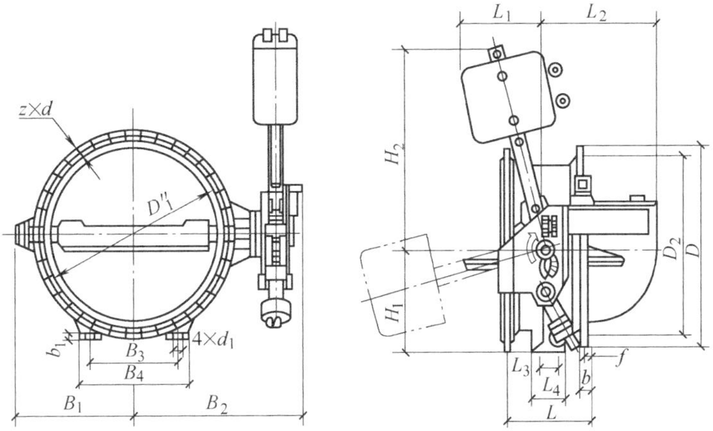

图 8-48　液压式缓闭止回阀

图 8-49 所示为用于管径 600mm 以下的缓闭止回阀。它是普通型旋启式止回阀上面加设一个带阻尼的液压缸，在泵站突然停电，泵处于开闸停车情况下，该缓闭止回阀在倒流水的冲击下依靠液压缸中的阻尼作用形成均匀缓闭。与这种阀类同的另一种“母子止回阀”（图 8-50），该阀在泵开闸停泵过程中，大阀板（母阀）快关，小阀板（子阀）缓闭，它与图 8-49 所示的缓闭止回阀相比较，具有回流量小的优点，可适用于较大口径的管路。

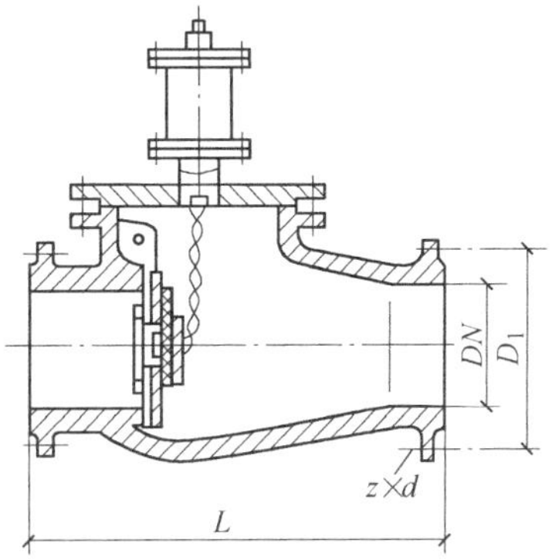

图 8-49　缓闭止回阀

（3）取消止回阀　取消泵出口处的止回阀后，在事故停泵时，管路中的水流倒回，经过泵泄回吸水井，这样不会产生很大的水锤压力，平时还能减少水头损失，节省电耗，但是，倒回水流会冲击泵倒转，有可能导致轴套退扣（轴套为螺纹连接时）。此外，还应采取其他相应的技术措施，以解决取消止回阀后带来的新问题。判断能否采用这种方法的主要依据是反转最高和最低转速及时间。

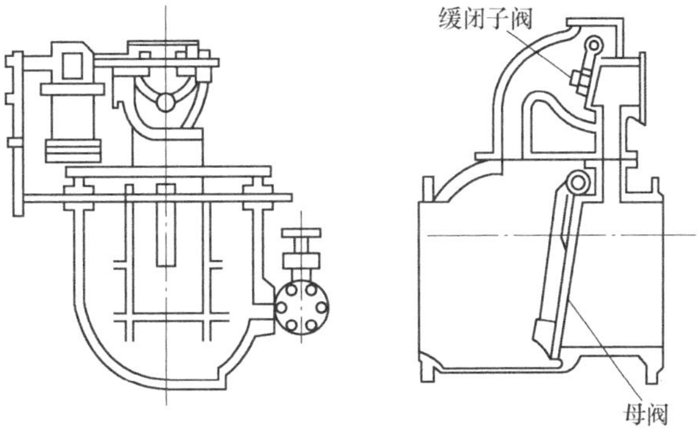

图 8-50　母子止回阀

(4) 安装安全膜片　在出水管路的支管一端安装安全膜片，将支管口封闭，当管路压力超过允许的极限压力时，膜片破坏使压力下降。膜片应当用脆性材料（最好是铸铁）制成，厚度根据正常运行时可能出现的最高压力确定。膜片前应装闸阀，这个闸阀通常开启，只在膜片破坏后才关闭。这个措施只能当作后备措施，当主要措施失灵时采用。是否采用这个措施，应当根据管路和主要防护设备的具体条件决定。

在水锤防护措施中，还有安装膨胀环的方法，或在管路上分段设置止回阀（即多级止回阀）的方法，以及充气法（即在出水管路内设置气管在运行的同时充入高压空气）等，应结合具体情况灵活运用。

8.7 泵站的辅助设施

泵站中除了主要设备水泵和电动机外，还必须安装一些辅助设施，用于满足主要设备的正常起动、安全运行的需要，并为安装、检修、工作环境等创造良好的条件。泵站中常用的辅助设施包括计量、引水、起重、通风与采暖、排水、通信、防火与安全等。

8.7.1 计量设施

为了有效地调度泵站的工作，并进行经济核算，泵站内必须设置计量设施。目前，我国各地大中型自来水公司大部分使用了电磁流量计和超声流量计，少量使用插入式流量计（涡轮流量计、涡街流量计和均速流量计等），并大量更新为智能化、高精度、多功能的流量仪表。这些流量计的工作原理虽然各不相同，但它们基本上都是由传感器（变能器）和转换器（放大器）两部分组成。传感元件在管流中所产生的微电信号或非电信号，通过变送、转换放大为电信号在液晶显示仪上显示或记录。一般而言，上述各种流量计较过去在水厂中使用的孔板流量计、文氏管流量计等压差式流量仪表，具有水头损失小、节能和易于远距离传输、显示等优点。随着计算机技术应用，这些计量设施都可具有运算、控制、信号处理、自诊断和通信等功能，使得泵站计量的自动化程度大大提高。

1. 电磁流量计

电磁流量计是依据电磁感应原理制成的计量水量的仪器，如图 8-51 所示。当被测的导电液体，在导管中以平均速度 v 切割磁力线时，便产生感应电动势 E。感应电动势 E 的大小与磁通量密度 B 和导体运动的平均速度 v 成正比，即

$$E = kBvD$$

而流量为

$$Q = \frac{\pi}{4}D^2 v$$

可得 $$Q = \frac{\pi}{4}\frac{E}{kB}D \qquad (8\text{-}22)$$

式中 E——产生的电动势（V）；

B——磁通量密度（Gs）；

k——系数；

v——液体通过测量管的平均流速（m/s）；

D——测量管内径（m）。

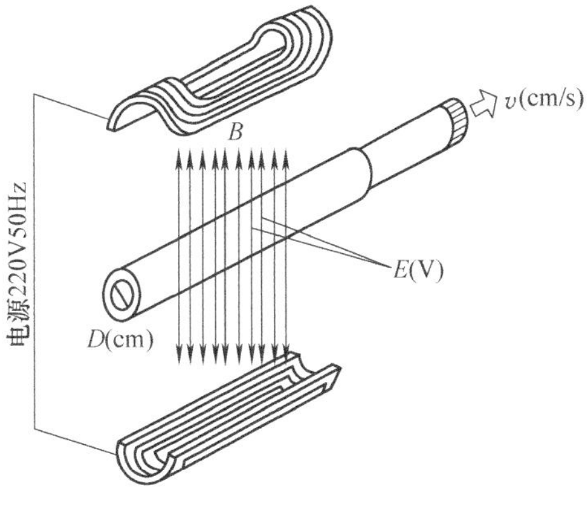

图 8-51 电磁流量计测量原理

所以当磁通量密度一定时，流量将与产生的电动势成正比。测出电动势，即可算出流量。

电磁流量计由流量传感器和转换器两大部分组成。传感器安装在管道上，它将测量管内通过的流量变换为交流毫伏级的信号，通过测量管内置的电极将信号传到转换器，转换器则把信号放大，并转换成直流电信号输出，与其他自动仪表配套，进行记录指示、调节控制等。

电磁流量计的主要特点是：

1）结构简单，工作可靠，质量轻，体积小，安装方便。

2）水头损失小，仅是测量管内的沿程水头损失，且不易堵塞，电耗少。

3）无机械惯性，反应灵敏，可以测量脉动流量，流量测量范围大，低负荷亦可测量，输出信号与流量成线性关系；测量精度约为 ±1.5%。

4）安装方便，且与其他大部分流量计相比，前置直管段要求较低。

5）价格较高，怕潮、怕水浸。

电磁流量计与管道连接时常采用法兰连接，并将传感器和转换器分离，传感器接入管道，转换器装在仪表室或人们易于接近的传感器附近，相距数十到数百米。由于电磁流量计具有很大的测量范围，选用的电磁流量计口径可等于或小于工艺管道直径。目前，除了常用的管道式电磁流量计外，还有插入式电磁流量计，该种流量计除具有管道式电磁流量计的优点外，还能解决大管道安装困难、费用高等缺陷，故具有一定的发展前景。

为了保证测量精度，流量计上游要有一定长度直管段，从流量计电极中心起在上游5倍管径的范围内，不应安装影响管内流速分布的管件或阀门。由于有这样的要求，在出水管路很短的低扬程大流量的立式泵装置上，不宜使用电磁流量计。使用电磁流量计时，应按使用说明书中提出的对工作和系统布置的有关要求办理。

2. *超声波流量计*

超声波流量计是利用超声波在流体中的传播速度随流体的流速而变化这一原

理设计的，一般称为速度差法。图 8-52 所示为国产超声波流量计安装示意图，它是由两个探头（超声波发生及接收元件）和主机两部分组成。其优点是水头损失小，电耗小，测量精度准确，一般在 ±2% 以内，使用中可以计瞬时流量，也可计累积流量。由于探头在安装时对上游直管段要求最短长度为 10 倍管径，下游为 5 倍管径，故在管路很短的立式泵装置上不宜使用。

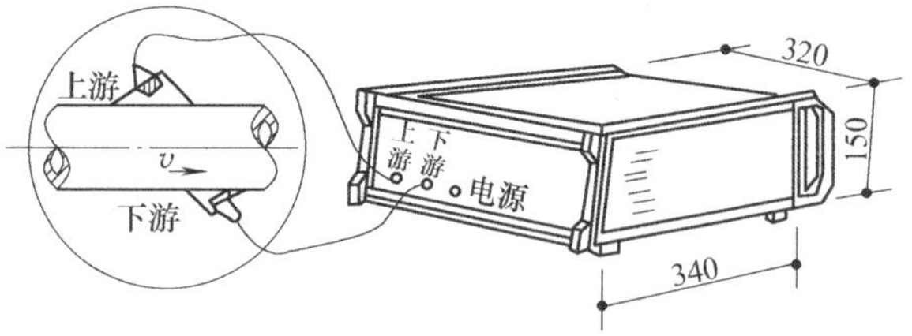

图 8-52 超声波流量计安装示意图

3. 插入式涡轮流量计

插入式涡轮流量计主要由传感器和转换显示仪表两个部分组成，其测量原理如图 8-53 所示。利用传感器的插入杆将一个小尺寸的涡轮头插到被测管道的某一深处，当流体流过管道时，推动涡轮头中的叶轮旋转，在较宽的流量范围内，叶轮的旋转速度与流量成正比。利用磁阻式传感器检测线圈内的磁通量发生周期性变化，在检测线圈的两端发生电脉冲信号，通过测出涡轮叶片的转数而测得流量。实验证明，在较宽的流量范围内，传感器发出的电脉冲流量信号的频率与流体流过管道的体积流量成正比，其关系可用式（8-23）表示

$$Q = \frac{f}{K} \tag{8-23}$$

式中 f——流量信号的频率（次/s）；

K——传感器的仪表常数（次/m^3）；

Q——流过的流量（m^3/s）。

插入式涡轮流量计的主要特点是：

1）高精度，一般为 ±0.5% ~ ±1%，在所有流量计中最为精确；重复性好，短期重复性可达 0.05% ~0.2%。

2）输出脉冲频率信号，适用于总量计量及与计算机连接，无零点漂移，抗干扰能力强。

3）结构紧凑轻巧，安装维护方便，流通能力大。

4）压力损失较小，价格低，可制成不断流取出型。

5）由于有活动部件，难以长期保持校准特性，需要定期校验。

6）对被测流体的清洁度要求较高，虽可安装过滤器，但会带来投资加大、压力损失增大和维护量增大的问题。

由于水中的杂质易阻塞和磨损叶轮，故一般水泵站中不适合选用插入式涡轮流量计，目前插入式涡轮流量计适用管径基本在 1000mm 以下，如果仪表口径与

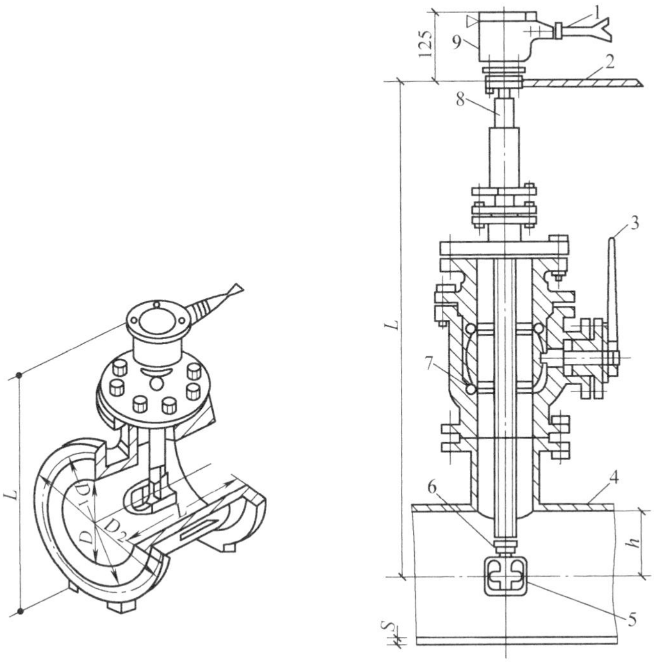

a)　　　　　　　　b)

图 8-53　插入式涡轮流量计

a）外形图　b）结构图

1—信号传递线　2—定位杆　3—阀门　4—被测管道　5—涡轮头

6—检测线圈　7—球阀　8—插入杆　9—放大器

工艺管道直径不一致时，可用异径管和等径直管改装管道。从经济性考虑，选用插入式流量计时，其仪表的购置费相对较低，但使用后还需经常投入费用进行校验和更换易损件，以保持其性能；如果安装了过滤器及旁通管等辅助设施，初期投资也相应增加。

由于管道内流速分布畸变及流态对插入式涡轮流量计影响相当大，进入传感器应为均匀流，因此要根据传感器上游侧阻流件类型配备必要的直管段，一般推荐上游直管段长度不小于 20 倍管道直径，下游直管段长度不小于 5 倍管道直径。

4. 插入式涡街流量计

涡街流量计又称卡门涡街流量计，它是根据德国学者卡门发现的漩涡现象而研制的测流装置，是 20 世纪 70 年代在流量计领域里崛起的一种新型流量仪表。

图 8-54 所示为此流量计的组成示意图，其主要部件为传感器及转换器等。传感器包括障碍挡体、检测元件。障碍挡体是用不锈钢制成的多棱柱形复合挡体结构，这种复合挡体结构可以产生强烈而稳定的漩涡。漩涡的频率 f 与流体流过管

道的体积流量成正比，其关系可用式（8-24）表示

$$Q = \frac{f}{K} \tag{8-24}$$

式中 f——涡漩的频率（次/s）；

K——流量计的仪表常数（次/m^3）；

Q——流过的流量（m^3/s）。

涡街流量计具有结构简单牢固，安装维护方便，价格低廉等特点，但它尚属于发展中的流量计，其理论基础或实践经验尚不足，故在实际应用中存在不少问题，特别是用于较大口径时分辨率会下降，目前较多用于 DN300mm 以下管道。

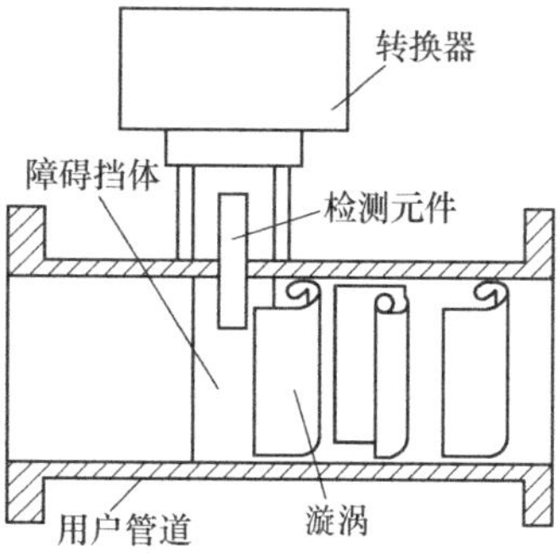

图 8-54 插入式涡街流量计

涡街流量计的仪表口径及规格很重要，要根据工艺参数严格计算选用合适的流量计，安装地点选择也必须严格审定。

此外，用于泵站计量的设备还有均速管流量计等。

8.7.2 引水设施

水泵的工作方式有自灌式和吸入式两种。装有大型水泵、自动化程度高、供水安全要求高的泵站，宜采用自灌式。自灌式工作的水泵外壳顶点应低于吸水池内的最低水位。当水泵采用吸入式工作方式时，水泵起动前必须引水。引水方法可分为两大类，一是吸水管带有底阀，另一是吸水管不带底阀。

1. 吸水管带有底阀

（1）人工引水 将水从泵顶的引水孔灌入泵内，同时打开排气阀。此法只适用于临时性供水且为小泵的场合。

（2）用压水管中的水倒灌引水 当压水管内经常有水，且水压不大而无止回阀时，直接打开压水管上的闸阀，将水倒灌入泵内。如压水管中的水压较大且在泵后装有止回阀时，需在送水闸阀后装设一旁通管引水入泵壳内，如图 8-55 所示。旁通管上设有闸阀，引水时开启闸阀，水充满泵后，关闭闸阀。此法设备简单，一般多被中、小型水泵（吸水管直径在 300mm 以内时）采用。

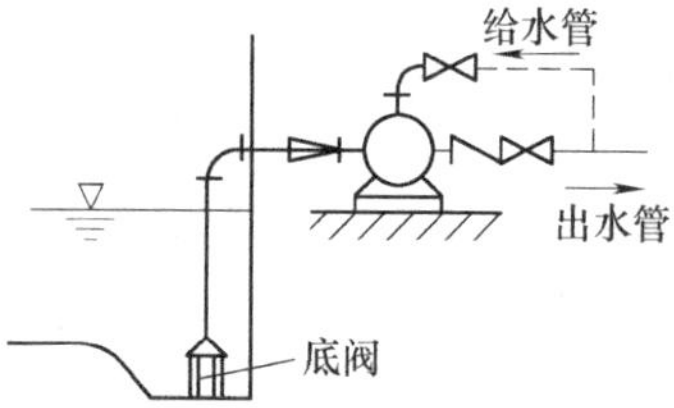

图 8-55 离心泵从压水管引水

2. 吸水管上不装底阀

（1）真空泵引水 此法在泵站中采用较为普遍，其优点是水泵起动快，运行可靠，易于实现自动化。目前使用最多的是水环式真空泵，常用的有悬臂式 SZB 型和电动机与真空泵为直联式的 SZZ 型。图 8-56 所示为水环式真空泵构造图。

星形叶轮偏心安装于圆柱形泵壳内。起动前，向真空泵内注入规定高度的水。当叶轮旋转时，由于离心力的作用将水甩至泵体四壁，形成一个和泵壳同心的水环。水环上部内切面与叶轮轮毂相切，水环下半部的内切面则与轮毂形成了一个气室，气室的容积在右半部是递增的，在前半周中随着叶轮旋转在轮毂与水环间的容积也增加，从而形成了真空，因此空气通过抽气管及泵壳端盖上月牙形的进气口被吸入真空泵内。在后半周中，随着轮毂与水环间容积的减少而空气被压缩，经过泵壳端盖上另一个月牙形排气口被排出。叶轮不断地旋转，真空泵就不断地吸气和排气，就把水泵和进水管路中的空气抽走，形成真空。

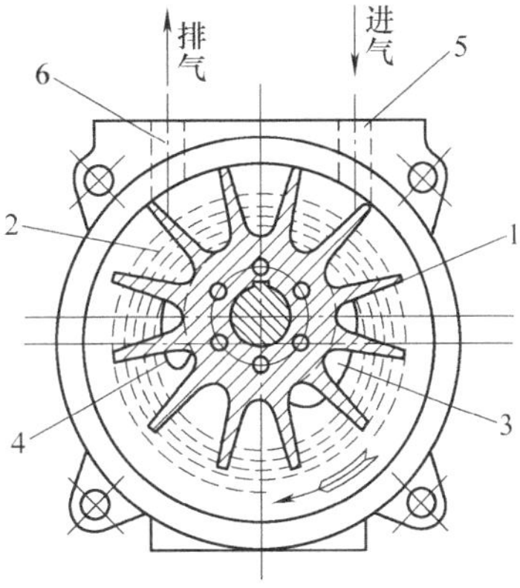

图8-56 水环式真空泵构造图

1—星形叶轮 2—水环 3—进气口 4—排气口 5—进气管 6—排气管

真空泵是根据水泵及进水管路所需要的抽气量和最大真空值选择的。

抽气量与造成真空所要求的时间和进水管路及水泵内空气的体积有关。抽气量公式

$$Q_V = K(W_P + W_S)H_a/T(H_a - H_{SS}) \tag{8-25}$$

式中 Q_V——真空泵的排气量（m^3/h）；

W_P——泵站中最大一台水泵泵壳内空气容积（m^3），相当于水泵吸入口面积乘以吸入口到出水闸阀间的距离；

W_S——从吸水井最低水位算起的吸水管中空气容积（m^3），根据吸水管直径和长度计算，一般可查表8-2求得；

H_a——大气压相应的水柱高度，取10.33m；

H_{SS}——离心泵的安装高度（m）；

T——水泵引水时间（h），一般应小于5min，消防水泵不得超过3min；

K——漏气系数，一般取1.05~1.10。

表8-2 水管直径与空气容积的关系

D/mm	200	250	300	350	400	500	600	700	800
W_S/（m^3/s）	0.031	0.071	0.092	0.096	0.120	0.196	0.282	0.385	0.503

最大真空值H_{max}按式（8-26）计算

$$H_{max} = H'_{ss}\frac{760}{10.33} \tag{8-26}$$

式中 H_{max}——最大真空值（mmHg）；

H'_{ss}——吸水池最低水位到水泵最高点的垂直距离（m）。

在抽气过程中，泵内真空值是逐渐加大的，而随着真空值加大抽气量是减少的，所以以最大真空值选泵，所选泵是偏大的也是偏安全的，实际运行中可缩短抽气时间。

根据 Q_V 和 H_{max} 查手册选真空泵型号及配套电动机。

泵站内真空泵的管路布置，如图 8-57 所示。图中气水分离器的作用是为了避免泵中的水和杂质进入真空泵内，影响真空泵的正常工作。对于输送清水的泵站也可以不用气水分离器。水环式真空泵在运行时，应有少量的水流不断地循环，以保持一定容积的水环及时带走由于叶轮旋转而产生的热量，避免真空泵因温升过高而损坏，为此，在管路上装设了循环水箱。但是，真空泵运行时，吸入的水量不宜过多，否则将影响其容积效率，减少排气量。

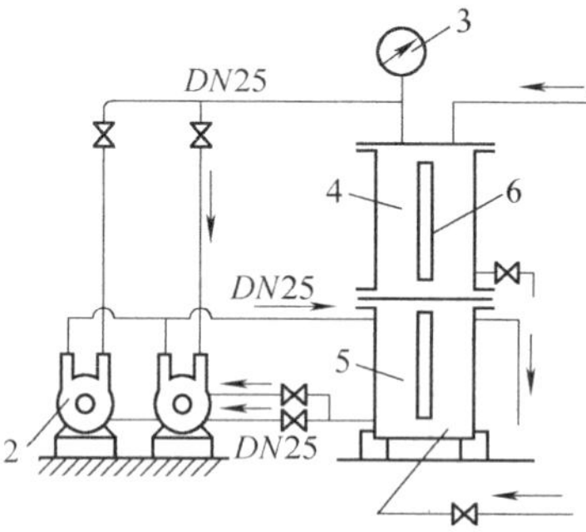

图 8-57 真空泵引水管路系统

1—离心泵 2—水环式真空泵 3—真空表 4—气水分离器 5—循环水箱 6—玻璃水位计

真空管路直径，根据泵大小，采用直径为 $d=25\sim50$mm。泵站内真空泵通常设置两台，一台工作一台备用。两台真空泵可共用一个气水分离器。

(2) 水射器引水 图 8-58 所示为用水射器引水的装置。水射器引水是利用压力水通过水射器喷嘴处产生高速水流，使喉管进口处形成真空的原理，将泵内的气体抽走。

为使水射器工作，必须供给压力水作为动力。水射器应连接于水泵的最高点处，在开动水射器前，要把水泵压水管上的闸阀关闭，水射器开始带出被吸的水时，就可起动水泵。水射器具有结构简单、占地少、安装容易、工作可靠、维护方便等优点，是一种常用的引水设备。缺点是效率低、需供给大量的高压水。

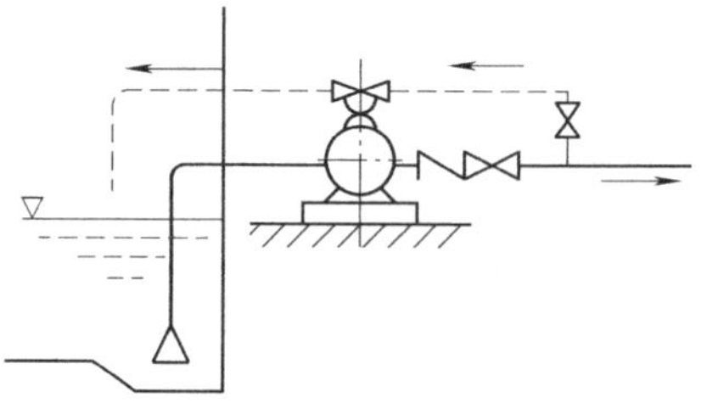

图 8-58 水射器引水

8.7.3 起重设备选择及泵房高度确定

1. 起重设备的选择

为了便于水泵、电动机、阀门及管道安装与维修，泵房中必须设置起重设备，在小型泵站中可采用临时性的移动式起重设备，在大、中型泵站中，应设置固定的起重设备。

常用的起重设备有吊架、单轨吊车梁和桥式行车（包括悬挂起重机）三种。吊车有移动式和固定吊钩式两种，配有环链式手拉葫芦，除吊架为手动外，其余两种既可手动，也可电动。图8-59所示为手动单轨吊车，图8-60为电动桥式吊车。

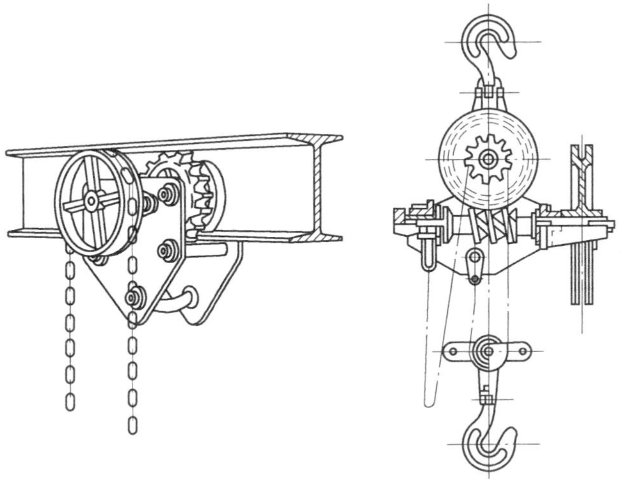

a) b)

图8-59 手动单轨吊车

a）小车外形图 b）起重葫芦

选择什么起重设备取决于这些对象的质量。表8-3所示为参照规范给出的起重量与可采用的起重设备类型，可作为设计时的基本依据。

表8-3 泵房内起重设备选定

起重量/t	可采用起重设备形式
小于0.5	移动吊架或固定吊钩
0.5~2.0	手动或电动单轨吊车
2.0~5.0	手动或电动桥式行吊
大于5.0	电动式行吊

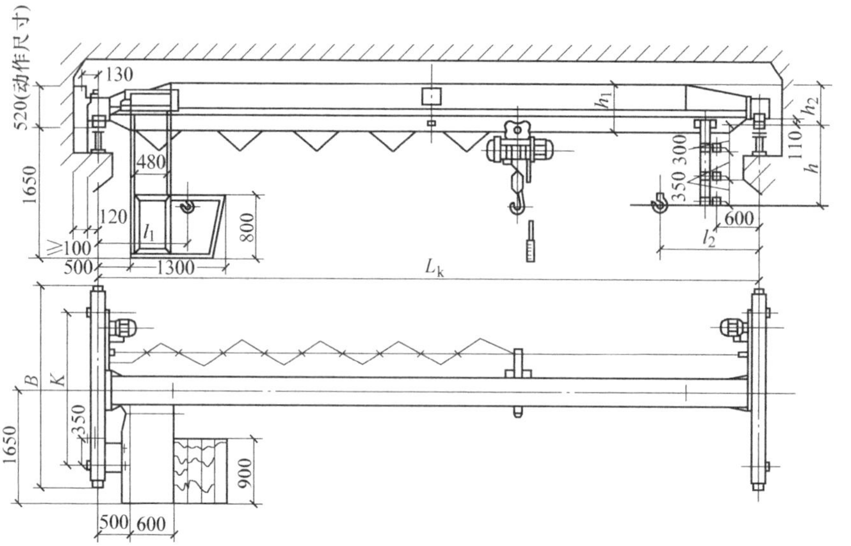

图 8-60 DL 型电动单梁桥式起重机外形图

注：厂房屋顶高度应比起重机最高尺寸大于等于 100mm

泵房中的设备一般都应整体吊装，起重量应以最重设备并包括起重葫芦吊钩质量为标准。选择起重设备时，应考虑远期电动机和泵的质量。但是，如果大型泵站，当设备质量大到一定程度时，就应考虑解体吊装，一般以 10t 为限。凡是采取解体吊装的设备，应取得生产厂方的同意，并在操作规程中说明，同时在吊装时注明起重量，防止发生超载吊装事故。

吊车的提升高度是指室内地坪至吊装物装置上极限位置的高度，应按泵房形式、吊车类型等情况经计算确定。吊车的提升高度一般为 3～16m，当超过 16m 时，在订货时要有加长钢索的说明，一般可以加长到 30m。吊车的跨度是指桥式吊车两条轨道中心的间距，确定跨度时，要考虑吊车的作业范围及与泵房跨度的配合。

2. 起重设备布置

起重设备布置主要是确定起重机的设置高度和作业面。

（1）吊车的设置高度　桥式吊车轨道一般安设在壁柱上或钢筋混凝土牛腿上。如果采用手动单轨悬挂式吊车，则无须在机器间内另设壁柱或牛腿，可利用厂房的屋架，在其下面装上两条工字钢，作为轨道即可。

吊车的安装高度应能保证在下列情况下，无阻地进行吊运工作：

1）设置高度从泵房天花板至吊车最上部分应不小于 0.1m，从泵房的墙壁至吊车的突出部分应不小于 0.1m。

2）吊起重物后，能在机器间内的最高机组或设备顶上越过。

3）在地下式泵站中，应能将重物吊至运出口。

4）如果汽车能开进机器间中，则应能将重物吊到汽车上。

（2）吊车作业面　作业面是指起重吊钩服务的范围，它取决于所用的起重设备。固定吊钩配置葫芦，能垂直起举而无法水平运移，只能为一台机组服务，作业面为一点。单轨吊车其运动轨迹是一条线，它取决于吊车梁的布置。横向排列的水泵机组，对应于机组轴线的上空设置单轨吊车梁；纵向排列机组，则设于水泵和电动机之间。进出设备的大门，一般都按单轨梁居中设置。若有大门平台，应按吊钩的工作点和最大设备的尺寸来计算平台的大小，并且要考虑承受最重设备的荷载。在条件允许的情况下，为了扩大单轨吊车梁的服务范围，可以采用如图8-61的U形布置方式。轨道转弯半径参考表8-4确定。

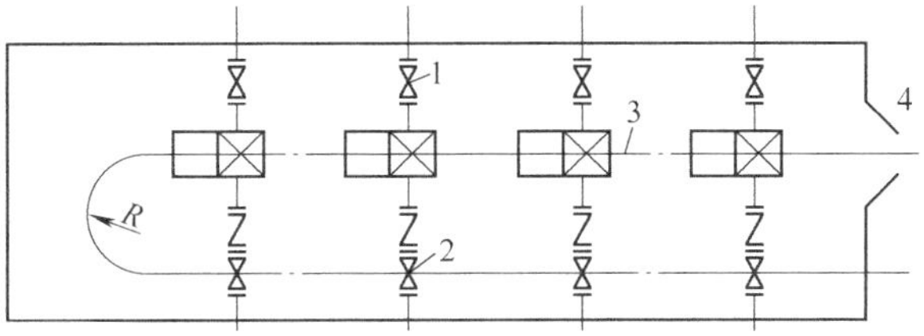

图8-61　U形单轨吊车梁布置图

1—进水阀门　2—出水阀门　3—单轨吊车梁　4—大门

表8-4　按起重量定的轨道转弯半径

电动葫芦起重量（CD_1型及MD_1型）/t	轨道最大转弯半径 R/m	电动葫芦起重量（CD_1型及MD_1型）/t	轨道最大转弯半径 R/m
≤0.5	1.0	3	2.5
1~2	1.5	5	4.0

U形轨布置具有选择性。一般选择出水阀为吊运对象，使单轨弯向出水闸阀，出水闸阀应布置在一条直线上。同时，在吊轨转弯处与墙壁或电气设备之间要注意保持一定的距离，以利安全。

桥式行车具有纵向和横向移动的功能，它的服务范围为一个面。但吊钩落点离泵房墙壁有一定距离，故沿壁四周形成一环状区域（图8-62），属于行车工作的死角区。一般在闸阀布置中，吸水闸阀可允许放在死角区。当泵房为半地下式时，可以利用死角区域修筑平台或走道，为使设备能起吊，应向前延伸足够的尺寸，以便将设备直接置于汽车上。对于圆形泵房，死角区的大小通常与桥式行车的布置有关。

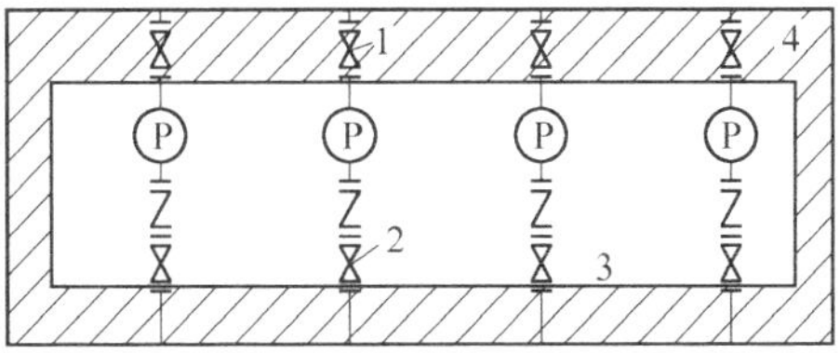

图8-62　桥式行车工作范围

1—进水阀门　2一出水阀门

3一吊车边缘工作点轨迹　4一死角区

3. 泵房高度的确定

选定起重设备后，具体查算工字梁、吊车等的高度尺寸，以便进一步计算泵房高度。各种设备尺寸可查《给水排水设计手册：第 11 册 · 常用设备》⊖。

泵房高度大小与起重设备的有无及类型有关。

1）无起重设备时，泵房高度应不小于 3m（指进口处室内地坪或平台至屋顶梁底的距离）。

2）单轨吊车，泵房高度视地面式泵房还是半地下式泵房而采用不同的计算方法。

a. 地面式泵房（图 8-63 右）

$$H = a + b + c + d + e + f + g \tag{8-27}$$

式中 H——泵房高度（m）；

a——单轨吊车梁的高度（m）；

b——滑车高度（m）；

c——起重葫芦在钢丝绳绕紧状态下的长度（m）；

d——起重绳的垂直长度（对于水泵为 0.85x，对于电动机为 1.2x，x 为起重部件的宽度）（m）；

e——最大一台水泵或电动机的高度（m）；

f——吊起物底部和最高一台机组顶的距离，一般取 0.5m；

g——最高一台水泵或电动机顶至室内地坪高度（m）。

b. 地下式泵房（图 8-64 左）

$$H = H_1 + H_2 \tag{8-28}$$

式中 H_1——泵房地上部分高度（m）；

H_2——泵房地下部分高度（m）。

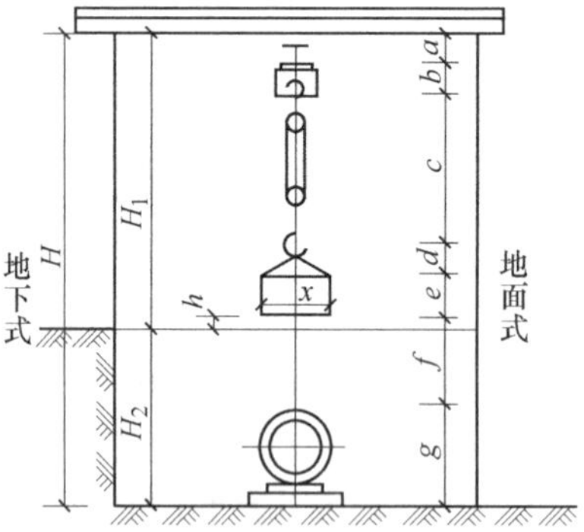

图 8-63 单轨吊车泵房高度的确定

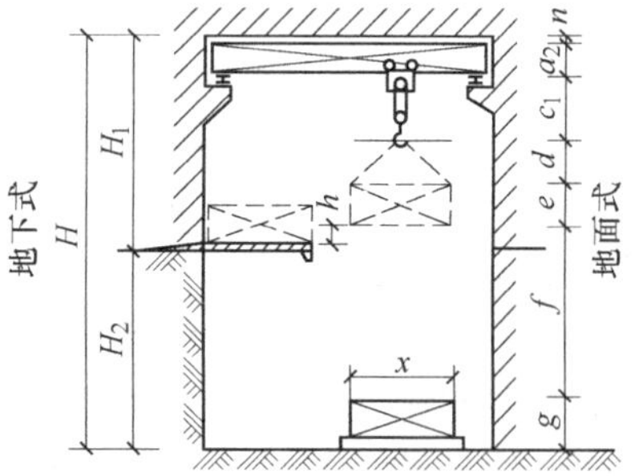

图 8-64 桥式吊车泵房高度的确定

⊖ 2005 年由中国建筑工业出版社出版。

当 $H_2 \geqslant f+g$ 时

$$H_1 = a+b+c+d+e+h \tag{8-29}$$

式中　h——吊起物底部与泵房进口处室内地坪或平台的距离，一般取0.2m。

当 $H_2 < f+g-h$ 时

$$H_1 = (a+b+c+d+e+f+g) - H_2 \tag{8-30}$$

3）桥式吊车

a. 地面式泵房（图8-64右）

$$H = n+a_2+c_2+d+e+f+g \tag{8-31}$$

b. 地下式泵房（图8-64左）

$$H = n+a_2+c_2+d+e+h+H_2 \tag{8-32}$$

式中　n——一般不小于0.1m；

a_2——行车梁高度（m）；

c_2——行车梁底至起重吊钩中心的距离（m）；

H_2——泵房地下部分的高度（m），计算方法与单轨吊车地下式泵房相同。

8.7.4　通风与采暖

1. 通风

由于电动机等设备在运行中会散发大量的热量，以及太阳的辐射热等，使得泵房内温度升高，从而使电动机绝缘老化，效率降低，同时对工作人员的身体健康也会产生不利影响，因而泵房需通风、换气。

泵房内常用的通风方式有两种：自然通风和机械通风。

泵房内一般采用自然通风。地面式泵房为了改善自然通风条件，往往设有高低窗，并且保证足够的开窗面积，开窗面积一般按1/4～1/7的地板面积选用。当泵房为地下式或电动机功率较大，自然通风不够时，特别是南方地区，夏季气温较高，为使室内温度不超过35℃，以保证操作人员有良好的工作环境，并改善电动机的工作条件，宜采用机械通风。

机械通风分抽风式与排风式。前者是将风机放在泵房上层窗户顶上，通过接到电动机排风口的风道将热风抽出室外，冷空气自然补充。后者是在泵房内电动机附近安装风机，将电动机散发的热气通过风道排出室外，冷空气也是自然补进。

对于埋入地下很深的泵房，当机组容量大，散热较多时，只采取排出热空气，自然补充冷空气的方法，其运行效果不够理想时，可采用进出两套机械通风系统。

2. 采暖

在寒冷地区，泵房应考虑采暖设备。泵房采暖温度：对于自动化泵站，机器间为5℃，非自动化泵站，机器间为16℃。在计算大型泵房采暖时，应考虑电动机所散发的热量，但也应考虑冬季天冷停机时可能出现的低温。辅助房间室内温度在18℃以上。对于小型泵站可用火炉取暖，我国南方地区多用此法，大中型泵站中亦可考虑采取集中采暖方法。

8.7.5 其他设施

1. 排水设施

泵房内由于水泵填料盒滴水、闸阀和管道接口的漏水、拆修设备时泄放的存水以及地沟渗水等，常须设置排水设备，以保持泵房环境整洁和安全运行（尤其是电缆沟不允许积水）。地下式或半地下式泵房，一般设置手摇泵、电动排水泵或水射器等排除积水。一般按排水量20～40m^3/h考虑选用排水泵型号及电动机。

地面式泵房，积水就可以自流到室外下水道。另外，无论是自流或提升排水，在泵房内地面上均需设置地沟集水（或将水引出）。排水泵也可采用液位控制自动起闭。

2. 通信设施

泵站应设有通信设施，一般在值班室内安装电话机，供生产调度和通信联络之用。电话间应具有隔声效果，以免受噪声干扰。

3. 防火与安全设施

泵房中防火主要是防止用电起火以及雷击起火，以保护人身及设备安全。起火的原因可能是用电设备超负荷运行、导线接头接触不良、电阻过大发热使导线的绝缘物或沉积在电气设备上的粉尘自燃、短路的电弧能使充油设备爆炸等。在江河边的取水泵房，常常设置在雷击较多的地区，泵房上如果没有可靠的防雷保护设施，便有可能发生雷击起火。泵站中防雷保护设施常用的是变电所设避雷器，变电所及泵房设避雷针，35kV及以上输电线路设避雷线。泵站安全设施中除了防雷保护外，还有接地保护和灭火器材的使用。

泵站中常用的灭火器材有四氯化碳灭火器、二氧化碳灭火器、干粉灭火器等。

8.8 给水泵站的构造特点

8.8.1 取水泵站

地面水源的取水泵站，由于受河水水位变化的影响，往往建成地下式或半地下式，并且常临河而建，经常与取水构筑物和进水间合建，所以泵房埋深较大，在构造上具有以下特点：

（1）泵房结构应满足抗浮、抗滑、抗渗等要求　地下式一级泵站由于“临水深埋”，在结构上要求承受土压和水压，泵房筒体和底板要求不透水，应保持自身稳定。泵房底板一般采取整体浇筑的混凝土或钢筋混凝土底板，并与泵机组的基础浇筑成一体。防渗混凝土的抗渗标号不应小于400号。在一般情况下泵房四周环水或有回填土，受力较均匀，抗滑较易于满足。主要作抗浮核算，尤其室内无水的干室型地下泵房，抗浮能力较差。若不能满足要求时，应采取一定的结构或施工措施，如将底板趾延长，并在其上回填土以增加泵房自重，也可在底板下设置混凝土井柱群，这种措施对于地基条件较差的情况更有力。

泵站与切换井间的管道应敷设于支墩或钢筋混凝土垫板上，以免不均匀沉陷。泵站与吸水井分建时，吸水管常放在钢筋混凝土暗沟内，暗沟上应留出入的人孔，暗沟的尺寸，应保证工人可以进入检查、处理漏水漏气事故，当需要换管子时，可以通过人孔，把管子取出来。暗沟与泵房连接处应设沉降缝，以防不均匀沉降而导致管道破裂。

(2) 泵房布置紧凑，尽可能采用圆形泵房　在保证供水安全、安装和检修方便的前提下尽可能缩小其平面尺寸，以降低其工程造价。为了减小平面尺寸有时也采用立式泵。配电设备一般放在上层以充分利用泵房内空间。压水管路上的附件，如止回阀、闸阀、水锤消除器及流量计等一般设在泵房外的闸阀井内(或称切换井)。这样，不仅可以减小泵房建筑面积，而且当压水管道损坏时，水流不至向泵房内倒灌而淹没泵房。

圆形结构泵房受力条件好，节省材料，有利于沉井法施工，其缺点是布置机组及其他设备时，不能充分利用建筑面积，此外，安设吊车也有一定困难。因此，有时泵房地下部分是椭圆形，而地上部分做成矩形。泵房筒体的水下部分用钢筋混凝土结构，水上部分可用砖砌。

(3) 在地质条件允许时，尽可能采用沉井法施工　对于埋深较大的泵房，地质条件较差，如有流砂等情况，采用沉井法施工比较安全，并节省开挖工程量。

(4) 泵房内应设排水系统　泵房室内的地面应有1%的坡度，坡向泵房内壁四周的排水沟，水汇集到水坑中，然后用排水泵抽走。排水泵的流量可选用10～30L/s，其扬程由计算确定。

(5) 应有良好的照明、通风与交通条件　为了保证泵房内有良好的照明与通风条件，应在泵房的纵墙方向开窗，窗户面积最好大于地板面积的1/4，泵站内机器间的电力照明按每平方米地板面积20～25W计算。泵房内电动机周围温度不超过35℃时，可采用自然通风，否则需采用机械通风。

地下式泵站中，上下垂直交通可设0.8～1.2m宽的坡度为1∶1或稍小于该坡度的扶梯，每两个中间平台之间不应超过20级踏步。

(6) 近远期相结合　取水泵站由于其扩建比较困难，所以在新建给水工程时，应考虑将来的扩建问题，即通常泵房一次建成，设备分期安装。

图8-65所示为某水厂取水泵站的实例。该例是泵房与集水井分建，机组交

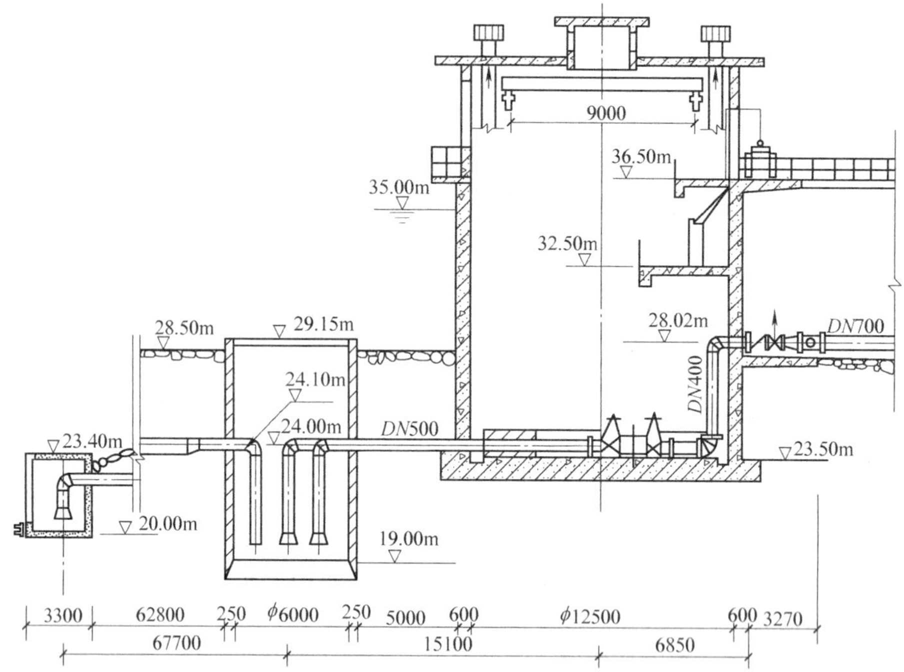

剖面图

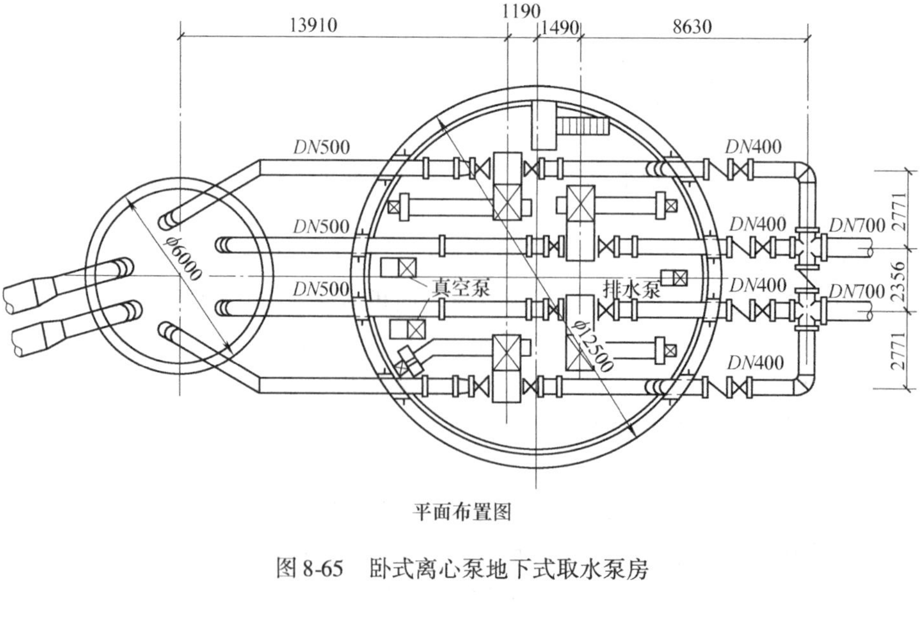

平面布置图

图 8-65　卧式离心泵地下式取水泵房

叉布置的地下式干室型圆筒形泵房。内设14Sh-13型卧式水泵四台（三台工作，一台备用），泵房底板标高由水泵安装高度推算得23.5m，井筒顶部标高为36.5m，筒体高度为13m，采用钢筋混凝土整体现浇结构，配电间设在中间平台上，阀门设在室外阀门井内，充分利用了室内空间并缩小了井筒尺寸。由于开挖深度不大，仅是集水井采用了沉井法施工。

由图可知，常水位高出泵轴中心线，故在进水管上装有检修阀，出水侧布置有排水泵；设计最低水位又低于泵轴中心线，故在进水侧的空地上布置了两台SZ-2型真空泵（一台工作，一台备用），由于机组交叉布置，因此有一排水泵，电动机要反向布置，使电动机水平风管布置在进、出水两侧，热风经垂直风管排向室外。此外，考虑了机组吊运，设有单梁桥吊及人行扶梯。

8.8.2 送水泵站

二级泵站从清水池取水，水位变化幅度不大，吸水条件较好，因此大多数二级泵站建成地面式或半地下式。其工艺特点是泵机组较多，占地面积较大，常与变配电室合建。

地面式的优点是施工方便，造价较低和运行条件较好。在半地下式的泵站内，起动泵比较方便。

1. 结构特点

二级泵房属于一般的工业建筑，大中型泵站多采用框架结构，小型泵站采用砖混结构。常用的是柱墩式基础，墙壁用砖砌筑于地基梁上，外墙可以是一砖、一砖半或二砖厚，根据当地气候条件而定。为了防潮，墙身用防水砂浆与基础隔开。对于装有桥式吊车的泵房，墙内须设置壁柱。

2. 防噪、抗震要求

机组运行时，由于振动而发生很大噪声，影响工人健康，为此，首先应保证机组安装的质量，同时要把机组与基础连接好，如有必要亦可采取消声措施。在管道穿过墙壁处采用柔性穿墙套管也可减少噪声的传播。泵房设计还应考虑抗震和人防要求。从抗震角度出发，泵房最好建成地下式或半地下式的。如果地下水位很高，施工困难或受其他条件限制，不能修建地下式时，也可设计成地面式泵房，但必须尽量做到：平、立面简单，体形规整，不做局部突出的建筑。泵站内应设电话机，供联络用，如电话机设在机器间内，则应做成隔声的电话间。泵站内还应有水位指示器，当清水池或水塔中水位最高或最低时，便可自动发出灯光或声响信号。

送水泵站在交通、照明、通风、防火、通信、排水等方面的要求同取水泵站相同。

8.8.3 循环泵站

在城市用水量中，工业用水量约占50%以上，在工业发达地区，冷却用水量可占工业用水量的70%左右，从有效利用水资源和节省抽水动力费用着眼，工业冷却用水应尽量重复利用。循环给水系统工艺流程如图8-7所示。

1. 循环泵站的特点

1）泵站的流量和扬程比较稳定，一般可选用同型号的水泵机组并联工作。

2）对供水安全可靠性要求较高。特别是一些大型的冶金厂和电厂，即使极短时间内中断供水也是不允许的，必须考虑有必要的备用机组和安全供水措施。

3）泵站内设有热水泵，为改善吸水条件，水泵应采用自灌式工作，故泵站埋设较深。

2. 机组布置形式

设有冷水及热水泵机组的循环泵房，在平面上常有四种布置形式（图8-66），其适用条件和特点见表8-5。

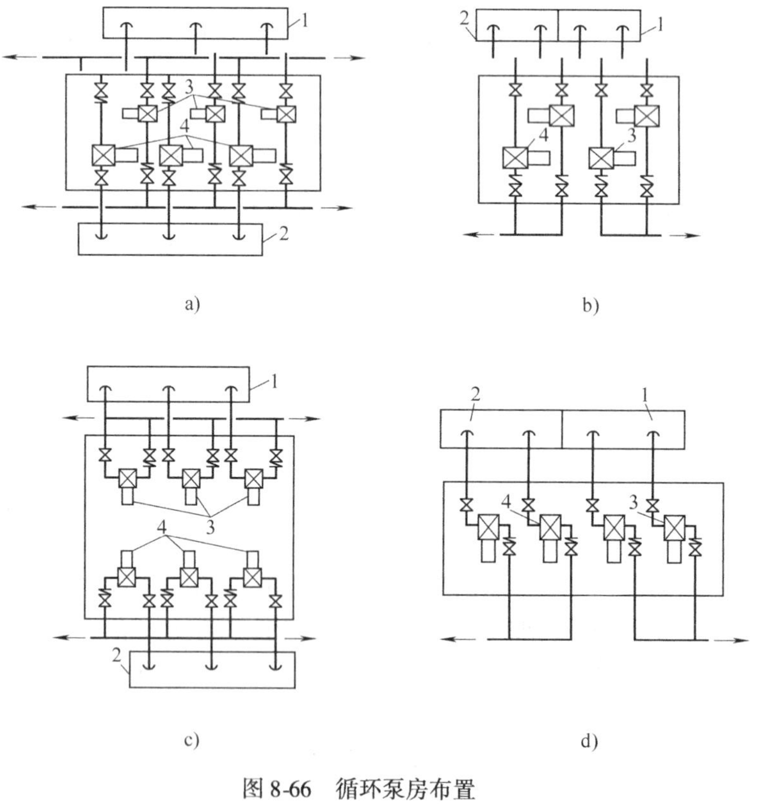

图8-66 循环泵房布置

1—热水池 2—冷水池 3—热水泵组 4—冷水泵组

表8-5　循环泵房的机组布置

布置形式	适用条件	特点
机组横向双行交错排列布置，如图8-66a所示	适用于机组较多，水泵转向相同的情况	1. 布置紧凑，泵房跨度较小 2. 吸水管与压水管均须横向穿过泵房，增加管沟或管桥设施
机组横向双行交错排列布置，如图8-66b所示	适用于水泵转向不同的情况	冷热水泵都有正、反两种转向，冷热水吸水池可以设在泵房的同一侧
机组纵向双行排列布置，如图8-66c所示	适用于机组较多的情况	1. 管道布置在泵房两侧，不需横穿泵房，通道比较宽敞，便于操作检修 2. 泵房跨度较大
机组纵向单行排列布置，如图8-66d所示	适用于机组较少的情况	1. 冷水池与热水池可以布置在泵房的同一侧或者分开布置在泵房的两侧 2. 亦可采取泵机组轴线位于同一直线的单行排列，则管道的水力条件较好，但泵房长度较大

有些大型工厂的循环泵站，泵机组多达十几台、几十台，往往采用几种形式的综合布置。这要根据生产工艺流程的布局，对泵站的要求以及地形地质条件等具体情况，经多方案的技术经济比较后确定。

8.8.4　深井泵站的构造特点

在地下水为水源的取水泵站中，往往采用深井泵或潜水泵作为抽水设备。

深井泵房的形式有地面式、半地下式和地下式三种，通常与变电所合建。不同结构形式的泵房的优缺点见表8-6。

深井泵平面尺寸一般很紧凑，设计时应与机电密切配合，选择效能高、尺寸小、占地少的机电设备。还应注意泵房屋顶的处理，屋顶检修孔的设置以及泵房的通风、排水等问题。

表8-6　不同结构形式深井泵房的优缺点

深井泵房结构形式	优点	缺点
地面式	1. 造价最低，建成投产迅速； 2. 通风条件好，室温一般比半地下式的低5~6℃； 3. 操作管理与检修方便； 4. 室内排水容易； 5. 泵电动机运行噪声扩散快，声量小	1. 出水管弯头配件多，不便于工艺布置； 2. 水头损失较大

（续）

深井泵房结构形式	优　点	缺　点
半地下式	1. 出水管可不用弯头配件，便于工艺布置； 2. 水力条件好，可稍节省电耗及经常运行费用； 3. 人防条件较好	1. 比地面式造价高； 2. 通风条件较差，夏季室温高； 3. 室内有楼梯，有效面积缩小，操作管理、检修人员上下、机器设备上下搬运均较不便； 4. 室内地坪低，不利排水； 5. 泵电动机运转时，声音不易扩散，声量大； 6. 地下部分土建施工困难
地下式	1. 人防条件、抗震条件好； 2. 不受阳光照射，夏季室温较低	1. 造价最高，施工困难最多，防水处理复杂； 2. 室内排水困难； 3. 操作管理、检修工作不便

1. 一般深井泵站

当用深井泵提升地下水时，泵浸于水中，电动机设于井上，一台泵即为一个独立泵站。

图 8-67 所示为深井泵提升地下水的半地下式泵房。泵房内安装 JD 型深井泵一台。泵压水管直接接出，无弯头配件，故水力条件较好。该泵房的立式电动机 1 装在井口的机座上，泵将井水抽送到水塔或清水池，以便供给用户。在泵压水管路 2 上，除了设置闸阀 3 和止回阀 4 外，为了便于施工及检修，还安装了一个伸缩接头（活箍）5。泵房进口左侧为消毒间 6，消毒间靠近窗户，以利通风。泵站内的墙角处设置配电用的低压配电盘 7，配电盘应远离窗户，以防雨水淋入。泵房屋顶开有安装泵机组和修理泵机用的吊装孔 8，当进行修理工作时，在吊装孔上可装设起重设备。深井泵填料函的排出水经 $\phi25$ 排水管 9 流至集水坑 10，然后用手摇泵排除。从止回阀后的压水管路上，引出一根 $\phi13$ 的预润水管 11 与深井泵的预润孔相接，当管井中水位较低，井水位以上露出的深井泵主轴轴承较多，且深井泵停止运转 30min 后起动时，可将预润水管阀门 12 打开，以便在泵起动前引压水管内的水润滑主轴轴承。预润水管上有供取水样和放空管内存水的放水嘴 13 及供修理泵和放水嘴时使用的检修闸阀 14。

为了测量井中水位，还要装设水位计。由于小型深井泵站系“一井一泵”，设置分散管理不便，故一般应设置中心调度室，实行集中遥控。

2. 大型深井泵站（湿式竖井泵站）

当地下水源岩性很好，储量充沛，涌水量大，但埋藏较深时，或在山区河流取集地面水时，可以采取“一井多泵”的方法，即在一个大口径钢筋混凝土井筒内，设置若干台深井泵或潜水泵取水。我国西南地区一些水厂和工厂自备水源采用这种方式取水取得了一定效果。

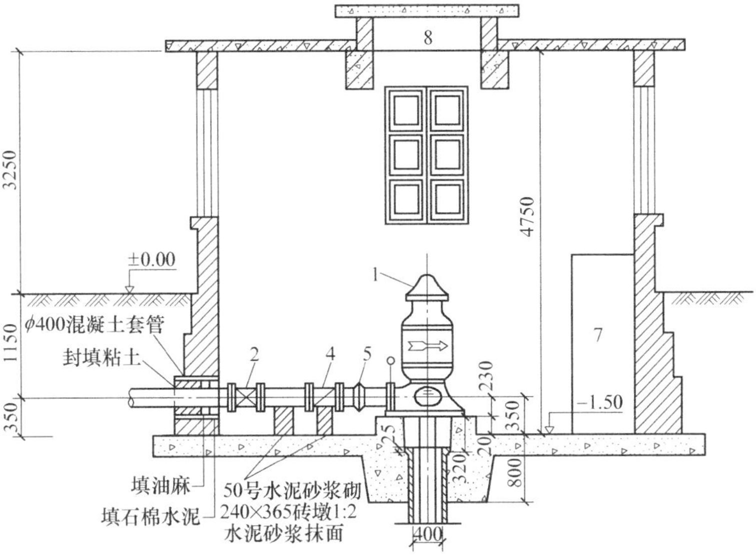

Ⅰ—Ⅰ剖面图

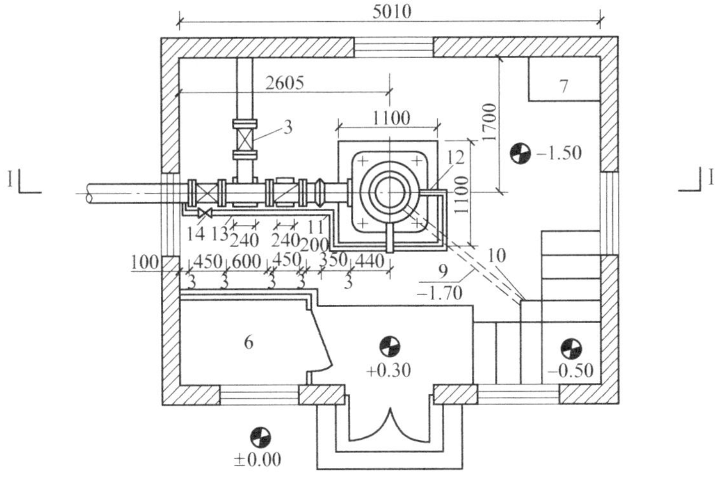

平面布置图

图8-67　半地下式深井泵房

1—立式电动机　2—压水管　3—闸阀　4—止回阀　5—活箍　6—消毒间
7—低压配电盘　8—吊装孔　9—排水管　10—集水坑　11—预润水管
12—预润水阀门　13—放水嘴　14—检修闸阀

8.9 给水泵站的工艺设计

8.9.1 设计资料

设计给水泵站所需资料，可分为两部分。

1. 基础资料

基础资料对设计具有决定性作用和不同程度的约束性，是设计的主要依据。基础资料包括主管部门对设计工作的主要指示、决议、设计任务书、有关的协议文件、工程地质、水文与水文地质、气象、地形等，具体有：

1）设计任务书。

2）规划、人防、卫生、供电、航道、航运等部门同意在一定地点修建泵站的正式许可文件。

3）地区气象资料：年最低、最高气温，冻结平均深度和最大冻结层厚。

4）地区水文与水文地质资料：水源的洪水位、常水位、枯水位资料，河流的含砂量、流速、风浪情况等，地下水流向、流速、水质情况及对建筑材料的腐蚀性等。

5）泵站所在地附近地区一定比例的地形图。

6）泵站所在地的工程地质资料，抗震设计裂度资料。

7）用水量、水压资料（污水泵站还应有水质分析资料）以及给水排水制度。

8）泵站的设计使用年限。

9）电源位置、性质、可靠程度、电压、单位电价等。

10）与泵站有关的给水排水构筑物的位置与设计标高。

11）水泵样本，电动机和电器产品目录，可参照《给水排水设计手册：第11册·常用设备》。

12）管材及管配件的产品规格，可参照《给水排水设计手册：第12册·器材与装置》。

13）设备材料单价表，预算工程单位估价表，地方材料及价格，劳动工资水平。

14）对于扩建成改建工程，还应有原构筑物的设计资料、调查资料、竣工图或实测图。

2. 参考资料

参考资料仅供参考，不能作为设计的依据，如各种参考书籍，口头调查资料，某些历史性记录及某些尚未生产的产品目录等，都属于这一类，具体有：

1）地区内现有水泵站的运行情况调查资料，水泵站形式，建筑规模和年限，结构形式，机组台数和设备性能，历年大修次数，曾经发生的事故及其原因分析和解决办法，冬季采暖，夏季通风情况，电源或其他动力来源等。

2）地区内现有泵站的设计图、竣工图或实测图。

3）地区内已有泵站的施工方法和施工经验。

4）施工中可能利用的机械和劳动力的来源。

5）其他有关参考资料。

8.9.2　给水泵站工艺设计步骤和方法

根据基础资料确定设计流量和扬程，初步选泵和电动机或其他原动机（粗选），包括选择水泵的型号，工作泵和备用泵的台数。一般在初步选泵时，可假定泵站内管道中的水头损失数为2m左右。

1）水泵选择。具体如下：

a. 总流量和扬程必须满足最高日最高时的要求。

b. 实际运行中的流量和扬程并不都是那么高，因此常根据流量、扬程变化选择几台泵来满足调节水量和扬程要求。应使其经常运行的效率较高，以减少电耗损失，一般选3~4台泵并联，希望利用综合型谱图选择并联水泵及单泵都在高效区内工作，可选两三种方案进行比较，取其优者，并尽量能用当地产的水泵，最好用同型号泵。

c. 选择备用泵型号和台数。

d. 消防事故校核：将备用泵并联上，来校核流量和扬程是否够用。若不够用，可增加备用泵台数或另设消防水泵，选泵时要有2~3m富裕水头。

e. 在说明书中要进行方案比较，列表说明，方案比较表的形式见表8-7。说明各方案优劣、损失大小，水量及消防等能否满足要求。经比较确定选用方案，说明其优点或主要选用理由，并考虑城市发展，用水量增大时如何处理。

表8-7　方案比较表

方案编号	用水量变化范围/（L/s）	运行水泵	水泵扬程/m	所需扬程/m	浪费扬程/m	水泵效率（%）

2）电动机配置。查《给排水设计手册：第11册·常用设备》某型号泵安装尺寸表，一般选用泵厂家所给的配套电动机，但也还要根据当地电网电压来定，尽量使变配电经济，应与电力设计人员配合，对自己切削的叶轮需换电动机，水

泵厂切削的叶轮已考虑了功率下降而配用的电动机。选配结果应列表说明（表8-8）。

表 8-8　选配电动机结果

水泵型号	轴功率	转速	电动机型号

3）设计机组的基础。在机组初步选好后，即可查水泵及电动机产品样本，查到机组的安装尺寸（或机组底板的尺寸）和总质量，据此可进行基础的平面尺寸和深度的设计。

4）计算水泵的吸水管和压水管的直径。

5）布置机组和管道。

6）精选水泵和电动机。各种平、立面尺寸确定后，方能最后确切地定出各吸、压水管路的长度、联络管及其管件的位置，以及输水管的长度等，在此基础上，再取管理中最不利的一台泵的管线（如管线长、管件多），详细从吸水口到管网起点，计算吸、压水管路水头损失，以校核所选水泵的扬程是否满足要求。若相差不多可适当调整管径、管件等使其满足要求；若相差太多，说明初选水泵不合适，就得重新选择合适的水泵，这一步工作称为精选水泵。校核计算，应绘出最不利管线示意图，标明各管段长度，沿程阻力系数，各管件的局部阻力系数，从吸水管管口起到管网起点，包括吸、压水管，联络管和输水管在内，列表统计计算所有水头损失。根据地形条件确定水泵的安装高度，计算出吸水管路和泵站范围内压水管路中的水头损失，然后求出泵站的扬程。如果初选的水泵不合适，则可以切削叶轮或另行选泵。根据新选的水泵的轴功率，再选用电动机。

7）选择泵站中的附属设备，如计量、引水、采暖、通风和排水设备等。

8）确定泵房建筑高度。泵房的建筑高度，取决于泵的安装高度、泵房内有无起重设备以及起重设备的型号。

9）确定泵房的平面尺寸，初步规划泵站总平面。机组的平面布置确定以后，泵房（机器间）的最小长度也就确定了（见 8.4.2），根据机组基础的长度、机组基础的间距、机组基础与墙的距离及维修场地的长度来定出泵房的总长度。查有关材料手册，找出相应管道、配件的型号规格、大小尺寸，按一定的比例将水泵机组的基础和吸水、压水管道上的管配件、闸阀、止回阀等画在同一张图上，逐一标出尺寸，依次相加，可得到机器间的最小宽度（见 8.5.5）。泵站的总平面布置包括变压器室、配电室、机器间、值班室、修理间等单元。总平面布置的原则是：运行管理安全可靠，检修及运输方便，经济合理，并且考虑到有发展余地；变电配电设备一般在泵站的一端，有时也可将低压配电设备置于泵房内侧；

泵房内装有立式泵或轴流泵时，配电设备一般装设在上层或中层平台上；控制设备一般设于机组附近，也可以集中装置在附近的配电室内；配电室内设有各种变配电柜，因此应便于电源进线，且应紧靠机组，以节省电线，便于操作。配电室与机器间应能通视，否则，应分别安装仪表及按钮（切断装置），以便当发生故障时，在两个房间内，均能及时切断主电路；由于变压器发生故障时，易引起火灾或爆炸，故宜将变压器室设置于单独的房间内，且位于泵站的一端；修理间的布置应便于重物（如设备）的内部吊动及向外运输，因此往往在修理间的外墙上开有大门；进行总平面布置时，尽量不要因为设置配电间而把泵房跨度增大。

10）向有关工种（如土建、电气等）提出设计任务。

11）审校，会签。

12）出图。

13）编制预算。

8.9.3 泵站的优化设计

泵站的优化设计，主要考虑的技术经济指标是工程投资和年耗电费，它取决于泵站的基建总投资、年运行费用、年总输水量和生产管理水平等。这几项指标，在设计泵站时，可作为方案技术经济比较的参考，而在泵站投产运行以后，则是改进经营管理，降低输水成本和节约电耗的主要依据。

年费用最小是泵站优化设计的追求目的，以年费用最小法建立泵站优化设计的数学模型为

$$E_{min} = E_1 + E_2 \tag{8-33}$$

式中 E_{min}——年最小费用（元）；

E_1——年耗电费（元）；

E_2——泵站建造费用年折算值（包括管道、水泵机组的调速设备的折旧费及维修保养费）（元）。

在计算 E 值时，有静态分析法和动态分析法，两者差别在于静态分析法不考虑时间因素的影响，以泵站建成全部投入运行后的第一年为设计标准年，分别计算 E_1 值和 E_2 值，并求出 E 值；而动态分析必须考虑时间的因素，即仍以泵站建成后第一年为设计标准年，并将年耗电费和泵站建造费用分别折算到标准年，再计算出年费用 E。

1. 年耗电费 E_1 的确定

泵站年耗电费 E_1 的计算式为

$$E_1 = KQH \tag{8-34}$$

式中 Q——泵站供水流量（m^3/s）；

H——泵站扬程（m）；

K——泵站动力费用系数。

$$K = 365 \times 24 \times \frac{\rho g \gamma a}{1000\eta} = \frac{85848\gamma a}{\eta} \tag{8-35}$$

式中 γ——计算年限内供水能量不均匀系数；无水塔或网前水塔管网的输水管道，取 $\gamma=0.1\sim0.4$；网前水塔的管网，取 $\gamma=0.5\sim0.75$；

a——电费，元/（kW·h）；

η——泵站的总效率，一般可取0.55～0.85。

在泵站日常运行中，电耗大小是衡量其是否正常经济运行的重要指标之一。通常电耗 e_c 以每抽送1000m³的水所实际耗费的电能（kW·h）来表示，即

$$e_c = \frac{E_c}{Q} \times 1000 \tag{8-36}$$

式中 E_c——在一昼夜（或一段时间）内所耗费的电能（kW·h），可以从泵站内的电表中查得；

Q——泵站在一昼夜（或一段时间）内所抽送的水量（m³），可从流量计中查得。

而泵站运行的理论电耗或叫比电耗（即每小时将1000m³的水提升1m高度所耗费的电能）可用下式计算

$$e'_c = \frac{Q'H'\rho g}{1000\eta} = \frac{1000 \times 1 \times 1000 \times 9.81}{1000\eta}\text{kW}\cdot\text{h} = \frac{2.72}{\eta}\text{kW}\cdot\text{h} \tag{8-37}$$

设取 $\eta=0.75$，则 $e'_c=\dfrac{2.72}{0.75}\text{kW}\cdot\text{h}=3.63\text{kW}\cdot\text{h}$

泵站中实际的比电耗应按每台机组在不同运行状态下（即在一定的流量和扬程下连续运行若干小时）分别进行计算。把实际的比电耗与理论比电耗进行比较，便可看出每台泵是否在最经济合理的状态下运行。从而可以改进泵的工作和设法提高其工作效率。

2. 泵站建造费用年折算值 E_2 的确定

泵站的建造费用，包括土建、配管、设备、电气照明等。初步设计或扩大初步设计时，按概算指标进行计算；施工图设计阶段，按预算指标计算；工程投产后按工程决算进行计算。

1）采用静态法以投资回收期 T 将泵站建造费用折算成年折算费用，可表示如下

$$E_2 = \left(\frac{P}{100} + \frac{1}{T}\right)M \tag{8-38}$$

式中 M——泵站造价（元）；

T——泵站的投资偿还期（a）；

工程设计与建设常用的经济指标之一是工程投资回收期。投资回收期是指工程建设项目建成投产后，从投入生产时起到全部建设投资回收所需要的年数。投资回收期是国内常用的指标，适用于工程总投资与工程年产值不同的方案比较。投资回收期短，表明经济效果好，反之则差。

2）动态法则考虑工程投资资金的时间价值因素，采用利率 i 作为衡量指标。利用等额支付系列资金恢复公式将泵站的年费用折算成计算年费用值，可表示如下

$$E_2 = AM \tag{8-39}$$

$$A = \left[\frac{i(1+i)^n}{(1+i)^n - 1} + \frac{P}{100}\right] \tag{8-40}$$

式中 n——泵站的投资偿还期（a）；

P——泵站的年折旧费及大修费费率。

8.10 给水泵站的工艺设计实例

8.10.1 送水泵站设计实例

1. 设计资料

位于内蒙古自治区中部的某市，新建水厂净化处理后的洁净水进入清水池，经由二级泵站加压输送至城市配水管网。

1）二级泵站设计地点的地面海拔高程为2.0m，冰冻深度为1.0m，地下水位为－4m。

2）城市最高日最高时用水量为471L/s，消防水量按50L/s考虑。

3）清水池最高水位与地面相平，其标高为2.0m，池底标高为－2.0m，最低水位为－1.0m。

4）管网控制点标高为8m，所需自由水头为12m，管网总水头损失最大时为10m，消防时为13m。

2. 设计依据

1）某市新水厂工程初步设计文件。

2）（98）区建字第089号及（98）区基字第325号关于《某市新水厂初步设计的批复》文件。

3）关于新建水厂工程设计问题会议纪要。

3. 二级泵站工艺设计要点

泵房主体工程由机器间、高低压配电室、控制室和值班室等组成。

机器间采用矩形半地下形式，以便于布置吸压水管路与室外管网平接，减少弯头水力损失，并紧靠清水池北侧布置，直接从清水池取水压送至管网。

值班室、控制室及低压配电室在机器间西侧，与泵房合并布置，与机器间用玻璃隔断分隔。最西侧端设有外附户内式 6/0.4kV 高压变压器室，与 6kV 双回路电源用电缆引入。总平面布置如图 8-68 所示。

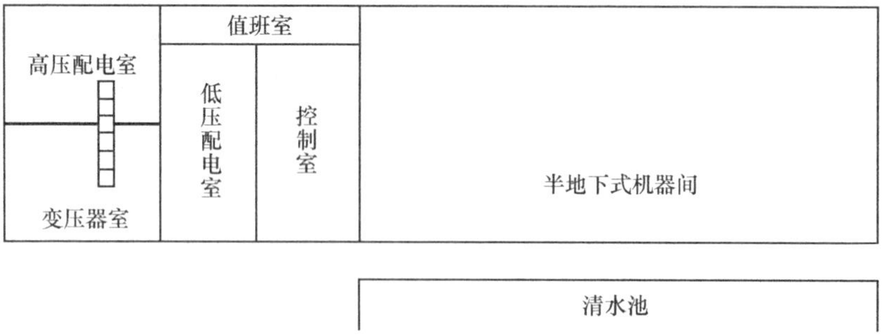

图 8-68 总平面布置图

（1）水泵选择

1）设计扬程。初步假定泵站内管路水头损失为 2m，加安全水头 1.5m，则最高时用水扬程为

$$H_{max}=H_{ST}+H_{ser}+\sum h+1.5=[(8+1)+12+10+2+1.5]\text{m}=34.5\text{m}$$

2）设计流量：最高时 $Q_{max}=471\text{L/s}$

3）为了在用水量减小时进行灵活调度，减少能量浪费，利用水泵综合性能图选择几台水泵并联工作来满足最高时用水流量和扬程需要，而在用水量减小时，减少并联水泵台数或单泵运行供水都能保持在各水泵高效段工作。

设 $Q_{min}=30\text{L/s}$ 时（型谱图最小流量），泵站和管网中水头损失共为 3m，则相应的扬程为

$$H_{min}=[(8+1)+12+3+1.5]\text{m}=25.5\text{m}$$

根据 $Q_{max}=471\text{L/s}$，$H_{max}=32.5\text{m}$ 和 $Q_{min}=30\text{L/s}$，$H_{min}=25.5\text{m}$，在水泵综合性能图上确定两点连接成参考管道特性曲线，选取与参考管道特性曲线相交的水泵并联。可选用两台 12Sh-13 型和一台 10Sh-9A 型水泵并联，也可选用一台 14Sh-13A、一台 12Sh-13 和一台 10Sh-9A 型水泵并联，列表比较如表 8-9 所示。

通过比较，第二方案虽然水泵效率较高，但与所需扬程相比浪费能量较大。第一方案虽然有一台 10Sh-9A 效率较低，但总的来看能量浪费少，扬程利用率较高，水泵型号也少，且分级数量多，故采用第一方案。并选用一台 12Sh-13 型水泵为备用泵。所选水泵性能见表 8-10。

4）消防校核：按最不利情况考虑，消防用水量与最高时用水量之和为 521L/s，需要最高扬程为 37.5m。当备用泵与最高时运行水泵同时起动时，为三台 12Sh-13 和一台 10Sh-9A 并联工作，在水泵综合性能图上绘出四泵并联总和 Q-H 曲

线，与参考管道特性曲线的交点为 $Q=660\text{L/s}$，$H=37.5\text{m}$，可以满足消防要求。

表 8-9 方案比较表

方案编号	用水量变化范围/（L/s）	运行水泵	水泵扬程/m	所需扬程/m	扬程利用率（%）	水泵效率（%）
第一方案 两台12Sh-13 和 一台10Sh-9A	400～471	两台12Sh-13 一台10Sh-9A	37～34.5	32～34.5	86～100	82～85 75～80
	300～400	两台12Sh-13	40～32	31～32	78～100	80～85
	230～300	一台12Sh-13 一台10Sh-9A	37～36.5	31.5～36.5	85～100	82～85 75～76
	150～230	一台10Sh-13	38～30.5	32～30.5	84～100	82～81
	90～150	一台10Sh-9A	35.5～30	28～30	79～100	78～80
第二方案 一台14Sh-13A 一台12Sh-13 一台10Sh-9A	350～471	一台14Sh-13A 一台10Sh-9A	41～34.5	31～34.5	76～100	80～82 74～80
	230～350	一台14Sh-13A	40～31	30.5～31	76～100	81～81
	150～230	一台12Sh-13	38～30.5	30～30.5	79～100	82～81

表 8-10 水泵性能表

水泵型号	流量/（L/s）	扬程/m	转速/（r/min）	轴功率/kW	电动机功率/kW	效率（%）	允许吸上真空高度 H_S/m
12Sh-13	160～230	38～28	1450	76.2～86	100	83～80	4.5
10Sh-9A	90～150	35.5～27.5	1450	41.8～49.8	55	75～79	6

（2）电动机配置　采用水泵厂家所指定的配套电动机如表 8-11 所示。

表 8-11 电动机配置

水泵型号	轴功率/kW	转速/（r/min）	电动机型号	电动机功率/kW
12Sh-13	76.2～86	1470	$JO_293\text{-}4$	100
10Sh-9A	41.8～49.8	1470	$JO_291\text{-}4$	55

（3）机组布置和基础计算

1）机组布置：采用单行排列布置，便于吸、压管路直进直出布置，减少水力损失，同时也可简化起吊设备。

2）基础尺寸的确定查《给排水设计手册：第 11 册 · 常用设备》Sh 型泵安装尺寸（带底座）算出。

12Sh-13 型水泵基础长 $L=$底座长度 $L_1+(0.15\sim0.20)=(1.89+0.21)\text{m}=2.1\text{m}$；基础宽 $B=b_1+(0.15\sim2.0)=(0.93+0.17)\text{m}=1.1\text{m}$；同理得 10Sh-9A 基础长 $L=1.8\text{m}$，基础宽 $B=0.9\text{m}$，基础高度 H 按基础质量是机组总

质量的3倍计算。计算过程如表8-12所示。

表8-12 基础计算

水泵		电动机		(W_p+W_m)/kg	L/m	B/m	H/m
型号	W_p/kg	型号	W_m/kg				
12Sh-13	709	$JO_2$93-4	700	1409	2.1	1.1	0.8
10Sh-9A	428	$JO_2$91-4	538	966	1.8	0.9	0.7

(4) 吸压水管道设计

1) 管路布置。根据当地条件，地下水位深，气候寒冷，泵房选用半地下式，吸、压水管可与室外1m深冻土层下的管道平接。每台泵设一条吸水管直接从清水池吸水，各泵压水管出泵房后，在闸阀井内以横向联络管相连接，而以两条总输水管送水入管网。这样可初定出水管和进水管的管顶高程为1m，而清水池中最高水位为2m，此时水泵为自灌式引水，吸水管上需设闸阀，以便停泵检修时使用。清水池最低水位为−1m，此时水泵为吸入式引水，需要相应的引水设备，管路布置如图8-69所示。

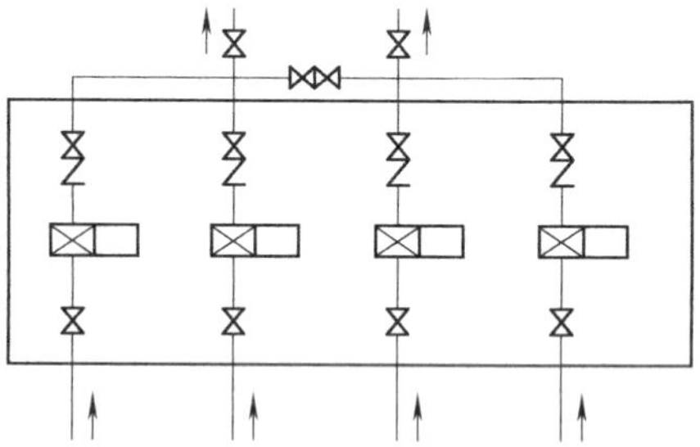

图8-69 管路布置

2) 管径计算。根据单泵运行流量计算吸压水管径如表8-13所示。

表8-13 吸压水管径计算

水泵型号	流量/(L/s)	吸水管径/mm	流速/(m/s)	i	压水管管径流速		i
					mm	(m/s)	
12Sh-13	230	450	1.40	5.76/1000	350	2.30	21.6/1000
10Sh-9A	150	350	1.50	9.17/1000	300	2.05	21.1/1000

由图8-74可知，横向联络管的流量应为两台较大水泵并联流量 $Q=400\text{L/s}$，$i=17.4/1000$；每条输水管按最大总流量的75%考虑，即 $Q=471\times75\%=353\text{L/s}$，取 $DN=450\text{mm}$，$v=2.22\text{m/s}$，$i=14.9/1000$。

3) 管路附件选配如表8-14所示。

(5) 水泵安装高度验算

1) 按管路布置初定吸水管顶高程为1m，由水泵外型尺寸可知，12Sh-13的泵轴中心线高于管顶50mm，10Sh-9A泵轴线高于管顶25mm，因吸水池最低水位为−1m，可知12Sh-13初定安装高度 $H_{SS}=2.05\text{m}$，10Sh-9A初定安装高度 $H_{SS}=2.025\text{m}$。为使泵房地面取平，按 $H_{SS}=2.05\text{m}$ 验算（因其 H_S 值较小）。

2) 水泵进口参数如表8-15所示。

表 8-14　管路附件选用

名　称	型号规格	主要尺寸/mm	名　称	型号规格	主要尺寸/mm
喇叭口	DN450 钢制	$D_1=785$，$H=610$	喇叭口	DN350 钢制	$D_1=554$，$H=510$
弯头	90°双盘式 DN450	$R+L_2=630$	弯头	90°双盘式 DN350	$R+L_2=580$
闸阀	DN450 双盘式 Z45T-10	$L=410$，$H=1550$	弯头	90°双盘式 DN300	$R+L_2=580$
闸阀	DN350 双盘式 Z45T-10	$L=550$，$H=954$	闸阀	DN350 双盘式 Z45T-10	$L=550$，$H=700$
止回阀	DN350 双盘式 H44T-10	$L=800$	止回阀	DN350 双盘式 H44T-10	$L=700$
渐缩管	DN450×300	$L=470$	渐扩管	DN250×350	$L=370$
渐缩管	DN350×250	$L=370$	渐扩管	DN200×300	$L=370$
十字管	DN450×350	$L_1=400$，$L_2=400$	十字管	DN450×300	$L_1=400$，$L_2=400$

表 8-15　水泵进口参数

水泵型号	进口直径 DN/mm	进口流速 V_1/（m/s）	H_S/m	流量 Q/（L/s）
12Sh-13	300	3.2	4.5	230
10Sh-9A	250	3.05	6	150

3）因当地海拔高度为2m，故可近似取 $H_S'=H_S=4.5\text{m}$。

4）水泵实际使用真空高度 H_v 计算。吸水管路局部阻力计算如表8-16所示。

表 8-16　吸水管路局部水头损失计算表

管道直径/mm	管　件	阻力系数 ξ	最大流量/（L/s）	流速 v/（m/s）	$\frac{v^2}{2g}$	水头损失 $\xi\frac{v^2}{2g}$/m
450	喇叭口	0.56	230	1.4	0.10	0.056
	90°弯头	0.60	230	1.4	0.10	0.060
	闸阀	0.07	230	1.4	0.10	0.007
450×300	偏心渐缩管	0.20	230	3.2	0.52	0.104
Σ						0.227

吸水管长度可近似取为

$$L=H_{SS}+0.7+1.0=(2.05+1.7)\text{m}=3.75\text{m}$$

水泵实际使用 $H_V=H_{SS}+iL+\sum\xi v^2/2g+v_1^2/2g$

$$=(2.05+3.75\times5.75/1000+0.227+0.52)\text{m}$$

$=2.82\text{m}<H_S=4.5\text{m}$，满足要求。

（6）泵房平面尺寸确定和精选水泵

1）机器间长度设计。因电动机功率大于55kW，故基础间距取为1.2m，基础与墙壁间距为1m，除四台水泵外，机器间右端按最大一台机组布置设一块检修场地，长4.22m，宽3.0m，故得

机器间总长度为：$(3\times2.1+1.8+1.0+3\times1.2+4.22)\text{m}=17.12\text{m}$。

2）机器间宽度设计。吸水管闸阀距墙取1m，压水管闸阀一侧留1.2m宽的管理道路，由图8-69管道布置可得机器间宽度为：$(1.0+0.4+0.62+1.1+0.51+0.8+0.55+1.2)\text{m}=6.59\text{m}$。

3）管路敷设。为便于与室外冻土层下管道平接，室内管道均设在管沟内，沟顶加0.15m厚的钢筋混凝土盖板，与室内地坪齐平。

4）精选水泵。最不利管线如图8-70所示，吸水管水头损失如前计算所得为

$$(0.02+0.227)\text{m}=0.247\text{m}$$

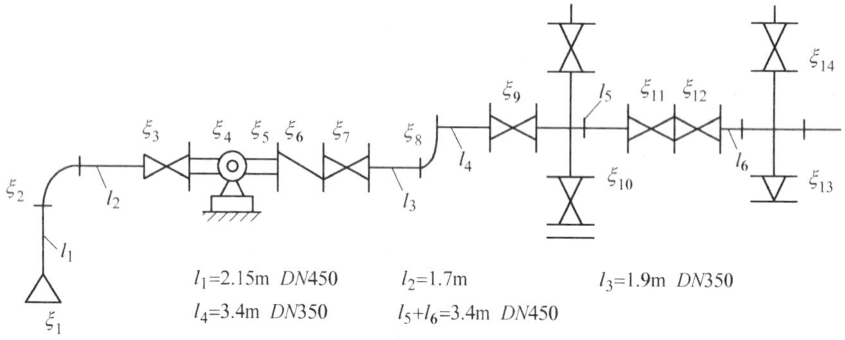

图8-70 最不利管线图

压水管路局部损失如表8-17所示。

表8-17 压水管路局部水头损失计算表

ξ	$\xi_5$0.33	$\xi_6$3.0	$\xi_7$0.07	$\xi_8$0.6	$\xi_9$0.04	ξ_{10}1.5	ξ_{11}0.07	ξ_{12}0.07	ξ_{13}0.07	ξ_{14}0.07	$\Sigma\xi\frac{v^2}{2g}$
v/（m/s）	7.3	2.3	2.3	2.3	2.3	1.45	1.45	1.45	1.45	1.45	
$\frac{v^2}{2g}$	2.7	0.27	0.27	0.27	0.27	0.107	0.107	0.107	0.107	0.107	
$\xi\frac{v^2}{2g}$/m	0.897	0.81	0.019	0.162	0.01	0.16	0.0075	0.0075	0.16	0.0075	2.24

压水管路沿程压头损失 $h_f=(5.3\times21.6/1000+7.7\times21/1000)\text{m}=0.276\text{m}$

因此，最不利管线压头总损失 $\sum h=(0.247+0.276+2.24)\text{m}=2.763\text{m}$

水泵的实际扬程为：

最低水位时

$$H_{max}=[(8+1)+12+10+2.63+1.5]\text{m}=35.263\text{m}$$

最高水位时

$$H_{min}=[(8-2)+12+10+2.763+1.5]\text{m}=32.263\text{m}$$

其中，12Sh-13 扬程为 38 ~ 28.5m，10Sh-9A 扬程为 35.5 ~ 27.5m，可见初选水泵均在高效段内符合要求。

（7）附属设备选择

1）起重设备及泵房高度的确定。设备中最大质量是电动机质量，为 905kg，考虑安全选用 S_C 型，起重量为 2t，工字钢为 32a 型，起升高度为 3 ~ 12m 的手动单轨吊车。

由管路敷设可知，水泵安装高度 $H_{SS}=2.05\text{m}$，吸水池最低水位为 -1m，则泵轴高程为 1.05m，由 12Sh-13 型水泵外型尺寸中可查得泵轴至基础顶面距离为 0.52m，泵高为 0.854m，基础高出管沟底 0.2m 计，可得管沟底高程为 $(1.05-0.52-0.2)\text{m}=0.33\text{m}$。

设计管沟深为 1m，从而可得室内地坪高程为 1.33m。

室外地面高程为 2.0m，故泵房为半地下式。地下部分高度 H_2 为 $(2.0-1.33)\text{m}=0.67\text{m}$。

最高设备 JO94-4 的高度为 1.18m，取吊物底部至最高一台机组顶距 $f=0.5\text{m}$，则 $g+f=(1.18+0.5)\text{m}=1.68\text{m}>H_2+h=(0.67+0.2)\text{m}=0.87\text{m}$。故泵房地面以上高度按式（8-29）计算

$$\begin{aligned}H_1&=(a+b+c+d+e+f+g)-H_2\\&=(0.32+0.2305+0.5+0.912+1.18+0.5+1.18-0.67)\text{m}\\&=4.1525\text{m}\end{aligned}$$

其中，单轨吊车梁高度 $a=0.32\text{m}$；滑车高度 $b=0.2305\text{m}$；起重葫芦钢丝绳绕紧状态长度，$c=0.5\text{m}$；JO94-4 电动机总宽 $x=0.76\text{m}$，则起重绳的垂直长度取 $d=1.2x=0.912\text{m}$；最大一台电动机高度 $e=1.18\text{m}$；$f+g$ 为 1.68m；泵房间地下部分高度为 0.67m。

2）真空泵。真空泵排气量 $Q_V=K(W_P+W_S)H_a/T(H_a-H_{SS})$，取 $T=3\text{min}$，$K=1.10$，$H_{SS}=2.05\text{m}$，$H_a=10.33\text{m}$，

$$W_P=0.3^2\times(\pi/4)(1.04+0.37+0.7+0.275)\text{m}^3=0.17\text{m}^3;$$

$$W_S=0.159\times(2.05+1.7+0.41+0.47)\text{m}^3=0.74\text{m}^3;$$

可得 $Q_V=24.98\text{m}^3/\text{h}=6.94\text{L/s}$

根据式（8-26）得

$$H_{max}=(2.05+0.3345)760/10.33\text{mmHg}=175.43\text{mmHg}$$

选用 SZZ-8 型真空泵，抽气量 28.8m^3/h，真空值 520mmHg。电动机功率 3.0kW（选用两台，一台工作，一台备用）。

3）排水泵。选用 $1\frac{1}{2}B17$ 型泵，转速 2900r/min，配套电动机 JO2-21，电动机功率 1.5kW。

其他辅助设备从略，主要材料见表 8-18。

表 8-18 材料表

编号	名称	规格、型号	材料	单位	数量	备注
1	双吸离心泵	12Sh-13		台	3	
2	双吸离心泵	10Sh-9A		台	1	
3	真空泵	SZZ-8		台	2	
4	单吸离心泵	$1\frac{1}{2}B17$		台	1	
5	气水分离器	ϕ500		个	1	
6	止回阀	H44T10*DN*350	铸铁	个	3	
7	止回阀	H44T10*DN*300	铸铁	个	1	
8	闸阀	Z45T10*DN*350	铸铁	个	3	
9	闸阀	Z45T10*DN*300	铸铁	个	1	
10	闸阀	Z45T10*DN*450	铸铁	个	4	
11	偏心变径管	*DN*450×300	铸铁	个	3	
12	偏心变径管	*DN*350×250	铸铁	个	1	
13	同心变径管	*DN*250×350	铸铁	个	3	
14	同心变径管	*DN*200×300	铸铁	个	1	
15	钢制喇叭口	*DN*450，*H*510	钢	个	3	
16	钢制喇叭口	*DN*350，*H*510	钢	个	1	
17	法兰弯头	*DN*450	钢	个	3	
18	法兰弯头	*DN*350	钢	个	2	
19	法兰弯头	*DN*300	钢	个	1	
20	十字管	*DN*450×300	铸铁	个	2	
21	同心变径管	*DN*350×450	铸铁	个	1	
22	同心变径管	ϕ300×450	铸铁	个	1	
23	文丘里流量计	2000m^3/h		个	2	
24	电动机	JO94-4		台	3	
25	电动机	JO83-4		台	1	
26	电动机	JO2-21		台	1	
27	手动单轨吊车	SC 型 2t		台	1	
⋮	⋮	⋮			⋮	

设计图样见图 8-71。

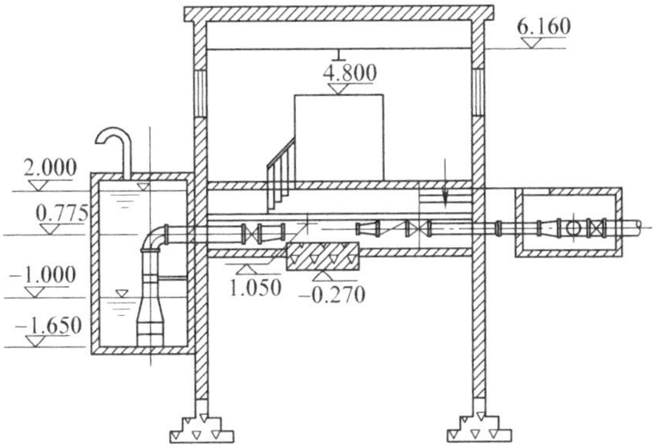

Ⅱ—Ⅱ剖面图 1:100

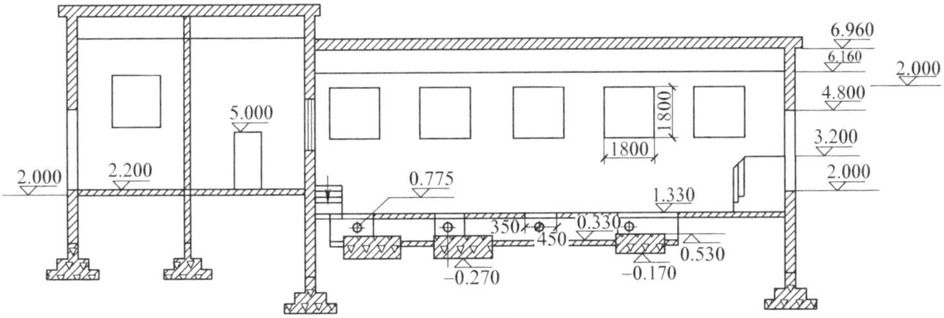

Ⅰ—Ⅰ 剖面图 1:100

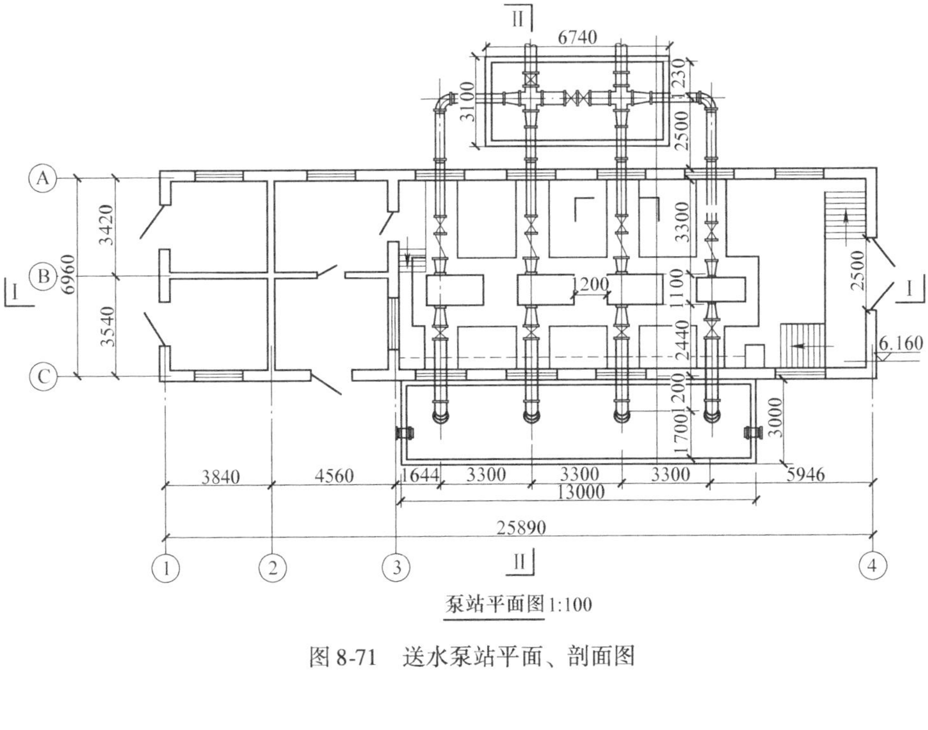

泵站平面图 1:100

图 8-71　送水泵站平面、剖面图

8.10.2 取水泵站设计实例

设计资料：为满足城市用水量增长的需要新建某水源工程，该工程供水设计规模为15万m^3/d。采用岸边合建式固定泵房用两条DN1200的自流管从河中取水，根据当地水文资料，该河流洪水位标高为38.5m（1%频率），枯水位标高为28.7m（97%频率），净水厂反应池前配水井的水面标高为45m。从取水头部到泵房吸水间的全部水头损失为1m，泵站到净水厂的输水干管全长为10km，试进行泵站工艺设计。

1. 设计流量确定，设计扬程估算

（1）设计流量　考虑到输水干管漏损和水厂的自用水，取自用水系数为8%，故总水量为

$$Q=15000\times(1+8\%)\mathrm{m^3/d}=16200\mathrm{m^3/d}=6750\mathrm{m^3/h}=1.875\mathrm{m^3/s}$$

（2）设计扬程

1）水泵所需静扬程H_{st}，在最不利情况下（即一条自流管检修，另一条自流管通过75%的设计流量），从取水头部到泵房吸水间的全部水头损失为1m，则吸水间最高水面标高为$(38.5-1)\mathrm{m}=37.5\mathrm{m}$，最低水面标高为$(28.8-1)\mathrm{m}=27.7\mathrm{m}$，所以水泵所需静扬程水泵所需静扬程$H_{st}$：

洪水位时　　$H_{st}=(45-37.5)\mathrm{m}=7.5\mathrm{m}$

枯水位时　　$H_{st}=(45-27.7)\mathrm{m}=17.3\mathrm{m}$

采用两条DN1200钢管并联作为原水输水干管，当一条输水干管维修时，另一条输水干管应通过75%的设计流量，即$Q=75\%\times6750=5062.5\mathrm{m^3/h}$，查水力计算表得，管内流速$v=1.24\mathrm{m/s}$，$i=0.00131$，则

$\sum h=(1.1\times10^4\times0.00131)\mathrm{m}=14.4\mathrm{m}$（式中1.1为包括局部损失而加大的系数）。

2）泵站内管路的水头损失h_p粗估为2m，安全水头取2m，则水泵设计扬程为

洪水位时　　$H_{max}=(7.5+2+14.4+2)\mathrm{m}=25.5\mathrm{m}$

枯水位时　　$H_{min}=(17.2+2+14.4+2)\mathrm{m}=35.7\mathrm{m}$

2. 初选水泵和电动机

根据扬程和设计水量确定水泵，选用600S47型水泵4台（三用一备）流量$Q=3170\mathrm{m^3/h}$，$H=47\mathrm{m}$。根据600S47型水泵的要求选用Y400-50-6型异步电动机。

3. 机组基础尺寸的确定

查水泵与电动机样本，计算出600S47型水泵机组基础平面尺寸为

基础长　　$L=(4.031+0.469)\mathrm{m}=4.5\mathrm{m}$

基础宽 $B=(1.12+0.48)\text{m}=1.6\text{m}$

机组总质量 $W=(2400+2880)\text{kg}=5280\text{kg}$。基础高度可按下式计算

$$H=\frac{3W}{LB\gamma}$$

式中 L——基础长度，$L=4.5\text{m}$；

B——基础宽度，$B=1.6\text{m}$；

γ——基础所用材料的容重，对于混凝土基础，$\gamma=2400\text{kg/m}^3$；

机组高 $H=\frac{3W}{LB\gamma}=\frac{3\times5280}{4.5\times1.6\times2400}\text{m}=1.1\text{m}$

4. 水泵机组的布置

水泵机组的布置是泵房布置的重要内容，决定泵房建筑面积的大小。机组的间距以不能妨碍操作和维修的需要为原则。因S型水泵是侧向进水和侧向出水的水泵，所以采用横向排列。横向排列可能要增加泵房的长度，但跨度小，进出水管顺直，水力条件好，可减少水头损失，节省电费。

5. 吸水管路与压水管路计算

（1）吸水管 选用管径 $DN800\text{mm}$ 钢管，流速 $v=1.24\text{m/s}$，$i=0.0021$

压水管：选用管径 $DN600\text{mm}$ 钢管，流速 $v=2.14\text{m/s}$，$i=0.0093$

吸水井各部分尺寸为：

吸水井喇叭口直径 $D=(1.3\sim1.5)\times800\text{mm}=1200\text{mm}$

喇叭口与吸水井底距离 $h_1=(0.6\sim0.8)D=0.9\text{m}$

喇叭口之间净距 $l=(1.5\sim2.0)D=1.8\text{m}$

喇叭口与吸水井井壁的净距 $b=(0.75\sim1.0)D=1.0\text{m}$

喇叭口下最小淹没水深 $h_2=1.2\text{m}$

则吸水间长 $L=(1800\times3+1000\times2+1200\times4)\text{mm}=11800\text{mm}$

吸水间宽 $B=(1000\times2+1200)\text{mm}=3200\text{mm}$

（2）管路附件选配见表8-19

表8-19 管路附件选用

名 称	型号规格	主要尺寸/mm	数量/个
喇叭口	$DN800$ 钢制	$D_1=1220$，$H=1010$	4
弯头	90°双盘式，$DN800$	$R+L_2=640+54=694$	4
闸阀	$DN800$ 双盘式，Z945T-10	$L=720$，$H=2200$	4
渐缩管	$DN800\times600$	$L=710$	4
止回阀	$DN600$，H44T-10	$L=1300$	4
闸阀	$DN600$ 双盘式，Z945T-10	$L=600$，$H=1911$	4

（续）

名　称	型号规格	主要尺寸/mm	数量/个
弯头	90°双盘式，*DN*600	$R+L_2=490+41=531$	4
十字管	*DN*1200	$L=1600$	4

（3）吸水管路局部阻力计算见表8-20

表8-20　吸水管路局部水头损失计算表

管道管径	管　配　件	阻力系数	最大流量/(L/s)	流速/（m/s）	$\frac{v^2}{2g}$	水头损失/m
*DN*800	喇叭口	0.56	625	1.24	0.08	0.045
*DN*800	90度弯头	1.05	625	1.24	0.08	0.084
*DN*800	闸阀	0.06	625	1.24	0.08	0.0064
*DN*800	偏心渐缩管	0.20	625	2.21	0.25	0.05
Σ						0.185

（4）压水管路局部水头损失计算见表8-21

表8-21　压水侧管路局部水头损失计算表

管　径	管　配　件	数量/个	ξ	v/（m/s）	$\frac{v^2}{2g}$	$\xi\frac{v^2}{2g}$	$\Sigma\xi\frac{v^2}{2g}$
*DN*600	止回阀	1	1.70	2.21	0.25	0.425	
*DN*600	闸阀	2	0.06	2.21	0.25	0.015	
*DN*600	弯头	1	1.01	2.21	0.25	0.2525	
*DN*1200	十字管	2	3.00	0.55	0.0154	0.0462	
*DN*1200	闸阀	3	0.05	0.55	0.0154	0.0008	0.8

（5）管路水头损失

吸水管路沿程损失 $h_f=0.0021\times(1.8+1.7)\text{m}=0.0074\text{m}$

压水管路沿程损失 $h_f'=(9.31\text{‰}\times5.8+1.31\text{‰}\times3.2)\text{m}=0.058\text{m}$

因此，最不利管线总损失为 $\sum h=(0.185+0.8+0.0074+0.058)\text{m}=1.04\text{m}$

（6）水泵校核

水泵实际扬程为：

设计洪水位时 $H_{min}=(7.5+14.4+1.04+2)\text{m}=24.94\text{m}<25.5\text{m}$

设计枯水位时 $H_{max}=(17.3+14.4+1.04+2)\text{m}=34.74\text{m}<35.7\text{m}$

由此可见，初选水泵符合要求。

6. 泵房平面尺寸计算

(1) 长度 选基础间距为 1.0m，基础与墙间距为 1.2m，除四台水泵外，机器间右端设一间长为 3.2m 的配电室，故得机器间长度为

$$L = (4.5 \times 4 + 1.2 \times 3 + 1.2 \times 2 + 3.2)\text{m} = 27.2\text{m}$$

(2) 宽度 吸水管闸阀距墙 1m，压水管闸阀距墙一侧留 1.2m 宽的管理道路，则机器间宽度为

$$B = (1.0 + 0.72 + 0.71 + 1.6 + 0.7 + 1.3 + 0.6 + 1.2)\text{m} = 7.83\text{m}$$

(3) 高度

水泵安装高度 $H_{SS} = (10.33 - 8.1 - 0.24 - 0.185 - 3.75 \times 0.0021)\text{m} = 1.80\text{m}$

吸水井最低水位 27.7m，则泵轴高程为 29.5m，由 600S47 外形尺寸知，泵轴至基础顶面 $H_1 = 0.735\text{m}$，泵高 $H = 1.2\text{m}$，基础高出 0.2m，泵房为半地下式，地下部分高度

$$H_2 = (39 - 29.5 - 0.735 + 0.2)\text{m} = 10.435\text{m}$$

最高设备为 600S47 型水泵，高度为 1.535m，取吊物底部至最高一台机组顶部距离为 $f = 0.5\text{m}$，则 $g + f = (1.535 + 0.5)\text{m} = 2.035\text{m} < H_2$

则泵房高度按式 (8-28) 计算

$$\begin{aligned} H &= H_1 + H_2 \\ &= a + b + c + d + e + h + H_2 \\ &= (0.32 + 0.2305 + 0.5 + 1.02 + 1.535 + 0.2 + 10.435)\text{m} \\ &= 14.2405\text{m} \end{aligned}$$

7. 附属设备

(1) 起重设备 设备中最大质量为电动机，质量为 2880kg，考虑安全选用 Sc 型，起重量为 3t，工字钢为 32a，起升高度为 3～12m 的手动单轨吊车。

(2) 排水设备 由于泵房较深，故采用排水泵排水，沿泵房内壁设排水沟，将水汇集到集水坑内，然后用泵抽回到吸水间去。取水泵房排水量一般按 20～40m^3/h，排水泵扬程按 10.0m 考虑，水头损失大约 3m，故水泵扬程为 13m 左右。可选用 IS80-65-125 型离心泵（$Q = 15 \sim 60\text{m}^3/\text{h}$，$H = 5 \sim 22.5\text{m}$）两台，一台工作，一台备用。

(3) 通风设备 由于与水泵配套的电动机为水冷式，无需专用通风设备进行空-空冷却。但由于泵房较深，选用风机进行换气通风。选用两台 T35-11 型轴流风机（叶轮直径 700mm，转速 960r/min，叶片角度 15°，风量 10127m^3/h，风压 90Pa，配套电动机 YSF-8026，$P = 0.37\text{kW}$）。

(4) 计量设备 在送水泵站内安装电磁流量计统一计量，故本站不再安装。

设计图样见图 8-72。

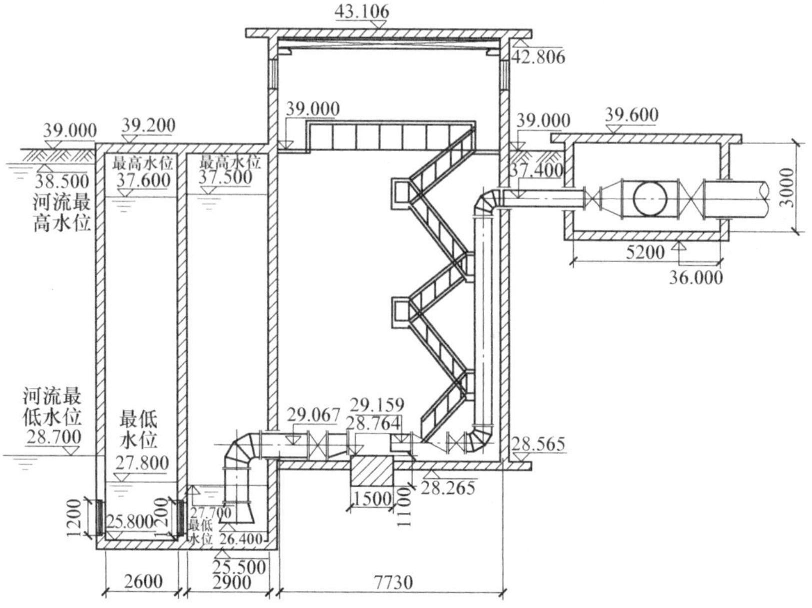

剖面图

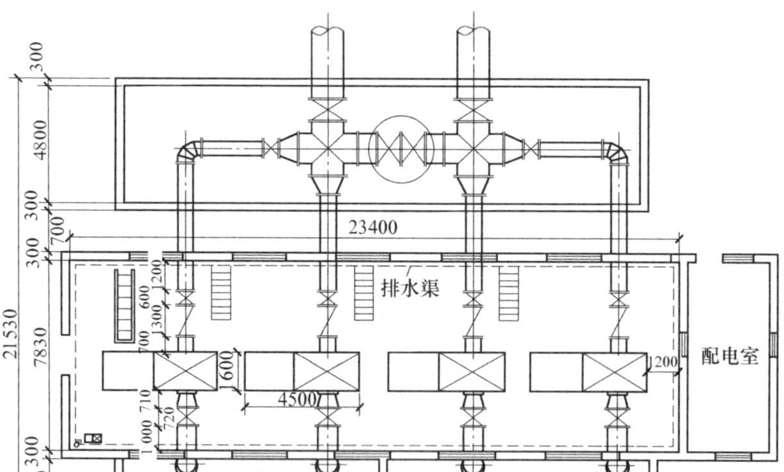

平面图

图 8-72　取水泵站平面、剖面图

8.10.3 循环泵站的设计实例

设计资料：某氧化铝厂的焙烧及石灰烧制工段循环水泵站。具体条件如下：

1）设计水量。石灰烧制工段循环水系统的初期水量为153m^3/h，终期水量为230m^3/h；焙烧工段循环水系统的初期水量为680m^3/h，终期水量为1020m^3/h。

2）供水压力。石灰烧制工段供水压力为350kPa；焙烧工段供水压力为400kPa。

3）循环泵房设计地点的地面相对高程为－0.150m，泵房±0.00相当于绝对高程436.45m，冷却塔Ⅷ±0.00相当于绝对高程437.50m。

4）石灰烧制工段最不利热水出水管到热水池之间距离$L=400$m，热水出水管起点管底相对标高为－1.3m。

5）石灰烧制工段与焙烧工段循环冷水输水管与管网总水头损失最大用水时为50kPa，冷水池最低水位至石灰烧制工段最不利用水点高差7.0m；冷却塔进水口标高0.57m，进水口设计压力75kPa。

6）冷却塔进水温度45℃，出水温度35℃。

（注：本例题计算主要以石灰烧制工段循环水系统为例）

1. 水池设计水位

根据车间热水自流排入热水池确定热水池最高水位。

已知石灰烧制工段循环水量230m^3/h，查水力计算表，选定热水池管进水管为DN400mm铸铁管，$v=0.93$m/s，$i=0.003$，充满度$h/D=0.55$。

石灰烧制工段最不利热水出水管到热水池之间距离$L=400$m。

管道坡降为$i\times L=(0.003\times400)$m $=1.2$m，热水出水管起点管底相对标高为－1.3m。

热水池进水管底标高 $=(-1.3-1.2)$m $=-2.5$m。

则热水池的最高水位设计为－2.5m。假定热水池有效水深2.4m，则热水池最低水位为－4.90m，池底标高－5.0m。为方便循环泵房布置，冷水池的最低水位、池底标高与热水池相同，冷水池最高水位为－0.50m。焙烧工段循环水系统的冷水池高水位也可设计为－0.50m，热水池最高水位为－2.50m，最低水位均为－4.90m。

2. 设计流量的确定与设计扬程的估算

（1）设计流量　泵站设计流量见表8-22。

表8-22　泵站设计流量

工段名称	初期设计流量/（m^3/h）	终期设计流量/（m^3/h）
石灰烧制	153	230
焙烧	680	1020

(2) 设计扬程

1) 石灰烧制工段循环冷水池最低水位至设计最不利用水点地面高差:

$$Z_c = 7\text{m}$$

石灰烧制工段用水设计压力 $p_c = 350\text{kPa}$，相应的水头 $H_c = 35\text{m}$

初估泵站内管路的水头损失 $\sum h = 3\text{m}$

输水与管网管路的总水头损失 $\sum h_c = 3\text{m}$

考虑增加2m的安全水头，石灰烧制循环冷水泵扬程

$$H_p = Z_c + H_c + \sum h + \sum h_c + 2 = (7 + 35 + 3 + 5 + 2)\text{m} = 52\text{m}$$

2) 石灰烧制循环热水池最低水位至冷却塔设进水口高差

$$Z_c = (0.57 + 4.9)\text{m} = 5.47\text{m}$$

进水设计压力 $p_c = 75\text{kPa}$，相应的水头 $H_c = 7.5\text{m}$

初估热水泵站内水头损失 $\sum h = 2\text{m}$

输水管的设计流量 $Q = 230\text{m}^3/\text{h}$，选用 $DN250$ 钢管，则流速 $v = 1.29\text{m/s}$，$i = 0.106\text{kPa/m}$。输水管 $DN250$ 直管长: $L_{14-16} = 15.5\text{m}$; 4 个 $DN250$ 90°弯头 ($\xi_{13} = 0.87$)，$DN250 \times DN250$ 三通一个 ($\xi_{13} = 1.50$)，沿程压力损失: $p_f = 15.5 \times 0.106 = 1.64\text{kPa}$，相应的水头 $h_f = 0.164\text{m}$。

局部水头损失 $h_1 = (4 \times 0.87 + 1.5) \times \dfrac{1.29^2}{2g} = 0.423\text{m}$

输水管 $DN250$ 总水头损失 $h = (0.164 + 0.423)\text{m} = 0.587\text{m}$

冷却塔的送水管设计流量: $Q = 230/2 = 115\text{m}^3/\text{h}$，选用 $DN250$ 钢管，则流速 $v = 2.08\text{m/s}$，$i = 0.348\text{kPa/m}$。$DN200$ 直管长: $L_{17-20} = 9.87\text{m}$; $DN250 \times DN200$ 渐缩管一个 ($\xi_{17} = 0.17$)，2 个 $DN200$ 90°弯头 ($\xi_{18} = 0.72$)，$DN200$ 蝶阀($\xi_{19} = 0.30$)，出口 ($\xi_{20} = 1.0$)，沿程压力损失 $p_f = (9.87 \times 0.348)\text{ kPa} = 3.43\text{kPa}$，相应的水头 $h_f = 0.343\text{m}$; 局部水头损失 $h_1 = (\xi_{17} + 2\xi_{18} + \xi_{19} + \xi_{20}) \times \dfrac{v^2}{2g} = (0.17 + 2 \times 0.72 + 0.30 + 1.0) \times \dfrac{2.08^2}{2g}\text{m} = 0.643\text{m}$

冷却塔的送水管总压力损失 $p = (3.43 + 6.43)\text{kPa} = 9.86\text{kPa}$，相应的水头损失 $h = 0.986\text{m}$

输水管与冷却塔的送水管总压力损失 $\sum p_c = (5.87 + 9.86)\text{kPa} = 15.73\text{kPa}$，相应的水头损失 $\sum h = 1.573\text{m}$

石灰烧制循环热水泵扬程 $H_p = Z_c + H_c + \sum h + \sum h_c = (5.47 + 7.5 + 2 + 1.573)\text{m} = 16.543\text{m}$

(焙烧工段循环水系统的计算略)

3. 初选水泵与电动机

循环水泵站的供水特点是供水压力比较稳定，一般可选用同型号的水泵机组

并联工作。依据流量、扬程按水泵综合性能图选择水泵型号，每套循环水系统初步选定四台工作泵，近期三台，两台工作，一台备用；远期增加一台同型号水泵，三台工作，一台备用。各水泵性能参数见表8-23。

表8-23 水泵性能参数

编号	水泵型号	水泵类型	规格	转速/(r/min)	轴功率/(kW)	效率(%)	汽蚀余量/m
Ⅰ	IS100-80-125	热水泵	流量 $Q=60\sim100\sim120m^3/h$ 扬程 $H=24\sim20\sim16.5m$	2900	5.86~7.0~7.28	67~78~74	4.0~4.5~5.0
Ⅱ	IS100-65-200	冷水泵	流量 $Q=60\sim100\sim120\ m^3/h$ 扬程 $H=54\sim50\sim47m$	2900	13.6~17.9~19.9	65~76~77	3.0~3.6~4.8
Ⅲ	IS200-150-400	冷水泵	流量 $Q=240\sim400\sim460\ m^3/h$ 扬程 $H=55\sim50\sim45m$	1450	48.6~67.2~74.2	74~81~76	3.0~3.8~4.5
Ⅳ	IS200-150-315	热水泵	流量 $Q=240\sim400\sim460\ m^3/h$ 扬程 $H=37\sim32\sim28.5m$	1450	3.46~42.5~44.6	70~82~80	3.0~3.5~4.0

采用水泵厂家所指定的配套电动机，其参数见表8-24。

表8-24 电动机配置

编号	水泵型号	轴功率/kW	电动机型号	电动机功率/kW	转速/(r/min)
Ⅰ	IS100-80-125	5.86~7.0~7.28	Y160M-2	11	2930
Ⅱ	IS100-65-200	13.6~17.9~19.9	Y180M-2	22	2950
Ⅲ	IS200-150-400	48.6~67.2~74.2	Y280M-4	90	1480
Ⅳ	IS200-150-315	3.46~42.54~44.6	Y250M-4	55	1480

4. 吸水管、压水管计算

压水管每台水泵有单独吸水管和压水管，采用海曾-威廉公式（$C=100$）计算吸水管和压水管管径。

（1）吸水管　石灰烧制工段循环水系统：设计流量 $Q_1=230/3=77m^3/h=21.39L/s$，采用 $DN150$ 钢管，则流速 $v=1.26m/s$，$i=0.194kPa/m$。

焙烧工段循环水系统：设计流量 $Q_1=1020/3=340m^3/h=94.4L/s$。

采用 *DN*300 钢管，则流速 $v=1.29m/s$，$i=0.087kPa/m$。

（2）压水管　石灰烧制工段循环水系统：采用 *DN*150 钢管，则流速 $v=1.26m/s$，$i=0.194kPa/m$。

焙烧工段循环水系统：采用 *DN*250 钢管，则流速 $v=1.89m/s$，$i=0.220kPa/m$。

（3）横向联络管与输水管计算　见表 8-25。

表 8-25　横向联络管与输水管径计算

循环系统名称	横向联络管				输　水　管			
	流量/(m^3/s)	管径/mm	流速/(m/s)	i/(kPa/m)	流量/(m^3/s)	管径/mm	流速/(m/s)	i/(kPa/m)
石灰烧制循环热（冷）水	153	200	1.39	0.161	230	250	1.29	0.106
焙烧循环冷（热）水	680	400	1.46	0.078	1020	500	1.39	0.055

5. 水泵机组和管道布置

水泵采用单排顺列式布置。每台水泵都单独设有吸水管，并设有检修阀，即管径 300mm 以下采用 D343X-10 型蝶阀，300mm 以上采用 D97X-10 电动蝶阀。压水管设有 H44T-10 型止回阀，即管径 300mm 以下采用 D343X-10 型蝶阀，管径 300mm 以上采用 D97X-10 电动蝶阀。

6. 吸水管与压水管路中的水头损失计算

以石灰烧制循环水系统为例，取最不利线路，从吸水口到输水干管上切换阀为计算线路。

（1）循环冷水系统　最不利线路如图 8-73 所示。

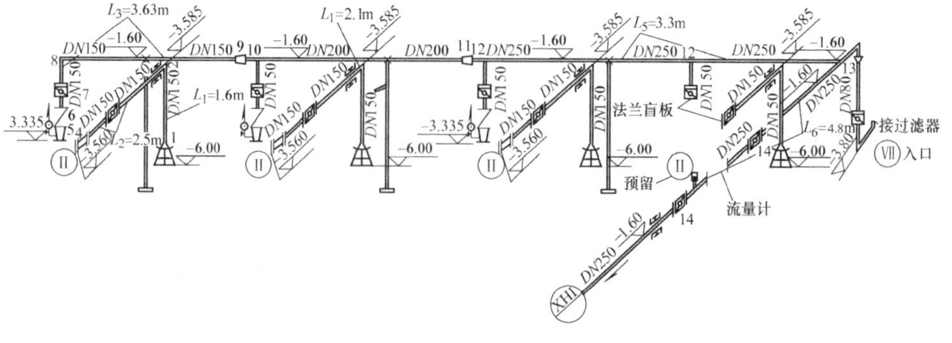

图 8-73　冷水系统最不利计算管路

1）吸水管路水头损失为$\sum h_s = \sum h_{fs} + \sum h_{ls}$

吸水管 $DN150$ 直管长 $L_1 + L_2 = (2.5 + 1.6)\text{m} = 4.1\text{m}$，$i_s = 0.194\text{kPa/m}$

吸水管的沿程压力损失$\sum p_{fs} = i_s(L_1 + L_2) = 0.194 \times 4.1\text{kPa} = 0.80\text{kPa}$，相应的水头损失$\sum h_{fs} = 0.08\text{m}$

吸水管路的局部水头损失$\sum h_{ls}$的计算见表8-26。

表8-26 吸水管路的局部水头损失计算

管道直径 DN/mm	管　件	阻力系数ξ	流量/（L/s）	流速v/（m/s）	$\frac{v^2}{2g}$	水头损失$\xi\frac{v^2}{2g}$/m
150	吸水喇叭口	$\xi_1 = 0.56$	21.39	1.26	0.08	0.045
	90°弯头	$\xi_2 = 0.72$	21.39	1.26	0.08	0.058
	蝶阀	$\xi_3 = 0.30$	21.39	1.26	0.08	0.006
150×100	偏心渐缩管	$\xi_4 = 0.17$	21.39	2.78	0.39	0.066
合计						$\sum h_{ls} = 0.175$

吸水管的水头损失$\sum h_s = \sum h_{fs} + \sum h_{ls} = (0.080 + 0.175)\text{m} = 0.255\text{m}$

2）压水管路水头损失为$\sum h_d = \sum h_{fd} + \sum h_{ld}$

压水管 $DN150$ 直管长 $L_{3L} = 3.63\text{m}$，$i_{d1} = 0.194\text{kPa/m}$；直管长：$L_4 = 2.1\text{m}$，$i_{d2} = 0.16\text{kPa/m}$；$DN250\text{mm}$ 直管长 $L_5 = 3.3\text{m}$，$L_6 = 4.8\text{m}$，$i_{d3} = 0.108\text{kPa/m}$

压水管的沿程压力损失

$$\sum p_{fd} = L_3 i_{d1} + L_4 i_{d2} + (L_5 + L_6) i_{d3}$$

$$= (3.63 \times 0.194 + 2.1 \times 0.161 + (3.3 + 4.8) \times 0.108)\text{kPa} = 1.92\text{kPa},$$

相应的水头损失$\sum h_{fd} = 0.192\text{m}$。

压水管路的局部水头损失$\sum h_{ld}$的计算见表8-27。

表8-27 压水管路的局部水头损失计算

管道直径 DN/mm	管　件	阻力系数ξ	流量/（L/s）	流速/（m/s）	$\frac{v^2}{2g}$	水头损失$\xi\frac{v^2}{2g}$/m
100×150	渐扩管	$\xi_5 = 0.17$	21.39	2.47	0.311	0.053
150	止回阀	$\xi_6 = 6.50$	21.39	1.26	0.08	0.520
	蝶阀	$\xi_7 = 0.30$	21.39	1.26	0.08	0.024
	90°弯头	$\xi_8 = 0.72$	21.39	1.26	0.08	0.058
150×200	渐放管	$\xi_9 = 0.06$	21.39	1.26	0.08	0.005
150×200	三通	$\xi_{10} = 1.62$	42.79	1.39	0.100	0.162
200×250	渐放管	$\xi_{11} = 0.06$	42.78	1.39	0.100	0.006
250×150	2个三通	$\xi_{12} = 1.68$	64.17	1.29	0.085	0.286

（续）

管道直径 DN/mm	管　　件	阻力系数 ξ	流量/（L/s）	流速/（m/s）	$\frac{v^2}{2g}$	水头损失 $\xi\frac{v^2}{2g}$/m
250	三通	$\xi_{13}=1.50$	64.17	1.29	0.085	0.128
250	2 个蝶阀	$\xi_{14}=0.30$	64.17	1.29	0.085	0.051
	流量计		64.17	1.29		1.00
合计						$\sum h_{ld}=2.293$

压水管路的水头损失 $\sum h_d=\sum h_{fd}+\sum h_{ld}=(0.192+2.293)\text{m}=2.485\text{m}$

泵站内管路的水头损失，即从水泵吸水口 1 到输水管上切换阀 14 之间的总水头损失

$$\sum h=\sum h_s+\sum h_d=(0.255+2.485)\text{m}=2.740\text{m}$$

因此，石灰烧制循环冷水泵的实际扬程

$$H_p=Z_c+H_c+\sum h+\sum h_c+2=7+35+2.740+5+2=51.74\text{m}$$

由此可见，初选水泵机组符合要求。

（2）循环热水系统　最不利路线如图 8-74 所示。

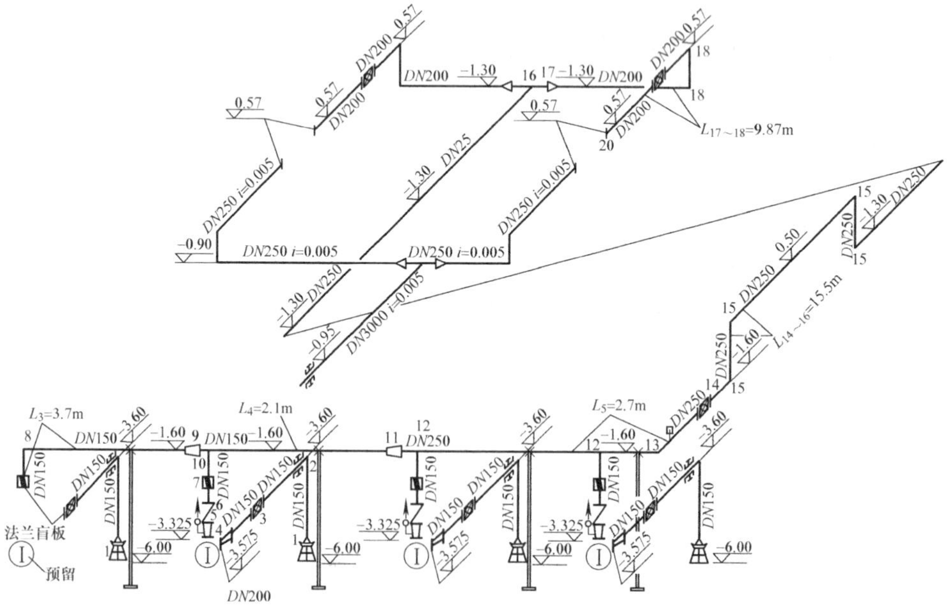

图 8-74　热水系统最不利计算管路

1）吸水管路的水头损失基本同冷水循环系统，近似取冷水循环系统的吸水管路的水头损失，即 $\sum h_s=0.255\text{m}$

2）压水管 $DN150$ 直管长 $L_3=3.7\text{m}$，$i_{dl}=0.194\text{kPa/m}$；$DN200\text{mm}$ 直管长。

$L_4=2.1\text{m}$，$i_{d2}=0.16\text{kPa/m}$；$DN250\text{mm}$ 直管长 $L_5=2.7\text{m}$，$i_{d3}=0.106\text{kPa/m}$。

压水管路的沿程水头损失

$$\sum p_{fd}=L_3 i_{d1}+L_4 i_{d2}+L_5 i_{d3}$$

$$=(3.70\times0.194+2.1\times0.16+2.7\times0.106)\text{kPa}=1.34\text{kPa},$$

相应的水头损失 $\sum h_{fd}=0.134\text{m}$。

压水管路的局部水头损失 $\sum h_{ld}$ 的计算见表 8-28。

表 8-28 压水管路局部损失计算

管道直径 DN/mm	管 件	阻力系数 ξ	流量/（L/s）	流速/（m/s）	$\frac{v^2}{2g}$	水头损失 $\xi\frac{v^2}{2g}$/m
100×150	偏心渐扩管	$\xi_5=0.17$	21.39	2.47	0.311	0.053
150	止回阀	$\xi_6=6.50$	21.39	1.26	0.08	0.520
	蝶阀	$\xi_7=0.30$	21.39	1.26	0.08	0.024
	90°弯头	$\xi_8=0.72$	21.39	1.26	0.08	0.058
150×200	渐放管	$\xi_9=0.06$	21.39	1.74	0.154	0.009
150×200	三通	$\xi_{10}=1.62$	42.78	1.39	0.100	0.162
200×250	渐放管	$\xi_{11}=0.06$	42.78	1.39	0.100	0.006
200×150	2个三通	$\xi_{12}=1.68$	64.17	1.29	0.085	0.286
250	90°弯头	$\xi_{13}=0.87$	64.17	1.29	0.085	0.074
	蝶阀	$\xi_{14}=0.30$	64.17	1.29	0.085	0.026
合计						$\sum h_{ld}=1.218$

压水管路的水头损失 $\sum h_d=\sum h_{fd}+\sum h_{ld}=(0.134+1.218)\text{m}=1.352\text{m}$

泵站内管路的水头损失，从水泵吸水口 1 到输水管上切换阀 14 之间的总水头损失

$$\sum h=\sum h_s+\sum h_d=(0.255+1.352)\text{m}=1.607\text{m}$$

输水管与冷却塔的送水管总水头损失为 $\sum h_c=1.573\text{m}$

因此，热水泵的实际扬程：

$$H_p=Z_c+H_c+\sum h+\sum h_c=(5.47+7.5+1.607+1.573)\text{m}=16.15\text{m}$$

由此可见，初选水泵机组符合要求。

7. 机组基础

水泵基础长度、宽度和高度按水泵样本提供，结果见图 8-75。

8. 各工艺标高设计

因循环水泵站的供水流量与压力比较稳定，水池水位基本恒定，为减少泵房埋深，水池在最高水位时，水泵设计为自灌式工作，在最低水位时，水泵为非自灌式工作。

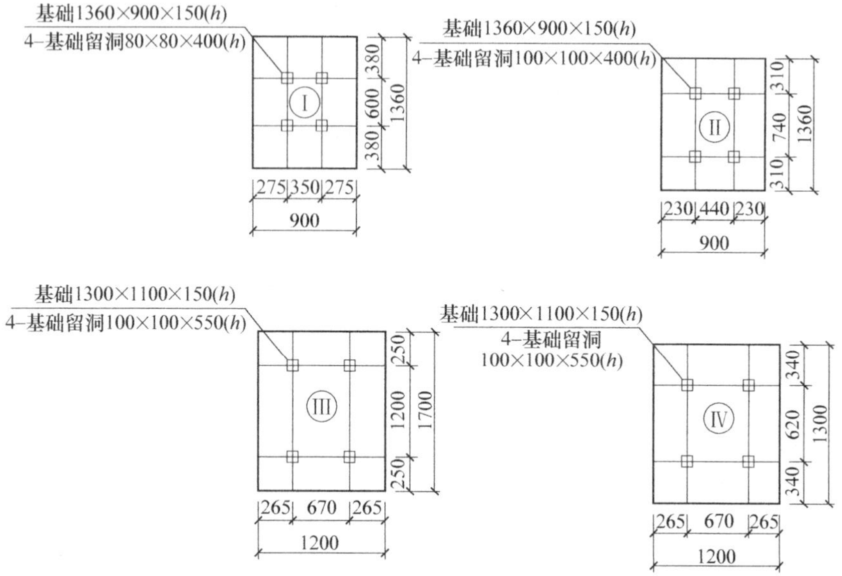

图8-75　水泵基础

1）热水池最高水位 -2.5m，为保证热水泵（IS100-80-125）能自灌式工作，设计泵轴标高为 -3.575m。

吸水管中心标高 = 泵轴标高 + 水泵进口直径/2 - 吸水管管径/2

$$= (-3.575 + 0.1/2 - 0.15/2)\text{m} = -3.60\text{m}$$

查水泵样本，泵轴至基础顶面高度 $H = 0.25\text{m}$

基础顶面标高 = 泵轴标高 - 泵轴至基础顶面高度 H

$$= (-3.575 - 0.25)\text{m} = -3.825\text{m}$$

泵房地面标高 = 基础顶面标高 $-0.15 = (-3.825 - 0.15)\text{m} = -3.975\text{m}$

2）泵房地面取平，冷水泵（IS100-65-200）基础顶面标高 = 泵房地面标高 $+0.15 = (-4.00 + 0.15)\text{m} = -3.85\text{m}$。

查水泵样本，泵轴至基础顶面高度 $H = 0.29\text{m}$。

泵轴标高 = 基础顶面标高 + 泵轴至基础顶面高度

$$= (-3.85 + 0.29)\text{m} = -3.56\text{m}$$

吸水管中心标高 = 泵轴标高 + 水泵进口直径/2 - 吸水管管径/2

$$= (-3.56 + 0.1/2 - 0.15/2)\text{m} = -3.585\text{m}$$

9. 冷水泵汽蚀余量校核

（1）冷水泵（IS100-65-200）汽蚀余量校核

查表得：循环冷水温度为 35℃ 时，实际饱和蒸汽压 $H_{va} = 0.59\text{m}$；$H_a = 10.33\text{m}$。

水池的最低水位为 -4.90m，已知冷水泵（IS100-65-200）安装高度，$H_{ss}=(-3.585+4.90)\text{m}=1.315\text{m}$。

水泵吸水管流量取单泵运行流量：$Q=22.78\text{L/s}$，流速 $v_1=1.34\text{m/s}$，$i_s=0.218\text{kPa/m}$，直管长为4.1m，则吸水管沿程压力损失

$\sum p_{fs}=i_sL=0.218\times4.1=0.89\text{kPa}$，相应的水头损失 $\sum h_{fs}=0.089\text{m}$。

水泵进口直径100mm，则流速 $v_2=2.63\text{m/s}$。

吸水管路局部水头损失

$$\sum h_{ls}=(\xi_1+\xi_2+\xi_3)\frac{v_1^2}{2g}+\xi_4\frac{v_2^2}{2g}$$

$$=\left[(0.56+0.72+0.30)\frac{1.34^2}{2g}+0.17\times\frac{2.63^2}{2g}\right]\text{m}=0.205\text{m}$$

吸水管路总水头损失 $\sum h_s=\sum h_{fs}+\sum h_{ls}=(0.205+0.089)\text{m}=0.294\text{m}$

冷水泵（IS100-65-200）实际汽蚀余量

$H_{sv}=h_a-h_{va}-\sum h_s-H_{SS}=(10.33-0.59-0.294-1.315)\text{m}=8.313\text{m}$

查水泵样本，冷水泵必要的汽蚀余量为3.79m，满足要求。

（2）热水泵（IS100-80-125）汽蚀余量校核

查表得：循环热水温度为45℃时，实际饱和蒸汽压 $h_{va}=1.0\text{m}$；$h_a=10.33\text{m}$。

热水泵（IS100-80-125）泵轴标高为 -3.575m，水泵安装高度 $H_{ss}=(-3.575+4.9)\text{m}=1.325\text{m}$。

吸水管道内的水头损失可近似取 $\sum h_s=0.294\text{m}$

热水泵实际汽蚀余量

$H_{sv}=h_a-h_{va}-\sum h_s-H_{ss}=(10.33-0.59-0.294-1.325)\text{m}=8.212\text{m}$

查水泵样本，热水泵必要的汽蚀余为4.74m，满足要求。

10. 吸水设计

水泵直接从水池吸水，四个水池水位在集中控制室内连续显示，高、低水位设声光报警，最低水位水泵停泵。

水泵喇叭口上设格网，防止大颗粒物质进入泵站，格网网眼净尺寸20mm，网丝直径3.0mm，现场制作安装。

水池长度按吸水喇叭口安装要求，并根据机组布置间距。

11. 附属设备的选择

（1）起重设备　根据最重的设备选起重设备，具体参见表8-29。

（2）排水设备　采用电动水泵排水。沿泵房内壁设排水沟，将水汇集到集水坑内，然后用泵抽回到吸水间去。

选用50QW10-10-0.75型潜污泵（$Q=10\text{m}^3/\text{h}$，$H=10\text{m}$，$n=2900\text{r/min}$）两

台，一台工作，一台备用。高水位 -4.5m 时起动泵，低水位 -5.30m 时停泵。

设积水坑两个，1.0m×1.2m×1.5m(h)。

表 8-29 主要设备

编号	型　　号	名　　称	规　　格	数量	质　　量	备　　注
1	IS100-80-125	热水泵	流量 $Q=60\sim120m^3/h$ 扬程 $H=24\sim16.5m$	4 台	720kg	2 用 1 备，1 台预留
2	Y106M_1-2	电动机	电机功率 $P=11kW$	4 台		2 用 1 备，1 台预留
3	IS100-65-200	冷水泵	流量 $Q=60\sim120\ m^3/h$ 扬程 $H=54\sim47m$	4 台	960kg	2 用 1 备，1 台预留
4	Y180M-2	电动机	电机功率 $P=22kW$	4 台		2 用 1 备，1 台预留
5	IS200-150-400	冷水泵	流量 $Q=240\sim460\ m^3/h$ 扬程 $H=55\sim45m$	4 台	330kg	2 用 1 备，1 台预留
6	Y280M-4	电动机	电机功率 $P=90kW$	4 台		2 用 1 备，1 台预留
7	IS200-150-315	热水泵	流量 $Q=240\sim460\ m^3/h$ 扬程 $H=37\sim28.5m$	4 台	175kg	2 用 1 备，1 台预留
8	Y250M-4	电动机	电机功率 $P=50kW$	4 台		2 用 1 备，1 台预留
9	D97X-10	电动蝶阀	*DN*500	8 个		
10	D97X-10	电动蝶阀	*DN*500	12 个		
11	HS1	手拉葫芦	$Q=1.0t$ $H=10m$	1 台		
12	SG-1	手动单轨小车	$Q=1.0t$ $H=3\sim10m$	1 台		
13	HS2	手拉葫芦	$Q=2.0t$ $H=10m$	1 台		
14	SG-2	手动单轨小车	$Q=2.0t$ $H=3\sim10m$	1 台		
15	50QW10-10-0.75	潜污泵	$Q=10\ m^3/h$ $P=0.75kW$ $H=10m$	2 台		
16	GBNL-150	冷却塔	$Q=150\ m^3/h$ $P=5.5kW$	2 台	自重 2.2t 运行重 5.6t	2 台同时工作
17	配套风机		LF-47TTTA $P=45kW$	3 台	风机重 0.7t 电动机重 0.5t	2 台工作，1 台预留
18	L47 风机逆流式冷却塔		$Q=400\sim800m^3/h$	3 台		2 台工作，1 台预留
19	M120C	自动反清洗过滤器	$Q=25m^3/h$	1 台	28kg	
20	182/480E2-1500*2400	全自动软水器	$Q=70m^3/H$ $U=380V$	1 台	总重 10.0t	
21	M106LP	自动反清洗过滤器	$Q=180m^3/h$	1 台	自重 115kg 运行重 225kg	

（3）计量设备　泵房热水泵，冷水泵输水总干管在室内分别设电磁流量计，测量范围为0～2500 m^3/h，压力范围0～0.9MPa。

压水管上设有Y-100压力表，测量范围MPa；WTZ-280温度计，测量范围0～100℃，在控制室显示水压与温度。

（4）其他　所有水泵既可集中控制又可手动控制。

灭火器可以悬挂在墙上，安装告诉顶部距所在处地面1.4m。

其他设备及其选用材料见表8-30。

表8-30　材料表（烧制循环水）

标　号	标准图号	名　称	规　格	数　量	备　注
1		镀锌钢管	*DN*32	2m	
2		镀锌钢管	*DN*50	9m	
3		焊接钢管	*DN*80	7m	
4		焊接钢管	*DN*150	42m	*D*159×6
5		焊接钢管	*DN*200	24m	*D*219×6
6		焊接钢管	*DN*250	56m	*D*273×6
7		焊接钢管	*DN*300	3m	*D*325×6
8		焊接钢管	*DN*400	10m	*D*426×6
9	D17X-10	蝶阀	*DN*80	1个	
10	D343X-10	蝶阀	*DN*150	14个	
11	D343X-10	蝶阀	*DN*200	2个	
12	D343X-10	蝶阀	*DN*250	3个	
13	H44T-10	止回阀	*DN*150	6个	
14	Y-100	压力表	0～1.2MPa	6个	
15	WTZ-280	温度计	0～100℃	2个	
16	02S403-52	钢制异径管	*DN*150×100	6个	
17	02S403-52	钢制异径管	*DN*200×150	2个	
18	02S403-52	钢制异径管	*DN*250×200	4个	
19	02S403-52	钢制异径管	*DN*250×200	4个	
20	02S403-52	钢制异径管	*DN*250×100	1个	
21	02S403-58	钢制偏心异径管	*DN*150×100	6个	
22	02S403-110	吸水喇叭管	*DN*150×6	8个	
23	02S403-113	吸水喇叭管支架	ZA2	8个	$\phi159\times\phi245$

（续）

标　号	标准图号	名　称	规　格		数　量		备　注
24	02S403-98	弯管型通气管	W-200		2个		
25	02S403-70	喇叭口	DN400		1个		
26	S161-55-53	管道支架	DN200		2个		
27	S161-55-53	管道支架	DN250	DN150	3个	2个	
28	S161-55-50	管道支架	DN400		1个		
29	02S404-5	柔性防水套管	DN50		1个		
30	02S404-5	柔性防水套管	DN150		8个		
31	02S404-5	柔性防水套管	DN250		1个		
32	02S404-15	刚性防水套管	DN80		1个		
33	02S404-15	刚性防水套管	DN300		1个		
34	02S404-78	刚性防水套管	DN400		2个		
35	02S403-78	钢制法兰	DN80	DN50	2个	4个	PN1.0MPa
36	02S403-78	钢制法兰	DN150		50个		PN1.0MPa
37	02S403-78	钢制法兰	DN200		6个		PN1.0MPa
38	02S403-6	钢制法兰	DN250		10个		PN1.0MPa
39	02S403-6	90°弯头	DN80		4个		
40	02S403-6	90°弯头	DN150		9个		
41	02S403-6	90°弯头	DN200		4个		
42	02S403-6	90°弯头	DN250		9个		
43	02S403-6	90°弯头	DN400		1个		
44	02S403-36	三通	DN200×150		2个		
45	02S403-38	三通	DN250×150		4个		
46	02S403-48	三通	DN250×250		2个		
47	02S403-48	三通	DN300×300		1个		
48		法兰盲板	DN150		4个		
49	MF2	干粉灭火器	5B		6具		
50	MF2	干粉灭火器	5A		2具		
51	H44T-10	止回阀	DN50		1个		
52	D71X-10	蝶阀	DN50		1个		

焙烧工段循环水系统计算略，其管道系统见图 8-76。

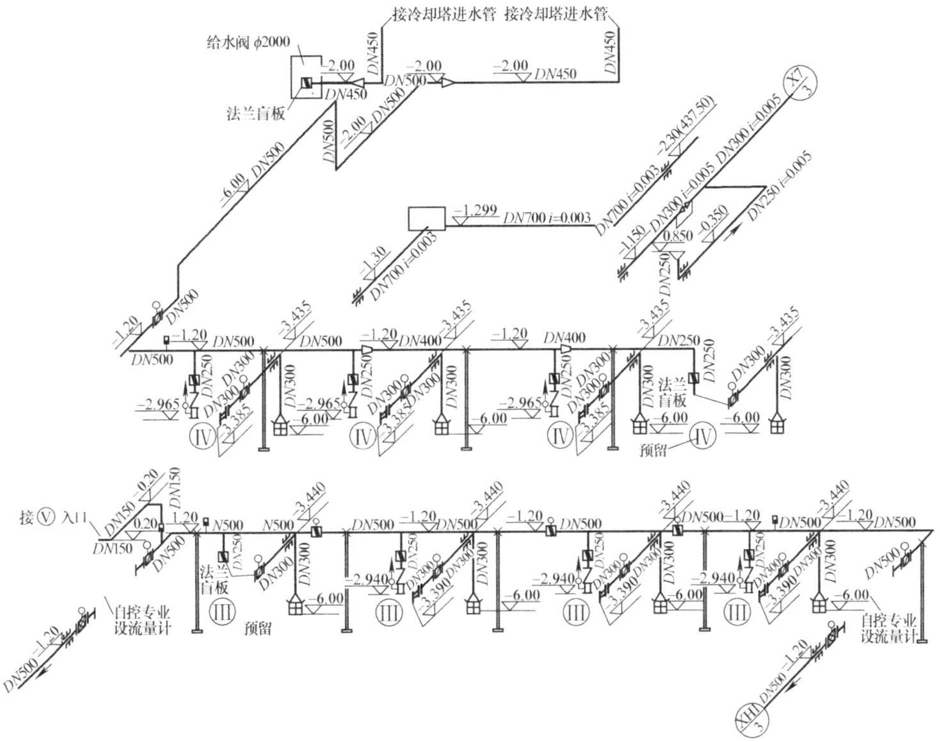

图 8-76 焙烧工段循环水管道系统

泵房的平、剖面图见书后插页图 8-77。

思考题与习题

1. 试比较取水泵站与送水泵站的工艺、构造特点，设计时应注意哪些问题？

2. 选择水泵应考虑哪些因素？选择水泵为何要经过初选和精选两步？

3. 某送水泵站近期设计流量 8 万 m^3/d，远期设计流量 16 万 m^3/d。吸水池设计水位 208m，最低水位 206m，最高水位 210m，管网控制点地面高程为 217m，建筑物层数为 5 层，从泵站到控制点的总水头损失为 10.5m，试选择该泵站的合适泵型与台数。

4. 水泵机组布置形式有哪几种？各适用于什么条件？其主要特点是什么？

5. 水泵吸、压水管路布置有哪些要求？为什么压水管管径小于吸水管管径？

6. 停泵水锤有哪些危害？简述水锤产生的原因及其防护措施。

7. 说明电磁流量计和超声波流量计的工作原理及其应用时需要注意的问题。

8. 泵站中常用的起重设备有哪些？选择起重设备的依据是什么？

第9章 排水泵站工艺设计

9.1 概述

9.1.1 排水泵站功能及分类

1. 排水泵站的功能及设置

将各种废水（包括雨水、生活污水、工业废水和污泥）由低处提升到高处所用的抽水机械称为排水泵。安置排水泵的建筑物或构筑物称为水泵间（或机器间），其他有关附属设备或构（建）筑物还有集水池、配电室、变电所等，由这些设备、建筑物、构筑物及相应的其他附属设施共同组成排水泵站。排水泵站是城市和工业企业排水系统的重要组成部分，同时也担负着城市排水防涝的重要任务。

排水管道一般是按重力流设计，因此排水管渠沿水流方向以一定的坡降敷设，在地势平坦的地区，很容易出现管道的敷设坡度大于地面坡度，这时排水管道的埋深将越来越大，到一定深度时，会出现施工困难或施工费用剧增。这时需要设置提升泵，将废水水位提升到一定高度，使后续管道的埋深减小。这种设置在排水管渠中途的泵站称为中途泵站。相应设置在管渠系统末端的泵站称为终点泵站。

当污水或雨水需要直接排放水体时，如果管渠中的水位低于水体中的最高水位时，此时需要设置终点泵站将管渠中水位提升排入水体。当设有污水处理厂时，需要在污水管渠的末端，污水处理厂入口处设置提升泵站，将污水提升后靠重力流经各处理构筑物。

有时，在地形复杂的城市，有些局部地区较低，如果以这里为控制点敷设管道，将会使整个排水管道的埋深增加，此时这里的污水往往需要设水泵提升，以减小整个系统的埋深，降低造价；另外，在一些高楼的地下室或其他的地下建筑物的污水也需要设提升泵将污水提升至室外的污水管道中，这种局部提升污水的泵站成为局部泵站。

中途泵站、终点泵站和局部泵站是根据泵站在排水系统中设置的位置的不同来分类命名的。这些泵站的设置与否，需要从技术和经济两方面分析比较后决定。

2. 排水泵站的分类

排水泵站通常按以下方法进行分类：

1）按在排水系统中设置的位置和作用可分为：中途泵站、终点泵站和局部泵站。

2）按废水的性质可分为：污水泵站、雨水泵站、合流泵站、立交排水泵站和污泥泵站。

3）按水泵起动方式可分为：自灌式泵站和非自灌式泵站。

4）按泵房平面形状可分为：圆形泵站、矩形泵站和组合形泵站。

5）按集水池和水泵间的组合情况可分为：合建式泵站和分建式泵站。

6）按泵站和地面的相对位置可分为：地下式泵站、半地下式泵站和全地下式泵站。

7）按水泵的操控方式可分为：人工操控泵站、自动控制泵站和遥控泵站。

8）按水泵的泵型可分为：离心泵站、轴流泵站、混流泵站、潜水泵站、立式泵站、卧式泵站等。

9）按使用情况可分为：永久性泵站、半永久性泵站和临时泵站。

9.1.2　排水泵站的基本组成

排水泵站由事故溢流井及闸门、格栅、集水池、水泵间（机器间）、出水池及附属建筑物等组成。排水泵站的基本工艺流程如图9-1所示。

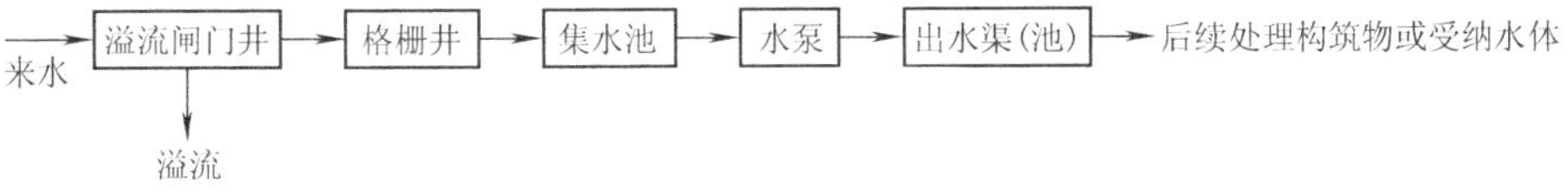

图9-1　排水泵站基本工艺流程框图

1. 事故溢流井及闸门

事故溢流井常和闸门井合建，其作用是当水泵机组、电源发生故障而停止工作时或水泵安装检修、集水池清除淤泥时，为了防止来水淹没集水池及泵站，此时，应将进水闸门关闭，开启事故溢流闸门，将来水通过事故溢流管排入水体。溢流闸门通常是关闭的，只有在事故时才开启。事故排水应取得当地卫生监督部门的许可。

2. 格栅

格栅是用来拦截污水、雨水中大块的悬浮物或漂浮物，用以保护水泵机组和后续构筑物及设备的正常运行。格栅一般设在泵前集水池的入口处，也可单独设置格栅井（间），以便于检修和管理。格栅间隙的大小应根据水泵允许通过污物的大小来定，拦截下来的污物可以人工清捞也可以机械清捞，小型格栅拦截的污物量少，通常采用人工清捞，大型格栅拦截的污物量多，多用机械清污机自动清捞。

3. 集水池

集水池的作用是在一定程度上调节来水量的变化，以保证水泵机组在较为稳定的条件下运行。集水池一般为钢筋混凝土结构，常和水泵间合建，尺寸应满足调蓄容积和水泵吸水管的安装要求。

4. 水泵间（机器间）

包括主厂房和副厂房。主厂房用来安装水泵、电动机机组及天车等附属设备，立式水泵有时单独设置水泵间及电动机间。副厂房的组成由布置形式决定，一般除设置配电及起动设备外，还设有值班室和控制室。

5. 出水井（池）

出水井起汇集各水泵的出水、调节出水压力、消能稳流的作用，同时还有防止停泵时水流倒流至集水池的作用，压水管的出口设在出水井中，这样可省去阀门，降低造价及运行管理费用。

6. 附属建筑物

附属建筑物有生产性附属建筑物和生活性附属建筑物。生产性附属建筑物有变电室、配电室、储藏室、维修间等。生活性附属建筑物有办公室、休息室、厨房、卫生间等，在一组泵站的中心站还应该设会议室和活动室等。远离居民点的排水泵站，应根据需要适当设置工作人员的生活设施。附属建筑易整体布置，以减少占地，且便于运行和管理。

7. 其他附属设施

其他附属设施主要包括围墙、大门、道路、给排水系统、绿化等。

9.1.3 常用排水泵

常用排水泵有离心泵、混流泵、轴流泵、潜水泵、螺旋泵等。由于排水泵抽送的污水、雨水中携带着杂物，如木块、碎石、碎布、塑料袋、沙子等，在抽送过程中必须使这些杂物顺利通过水泵，否则水泵会被缠绕或堵塞而发生故障，所以这类水泵的过水道应宽畅而光滑。为了检修方便，排水泵在构造上应当便于拆装，以备万一堵塞时可以迅速清通。

1. 离心污水泵

为了防止堵塞，污水离心泵的叶片往往只有两片，有卧式泵和立式泵两大类。在早期的城市排水系统中常常有立式污水泵，因为它占地省，电动机可以和水泵分开安装在干燥的地面建筑物内。但这种泵的轴向推力很大，泵轴又长，各零部件易磨损，故对安装技术和零部件精度要求高，其检修也不如卧式泵方便。

PW型卧式和PWL型立式离心污水泵，专供吸送污水、污泥用。防腐性能较好，构造简单可靠，对于污水使用维修方便，但效率较低。目前国内产品PW型流量为30~180L/s，扬程为9~25m；PWL型流量为83~260L/s和1300L/s，扬程为7.5~14m。

2. 轴流泵

轴流泵的主流方向和泵轴平行，故得此名。其叶片装在短柱状叶轮外缘的柱面上，呈现辐射状。轴流泵也有卧式的。

ZLB型立式轴流泵适用于大流量、低扬程的雨水、合流、排灌泵站，设计流量为0.5~15.0m^3/s，扬程为3~8m时选用，其主要特点是效率较高，与一般同口径泵（混流泵除外）相比，流量约大1/3左右，但轴流泵安装要求稳定性高。

3. 混流泵

混流泵在构造上基本与离心泵相同，只是叶轮的设计不同，泵内主流方向介于辐射和轴向之间。

HLB型立式、HBC型和TL型卧式混流泵，多用于中流量的雨水及合流泵站。当设计流量为0.25~1.0m^3/s，扬程为5~9m时选用HBC型泵；流量为0.6~2.5m^3/s，扬程为5~10m时选用TL型泵；流量为0.2~3.0m^3/s，扬程7~15m时选用HLB型泵。

4. 螺旋泵

螺旋泵是由泵轴、螺旋叶片、上下支座、导流槽、挡水板和驱动装置组成。近年来，螺旋泵广泛应用于各种给水排水泵站、农业灌排、城市排涝等工程，用于提升回流污泥或带渣质废水，能起到轴流泵所不及的作用。与其他类型的水泵相比，螺旋泵具有以下优点：①没有阻塞的问题；②泵站设施简单，无需辅助设施，安装维修方便；③低速运转，机械磨损小；④能耗少，费用低。缺点是占地较大，工作人员卫生条件差。

螺旋泵可用于汲送低扬程的污水和污泥，可不设格栅，由于转速较慢，用于提升活性污泥时不会打碎污泥絮凝体颗粒，集水井很小，没有泥砂和浮渣问题，可直接提升，出水无压力。适用于扬程较低（一般3~6m之间），进水水位变化较小的场合。

5. 潜水泵

随着防腐措施和防水绝缘性能的不断改善，水泵和电动机可以制成能放在水中的泵组，这种泵称为潜水泵。潜水泵的电动机和泵体都装在水下。潜水泵根据泵内主流方向的不同，也分为潜水离心泵、潜水轴流泵、潜水混流泵和潜水螺旋泵等。潜水泵的主要特点是：无需正规的泵站、占地少；管路简单、辅助设备少等。

由于潜水泵独特的优点，近年来在排水工程中的应用非常广泛。WQ 型潜水排污泵优点是能有效地输送含有固体物和长纤维的污水，不易发生堵塞。性能为中扬程 7 ~ 25m，中小流量 0.02 ~ 2.8m^3/s 的潜水泵，适用于中小型污水泵站。HQ 型潜水混流泵为中扬程 8 ~ 15m、中流量 0.5 ~ 2.0m^3/s，适用于污水泵站和合流泵站。ZQ 型潜水轴流泵为低扬程 3 ~ 8m、中流量 0.5 ~ 3.0m^3/s，适用于雨水泵站和合流泵站。

6. 其他常用排水泵

其他常用排水泵还有 MN 型污水泵、MF 型污水泵、WL 型立式无堵塞排污泵、LKX 型大型立式斜流泵等。

MN 型立、卧式污水泵是单级单吸蜗壳式泵，优点是能输送含有固体颗粒和含有纤维材料的污水。缺点是在运转过程中需要另加高压清水在水封环中进行冷却和防止污水串流。MN 型立、卧污水泵为中扬程 7 ~ 15m、中小流量 0.15 ~ 3.0m^3/s，适用于污水泵站。

MF 型立、卧式污水泵是单级单吸蜗壳式泵，适用于输送工业废水和城市污水，它的最大优点是能输送含有固体颗粒和含有纤维材料的污水。此外，还适用于作电厂循环泵、灌溉用泵及其他用途。泵体和进水管上都设有检修孔，便于对叶轮的检修。MF 型立、卧式污水泵性能为中扬程 7 ~ 25m，小流量 0.03 ~ 0.4m^3/s，适用于小型污水泵站。

WL 型立式无堵塞排污泵同 WQ 型泵，只是电动机不放在水中。

LKX 型大型立式斜流泵为高扬程 10 ~ 30m、大流量 3 ~ 10m^3/s 的泵，优点是泵转子为可抽出型，检修维护方便，适用于大型雨水泵站。

9.1.4 排水泵房的形式

排水泵房的形式应根据进出水管渠的深度和方向、选用泵的型号和台数、建设规模、施工方法、管理水平、水文地质条件等因素，从泵站的造价、施工、管理等方面综合考虑，通过方案比较后确定。常见的排水泵房的形式及特点如下。

1. 干式泵房和湿式泵房

采用立式轴流泵的泵房既可以布置成干式泵房，也可以布置成湿式泵房。潜水泵的泵房常用湿式泵房。

(1) 干式泵房　干式泵房就是集水池和机器间用隔墙分开的，只有水泵的吸水管和叶轮淹没在水中。这样机器间可经常保持干燥，以利于对水泵的检修和保养，具有避免污水对轴承、管件、仪表的腐蚀和养护、管理条件好的优点，如图 9-2a 所示。

(2) 湿式泵房　湿式泵房是电动机设在电动机间，水泵的叶轮、轴承、引水管等淹没在集水池中，水泵间与集水池合建在一起，结构比干式泵房简单，集水池有效容积的范围大。但缺点较多，对水泵部件的腐蚀严重，管理人员工作条件差，往往要带水维修。适合在半永久性泵站采用，如图 9-2b 所示。

潜水泵由于电动机和水泵特有的潜水功能，采用湿式泵房是完全适合的。

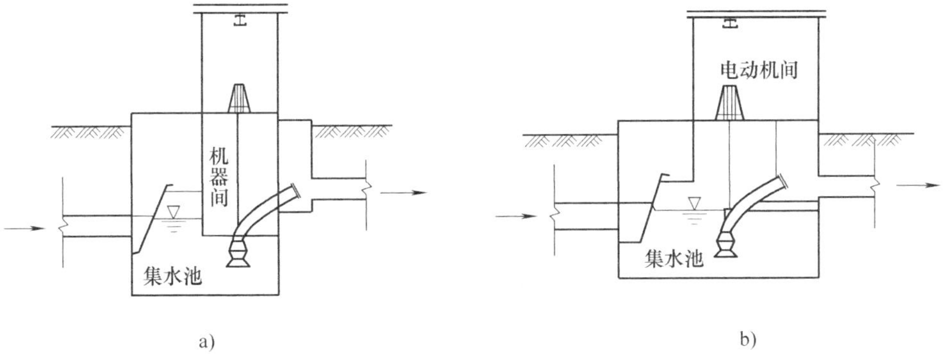

图 9-2　干式泵房和湿式泵房

a) 干式泵房　b) 湿式泵房

2. 合建式泵房和分建式泵房

合建式泵房和分建式泵房主要指集水池和机器间是合建在一起还是分成两个独立的构筑物，一般应根据水文地质条件、地形、水泵型号、管理要求等情况来定。

(1) 合建式泵房　合建式泵房是机器间与集水池合建在一起为一个构筑物，机器间和集水池可以上、下布置或前、后布置。当选用立式轴流泵或立式混流泵时，集水池设在机器间地板的下面；使用卧式离心泵或混流泵时，宜前、后布置，以隔墙分开。合建式泵房还可以将超越井、格栅井、集水池、机器间、出水井等部分全部合建在一个建筑屋内，使得布置更加紧凑，具有占地少、水头损失小、管理方便等特点，尤其在北方地区还有保温的作用，如图 9-3a 所示。

(2) 分建式泵房　分建式泵房就是机器间和集水池分别建成两个独立的构筑物。分建式泵房主要优点是在结构上处理简单，施工方便，机器间没有被污水渗透的危险。但有可能使得水泵吸水管加长。两个构筑物间的距离和高差既要满足水泵吸程的限制，又要满足施工中的相互干扰，如图 9-3b 所示。

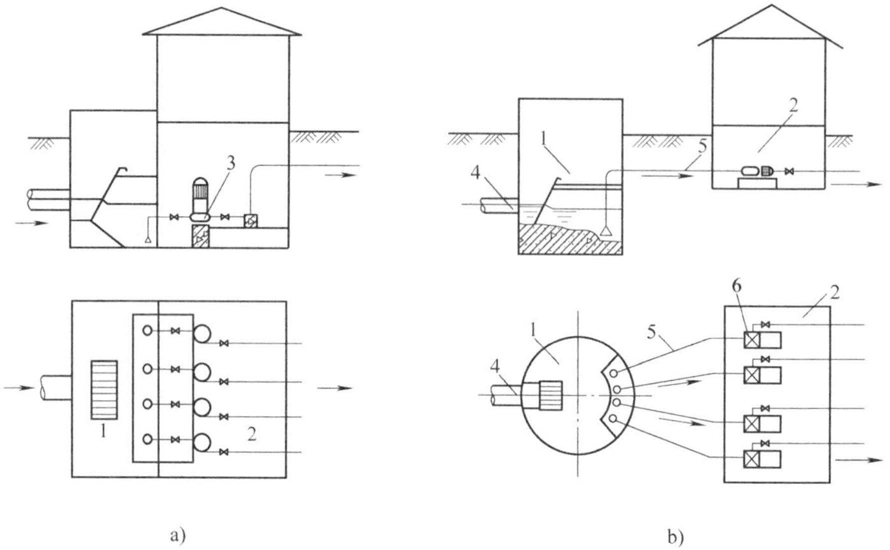

图 9-3 合建式泵房和分建式泵房

a）合建自灌式泵房 b）分建非自灌式泵房

1—集水池 2—机器间 3—立式水泵 4—集水池进水管 5—吸水管 6—机组

3. 圆形泵房和矩形泵房

泵房的形状与工艺要求、施工条件、水量大小以及水泵机组台数等有关，有圆形、下圆上方形、矩形和组合形。

（1）圆形及下圆上方形泵房 当泵站规模较小，水泵不超过 5 台时，下部结构宜采用圆形，具有受力条件好、便于施工的优点。上部建筑可建成圆形或方形。上部建筑为方形时平面利用率高，方便机组和附属设备的布置。圆形泵房可采用沉井法施工，如图 9-4a 所示。

（2）矩形及组合形泵房 当泵房规模较大，水泵超过 4 台时，地下部分多采用矩形或梯形，上部为矩形。组合形更具水力条件较好的优点。矩形及组合形泵房多为开槽施工，如图 9-4b 所示。

4. 半地下式泵房和全地下式泵房

（1）半地下式泵房 泵房的机器间包括地上和地下两部分称为半地下式泵房，机器间的高程取决于非自灌式水泵吸水管的最大吸程和水泵自灌式起动的要求。地上建筑物空间要满足采光、照明、通风、吊装、运输、维修及操作的要求，并设置工作人员的值班室和配电室，排水泵站一般采用半地下式泵房。图 9-3 和图 9-4 所示的泵房均为半地下式泵房。

（2）全地下式泵房 在某些特定情况下，泵房的全部构筑物都要求设置在地面以下，地面上只留有供出入泵房的门（人孔）、通气孔、吊装孔，这种泵房形

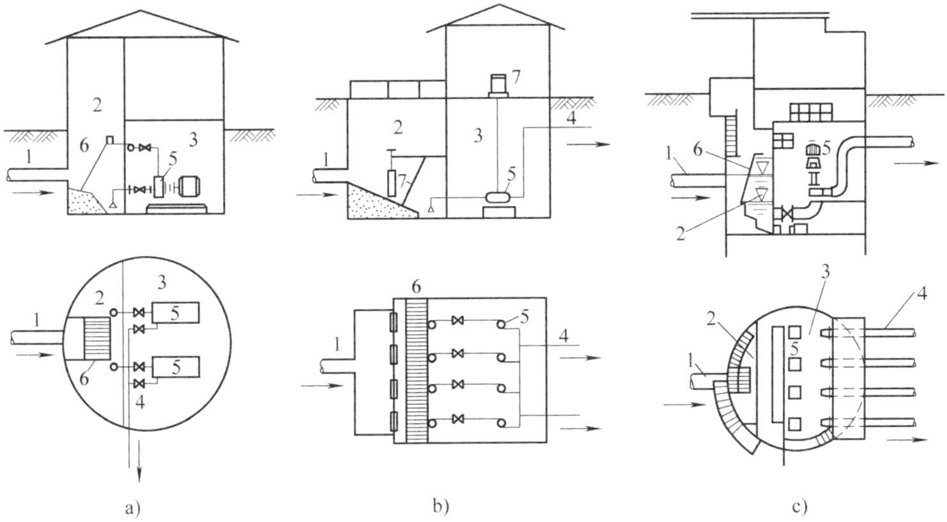

图 9-4　圆形泵房和矩形泵房

a）合建自灌式圆形泵房　b）合建自灌式矩形泵房　c）合建自灌式上圆下方形泵房

1—集水池进水管　2—集水池　3—机器间　4—水泵出水管　5—水泵机组　6—格栅　7—电动机

式称全地下式泵房。全地下式泵房几乎没有占地问题，当地面上不允许有建筑物时可设成全地下式泵房，全地下式泵房可以减少噪声和气味对周围环境的影响。全地下式泵房的所有进出口的高程都应比室外地面高出 0.2m 以上，并高出防洪设计的洪水位 0.5m。全地下自灌式泵房如图 9-5 所示。

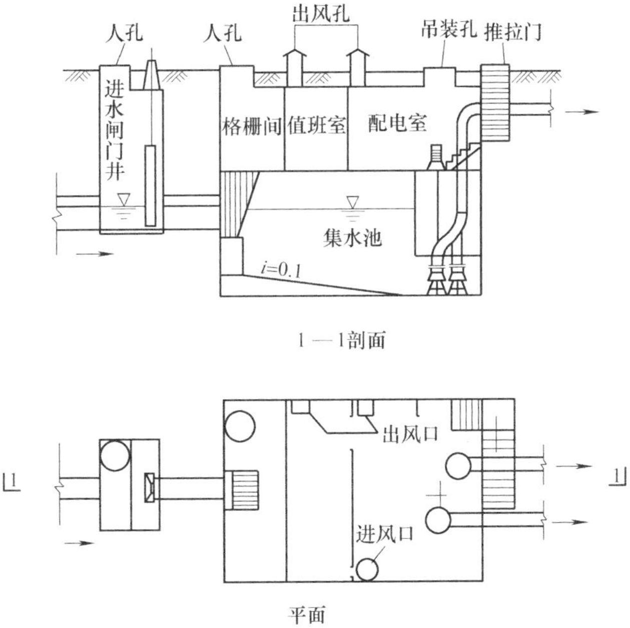

图 9-5　全地下自灌式泵房

5. 自灌式泵房和非自灌式泵房

根据水泵及吸水管的充水情况，水泵的起动可分为自灌式泵房、半自灌式泵房和非自灌式泵房三种。

（1）自灌式泵房　采用自灌式时水泵叶轮（或泵轴）应低于集水池的最低水位，在最高、最低和中间水位三种情况下水泵都可以直接起动。这种起动方式不需要设置引水的辅助设备，操作简单，起动及时，便于自控。缺点是泵房埋深大，工程造价高，管理、维修不便，电动机容易受潮，需加强室内通风和烘干空气的设施。自灌式泵房在排水泵站中应用很广，特别是在要求开起及时的立交泵站、自动化程度要求高的污水泵站、较重要地区的雨水泵站、开起频繁的污水泵站应尽量采用自灌式泵房。参见图9-4a、b、c。

（2）非自灌式泵房　非自灌式水泵的泵轴高于集水池的最高水位，不能直接起动，由于吸水管不能设底阀，所以需设引水设备，每次起动前都需用引水设备灌水起动，故操作较为繁琐，对管理人员操作要求高。这种泵房的最大优点是深度较浅，施工简单，室内通风、卫生条件好，管理维护方便。参见图9-6b。

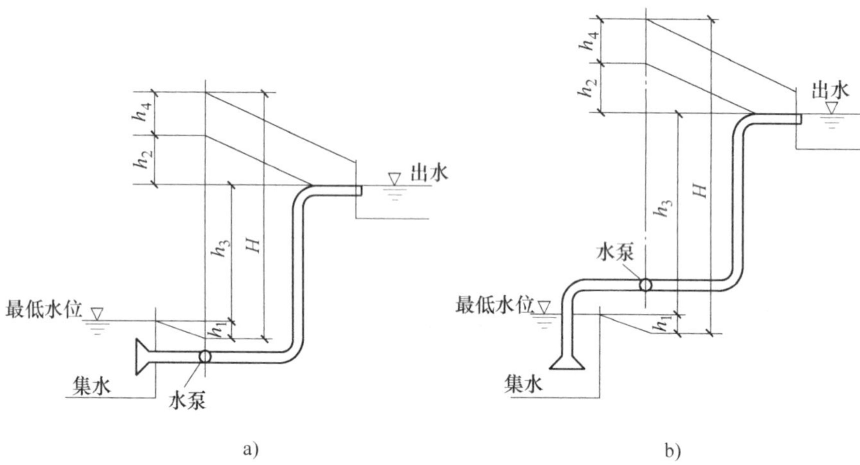

图9-6　水泵扬程计算

a）自灌式　b）非自灌式

（3）半自灌式泵房　半自灌式泵房就是水泵叶轮在最高水位和最低水位之间。对于进水水位变化较大的泵房，可以采用半自灌式的运行方式，即最高水位时自灌，水位低时引水起泵。

非自灌式泵房和半自灌式泵房的引水设备同给水泵房。

9.2　污水泵站工艺设计及实例

污水泵站是污水系统设计的重要组成部分，特点是水流连续，水流较小，但变化幅度大，水中污染物含量多。因此，设计时集水池要有足够的调蓄容积，并应考虑备用泵，此外设计时应尽量减少对环境的污染，站内要提供较好的管理、检修条件。

设计内容主要包括：①泵的选择；②集水池容积及尺寸的确定；③吸水管和出水管的计算；④泵房的布置；⑤泵房的建筑形式；⑥起重设备的选择及布置；⑦电气设备和自控设备的设计；⑧泵房的建筑、电气与结构的设计；⑨施工方法的确定。下面将讨论泵站的主要工艺设计内容。

9.2.1　污水泵站一般规定

1）应根据远近期污水量，确定污水泵站的规模，泵站设计流量一般与进水管的设计流量相同。

2）应明确泵站是一次建成还是分期建设，是永久性还是半永久性，以决定其标准和设施。并根据污水经泵站提升后，出水入河渠还是进处理厂处理来选定合适的泵站位置。

3）在分流制排水系统中，雨水泵房与污水泵房可以分建在院内不同位置，也可以合建在一座构筑物里面，但水泵、集水池和管道应自成系统。

4）污水泵站的集水池与机器间在同一构筑物内时，集水池和机器间需用防水隔墙隔开，不允许渗漏，做法按结构设计规范要求；分建式集水池和机器间要保持一定的施工距离，以避免不均匀沉降，其中集水池多为圆形，机器间多为方形。

5）泵站构筑物不允许地下水渗入，应设有高出地下水位0.5m的防水措施。

6）注意减少对周围环境的影响，结合当地条件，使泵站与居住房屋和其他公共建筑保持一定距离，泵站院内须绿化，并在四周建隔离带。

9.2.2　工艺设计

1. 污水泵的选择

正确合理的选泵是污水泵站设计的关键，污水泵应根据所提升污水的流量、性质和扬程来选择污水泵的型号和台数。污水泵站选泵应考虑以下因素：①泵站的总提升能力，应按进水管的最大时污水量设计，并应满足最大充满度时的流量要求；②尽量选择相同类型（最多不超过两种型号）和口径的水泵，以便维修，但还须满足低流量时的需求；③由于生活污水对水泵有腐蚀作用，故污水泵站尽量采用污水泵，在大的污水泵站中，无大型污水泵时才选用清水泵。

（1）污水泵站的设计流量　城市用水量是不均匀的，因而排入管道的污水流量也是不均匀的。要正确地确定水泵的出水量、台数以及决定集水池的容积，必须知道最高日中每小时污水流量的变化情况。而在设计排水泵站时，这种资料往往是不能得到的。因此，污水泵站的设计流量一般均按最高日最高时污水流量决定。

(2) 污水泵站的扬程计算　水泵的扬程可按下式计算，计算草图见图 9-8，计算公式如下

$$H \geqslant h_1 + h_2 + h_3 + h_4 \tag{9-1}$$

式中　h_1——吸水管水头损失（m）；

h_2——出水管水头损失（m）；

h_3——集水池最低工作水位与所提升最高水位之差，即静扬程（m）；

h_4——自由水头（m），按 0.5～1.0m 计；

吸水管、出水管水头损失的计算同给水泵站。

(3) 污水泵型号及台数的确定　根据已确定提升污水的流量和扬程选择相应的污水泵。选泵时要根据水泵特性曲线选用，采用高效率、低能耗，易于检修而又耐用的泵。同一泵站内应尽量使用相同类型、相同口径的水泵，以便于维修管理。当水量变化大时，水泵台数较多时，采用大小水泵搭配较为合适。常用污水泵有：①WL、WTL 型立式污水泵（又称无堵塞立式污水泵）；②MN、MF 型立、卧式污水泵；③PW、PWL 型卧、立式污水泵；④WQ 型潜污泵；⑤F 型耐腐蚀污水泵。

排水泵站宜按远期规模设计，水泵机组可按近期水量配置。泵房内工作泵不宜少于 2 台，中小型污水泵站一般不超过 4 台，大型泵站不超过 8 台。污水泵站应设备用泵，备用台数可参考表 9-1。

表 9-1　污水泵站工作泵与备用泵数量

类　别	工作泵台数/台	备用泵台数/台	类　别	工作泵台数/台	备用泵台数/台
同一型号	1～4	1	两种型号	1～4	1
	5～6	1～2		5～6	2（各 1）
	>6	2		>6	2（各 1）

注：非常年运转的泵站，备用泵可放在仓库里。

2. 污水泵的吸水管和出水管

(1) 污水泵的吸水管　每台污水泵都应设置单独的吸水管路，并力求最短，以改善水力条件，减小水头损失，可减少杂质堵塞管道的可能性。

吸水管的设计流速一般采用 1.0～1.5m/s，最低不得低于 0.7m/s，以免管内产生沉淀。当吸水管很短时，流速可提高到 2.0～2.5m/s。为便于吸水管中储积空气的排除，吸水管的水平部分应顺着水流方向稍微抬高，管坡可采用 0.005。吸水管与水泵连接处需要渐缩时，应采用偏心大小头。吸水管入口处应装有喇叭口，其直径为吸水管直径的 1.3～1.5 倍。喇叭口安装在集水池的积水坑内。

自灌式布置的水泵，其吸水管上应安装阀门，以便检修。如果泵是非自灌式工作的，应利用真空泵或水射器引水起动，而不允许在吸水管上设置底阀，因底

阀在污水中容易堵塞，影响泵的起动，并且增加水头损失和电耗。

（2）污水泵的出水管　污水泵出水管的流速一般不小于1.5m/s，当两台或两台以上水泵合用一条出水管而仅一台水泵工作时，其流速也不得小于0.7m/s，以避免在管内沉积。泵的出水管接入出水干管（连接管）时，不得自干管底部接入，以免水泵停止运行时，在该泵的出水管内形成淤积。

当两台及两台以上水泵合用一条出水管时，每台水泵的出水管应装有阀门，并且在阀门与水泵之间设止回阀；如果水泵采用单独的出水管，且为自由出流时，一般可不设止回阀，所有阀门尽量装在水平段，以免污物沉淀在阀盘上。

污水泵站内管道的敷设一般采用明装。吸水管常设置于地面上，出水管由于泵房较深，多采用架空安装，通常沿墙架设在托架上。管道的布置不得妨碍泵站内的交通和检修工作，不允许把管道装设在电气设备上空，不得妨碍站内交通、设备吊装和检修，通行处的地面距管底不宜小于2.0m，管道应稳固。为了便于安装、拆卸，泵站内的管道一般采用法兰接口。管道和阀门应采取相应的防腐措施。

3. 集水池

（1）集水池容积的确定　污水泵站集水池的容积大小应根据进入的流量变化情况，所选污水泵的型号、台数、工作制度，泵站的操作性质和起动时间等而定。集水池容积太大会造成池内淤积量大且增加工程造价；容积太小又不能满足水量调节的要求。因此，应根据以上情况合理地确定集水池容积。

集水池的容积要满足水工布置、格栅及水泵吸水管的安装要求，在及时将来水抽走和避免水泵起闭频繁的基础上，尽量减小池容，以减低费用和减少污物在池内淤积和腐化。

集水池容积包括死水容积和有效容积两部分。死水容积是指最低水位以下的容积，有效容积是指集水池内最高水位和最低水位之间的容积。集水池构造示意如图9-7所示。根据排水规范，集水池有效容积应符合以下要求：

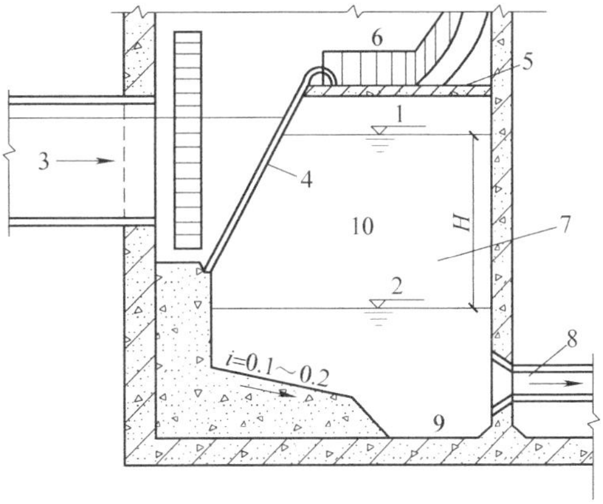

图9-7　集水池构造示意图
1—最高水位　2—最低水位　3—集水池进水管
4—拦污格栅　5—工作平台　6—栏杆扶手
7—集水井　8—水泵吸水管
9—吸水坑　10—有效容积

1）对于全昼夜运行的大型污水泵站，集水池有效容积按不小于泵站中最大一台水泵5min的出水量计算；如水泵机组为自动控制时，每小时开动水泵不得超过6次；当人工管理时，每小时开动水泵不宜超过3次。

2）对于小型污水泵站，由于夜间的污水流量不大，可能夜间停止运行，这种情况下，集水池容积必须能够储存夜间停止运行时段内的流入量。

3）对于工厂内污水泵站的集水池，还应该根据短时间内淋浴排水量来复核它的容积。

4）污泥泵房集水池的容积，应按一次排入的污泥量和污泥泵抽送能力计算确定。活性污泥泵房集泥池的容积，应按排入的回流污泥量、剩余污泥量和污泥泵抽送能力计算确定。

5）在根据集水池液位自动控制水泵开停的泵站，可以用集水池的来水量和每台水泵抽水时间的规律计算有效容积，计算公式

$$V_{min}=\frac{T_{min}Q}{4} \tag{9-2}$$

式中 V_{min}——集水池最小有效容积（m^3）；

T_{min}——水泵最小工作周期（s）；

Q——水泵流量（m^3/s）。

污水泵站集水池的设计最高水位，应按进水管充满度计算。设计平均水位应采用设计平均流量时的进水管渠水位。集水池的设计最低水位，应满足所选水泵吸水头的要求。自灌式泵房还应满足水泵叶轮浸没深度的要求。

（2）集水池和吸水管的布置形式 集水池的形状、尺寸及吸水管的布置适当与否，直接影响到水泵的运行状态，如果布置不当，池内会因流态紊乱产生漩涡而卷入空气，影响泵的性能，出现汽蚀现象。

为了得到较好的吸水效果，吸水管的布置应注意以下几点：

1）要使来水管（渠道）至集水池进口不发生方向上的急剧变化或显著的流速变化，流向集水池的流速最好平均为0.5～0.7m/s，不大于1.0m/s。

2）如果集水池过宽也会漩涡，为防止发生偏流和回流现象，应设置导流板。

3）加深吸水管的淹没深度，其最小尺寸为吸水管直径的1.5倍或如图9-8所示的尺寸。

4）吸水管喇叭口至吸水坑底距离为0.8D或1.0D，距墙壁不小于喇叭口直径的0.75～1.0倍，两喇叭口之间的净距不小于进口直径的1.5～2.0倍，如图9-8所示。

集水池池底应做成0.01～0.02的坡度坡向吸水坑，吸水坑的深度一般采用0.5～0.6m。

集水池的形式与吸水管的布置形式如图9-9所示。

泵站集水池前，应设置闸门或闸槽；泵站宜设置事故排出口，污水泵站和合流污水泵站设置事故排出口应报有关部门批准。以便集水池在清洗或水泵检修或

事故时用。集水池应设冲洗装置，宜设清泥设施。

4. 泵房的布置

泵房布置应满足设备安装、运行和检修的要求，并且要有良好的运输、巡视和工作的条件，还要符合防火、防噪声及采光的规定。

泵组间的布置受水泵型号、外形尺寸、水泵台数及泵站建筑形式等因素的影响。

污水泵站水泵不论是立式还是卧式，都是从轴向进水，一侧出水。因此，常采用水泵轴线平行（并列）的布置形式。

水泵机组的平面布置一般按单排布置，这种布置可使吸水管短而直，不仅水力学条件好，而且泵组间的跨度小，简化了泵房的屋架结构，同时也便于起重设备的布置和操作。泵组多时，也可采用两排或交叉排列布置。

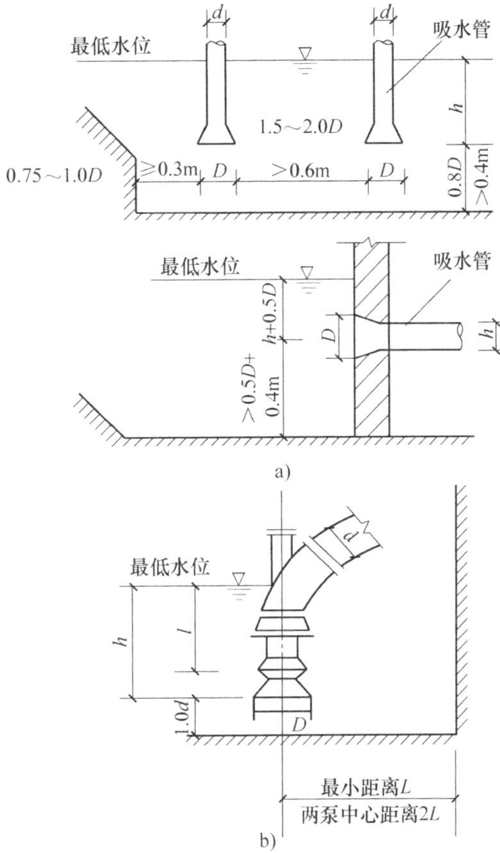

图 9-8　集水池最低水位及吸水管布置

a）卧式离心泵　b）立式轴流泵

泵组间的地面应向进水池方向倾斜，坡度在0.01以上，地板上设尺寸不小于400mm×400mm×500mm的集水坑，以排除地板上的水。

为了减小集水池的容积，污水泵机组的“开”、“停”比较频繁。为此，污水泵常常采取自灌式工作，这时，吸水管上必须装设闸门，以便检修水泵。但是，采取自灌式工作，会使泵房埋深加大，增加造价。

为了满足安全防护和便于检修，泵组之间、泵组与墙壁之间应有一定距离，泵房内机组间布置和通道宽度的大小，泵房的高度及建筑要求，可参考给水泵房的要求。

泵房的地上部分一般采用自然通风，地下间应设置机械通风设施。

5. 泵房内部标高的确定

泵房内部标高主要根据进水管渠底标高或进水水位确定。自灌式泵站集水池底板与机器间地板标高基本一致，水泵轴线标高可由喇叭口标高及吸水管上配件尺寸来推算确定。

对于非自灌式泵房，由于利用了水泵的真空吸上高度，机器间底板标高通常比集水池底板高，水泵轴线标高可根据水泵允许吸上真空高度和当地条件确定；水泵基础标高则由水泵轴线标高推算，进而确定机器间地板标高。机器间上层平台标高一般应比室外地坪高出0.5m。

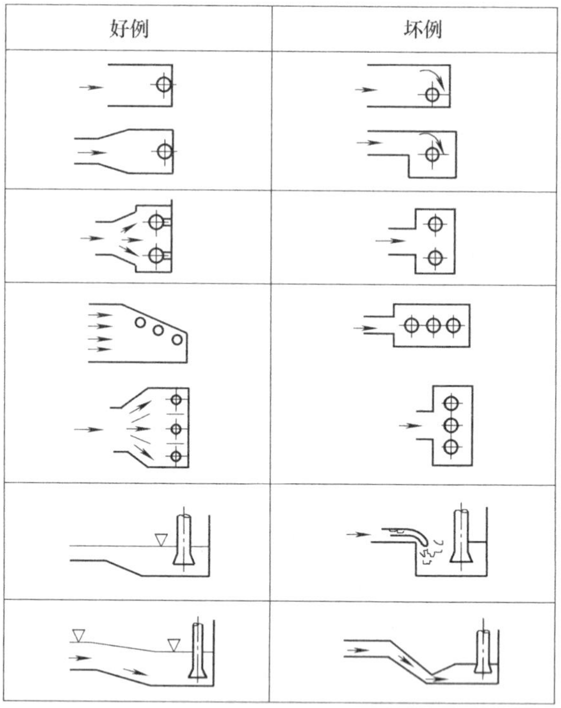

图9-9 集水池的布置形式与吸水管布置形式

集水池中最高水位，对于小型泵站即取进水管渠底标高；对于大、中型泵站可取进水管渠计算水位标高。集水池有效水位一般取1.5～2.0m，由此推算最低水位标高。根据集水池吸水坑和喇叭口设计的要求，确定吸水坑底的标高。为便于到池底检修，应设有上下的爬梯。

受洪水淹没的地区的泵站，其入口处设计地面高程应比设计洪水位高0.5m以上，必要时可在入口处设置闸槽等临时防洪措施。

6. 污水泵站设计应注意的几个问题

对如何搞好或优化城市污水泵站的建设，应注意和抓好以下几个方面重要环节。

(1) 污水泵站的建设要考虑到泵站本身的环境保护问题　泵站在选址建设阶段，往往周围建筑物较少，但随着城市建设的发展，城市用地日益紧张，因此在许多泵站附近建起了许多建筑物。其中有不少是居民住宅，而泵站的噪声、气味等影响了周围居民的正常生活，引起了居民的不满。因此，在泵站的建设中要考虑到泵站的消声和除味。消声可以采用半地下室，或采用潜污泵来解决；除味可采用密封或安装通风装置等办法解决。

(2) 四台水泵以上的泵站最好设置两个水室　因为城市污水泵站一旦开通，往往无法自主停运检修，若要停运检修必须通过协调许多部门才能实施。当设置两个水室时，某一台水泵出现故障，若一个水室的水泵能满足污水的提升要求，则可以关闭另一个水室检修水泵，而不影响泵站的正常运行，同时也能在污水量不是很大的季节对设备进行有效保养，使设备始终处于良好的状态，确保了泵站的正常运行。

(3) 控制水位的液位计位置要设置得当　目前大多数污水泵站是靠集水池内液位来控制水泵的开停，控制水位的液位计既不要设在水流流动很快的地方，也不要设置在很难检修的地方。前者由于水体流动太快，水位在液位计附近上下激烈波动，使得水泵处在频繁开车停车状态，无法正常运行，也容易造成设备损坏。后者若水位计损坏则很难检修，因此控制水位的液位计位置要设置得当。

(4) 水泵的起动、停止水位要设置得当　若水泵的起动、停止水位设置过近，则水泵开起频繁，容易损坏设备，若起动、停止水位设置过远，一旦控制系统发生故障，则容易发生污水满溢事故。

(5) 水泵的扬程选择要适当　水泵扬程小，无法达到出水效果；扬程太大，浪费投资，浪费动力，甚至损坏设备。例如，某污水处理厂提升泵选择的水泵扬程为13m，但实际提升高度只有8m，水泵在运行时剧烈振动，为了减少水泵的振动，只好调节泵后蝶阀的开度，以适应水泵的运行要求，既提高了投资，又浪费了电能。因此，建议在设计计算泵站管路损失时，要估算的比较切合实际，余量不要太大。

(6) 泵站通风装置最好采用风道通风　泵站通风装置最好采用风道通风排向屋顶，污水泵站内的污水成分复杂，有毒有害气体多，若用轴流风机排放，不仅噪声大，气味难闻，而且对周围居民身体的影响也较大。若采用风管通风，有毒有害气体通过屋顶风管排向高空，可以减少对附近居民的影响。

(7) 电动机供电建议采用每台水泵电动机主回路单独供电，二次回路集中控制的方式　以往相当数量的泵站采用一条线路为数台水泵供电，这样虽然控制方便，费用也低，但若这条线路发生故障，整个泵站将造成瘫痪；但若每台水泵电动机单独供电，如一条线路发生故障，只影响一台水泵的运行，其他水泵仍能正常工作，避免了整个泵站停止运行事件的发生。

(8) 水泵的控制方式建议采用轮换工作制　假如一个泵站有四台水泵，当第一次到达起动水位的时候，起动1号泵，到达第二起动水位时，起动2号泵，到达第三起动水位时，起动3号泵。水位下降时，依次停1号泵、2号泵、3号泵，当再次到达起动水位时，依次起动4、1、2号泵，然后再依次停4、1、2号泵，依次循环，这样使每台泵的运行时间基本一致。在泵站进行改造时可以同步改造，保证了设备的最大经济运行效率。

(9) 建议加设试车旁通　污水泵站在土建、设备、管道、电气、自控等专业工程施工完成后即进入单机试运行阶段，但这时进出水口往往还未开通，无法进行单机试运行。而进出水管一旦开通，实际进行的是联动试车，若在试车过程中发现一些问题，则很难关闭进出口阀门，给继续试车和检修带来很大的困难。同时，根据有关规定，单机试车由施工单位负责，联动试车由建设单位负责，而两种试车混在一起，职责不清，容易扯皮。加设试车旁通，则能较方便地进行单机调试，保证了试车质量，确保了通车的时间，但要增加一些费用。

9.2.3 设计实例

某污水处理厂最大设计流量为1250L/s，污水提升泵房处地面标高为750.20m，进水管管底标高为746.50m，管径为DN1000mm，经竖向计算确定提升泵房后第一个构筑物沉砂池的水位标高754.70m，试进行该污水厂提升泵站的设计。

1. 水泵的选择

该污水泵站选用集水池与机器间合建式的圆形泵站。

（1）流量的确定　该泵站提升的设计流量为$Q_{max}=1250L/s$。

设计拟定选用4台泵（3用1备），则每台泵的设计流量为

$$Q=Q_{max}/3=1250L/s/3=416.67L/s$$

（2）选泵前扬程的估算　水泵提升的静扬程为沉砂池水位（754.70m）与水泵集水池的最低水位H_2之差，集水池有效水深取2.0m，通过格栅总的水头损失取0.3m，在集水池最低水位$H_2=H_1-2.0m$。集水池最高水位H_1取进水管水位，进水管充满度为0.8，则$H_1=(746.5+0.9-0.3)m=747.0m$，$H_2=(747.0-2.0)m=745.0m$。

静扬程$H_{静}=(754.70-745.0)m=9.7m$。

水泵吸水管和压水管水头损失估算为3.0m，自由水头取1.0m，则水泵扬程为

$$H=H_{静}+3.0m+1.0m=13.7m$$

（3）选泵　由$Q=416.67L/s$，$H=13.7m$可知，选用350WL1714—15.3型水泵四台，三用一备，其各项性能参数如表9-2所示。

表9-2　350WL1714—15.3型水泵性能参数

型　号	流量Q/（m^3/h）	扬程H/m	转速n/（r/min）	轴功率W/kW	效率
350WL1714—15.3	1714	15.3	590	91.6	78

注：该泵生产厂为扬州市亚太特种水泵厂。

2. 吸、压水管路实际水头损失的计算及水泵扬程的核算

（1）管径及流速的确定　$Q=416.67L/s$，吸水管选用$DN=600mm$的铸铁管，压水管为$DN=500mm$的铸铁管，则压水管内流速为

$v_{压}=\dfrac{4\times Q}{\pi\times D^2}=\left(\dfrac{4\times0.41667}{3.14\times0.50^2}\right)m/s=2.12m/s$，查《给水排水设计手册》第1册知：$1000i=11.8$；

吸水管内流速为

$v_{吸}=\frac{4\times Q}{\pi\times D^2}=\left(\frac{4\times0.41667}{3.14\times0.60^2}\right)\text{m/s}=1.47\text{m/s}$，查《给水排水设计手册》第1册知：$1000i=4.48$；

水泵进出口直径分别为400mm，350mm，则水泵进出口流速为

$$v_{进口}=3.32\text{m/s},\ v_{出口}=4.33\text{m/s}$$

（2）吸水管路水头损失计算　吸水管上附件有：

一个喇叭口 $D=1.5\times600\text{mm}=900\text{mm}$，$\xi_1=0.1$；

$D600$ 的 $90°$ 弯头一个，$\xi_2=0.6$；

$D600$ 的闸阀一个，$\xi_3=0.07$；

$D600\times400$ 的偏心渐缩管一个，$\xi_4=0.20$；

吸水管局部水头损失为

$$h_{局部}=\frac{\sum\xi v_i^2}{2\times g}=\frac{(0.60+0.07+0.1)\times1.47^2+0.20\times3.32^2}{2\times9.8}\text{m}=0.20\text{m}$$

设吸水管直线段管长3m，则吸水管沿程损失为

$$h_{沿程}=il=\frac{4.48}{1000}\times3\text{m}=0.013\text{m}$$

吸水管总损失 $h_1=(0.20+0.013)\text{m}\approx0.21\text{m}$

（3）压水管路损失　压水管上附件有：

$D350\times500$ 的渐缩管一个，$\xi_1=0.21$；

$D500$ 的截止阀一个，$\xi_2=3.0$；

$D500$ 的闸阀一个，$\xi_3=0.07$；

$D500$ 的 $90°$ 弯头两个，$\xi_4=0.59$；

则压水管路局部水头损失为

$$h_{局部}=\frac{\sum\xi v_i^2}{2\times g}=\frac{(3.0+0.21+0.07+0.59\times2)\times2.12^2}{2\times9.8}\text{m}=1.03\text{m}$$

设压水管管长30m，则 $h_{沿程}=il=0.0118\times30\text{m}=0.354\text{m}$，则压水管总水头损失 $h_2=(1.03+0.354)\text{m}\approx1.38\text{m}$。

泵站内总水头损失 $\sum h=h_1+h_2=(0.21+1.38)\text{m}=1.59\text{m}$。

（4）水泵扬程校核

$$H=H_{静}+\sum h+1.0=(9.70+1.59+1.0)\text{m}=12.29\text{m}<15\text{m}$$

能够满足需求，故选泵合适。

3. 集水池

（1）集水池形式　本设计的集水池与泵房共建，属封闭式。故须在集水池内设通气管，通向地外，并将管口做成弯头或加罩，以防止雨水及杂质入内。集水

池设有污泥斗，池底做成不小于0.01的坡度，坡向污泥井。从平台到池底应设向下的扶梯，台上应有吊泥用的梁钩滑车。

（2）集水池容积计算　集水池容积按最大一台泵5min的出水量计算，有效水深取2.0m。

$$V=5\times60\times416.67\text{L}=125001\text{L}=125.001\text{m}^3\text{，取 }V=125\text{m}^3$$

则集水池面积F为

$$F=V/h=125/2\text{m}^2=62.5\text{m}^2$$

（3）集水池的排砂　污水杂质往往沉积在集水池内，时间长了腐化变臭，甚至堵塞集水坑，影响水泵正常吸水，因此在压水管路上设D150mm的压力冲洗管伸入集水坑，定期将沉渣冲起，由水泵抽走，集水池可设成连通的两格，以便检修。

4. 水泵机组基础的确定和污水泵站的布置

（1）水泵机组基础的确定　机组安装在共同基础上，基础的作用是支撑并固定机组，使之运行稳定。不致发生剧烈振动，更不允许发生沉降，对基础的要求：

1）坚实牢固，除能承受机组静荷载外，还能承受机械振动荷载。

2）要浇制在较坚实的地基上，以免发生不均匀沉降或基础下沉。

查手册，算得水泵机组基础尺寸为：1190mm×1190mm，机组总质量$W=(780+890)\text{kg}=1670\text{kg}$，基础深度$H$可按式（8-14）计算

$$H=\frac{3.0\times1670}{1.19\times1.19\times2400}\text{m}=1.47\text{m}\text{，为安全计，取 }H=2.0\text{m}\text{。}$$

（2）污水泵站的布置　因为所选用的台数仅4台，所以泵房采用圆形，泵房内水泵采用横向排列，这样虽增加了泵房长度，但由于立式泵占地面积小，跨度减小；水力条件好，节省电耗。

基础尺寸为1190mm×1190mm；基础间净距为1.0m；泵房尺寸为：$R=12000\text{mm}$

泵房与中格栅合建，污水泵房平面布置如图9-10所示。

5. 泵房高度的确定

（1）地下部分　集水池最高水位为进水管水面标高，即

$$H_1=(746.5+0.9-0.3)\text{m}=747.0\text{m}$$

集水池最低水位为：745.0m

设水泵吸水管中心标高在最低水位以下0.6m，则吸水管中心线标高为：(745.0－0.6) m＝744.4m

则泵轴标高为(744.4＋0.42＋0.2)m＝745.02m

机组基础部分埋于地下，露出地面0.20m

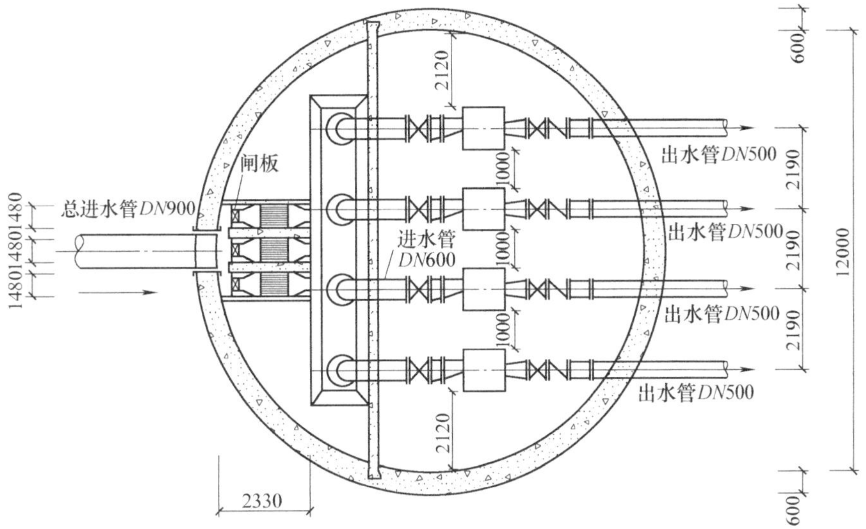

图9-10 污水泵房平面布置图

则基础顶标高为 (745.02 - 0.42)m = 744.60m

基础地面标高为 (744.60 - 0.20)m = 744.40m

则泵房地下埋深 $H_{下} = (750.20 - 744.40)\text{m} = 5.80\text{m}$

(2) 地上部分 根据式 (8-32) 得地上部分高度 H_2 为

$$H_2 = n + a_2 + c_2 + d + e + h$$
$$= (0.1 + 0.7 + 1.06 + 0.72 + 2.50 + 0.2)\text{m} = 5.28\text{m}$$

其中，n 取 0.1m；行车梁高度 a 取 0.7m；行车梁底至起吊钩中心距离 c，取 1.06m；起重绳的垂直长度 d 为 $0.85X = 0.85 \times 0.85\text{m} = 0.72\text{m}$；最大一台水泵或电动机的高度 e 取 2.50m；吊起物底部与泵房进口处室内地坪的距离 h 取 0.2m。

则泵房高度 $H = H_{下} + H_{上} = (5.80 + 5.28)\text{m} = 11.08\text{m}$。

水泵的开启方式为自灌式。

6. 泵房附属设施及尺寸的确定

(1) 水位控制 污水泵房水泵采用自动控制机组运行，根据水位变化，应用可编程序控制系统 PLC 实现水泵开停的自动控制。起动停车自动控制的信号由水位继电器发出。

(2) 计量设备 由于污水中含有机械杂质，其计量设备考虑被堵塞的问题，可采用电磁流量计作为计量设备。

(3) 排水 在机器间的地板上应设有排水沟和集水坑。排水沟沿墙设置，坡度 $i = 0.01$，集水坑平面尺寸为 0.8m × 0.8m，深为 0.5m，在吸水管上接出

*DN*100mm 的小管伸到集水坑内，当水泵工作时把坑内积水抽走。

7. 采光、采暖与通风

1）集水坑一般不需要采暖设备，因为集水坑较深热量不易散失，且污水温度通常不低于 10 ~ 20℃，机器间采暖采用暖气设施。

2）泵房在上层工作间设置窗户，保证有充足的自然采光，检修操作点采用集中照明。

3）泵房通风主要解决高温散热和空气污染问题，污水泵站的机械间机组台数较多，功率较大，除四周设置窗户进行自然通风外，还设置机械通风和通气管。

8. 起吊设备

泵房起重设备根据起吊最大一台设备的重量进行选择，由水泵机组总重 $W=(780+890)\ \mathrm{kg}=1670\mathrm{kg}$，可选用 DL-2 型电动单梁桥式起重机，其性能如表 9-3 所示。

表 9-3　DL-2 型电动单梁桥式起重机性能参数

型　号	起重量 /t	起升高度 /m	起升速度 /（m/min）	运行速度 /（m/min）	工字梁轨道型号	最大轮压 /kg	重量 /kg
DL-2	2	12	75	60	20^{a}-45^{c}	835	296
主起升电动机		慢速起升电动机		运行电动机		钢丝网	
功率 /kW	转速 /（r/min）	功率 /kW	转速 /（r/min）	功率 /kW	转速 /（r/min）	直径 /mm	结构
3	1380	0.4	1380	0.4	1380	11	3 × 37 + 1-11-180-I-b

9. 泵房值班室、控制室及配电间

值班室设在机器间一侧，有门相通，并设置观察窗，根据运行控制要求设置控制台和配电柜，其面积约为 12 ~ 18m^2，能满足 1 ~ 2 个人值班，因长年运行，因此安装电话。本设计泵房值班室及控制室合建，面积取为 3m × 9m，配电间尺寸为 3m × 9m。

10. 门窗及走廊、楼梯

1）门：机器间至少应有满足设备的最大部件搬迁出入的门，宽不小于 4m。取宽 4.5m、高 4.0m，泵房靠近值班室一侧设小门，取门高 2.0m、宽 1.0m，泵房与配电间之间设小门，尺寸与值班室小门相同，配电间通往室外的门也与其相同。

2）窗：为了便于通风采光，开窗面积不小于泵房的 1/5，设八扇窗，其尺寸为 2500mm × 2000mm。

3）走道：在泵房四周设走道，走道栏杆高1.0m，在机器间的一侧设有楼梯，楼梯坡度倾角为1/0.75、宽0.8m、扶手1.0m。

4）卫生设备：为了管理人员使用方便，应就近设洗手池，接*DN*25mm的给水管，并备有供冲洗的橡胶管。

9.3 雨水泵站工艺设计及实例

由于雨水地面径流量很大，所以雨水泵站的基建费用很高，而其使用率又很低，因此在雨水管道设计中应尽量避免建造雨水泵站。只有在地势平坦，管线很长，雨水管道出口较排放水体水位高或受海潮影响，雨水不能自流排泄时，才设置雨水泵站。

9.3.1 雨水泵站规划原则

1. 规划原则

我国由于汛期雨量集中，河流在汛期往往处在高水位状态，低洼地区自排不可能时，必须借助排水泵站进行提升后再排入河流。排水必须统一规划，分区进行，因地制宜。

规划的原则是：高低水分开，高水高排，低水低排；主客水分开，使上下游各有排水沟渠，能分别通畅排入河流，防止客水集中下游，造成下游农田涝灾；洪涝水分开，治涝必先防洪；以自排为主，机排为辅；排水时间由各地区耐淹的水深和耐淹的时间确定，力求及时排水避免造成损失。

2. 站点布局

(1) 集中建站与分散建站　排水区域面积较大，地形起伏不显著，地势为单向倾斜，行政区域单一，下游有大容积的蓄涝区（湖泊、洼地等）。涝水可通过排水干渠汇集于蓄涝区内，宜集中修建较大泵站。集中建大泵站的优点是：排水站的单位装机（单位排水面积需装水泵的千瓦数）容量小、成本低，输电线短，便于集中管理。其缺点是由于集中排水，以致有的地区排水时间长，可能影响作物的生长或人们的生活。

排水区水网密集，排水出口分散，地势高低不平，高地需灌水，低地需排水，宜分散建站。分散建站的优点是：泵站与排水渠的工程量小，收效快，便于管理。这种泵站最好是排灌结合，能排能灌，排灌及时。

总之，由于易涝区情况复杂，应根据具体情况，因地制宜，可采用集中与分散相结合的方式。

(2) 一级排水与二级排水　无论集中还是分散建站，排水方式都可分一级排水与二级排水。一级排水是由泵站直接将涝水排入承泄区（河流或有泄水的湖泊)，如图 9-11 所示，或由泵站将涝水先排入蓄涝区（洼地暂蓄)，待承泄区水位下降开闸自排。

二级排水是在低洼地区分别用泵站将涝水排入蓄涝区，再用大泵站扬水或自排到承泄区，如图 9-11 所示；也可自排配合泵站扬水至蓄涝区，再用大泵站扬水或自排入承泄区。

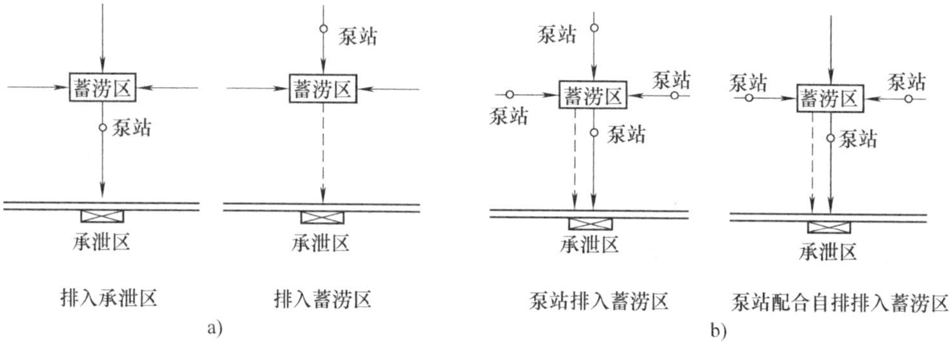

图 9-11 一级排水与二级排水示意图
a）一级排水方式 b）二级排水方式

9.3.2 工艺流程

目前我国工厂及城市雨水泵站流程一般都采用以下方式，如图 9-12 所示。

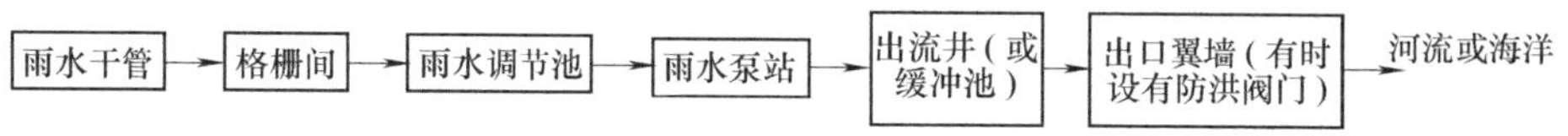

图 9-12 雨水泵站工艺流程

以上流程并不是一成不变的，可以根据每个地区的具体情况合并或减少。如格栅间、雨水调节池可设在雨水泵站内，合并成一个构筑物。如遇高及洪水位时，可设计成岔道，当中低潮位（中低洪水位）时自流排入水体 ，而在高潮位（高洪水位）时，用水泵将雨水排入水体。

9.3.3 雨水泵站设计一般规定

1）雨水泵站的集水池和机器间一般为合建。对于立式轴流泵站或卧式水泵的非自灌泵站，集水池可以设在机器间地板下面。其中卧式水泵吸水管穿过地板时，要做防水密封处理；对于自灌起动的地下式泵站，机器间和集水池可以前后合并，用隔墙分开。

2）集水池和机器间的布置形状可以采用矩形、圆形和下圆上方的结构形式。

一般情况下，机器间宜布置为矩形，以便于水泵安装和维护管里。采用下沉法施工时，地下部分也可以采用圆形结构。

3）雨水泵站的设计流量，应按管道受压条件下的最大排水量计算，压力系数通过管渠计算决定。

4）泵站的工艺布置应尽量满足进水水流平顺的要求，一般要注意控制进站前的直线长度，进水段流速及水流扩散角度等因素。泵站前的进水管渠要尽量减少急转弯，以保持水流平稳，管渠的直线段长度一般不小于进水管直径的5倍。进入集水池的水流要均匀地流向各自水泵，以防止出现几台泵同时开动的干扰现象。进水构筑物的边墙扩散角度不宜过大，尽量防止出现旋流，一般不宜超45°。

5）轴流水泵的进、出水管上不设置闸阀，仅在出水管上安装活门。

6）泵站进出水闸门的设置要根据工艺要求决定，一般应设闸门解决断水检修和防止倒灌问题，有时高位出水管可不设出水闸门。同平时洁净程度较高河道连通的泵站闸门，要求一定的闭水效果，一般要用双重闸门或比较严密的金属闸门。泵站内的闸阀断面大于400mm时，宜采用电动闸阀。大泵的进水多为肘形流道，出水常用活门，也可用虹吸断流。大泵的活门要设平衡装置，以减小水头损失和撞击力。虹吸断流需设真空破坏阀，以免发生倒灌。

7）出水池（井）包括敞开式及封闭式两种，水泵在出水管口淹没条件下起动时，出水池的水位高可以按照调压塔原理分析计算，也可用排入水体的最高水位加超高值估算。出水池底部要安装泄空管。封闭出水池池顶要设防止负压的空气管和压力人孔，出水管道承受内水压力时，检查井要做成压力井，同时设置通气孔。

8）大型雨水泵站有时还兼有排涝、排碱或引灌的要求。根据工艺流程，布置时要使几个部分既成为有机的整体，又保持其独立性。一般是将地上部分建成通跨的大型厂房，地下部分根据各个流程的要求，制定出平面和高程相交错的布置方案，以达到合理、紧凑、充分利用空间的目的。有时还需要通过模型试验选择最合适的水工条件。

9）大型雨水泵站在经营管理和环境保护方面的标准应高些。一般对电气设备要做到集中控制。在站内要设置必要的计算仪表、格栅清污机、电动起重机、电动启闭闸门、开窗机等。并要做好庭院绿化，建立同周围建筑的隔离带等工作。

9.3.4 雨水泵的选择

1. 雨水量的计算

无论是厂区雨水泵站还是城市雨水泵站，设计合理与否的关键是雨水量的确定。雨水量的计算要求准确，过大会造成浪费，过小会造成事故。雨水泵站设计前还应注意的另外两个主要因素是：准确的设计计算降雨强度；雨水排出口处的河、渠水文资料的可靠性、准确性。否则整个设计将建立在不可靠的基础上，从而造成浪费。如某国外设计单位对洛阳涧河及洛河的水文地质资料了解不深入、不准确，该雨水泵站建成四十多年以来从未使用过，雨水一直从岔道排走，造成了不应有的浪费。如北京东郊某厂，由于设计计算降雨强度偏低，造成厂房被淹，积水深达0.3m，使该厂全面停产。雨水泵站的设计水量应和全厂或城市雨水管网的设计同时进行，必要时应考虑发展，设计时，除了根据厂区及城市雨水排水总干管的设计流量来进行设计外，还应用全部管网处于压力流时的流量来校对。同时应考虑以下因素：

1）厂区或城市的地形及厂区或城市是否允许短时间内积水。

2）降雨量是变量，雨水量波动较大，设计时应考虑初雨、小雨、中雨及暴雨的雨水水量的排除。

3）厂区或城市雨水管网中都有一定数量被污染的废水排入。如排入的生产废水量不超过雨水量的8%，设计时可不考虑。如大于雨水量的10%，设计流量则应包括该流量。

2. 雨水泵站的基本类型

雨水泵站的特点是流量大，扬程低，因此多采用立式轴流泵或立式混流泵。雨水泵房的集水池与水泵间一般合建，相应的泵房类型常采用干式泵房和湿式泵房，机组采用一行布置。城市雨水泵站及合流泵站一般布置为干式泵站，使用轴流泵的封闭底座，以利维护管理。

3. 雨水泵的选择

雨水泵站的另一特点是具有季节性，并且大雨和小雨时设计流量差别很大。国内大、中型雨水泵站，大多选择轴流泵。据了解，上海地区雨水泵站多年运转情况是，泵站中雨水泵的运转时间一般为1h左右，最长时间也不超过3天，而一年内水泵仅在雨季运转，故一般不考虑经常性运行电费。但必须保证所选用的每台水泵在任何情况下都能及时运转，在地面不积水的原则下，水泵运转时间宜长。为了适应雨量变化的要求，雨水泵宜选择多台大、中或中、小型水泵组合，建议采用设计雨水量的1/2、1/3及1/4的组合。其中两台或一台小泵宜选用无极变速电动机或可调整叶片的轴流泵，使水泵可以利用电动机变速或调整叶轮角度来调整水量，以便减少水泵台数，使水泵使用率提高，运转灵活，并可节约投资。

由于雨水泵流量大、功率高，故雨水泵站（包括土建及配套电器和设备、道路等）的一次投资高。建议所选用的雨水泵不得少于2台，也不宜多于5台。当雨水泵的流量确定后，还要确定水泵的扬程。每台泵单独运转时，有一定的起止水位。如需另一台泵参加运转时，则另有起止水位。雨水泵的起动及停止一般是按积水深度来确定的。故第一台水泵及第二台水泵之间应有不同的起止水位，但起动及停止水位差不宜过大，通常在0.3～0.6m之间。雨水泵扬程应根据水泵第一次起动水位与压力出水管标高差再加上所需的自由水头和局部阻力来确定，并应用水泵停止水位来复核。

如果降雨历时短而雨水径流量集中，这时雨水管内易形成压力流，那么所选雨水泵的台数宜少，泵的流量大，否则，所选雨水泵的台数宜多一些。单台雨水泵的流量宜小一些。在选择雨水泵的数量时，除了按设计流量考虑外，尚需考虑初雨及非暴雨的雨量的排除。水泵宜选用同一型号。当水量变化较大时，应考虑水泵大小搭配，但型号不宜过多，或采用可调速电动机。

雨水泵站可以不设备用泵，因为水泵的检修和更换可以在旱季进行。

当有条件设置一定容量的雨水调节池时，可适当减少水泵数量。在一般情况下，雨水泵站是和雨水管网同时设计。如不考虑厂区发展，雨水泵也同样不考虑远期发展。如考虑将来的发展，雨水量将要增加。这时，雨水调节池和雨水泵站应按远期设计，雨水泵机组则按近期雨水量配置。

4. 雨水泵站设计

雨水泵站应根据选用水泵的型号及规格，合理进行平面布置，一般雨水泵站的平面布置比较紧凑，排水量大，故多采用轴流泵。这样一来，设置格栅时，除了要考虑便于清理外，还应使进水稳定，不要造成漩涡，保证水泵在高效段运行稳定。如水泵台数为3台及3台以下，应采用圆形，如水泵台数超过3台，则宜采用矩形。水泵站内集水池有效容量的计算应从全部水泵中的最低起动水位计算到所有水泵中的最高停止水位。如有生产废水排入雨水泵站，则集水池内应考虑防腐措施。电动机间的标高应高于最高水位0.5m以上。集水池底标高根据水泵样本和吸水喇叭口的要求确定。

水泵压力出水管在穿墙时应水平设置，并预埋套管，同时考虑减小转动轴不平稳而产生的应力。应采用柔性接头。水泵间除考虑水泵的布置外，还应考虑设置水泵排水、检修场地。

9.3.5　集水池的设计

雨水泵站集水池的设计一般不考虑调节的作用，只要求在保证水泵正常工作和合理布置吸水管等所必须的容积，一般采用不小于最大一台泵30s的出水量来确定。

城市雨水泵站集水池的作用常常还有沉砂池、格栅井、前池和集水池（吸水井）的功能，因此还要考虑清池挖泥。如果格栅安装在集水池内，还应该满足格栅安装要求、满足水泵吸水管喇叭口安装要求，保证良好的吸水条件。

雨水泵站集水池在旱季进行清池污泥。除了用污泥泵排泥外，还要为人工污泥提供方便。对敞开式集水池，要设置通到池底的出泥楼梯，对封闭式集水池，要设置排气孔及人行通道。

雨水泵站和合流污水泵站集水池的设计最高水位，应采用与进水管管顶相平；设计最低水位应采用一台水泵流量相应的进水管水位；当设计进水管渠为压力管时，集水池的设计最高水位可高于进水管管顶，但不得使管道上游地面冒水。

雨水进水管沉砂量较多地区宜在雨水泵站集水池前设置沉砂设施和清砂设备。

雨水泵站大多采用轴流泵，轴流泵无吸水管，只有一个流线形喇叭口，因此，集水池中的水流的情况会直接影响水泵叶轮进口的水流条件，从而影响水泵的性能。如果集水池设计不当，水流由于惯性可能产生漩涡而卷入空气，空气进入水泵后，会使水泵性能改变，效率下降，出水量减少，电动机发生过载运行等问题；此外，还会产生汽蚀现象，产生噪声和振动，使运行不稳定，导致轴承磨损和叶轮腐蚀。

漩涡的产生是由于集水池水的偏流、涡流和水泵叶轮的旋转而产生的，涡流扰乱了泵叶轮中的均匀水流，以致影响了泵的流量、扬程和轴向推力。同时旋流也是造成水泵机组振动的原因。

集水池的设计还应注意以下事项：

1）使进入池中的水流均匀地流向各台泵。

2）泵的布置、吸入口位置和集水池形状的设计，不致引起漩流。

3）集水池进口流速应尽可能地缓慢，一般不超过0.7m/s，水泵吸入口的行进流速宜小于0.3m/s以下。

4）流线不要突然扩张或改变方向，以防止形成涡流。

5）在水泵和集水池壁间，不应留有过多的缝隙，以防止形成涡流。

6）在一台水泵的上游应避免设置其他的水泵。

7）应取足够的淹没水深，防止空气吸入形成涡流。

8）进水管管口要做成淹没出流，以使水流平稳地流入集水池中。

9）在封闭的集水池中应设置透气装置，及时排除集存的空气，避免集气。

10）进水明渠的设计应注意防止水跃的发生。

11）因集水池的现状受场地、施工条件、机组配置等因素的限制，不可能设计成理想的形状和大小，为了防止形成涡流，在必要时可设置涡流防止壁，表9-4所示是几种形式的涡流防止壁及其特征和用途。

表9-4　几种形式的涡流防止壁及其特征和用途

序　号	形　式	特　征	用　途
1	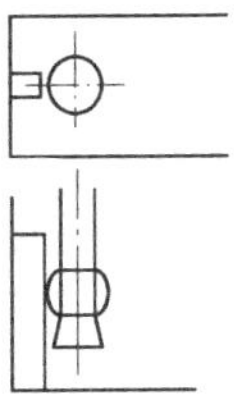	吸水管与侧壁之间的空隙大时，可防止吸水管下水流的漩流，并防止随漩流而发生的涡流。但是，如设计涡流防止壁中的侧壁距离过大时，会产生空气吸入涡	防止吸水管下水流的漩流与涡流
2	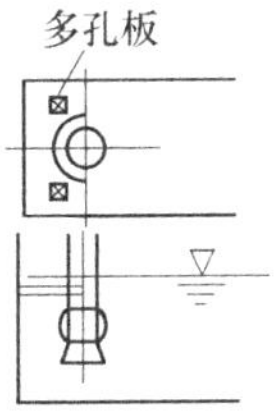	防止因漩流淹没水深不足，所产生的吸水管下的空气吸入涡，但是不能防止漩流	防止吸水管下产生空气吸水涡
3	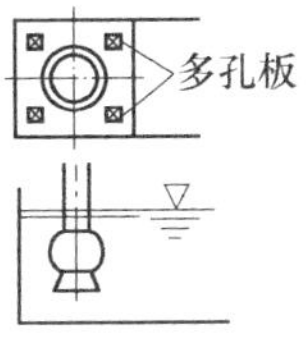	预计到因各种条件在水面有涡流产生时，用多孔板防止涡流	防止水面空气吸入涡流

9.3.6　出流设施

雨水泵站的出口与自然水体相连，出水管的断流方式要求迅速、安全可靠，常采用虹吸式出水流道用真空阀断流；也可以是直管拍门式出水，再加快速闸门双保险的快速断流方式。

雨水泵站的出流设施一般包括出流井、出流管、超越管（溢流管）和排出口等四部分。出流井中设置各泵出口的拍门，出流井可以多台泵共用一个，也可以每台泵各设一个。溢流管的作用是当水体水位不高时，或在水泵发生故障或突然停电时，用以排泄雨水。因此，在连接溢流管的检查井中应装设闸门，不用溢流管时该闸门是关闭的。

排出口的设置应考虑对河道的冲刷和航道的影响，因此应控制出口水流的速度和方向。一般出口流速应控制在0.6～1.0m/s，当流量较大时，可以采用八字墙放大过水断面，其护底、护坡应满足河道管理要求，出水口的水流方向最好向河道下游倾斜，避免与河道垂直。出口在大江或大河的位置还需经有关江河堤防管理部门和航运部门核准。

9.3.7 雨水泵站内部布置、构造特点

雨水泵站中泵一般都是单行排列，每台泵各自从集水池中抽水，并独立地排入出流井中。出流井一般放在室外，当可能产生溢流时，应予以密封，并在井盖上设置透气管或在出流井内设置溢流管，将倒流水引回集水池去。

吸水口和集水池池底之间的距离一般在 $D/2$ 时最好（D 为吸水口直径），增加到 D 时，泵效率反而下降。如果这一距离必须大于 D，为了改善水力条件，在吸水口下应设涡流防止壁（导流锥），并采用图 9-13 所示的吸水喇叭口。

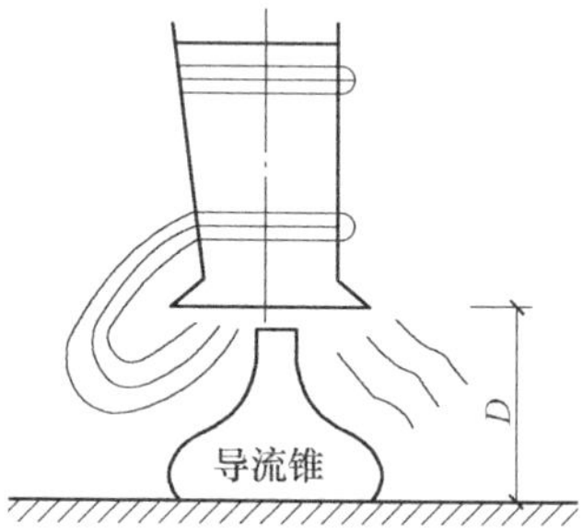

图 9-13 设涡流防止壁（导流锥）吸水喇叭口

吸水口和池壁距离应不小于 $D/2$，如果集水池能保证均匀分布水流，则各泵吸水喇叭口之间的距离应等于 $2D$，如图 9-14 所示。

图 9-14a 及 c 所示的进水条件较好，图 9-14b 的进水条件不好，在不得不从一侧进水时，则应采用图 9-14d 的布置形式。

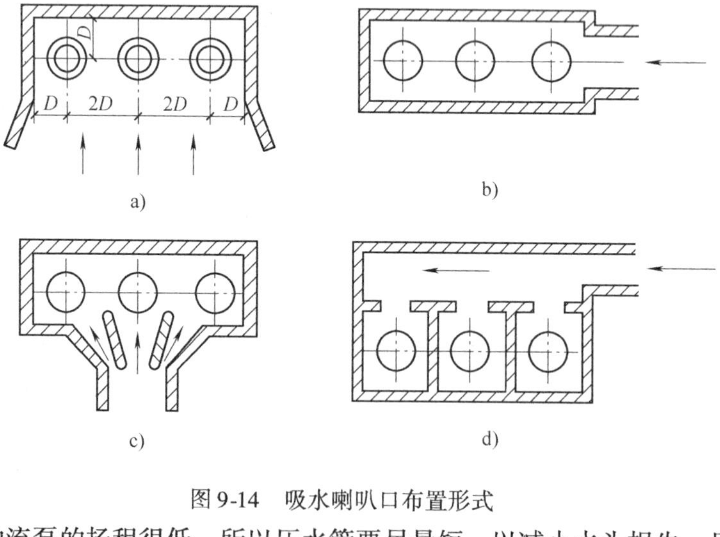

图 9-14 吸水喇叭口布置形式

因为轴流泵的扬程很低，所以压水管要尽量短，以减小水头损失，压水管直径的选择应使其中流速水头小于泵扬程的 4% ~5%。压水管出口不设闸阀，只设拍门，集水池中最高水位标高一般为来水干管的管顶标高，最低水位一般略低于来水干管的管底。对于流量较大的泵站，为避免泵房太深，施工困难，也可以略高于来水管渠的底，使最低水位与该泵流量时来水管渠中的水面标高齐平。泵的淹没深度按泵样本的规定采用。泵传动轴长度大于 1.8m 时，必须设置中间

轴承。

水泵间内应设集水坑及小型泵用以排除泵的渗水，该泵应设在不被水淹之处。相邻两机组基础之间的净距，同给水泵站的要求一致。在设立式轴流泵的泵站中，电动机间一般设在水泵间之上。电动机间应设置起重设备，在房屋跨度不大时，可以采用单梁吊车；在跨度较大或起重量较大时，应采用桥式吊车，电动机间的地板上应设有吊装孔，该孔在平时用盖板盖好。

采用单梁吊车时，为方便起吊工作，工字梁应放在机组的上方。如果梁正好在大门中心时，则可使工字梁伸出大门1m以上，设备起吊后可直接装上汽车，节省劳力，运输也比较方便，但要注意考虑上面负荷的问题。

电动机间净空高度，当电动机功率在55kW以下时，应不小于35m；在100kW以上时，应不小于5.0m。为了保护泵，在集水池前应设格栅。格栅可单独设置或附设在泵站内，单独设置的格栅井通常建成露天式，四周围以栏杆，上设顶棚。也可以在井上设置盖板，附设在泵站内，但必须与机器间、变压器间和其他房间完全隔开。

为便于清除格栅，要设格栅平台，平台应高于集水池设计最高水位0.5m，平台宽度应不小于1.2m。平台上应做渗水孔，并装自来水龙头以便冲洗。格栅宽度不得小于进水管渠宽度的两倍。格栅栅条间隙应根据所选水泵允许通过污物的大小来选，一般可采用50～100mm。格栅前进水管渠内的流速不应小于0.9m/s，过栅流速为0.8～1.0m/s。

电动机间和集水池间均为自然通风，水泵间用通风管通风。

在出水井内设溢流管和放空管。

9.3.8 雨水泵房计算实例

1. 概况

某雨水泵站雨水设计流量为7.4m^3/s，雨水干管末端管底高程为79.6m，埋深为5.6m，管径为*DN*1600mm两根，河流正常水位为76.2m，历年平均洪峰水位为80.0m，百年一遇的洪峰水位为82.2m，洪峰时雨水需经提升后排入河流。进行雨水泵站的设计。

2. 工艺设计

河流正常水位为76.2m，低于雨水干管末端管底高程为79.6m，因此在雨量不大时，雨水通过溢流管排入河流，当河流水位高于雨水末端管底时，开起水泵，雨水经提升后排入水体。此雨水泵房采用“干室式”雨水泵站，共分三层，上层为电动机间，主要安装立式电动机和其他电气设备；中层为机器间，安装泵轴和压水管，下层为集水池，集水池满足水泵安装和吸水的要求。

（1）选泵

1）水量计算

最高日雨水量 $Q_{max}=7.4\times3600m^3/d=26640m^3/d$，拟选定4台水泵，则每台泵的设计流量为 $Q=Q_{max}/4=7.4/4m^3/s=1.85m^3/s=1850L/s$。

2）扬程的估算

雨水泵站的位置距离河流约100m，为了减少水泵出水管的水头损失，雨水经提升后先排到出水井，然后经明渠流至河流，设明渠的流速为1m/s，坡度为0.002，则明渠的坡降为 $0.002\times100m=0.2m$，出水井水位为（82.2+0.2）m=82.4m。

集水池前设置格栅三道，过栅流速为0.9m/s，通过整个格栅的水头损失为0.3m，栅后渠底水位为（79.6-0.3）m=79.3m。为使水流平稳进入集水池，集水池最低水位取进水渠渠底标高，即79.3m，则水泵静扬程为 $H_{静}=(82.4-79.3)m=4.1m$，水泵扬程 $H=H_{静}+2.0=(4.1+2.0)m=6.1m$（式中，2.0——泵站内总的水头损失）。

3）选泵

由 $Q=1850L/s$，$H=5.8m$，拟选用800ZLB-70型轴流泵，该泵叶片装角为 $-6°\sim4°$，流量为1870L/s，扬程为6.36m，转速580r/min，轴功率136.3kW，效率85.5%，叶轮直径700mm，满足要求。

（2）管路实际水头损失

1）局部水头损失

所选轴流泵出口直径为1m，则选 $DN1000mm$ 压水管，则得管中水流速为2.36m/s，$1000i=7.95$。压水管以60°角上升接60°弯头垂直穿过墙至出水井，出水管出口设拍门一个，$D1000mm$、60°弯头阻力系数 $\xi_1=0.6$。

则局部水头损失为 $h_{局部}=\dfrac{\sum\xi v_i^2}{2\times g}=\dfrac{0.6\times2.36^2}{2\times9.8}m=0.17m$

2）沿程损失

水泵提升后经压水管到出水井，出水井后接明渠排入水体，设压水管长为10m，则出水管沿程水头损失为：$h_{沿程}=\sum il=7.95/1000\times10m=0.08m$。

3）水泵扬程校核

$H=H_{静}+\sum h=(4.1+0.17+0.08)m=4.35m$，富余2m多的水头，足以顶开拍门出水，符合要求。

（3）集水池　集水池容积按一台水泵30s的出水流量计算。则有 $V=30\times1.85m^3=55.5m^3$，取 $60.0m^3$。泵前集水池面积 $F=V/H=60/1.6m^2=37.5m^2$。进水干管管底标高为79.6m，管径1600mm，则集水池最高水位为（79.6+1.6-0.3）m=79.9m，集水池最低水位标高为79.3m，根据水泵的安装要求，最低水位距池底为2.05m。则池底标高为（79.3-2.05）m=76.25m，集水池内最大水深为（79.9 – 76.25）m = 3.65m。

为了便于排除集水池中沉砂和放空清洗集水池，设有污水泵一台。

（4）泵站的布置　泵房布置为矩形，四台机组并列排放。水泵基础尺寸为 1800mm × 1450mm。

根据所选水泵安装要求得知，水泵中心距墙的距离大于 1.8m，取 2m，为了减小泵房的长度，并且使每一台水泵的在吸水池内更好的工作，便于检修，将集水池设计成每台水泵各自有单独的进水隔间，在各进水隔墙上闸板，以便单独控制。由此可得泵房长为 2 × 8m = 16m。设宽为 7m。为方便上下，水泵间设宽为 1m 的扶梯至上层，集水池内设踏步。

集水池长为 16m，则集水池宽为 F/B = 37.5/16m = 2.34m，取 2.5m。

泵站平面布置图 9-15 所示。

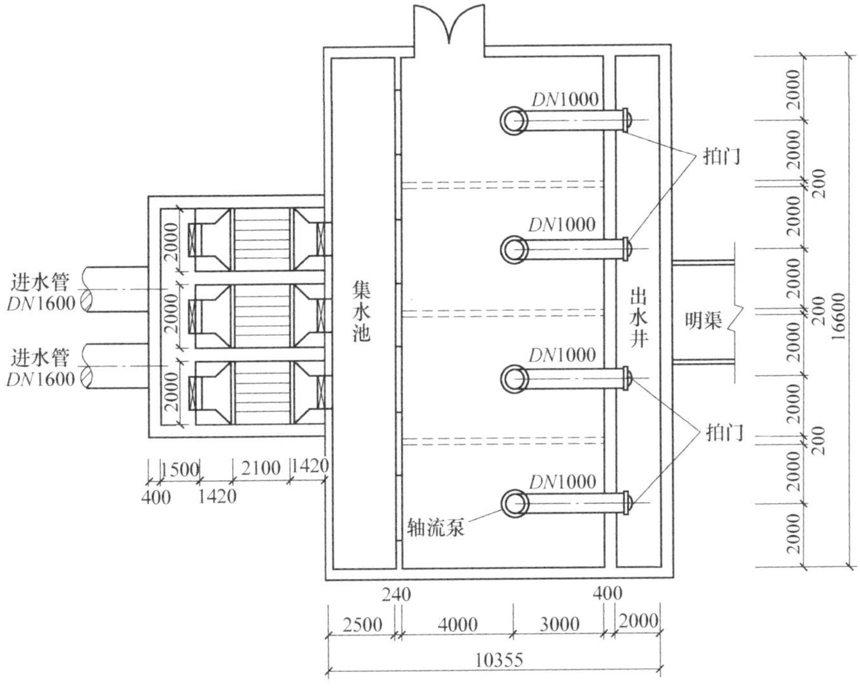

图 9-15　雨水泵站平面布置图

（5）泵房高度的确定

1）地下部分。吸水池底部要求在最低水位 2.05m 以下，取 2.1m。则吸水池底部标高为（79.3 – 2.1）m = 76.2m，该轴流泵外形安装尺寸得知：池底距吸水口的距离为 750mm，吸水口标高为 76.95m；吸水口至泵底座的距离为 1490mm，泵底座标高为 79.44m。底座距泵出水口距离 929.4mm，地面标高为

84.7m。

2）地上部分。电动机间上部设单梁吊车一部，起质量为6t。起吊高度8~10m。选SG-10型单轨小车。其高度为0.443m。

根据式（8-32）得地上部分高度H_2为

$$H_2 = n + a_2 + c_2 + d + e + h$$
$$= (0.1 + 0.443 + 1.5 + 1 + 2.0 + 0.2)\text{m} = 5.043\text{m}$$

取5.1m。

其中，n取0.1m；行车梁高度a取0.443m；行车梁底至起吊钩中心距离c取1.5m；起重绳的垂直长度d取1m；最大一台水泵或电动机的高度e取2.0m；吊起物底部与泵房进口处室内地坪的距离h取0.2m。

泵房剖面图如图9-16所示。

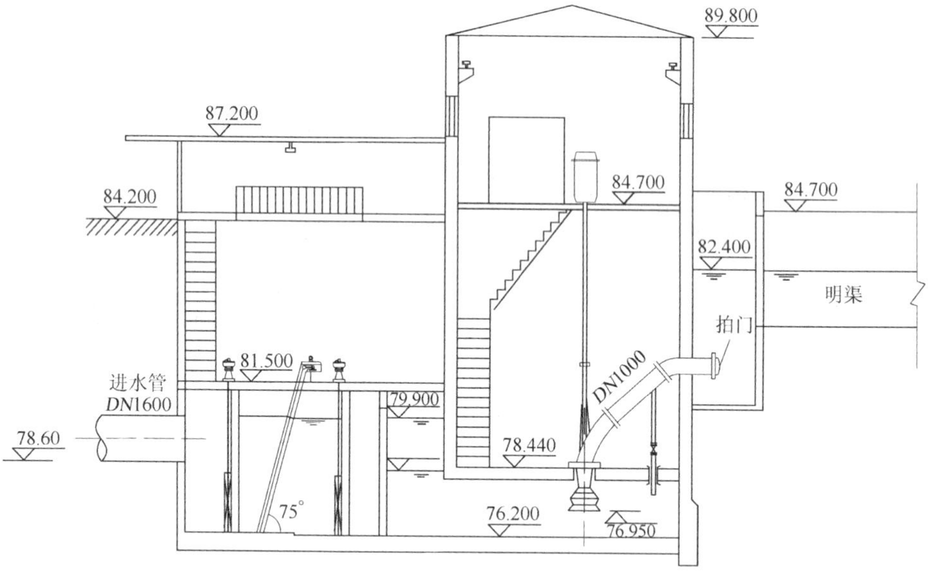

图9-16 雨水泵站剖面图

9.4 合流泵站工艺设计及实例

9.4.1 合流泵站工艺设计特点

在合流制或截流式合流制排水体制当中，用来提升或排除服务区内的污水和雨水的泵站为合流泵站。合流泵站的工艺设计、布置、构造等具有污水泵站和雨水泵站两者的特点。合流泵站在不下雨时，只抽送污水，流量较小。当下雨时，合流管道系统流量增加，合流泵站不仅抽送污水，同时还要抽送雨水，且流量较大。因此，在合流泵站设计选泵时，不仅要装设流量较大的用以抽送雨天合流污水的泵，还要装设小流量的泵，用于不下雨时抽送经常连续流来的少量污水。这个问题应该引起重视，解决不好会造成泵站工作的困难和电能浪费。如果按大流量来选泵，没有安装小流量的污水泵，那么在旱天小流量时，会造成由于所选泵的流量太大，而不适合抽送经常连续流来的少量污水，会造成泵的开停次数过于频繁。一台大泵一起动，很快将集水池的污水吸完，泵立即停车。泵一停，集水池中水位又逐渐上升，水位到一定高度，又开大泵抽一下，但很快又要停下。如此连续频繁开停泵，给工作带来很多不便，因此合流泵站设计时，应根据合流泵站抽送合流雨污水及其流量的特点，合理选泵及布置泵站设备。

合流制泵站的工艺设计还应该考虑以下几个问题：

1）对于合流制泵站，集水池一般合用，水泵根据所提升扬程的要求可以分设也可以共用。

2）合流泵站内雨水和污水的流量，要分别按照各自的标准计算，污水流量按旱流流量和截留倍数计算，雨水按总雨水量和截留量来计算，详见排水管网截流式合流制雨污水流量的计算。当站内分成两部分设计时，应分别满足各自的工艺要求。如共用一套装置，应既能满足污水工艺的要求，又要满足雨水工艺的要求。

3）合流泵站的污水提升泵同污水泵站一样考虑备用，雨水不考虑备用。

4）合流泵站集水池容积应根据雨水、污水使用的水泵，分别按照雨水污水泵站集水池容积的计算标准确定；当集水池共用时，要能同时满足收集雨水、污水的容积要求。

5）合流泵站的其他特点和布置要求兼有污水泵站和雨水泵站的特点和要求。

6）大型合流污水输送泵站集水池的面积，应按管网系统中调压塔原理复核。合流污水泵站集水池的设计最高水位，应与进水管管顶相平；设计最低水位应采用一台水泵流量相应的进水管水位；当设计进水管渠为压力管时，集水池的设计最高水位可高于进水管管顶，但不得使管道上游地面冒水。

9.4.2　合流泵站设计实例

某排水区域内为截流式合流制排水系统，在该区域内拟建合流泵站一座，污水常年运转设计流量为 $0.64m^3/s$，提升净扬程为16m。雨水设计流量为 $3.2m^3/s$，提升的高度为3.8m，截留倍数为1，进行该合流泵站的设计。

1. 污水泵选择及计算

（1）污水泵的选择　泵站选用集水池与机器间合建式的矩形泵站。由于该合流泵站提升的雨水扬程和污水扬程不同，因此应分别设污水提升泵和雨水提升两套提升系统。

1）污水泵流量的确定。合流泵站中污水泵提升的流量的特点是有雨和无雨时提升的流量不同，当无雨时，泵站用来提升连续不断流来的污水，用最高日最高时污水量计算，$Q=0.64\text{m}^3/\text{s}$，当有雨时，泵站提升的流量为根据截留倍数计算出的混合雨污水量，该泵站截留倍数为1，因此雨天时污水泵提升的流量为

$$Q=(0.63/1.38+0.63)\text{m}^3/\text{s}=1.09\text{m}^3/\text{s}$$

式中 1.38——污水总变化系数。

根据有雨和无雨情况，污水提升泵应分别选定，无雨时，拟用3台泵，每台泵的设计流量为 $Q/3=210\text{L/s}$；

有雨时，再增加同型号水泵两台来调节流量的增加，每台泵的设计流量为 $Q/5=218\text{L/s}$。

2）估算扬程

$$H=H_{静}+3.0\text{m}+1.0\text{m}=20\text{m}$$

式中 $H_{静}$——污水泵提升的静扬程（m）；

3.0、1.0——泵站内水头损失和自由水头（m）。

3）选泵。由 $Q=218\text{L/s}$，$H=20\text{m}$ 可知，选用 KWPk250-315 型号水泵5台（该型号水泵性能如表9-5所示），旱流时3台泵工作，2台备用，且5台泵轮流工作，有雨时，根据截留雨量的多少开起泵的台数，最大流量时5台水泵同时运行。

表9-5 KWPk250-315型水泵性能

型　号	流量 Q/（m^3/h）	扬程 H/m	转速 n/（r/min）	轴功率 W/kW	效率
KWPk250-315	670～1260	14～24.4	1450	55～99	84

注：该泵生产厂为石家庄水泵厂。

（2）校核扬程

1）管径和流速的计算

$Q=0.218\text{m}^3/\text{s}$，选用 DN350mm 铸铁压水管，压水管流速为

$v_{压}=4\times Q/(\pi\times D^2)=4\times0.218/(3.14\times0.35^2)\ \text{m/s}=2.27\text{m/s}$，查手册1，$DN$350mm 铸铁管水力坡降为 $1000i=19.4$，选用 DN400mm 吸水管，吸水管流速为

$v_{吸}=4\times Q/(\pi\times D^2)=4\times0.218/(3.14\times0.40^2)\ \text{m/s}=1.74\text{m/s}$，查取手册1，吸水管水力坡降为 $1000i=9.53$。水泵进出口直径分别为250mm、250mm，$v_{吸水口}=v_{压水口}=4\times0.218/(3.14\times0.25^2)\ \text{m/s}=4.44\text{m/s}$。

2）沿程损失。设吸水管长4m，压水管长20m，则总的沿程损失为

$$H_{沿程}=(0.0194\times20+0.00953\times4)\text{m}=0.426\text{m}$$

3）局部损失。吸水管和压水管管路中所有产生局部损失管件及阻力系数如

表9-6所示。

表9-6　吸水管和压水管管路中所有产生局部损失管件及阻力系数

管件名称	阻力系数	管件名称	阻力系数
吸水喇叭口 1.5×400mm=600mm	0.3	250×350 渐扩管一个	0.15
*DN*400 闸阀一个	0.07	*DN*350 闸阀一个	0.07
400×250 偏心减缩管一个	0.19	*DN*350 的90°弯头1个	0.39
*DN*400 的90°弯头一个	0.9	*DN*350 截止阀一个	1.5

局部损失为

$$
\begin{aligned}
H_{局部} &= \frac{\sum \xi v_i^2}{2 \times g} \\
&= [(0.3+0.07+0.9) \times 1.74^2 + 0.19 \times 4.44^2 + (0.15+0.07+0.39 \\
&\quad +1.5) \times 2.27^2]/(2 \times 9.8)\text{m} \\
&= 0.94\text{m}
\end{aligned}
$$

4）泵站内总损失为

$$H_{总} = H_{沿程} + H_{局部} = (0.426+0.94)\text{m} = 1.37\text{m}$$

5）水泵扬程

$H = H_{静} + H_{总} + 1.0 = (16+1.37+1.0)\text{m} = 19.37\text{m} < 20\text{m}$，故所选水泵扬程为14~24m，能够满足要求，选泵合适。

由于选取水泵的流量都较小，所以水泵在运行时可根据流量的不同灵活地进行调节，达到最经济的运行效果。

（3）集水池

1）集水池形式。采用集水池与泵房合建的设计方案，集水池形式采取封闭式，内设通气管通向地面以上，管口做成弯头以防污物进入。集水池底做成不小于0.01的坡度，坡向污泥井，设潜污泵排泥。

2）集水池容积计算。污水集水池与雨水集水池合建，但分为两格，两集水池之间以溢流堰相隔，用来控制截留雨水量。所以污水集水池的容积 V 可用5min最大污水泵流量计。有效水深取3.5m。

$$V = 5 \times 60 \times 0.218\text{m}^3/\text{s} = 65.4\text{m}^3 取 70\text{m}^3$$

则集水池面积为 $70/3.5\text{m}^2 = 20\text{m}^2$，设池长10m宽2m。

2. 雨水泵选择

（1）选泵

雨水泵提升的流量为 $Q_{雨} = 3.2\text{m}^3/\text{s} - 0.64\text{m}^3/\text{s} = 2.56\text{m}^3/\text{s}$

雨水泵扬程 $H = H_{静} + h + 1.0 = 3.8 + 2.0 = 5.8\text{m}$ 取7m

考虑到雨水流量的不稳定性，选择两台泵抽水，每台流量为 $1.28\text{m}^3/\text{s}$，选择28ZLB-70型号轴流泵两台，水泵性能参见表9-7。

表9-7 28ZLB-70型号轴流泵性能参数

型　　号	流量 Q/（L/S）	扬程 H/m	电动机	效　　率
28ZLB-70	1063～1388	5.69～10.6	JSL12-8	82.7～76.2

（2）校核扬程

选择 DN700 压水管，则压水管内流速为

$v_{压} = 4 \times Q/(\pi \times D^2) = 4 \times 1.28/(3.14 \times 0.7^2)\text{m/s} = 3.3\text{m/s}$，查手册1得 $1000i = 1.74$。

设压水管长10m入雨水井，接明渠20m入河。明渠的坡降0.003，则沿程损失为

$$H_{沿程} = (20 \times 0.003 + 10 \times 1.74/1000)\text{m} = 0.08\text{m}$$

管路中所有产生局部损失管件 DN700 的弯头1个，$\xi = 0.5$，

则局部损失为 $H_{局部} = \dfrac{\xi v_i^2}{2 \times g} = \dfrac{0.5 \times 3.3^2}{2 \times 9.8}\text{m} = 0.28\text{m}$

泵站内总损失为 $H_{总} = H_{沿程} + H_{局部} = (0.08 + 0.28)\text{m} = 0.36\text{m}$

水泵扬程 $H = H_{静} + h_{总} = (3.8 + 0.36)\text{m} = 4.16\text{m}$，所选水泵的扬程为5.68～10.6m，富裕的水头足以顶开拍门出水，符合要求。

（3）集水池形式　集水池与泵房合建，集水池形式采取封闭式，内设通气管通向地面以上，管口做成弯头以防污物进入。由溢流堰流过的水量进入导流渠，渠高与池深相同，上设一检查口方便检修疏通，渠中心开宽2m，高2m的孔使水流均匀缓慢的流入集水池。

1）集水池容积计算。为保证集水池水力条件，雨水泵站集水池分为两格，当污水集水池的水超过堰高时流入此雨水集水池，雨水集水池的容积 V 可用30s最大雨水泵流量计算。

$V = 30 \times 1.28\text{m}^3/\text{s} = 39.40\text{m}^3$　取 40m^3，

2）起动水泵最低水位。为保证雨水流入集水池时的形式为淹没出流，且满足该型号水泵的最低淹没深度，可查手册得到水泵型号对应的最低淹没深度。

3. 泵房布置

污水泵与泵之间距离不小于泵的宽度，取1m；与墙壁距离同样不小于泵宽，取1m。

污水泵与雨水泵之间，雨水泵与泵中心距不小于3.0m，雨水泵中心距墙壁不小于1.5m。

泵房一侧设有集水槽，坡度不小于0.01，由潜污泵排除积水。

泵站内设单梁起重机一台，型号由最重一台机组选择。

泵房内所有钢管采取防腐措施，淹没在集水池内的管件要注意防腐。

室内采用机械通风，并设置人员值班室和楼等。

设计图样如图 9-17 所示。

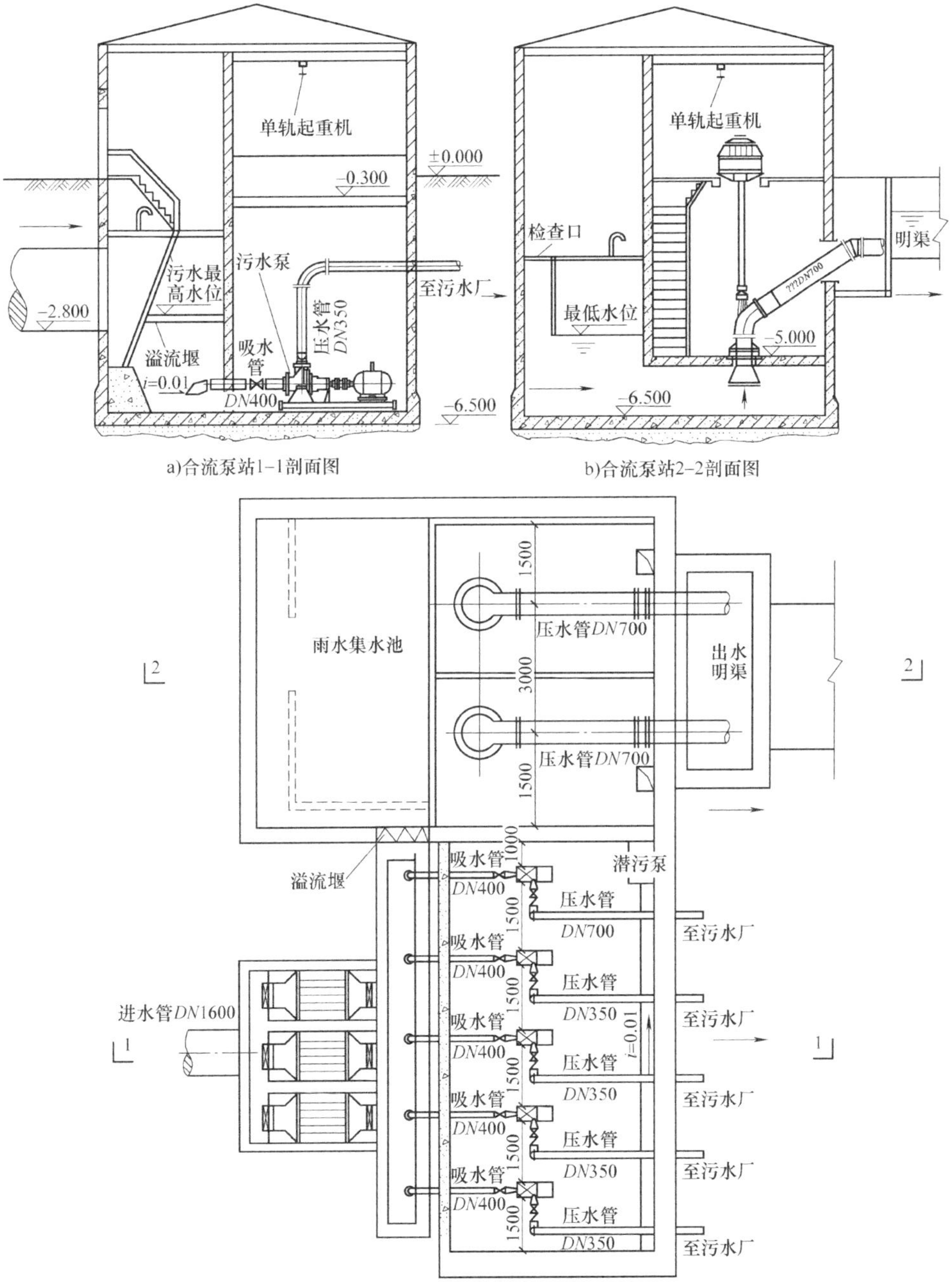

a)合流泵站1-1剖面图　b)合流泵站2-2剖面图

c)合流泵站2-2平面图

图 9-17　合流泵站

9.5 螺旋泵站工艺设计及实例

9.5.1 螺旋泵的工艺设计

螺旋泵的泵壳和泵体叶片之间，既要保证一定的间隙，又要做到密贴，一般叶片与泵壳内壁之间保持1mm左右的间隙，以减少液体的回流，提高泵的效率。

螺旋泵的安装倾角为30°~38°。

螺旋泵的泵壳（或导流槽）可用混凝土砌造，亦可采用金属构件。大型螺旋泵槽多采用混凝土砌造，小型泵槽多采用金属槽。当使用混凝土泵槽时，混凝土的强度等级不得低于C28。泵体叶片外缘与泵壳内壁间保持的间隙σ值可按式（9-3）计算

$$\sigma = 0.1420\sqrt{D} \pm 1 \tag{9-3}$$

式中 σ——允许间隙（mm）；

D——螺旋泵的外缘直径（m）。

螺旋泵的最佳转速可用式（9-4）确定

$$v_j = \frac{50}{\sqrt[3]{D^2}} \tag{9-4}$$

螺旋泵的工作转速应在下列范围内确定

$$0.6v_j < v_g < 1.1v_j$$

式中 v_j——螺旋泵的最佳转速（r/min）；

v_g——螺旋泵的工作转速（r/min）；

D——螺旋泵的外缘直径（m）。

表9-8所示是螺旋泵的基本性能参数，供设计时参考。

表9-8 螺旋泵性能参数

螺旋直径/mm	轴心管直径/mm	最大转速/（r/min）	30°安装角					
			最大提升流量/（m^3/h）			提升高度/m		
			1头	2头	3头	1头	2头	3头
300	160	110	45	50	62	2.5	2.2	2.0
400	220	91	78	98	122	3.0	2.7	2.5
500	270	79	132	165	306	3.3	3.0	2.8
600	355	70	198	246	310	4.2	3.8	3.5
700	400	60	332	425	532	4.3	3.8	3.5
900	500	53	512	640	800	4.8	4.4	4.0

（续）

螺旋直径/mm	轴心管直径/mm	最大转速/（r/min）	30°安装角					
			最大提升流量/（m^3/h）			提升高度/m		
			1头	2头	3头	1头	2头	3头
1060	610	48	728	910	1137	5.2	4.9	4.5
1220	610	44	1033	1295	1614	4.8	4.4	4.2
1370	760	41	1333	1670	2090	5.8	5.2	4.9
1520	760	38	1745	2181	2727	5.4	4.9	4.5
1680	910	36	2146	2684	3355	6.0	5.6	5.2
1830	910	34	2700	3374	4220	5.7	5.2	4.8
2030	910	31	3220	4025	5032	5.4	4.9	4.4

9.5.2 螺旋泵设计实例

某污水处理厂需提升的回流污泥量为11000m^3/d，提升泵拟选用螺旋泵，经计算提升的扬程为3.6m，试进行该污泥提升泵站的设计。

1. 螺旋泵的选择

提升的回流污泥量为11000m^3/d，拟选3台螺旋泵，2用1备，则单台螺旋泵提升的流量为230m^3/h，所需扬程为3.6m，根据表9-8所示螺旋泵性能参数，选定螺旋直径为600mm，最大转速70r/min，叶片装设2头，提升高度为3.8m，安装角度为30°的螺旋泵3台，提升流量和扬程均符合要求。

2. 泵房布置要求

1）3台螺旋泵平行一排布置，安装角度为30°，出水直接曝气池首端。

2）螺旋泵的导流槽用混凝土砌筑。

3）螺旋泵设在室外，上部设挡雨棚。

思考题与习题

1. 排水泵站的功能是什么？如何分类？
2. 排水泵站的基本工艺流程图是什么？
3. 污水泵站进出水管的设计和给水泵站有何不同？
4. 雨水泵站规划的原则是什么？
5. 雨水泵的选择应考虑哪些因素？

第10章 泵的运行维护与检修

10.1 离心泵的维护与检修

10.1.1 离心泵的运行维护

1. 离心泵开车前的准备工作

水泵开车前，操作人员应进行如下检查工作以确保水泵的安全运行。

1）用手慢慢转动联轴器或带轮，观察水泵转动是否灵活、平稳，泵内有无杂物，是否发生碰撞；轴承有无杂声或松紧不匀等现象；填料松紧是否适宜；传动带松紧是否适度。如有异常，应先进行调整。

2）检查并紧固所有螺栓、螺钉。

3）检查轴承中的润滑油和润滑脂是否纯净，否则应更换。润滑脂的加入量以轴承室体积的2/3为宜，润滑油应在油标规定的范围内。

4）检查电动机引入导线的连接，确保水泵正常的旋转方向。正常工作前，可开车检查转向，如转向相反，应及时停车，并任意换接两根电动机引入导线的位置。

5）离心泵应关闭闸阀起动，起动后闸阀关闭时间不宜过久，一般不超过3~5min，以免水在泵内循环发热，损坏机件。

6）需灌引水的抽水装置，应灌引水。在灌引水时，用手转动联轴器或带轮，使叶轮内空气排尽。

2. 离心泵运行中的注意事项

水泵运行过程中，操作人员要严守岗位，加强检查，及时发现问题并及时处理。一般情况下，应注意以下事项。

1）检查各种仪表工作是否正常，如电流表、电压表、真空表、压力表等。如发现读数过大、过小或指针剧烈跳动，都应及时查明原因，予以排除。如真空表读数突然上升，可能是进水口堵塞或进水池水面下降使吸程增加；若压力表读数突然下降，可能是进水管漏气、吸入空气或转速降低。

2）水泵运行时，填料的松紧度应该适当。压盖过紧，填料箱渗水太少，起不到水封、润滑、冷却作用，容易引起填料发热、变硬，加快泵轴和轴套的磨损，增加水泵的机械损失；填料压得过松，渗水过多，造成大量漏水，或使空气进入泵内，降低水泵的容积效率，导致出水量减少，甚至不出水。一般情况下，填料的松紧度以每分钟能渗水 20 滴左右为宜，可用填料压盖螺纹来调节。

3）轴承温升一般不应超过 30～40℃，最高温度不得超过 60～70℃。轴承温度过高，将使润滑失效，烧坏轴瓦或引起滚动体破裂，甚至会引起断轴或泵轴热胀咬死的事故。温升过高时应马上停车检查原因，及时排除。

4）防止水泵的进水管口淹没深度不够，导致在进水口附近产生漩涡，使空气进入泵内。应及时清理拦污栅和进水池中的漂浮物，以免阻塞进水管口。上述两者均会增大进水阻力，导致进口压力降低，甚至引起汽蚀。

5）注意油环，要让它自由地随同泵轴做不同步的转动。随时听机组声响是否正常。

6）停车前先关闭出水闸阀，实行闭闸停车。然后，关闭真空表及压力表上的阀，把泵和电动机表面的水和油擦净。在无采暖设备的房屋中，冬季停车后，要考虑水泵不致冻裂。

10.1.2　离心泵的常见故障和排除

离心泵的常见故障现象有水泵不出水或水量不足、电动机超载、水泵振动或有噪声、轴承发热、填料密封装置漏水等多种。离心泵常见故障及其排除如表 10-1 所示。

表 10-1　离心泵常见的故障及其排除

故　障	产 生 原 因	排 除 方 法
起动后水泵不出水或出水不足	1. 泵壳内有空气，灌泵工作没做好 2. 吸水管路及填料有漏气 3. 水泵转向不对 4. 水泵转速太低 5. 叶轮进水口及流道堵塞 6. 底阀堵塞或漏水 7. 吸水井水位下降，水泵安装高度太大 8. 减漏环及叶轮磨损 9. 水面产生漩涡，空气带入泵内 10. 水封管堵塞	1. 继续灌水或抽气 2. 堵塞漏气，适当压紧填料 3. 对换一对接线，改变转向 4. 检查电路，是否电压太低 5. 揭开泵盖，清除杂物 6. 清除杂物或修理 7. 核算吸水高度，必要时降低安装高度 8. 更换磨损零性 9. 加大吸水口淹没深度或采取防止措施 10. 拆下清通

（续）

故　障	产 生 原 因	排 除 方 法
水泵开起不动或起动后轴功率过大	1. 填料压得太死，泵轴弯曲，轴承磨损 2. 多级泵中平衡孔堵塞或回水管堵塞 3. 靠背轮间隙太小，运行中二轴相顶 4. 电压太低 5. 实际液体的密度远大于设计液体的密度 6. 流量太大，超过使用范围太多	1. 松一点压盖，矫直泵轴，更换轴承 2. 清除杂物，疏通回水管路 3. 调整靠背轮间隙 4. 检查电路，向电力部门反映情况 5. 更换电动机，提高功率 6. 关小出水闸阀
水泵机组振动和噪声	1. 地脚螺栓松动或没填实 2. 安装不良，联轴器不同心或泵轴弯曲 3. 水泵产生汽蚀 4. 轴承损坏或磨损 5. 基础松软 6. 泵内有严重摩擦 7. 出水管存留空气	1. 拧紧并填实地脚螺栓 2. 找正联轴器不同心度，矫直或换轴 3. 降低吸水高度，减少水头损失 4. 更换轴承 5. 加固基础 6. 检查咬住部位 7. 在存留空气处，加装排气阀
轴承发热	1. 轴承损坏 2. 轴承缺油或油太多（使用黄油时） 3. 油质不良，不干净 4. 轴弯曲或联轴器没找正 5. 滑动轴承的甩油环不起作用 6. 叶轮平衡孔堵塞，使泵轴向力不能平衡 7. 多级泵平衡轴向力装置失去作用	1. 更换轴承 2. 按规定油面加油，去掉多余黄油 3. 更换合格润滑油 4. 矫直或更换泵轴正的联轴器 5. 放正油环位置或更换油环 6. 清除平衡孔上堵塞的杂物 7. 检查回水管是否堵塞，联轴器是否相碰，平衡盘是否损坏
电动机过载	1. 转速高于额定转速 2. 水泵流量过大，扬程低 3. 电动机或水泵发生机械损坏	1. 检查电路及电动机 2. 关小闸阀 3. 检查电动机及水泵
填料处发热、漏渗水过少或没有	1. 填料压得太紧 2. 填料环装的位置不对 3. 水封管堵塞 4. 填料盒与轴不同心	1. 调整松紧度，使滴水呈滴状连续渗出 2. 调整填料环位置，使它正好对准水封管口 3. 疏通水封管 4. 检修，改正不同心地方

10.1.3 离心泵的检修与维护

离心泵一般一年大修一次，累计运行时间未满2000h，可按具体情况适当延长。其内容有：

1）泵轴弯曲超过原直径的0.05%时，应校正。泵轴和轴套间的同心度误差不应超过0.05mm，超过时要重新更换轴套。水泵轴锈蚀或磨损超过原直径的2%时，应更换新轴。

2）轴套有规则的磨损超过原直径的3%。不规则磨损超过原直径2%时，均需换新。同时，检查轴和轴套的接触面有无渗水痕迹，轴套与叶轮间纸垫是否完整，不合要求应修正或更换。新轴套装紧后和轴承的同心度误差，不宜超过0.02mm。

3）叶轮及叶片若有裂纹、损伤及腐蚀等情况，轻者可采用环氧树脂等修补，严重者要更换新叶轮。叶轮和轴的连接部位如有松动和渗水，应修正或者更换连接键，叶轮装上泵轴后的晃动值不得超过0.05mm（这一数值仅供参考，因有些高速叶轮对晃动值的要求更高一些）。修整或更换过的叶轮要求校验动平衡及静平衡，如果超出允许范围应及时修正，例如将较重的一侧锉掉一些等，但是禁止用在叶轮上钻孔的方法来实现平衡，以免在钻孔处出现应力集中造成的破坏。

4）检查密封环有无裂纹及磨损，它与叶轮的径向间隙不宜超过规定的最大允许值，超过时应该换新。在更换密封环时，应将叶轮吸水口处外径车削，原则是见光即可车削时要注意与轴同心。然后将密封环内径按配合间隙值车好尺寸，密封环与叶轮之间的轴向间隙以在3~5mm之间为宜。

5）滚珠轴承及轴承盖都要清洗干净，如轴承有点蚀、裂纹或者游隙超标，要及时更换。更换时轴承等级不得低于原装轴承的等级，一定要使用正规轴承厂的产品。更换前应用塞规测量游隙，大型水泵每次大修时应清理轴承冷却水套中的水垢及杂物，以保证水流通畅。

6）填料函压盖在轴或轴套上应移动自如，压盖内孔和轴或轴套的间隙保持均匀，磨损不得超过3%，超过3%要嵌补或者更新。水封管路要保持畅通。

7）清理泵壳内的铁锈，如有较大凹坑应修补，清理后重新涂刷防锈漆。

8）对吸水底阀要求动作要灵活，密封要良好。采用真空泵引水的要保证吸水管阀无漏气现象，真空泵要保持完好。

9）检查止回阀的工作状况，密封圈是否密封，销子是否磨损过多，缓冲器及其他装置是否有效，如有损坏应及时维修或更换。

10）出水控制阀要及时检查和更换填料，以防止漏水。

11）水泵上的压力表、真空表，每年应由计量权威部门校验一次，并清理管路上阀门。

12）检查与电动机相连的联轴器是否连接良好，键与键槽的配合有无松动现象，并及时修正。

13）电动机的维修应由专业电工维修人员进行，禁止不懂电的人员拆修电动机。

14）如遇灾难性情况，如大水将地下泵房淹没等，应及时排除积水，清洗及烘干电动机及其他电气，并证明所有电气及机械设施完好后方可试运行。

15）定时更换轴承内的润滑油、脂。对于装有滑动轴承的新泵，运行100h

左右，应更换润滑油，以后每运转 300 ~ 500h 应换油一次，但每半年至少换油一次。滚动轴承每运转 1200 ~ 1500h 应补充黄油一次，但至少每年换油一次。转速较低的水泵可适当延长。

16）如较长时间内不继续使用或在冬季，应将泵内和水管内的水放尽，以防生锈或冻裂。

17）在排灌季节结束后，要进行一次小修，累积运行 2000h 左右应进行一次大修。

10.2 轴流泵的运行维护

10.2.1 轴流泵开车前的准备工作

1）检查泵轴和传动轴是否在运输过程中弯曲，如有则需校直。

2）水泵的安装标高必须按照产品说明书的规定，以满足汽蚀余量的要求和起动要求。

3）水池进水前应设有拦污栅，避免杂物带进水泵。水经过拦污栅的流速以不超过 0.3m/s 为合适。

4）水泵安装前需检查叶片的安装角度是否符合要求、叶片是否有松动等。

5）安装后，应检查各联轴器和各地脚螺栓的螺母是否都旋紧。在旋紧传动轴和水泵轴上的螺母时要注意其螺纹方向。

6）传动轴和水泵轴必须安装于同一垂直线上，允许误差小于 0.03mm/m。

7）水泵出水管路应另设支架支承，不得用水泵本体支承。

8）水泵出水管路上不宜安装闸阀。如有，则起动前必须完全开启。

9）使用止回阀时最好装一平衡锤，以平衡门盖的重力，使水泵更经济地运转。

10）对于用干油（润滑脂）润滑的传动装置，轴承油腔检修时应拆洗干净，重新注以润滑剂，其量以充满油腔的 1/2 ~ 2/3 为宜，避免运转时轴承温升过高。必须特别注意，橡胶轴承切不可触及油类。

11）水泵起动前，应向上部填料函处的短管内引注清水或肥皂水，用来润滑橡胶或塑料轴承，待水泵正常运转后，即可停止。

12）水泵每次起动前应先盘动联轴器三四转，并注意是否有轻重不匀等现象。如有，必须检查原因，设法消除后再运转。

13）起动前应先检查电动机的旋转方向，使它符合水泵转向后，再与水泵连接。

10.2.2　轴流泵运行时注意事项

水泵运转时，应经常注意如下几点。

1）叶轮浸水深度是否足够，即进水位是否过低，以免影响流量，或产生噪声。

2）叶轮外圆与叶轮外壳是否有磨损，叶片上是否绕有杂物，橡胶或塑料轴承是否过紧或烧坏。

3）紧固螺栓是否松动，泵轴和传动轴中心是否一致，以防机组振动。

10.2.3　轴流泵的常见故障及排除

表 10-2 所示为轴流泵的常见故障及排除方法。

表 10-2　轴流泵的常见故障及排除方法

故障现象	原因分析		排除方法
起动后不出水或出水量不足	不符合性能要求	1. 叶轮淹没深度不够，或卧式泵吸程太高 2. 装置扬程过高 3. 转速过低 4. 叶片安装角太小 5. 叶轮外圆磨损，间隙加大	1. 降低安装高度，或提高进水池水位 2. 提高进水池水位，降低安装高度，减少管路损失或调整叶片安装角 3. 提高转速 4. 增大安装角 5. 更换叶轮
	零部件损坏，内部有异物	6. 水管或叶轮被杂物堵塞	6. 清除杂物
	安装、使用不符合要求	7. 叶轮转向不符 8. 叶轮螺母脱落 9. 泵布置不当或排列过密	7. 调整转向 8. 重新旋紧。螺母脱落原因一般是停车时水倒流，使叶轮倒转所致，故应设法解决停车时水的倒流问题 9. 重新布置或排列
	进水条件不良	10. 进水池太小 11. 进水形式不佳 12. 进水池水流不畅或堵塞	10. 设法增大 11. 改变形式 12. 清理杂物
动力机超载	不符合性能要求	1. 因装置扬程过高、叶轮淹没深度不够、进水不畅等，水泵在小流量工况下运行，使轴功率增加，动力机超载 2. 转速过高 3. 叶片安装角过大	1. 消除造成超载的各项原因 2. 降低转速 3. 减小安装角

（续）

故障现象	原因分析		排除方法
动力机超载	零件损坏或内部有异物	4. 出水管堵塞 5. 叶片上缠绕杂物（如杂草、布条、纱布、纱线等） 6. 泵轴弯曲 7. 轴承损坏	4. 清除 5. 清理 6. 校直或调换 7. 调换
	安装、使用不符合要求	8. 叶片与泵壳摩擦 9. 轴安装不同心 10. 填料过紧 11. 进水池不符合设计要求	8. 重新调整 9. 重新调整 10. 旋松填料压盖或重新安装 11. 水池过小，应予以放大；两台水泵中心距过小，应予以移开；进水处有漩涡，设法消除；水泵离池壁或池底太近，应予以放大
水泵振动或有异常声音	不符合性能要求	1. 叶轮淹没深度不够或卧式吸程太高 2. 转速过高	1. 提高进水池水位或重新安装 2. 降低转速
	零部件损坏或内部有异物	3. 叶轮不平衡或叶片缺损或缠有杂物 4. 填料磨损过多或变质发硬 5. 滚动轴承损坏或润滑不良 6. 橡胶轴承磨损 7. 轴弯曲	3. 调整叶轮、叶片或重新做平衡试验或清除杂物 4. 更换或用机油处理使其变软 5. 调换轴承或清洗轴承，重新加注润滑油 6. 更换并消除引起的原因 7. 校直或更换
	安装、使用不符合要求	8. 地脚螺钉或联轴器螺钉松动 9. 叶片安装角不一致 10. 动力机轴与泵轴不同心 11. 水泵布置不当或排列过密 12. 叶轮与泵壳摩擦	8. 拧紧 9. 重新安装 10. 重新调整 11. 重新布置或排列 12. 重新调整
	进水条件不良	13. 进水池太小 14. 进水池形式不佳 15. 进水池水流不畅或堵塞	13. 设法增大 14. 改变形式 15. 清理杂物

10.3 潜水泵的运行维护

10.3.1 影响潜水泵正常运行的主要原因

一般情况下，影响潜水泵正常运行的主要因素如下：

1）漏电问题。潜水泵的特点是机泵一体，并一起没入水中，所以漏电问题是影响潜水泵正常运行的重要因素之一。

2）堵转。潜水泵堵转时，定子绕组上将产生5～7倍于正常满载电流的堵转电流，如无保护措施，潜水泵很快烧毁。造成潜水泵堵转的原因很多，如叶轮卡住、机械密封碎片卡轴、污物缠绕等。

3）电源电压过低或频率太低。

4）磨损和锈蚀。磨损将大大降低电泵性能，流量、扬程及效率均随之降低，叶轮与泵盖锈住了还将引起堵转。潜水泵零件的锈蚀不仅会影响水泵的性能，而且会缩短使用寿命。

5）电缆线破裂、折断。电缆线破裂、折断不仅容易造成触电事故，而且水泵运行时极有可能处于两相工作的状态，既不出水又易损坏电动机。

10.3.2 潜水泵的运行维护

1. 使用以前的准备工作

1）检查电缆线有无破裂、折断现象。使用前既要观察电缆线的外观，又要用万用表或电阻表检查电缆线是否通路。电缆出线处不得有漏油现象。

2）新泵使用前或长期放置的备用泵起动之前，应用电阻表测量定子对外壳的绝缘不低于1MΩ，否则应对电动机绕组进行烘干处理，提高其绝缘等级。

潜水电泵出厂时的绝缘电阻值在冷态测量时一般均超过50MΩ。

3）检查潜水电泵是否漏油。潜水电泵的可能漏油途径有电缆接线处、密封室加油螺钉处的密封及密封处O形密封环。检查时要确定是否真漏油。造成加油螺钉处漏油的原因是螺钉没旋紧，或是螺钉下面的耐油橡胶衬垫损坏。如果确定O形密封环密封处漏油，则多是因为O形密封环密封失效，此时需拆开电泵换掉密封环。

4）长期停用的潜水电泵再次使用前，应拆开最上一级泵壳，盘动叶轮后再行起动，防止部件锈死起动不出水而烧坏电动机绕组。这对充水式潜水电泵更为重要。

2. 潜水泵运行中的注意事项

1）潜污泵在无水的情况下试运转时，运转时间严禁超过额定时间。吸水池的容积能保证潜污泵开起时和运行中水位较高，以确保电动机的冷却效果和避免因水位波动太大造成的频繁起动和停机，大中型潜污泵的频繁起动对泵的性能影响很大。

2）当湿度传感器或温度传感器发出报警时，或泵体运转时出现振动、噪声异常情况时，或输出水量水压下降、电能消耗显著上升时，应当立即对潜污泵停机进行检修。

3）有些密封不好的潜水泵长期浸泡在水中时，即使不使用，绝缘值也会逐渐下降，最终无法使用，甚至在比连续运转的潜污泵在水中的工作时间还短的时间内发生绝缘消失现象。因此，潜水泵在吸水池内备用有时起不到备用的作用，如果条件许可，可以在池外干式备用，等运行中的某台潜水泵出现故障时，立即停机提升上来后，将备用泵再放下去。

4）潜水泵不能过于频繁开、停，否则将影响潜水泵的使用寿命。潜水泵停止时，管路内的水产生回流，此时立即再起动则引起电泵起动时的负载过重，并承受不必要的冲击载荷；另外，潜水泵过于频繁开、停将损坏承受冲击能力较差的零部件，并带来整个电泵的损坏。

5）停机后，在电动机完全停止运转前，不能重新起动。

6）检查电泵时必须切断电源。

7）潜水泵工作时，不要在附近洗涤物品、游泳或放牲畜下水，以免电泵漏电时发生触电事故。

3. 潜水电泵的维护和保养

1）经常加油，定期换油。潜水电泵每工作1000h，必须调换一次密封室内的油，每年调换一次电动机内部的油液。对充水式潜水电泵还需定期更换上下端盖、轴承室内的骨架油封和锂基润滑油，确保良好的润滑状态。

对带有机械密封的小型潜水电泵，必须经常打开密封室加油螺孔加满润滑油，使机械密封处于良好的润滑状态，使其工作寿命得到充分保证。

2）及时更换密封盒。如果发现漏入电泵内部的水较多时（正常泄漏量为每小时0.1mL)，应及时更换密封盒，同时测量电动机绕组的绝缘电阻值。若绝缘电阻值低于0.5MΩ时，需进行干燥处理，方法与一般电动机的绕组干燥处理相同。更换密封盒时应注意外径及轴孔中O形密封环的完整性，否则水会大量漏入潜水泵的内部而损坏电动机绕组。

3）经常测量绝缘电阻值。用500V或1000V的电阻表测量电泵定子绕组对机壳的绝缘电阻数值，在1MΩ以上者（最低不得小于0.5MΩ）方可使用，否则应进行绕组维修或干燥处理，以确保使用安全性。

4）合理保管。长期不用时，潜水泵不宜长期浸泡在水中，应在干燥通风的室内保管。对充水式潜水泵应先清洗，除去污泥杂物后再放在通风干燥的室内。潜水泵的橡胶电缆保管时要避免太阳光的照射，否则容易老化，表面将产生裂纹，严重时将引起绝缘电阻的降低或使水通过电缆护套进入潜水泵的出线盒，造成电源线的相间短路或绕组对地绝缘电阻为零等严重后果。

5）及时进行潜水泵表面的防锈处理。潜水泵使用一年后应根据潜水泵表面的腐蚀情况及时进行涂漆防锈处理。其内部的涂漆防锈应视泵型和腐蚀情况而定。一般情况下内部充满油时是不会生锈的，此时内部不必涂漆。

6）潜水泵每年（或累计运行2500h）应维护保养一次，内容包括：拆开泵的电动机，对所有部件进行清洗，除去水垢和锈斑，检查其完好度，及时整修或更换损坏的零部件；更换密封室内和电动机内部的润滑油；密封室内放出的润滑油若油质浑浊且水含量超过50mL，则需更换整体式密封盒或动、静密封环。

7）气压试验。经过检修的电泵或更换机械密封后，应该以0.2MPa的气压试验检查各零件止口配合面处O形密封环和机械密封的二道封面是否有漏气现象，如有漏气现象必须重新装配或更换漏气零部件。然后分别在密封室和电动机内部加入N7（或N10）机械油，或用N15机械油，缝纫机油，10号、15号、25号变压器油代用。

4. 潜水泵的常见故障及排除

表10-3所示为潜水泵的常见故障和排除方法。

表10-3 潜水泵的常见故障和排除方法

故障现象	原因分析	排除方法
起动后不出水	（1）叶轮卡住	（1）清除杂物，然后用手盘动叶轮看其是否能够转动。若发现叶轮的端面同口环相擦，则需用垫片将叶轮垫高一点
	（2）电源电压过低	（2）改用高扬程水泵，或降低电泵的扬程
	（3）电源断电或断相	（3）逐级检查电源的熔丝和开关部分，发现并消除故障；检查三相温度继电器触点是否接通，并使之正常工作
	（4）电缆线断裂	（4）查出断点并连接好电缆线
	（5）插头损坏	（5）更换或修理插头
	（6）电缆线压降过大	（6）根据电缆线长度，选用合适的电缆规格，增大电缆的导电面积，减小电缆线压降
	（7）定子绕组损坏；电阻严重不平衡；其中一相或两相断路；对地绝缘电阻为零	（7）对定子绕组重新下线进行大修，最好按原来的设计数据进行重绕
出水量过少	（1）扬程过高	（1）根据实际需要的扬程高度，选择泵的型号，或降低扬程高度
	（2）过滤网阻塞	（2）清除潜水泵格栅外围的水草等杂物
	（3）叶轮流通部分堵塞	（3）拆开潜水泵的水泵部分，清除杂物
	（4）叶轮转向不对	（4）更换电源线的任意两根非接地线的接法
	（5）叶轮或口环磨损	（5）更换叶轮或口环
	（6）潜水泵的潜水深度不够	（6）加深潜水泵的潜水深度
	（7）电源电压太低	（7）降低扬程
电泵突然不转	（1）保护开关跳闸或熔丝烧断	（1）查明保护开关跳闸或熔丝烧断的具体原因，然后对症下药，予以调整和排除
	（2）电源断电或断相	（2）接通电线
	（3）潜水泵的出线盒进水，连接线烧断	（3）打开线盒，接好断线包上绝缘胶带，消除出线盒漏水原因，按原样装配好
	（4）定子绕组烧坏	（4）对定子绕组重新下线进行大修。除及时更换或检修定子绕组外，还应根据具体情况找到产生故障的根本原因，消除故障

（续）

故障现象	原因分析	排除方法
定子绕组烧坏	（1）接地线错接电源线	（1）正确地将潜水泵电缆线中的接地线接在电网的接地线或临时接地线上
	（2）断相工作，此时电流比额定值大得多，绕组温升很高，时间长了会引起绝缘老化而损坏定子绕组	（2）及时查明原因，接上断相的电源线，或更换电缆线
	（3）机械密封损坏而漏水，降低定子绕组绝缘电阻而损坏绕组	（3）经常检查潜水电泵的绝缘电阻情况，绝缘电阻下降时，及时采取措施维修
	（4）叶轮卡住，电泵处于三相制动状态，此时电流为六倍左右的额定电流，如无开关保护，很快烧坏绕组	（4）采取措施防止杂物进入潜水泵卡住叶轮，注意检查潜水泵的机械损坏情况，避免叶轮由于某种机械损坏而卡住。同时，运行过程中一旦发现水泵突然不出水应立即关机检查，采取相应措施检修
	（5）定子绕组端部碰潜水泵外壳，而对地击穿	（5）绕组重新嵌线时尽量处理好两端部，同时去除上、下盖内表面上存在的铁疙瘩，装配时避免绕组端部碰到外壳
	（6）潜水泵开、停过于频繁	（6）不要过于频繁地开、关电泵，避免潜水泵负载过重或承受不必要的冲击载荷，如有必要重新起动潜水泵则应等管路内的水回流结束后再起动
	（7）潜水泵脱水运转时间太长	（7）运行中应密切注意水位的下降情况，不能使电泵长时间（大于1min）在空气中运转，避免潜水泵缺少散热和润滑条件

10.4 螺杆泵的运行维护

10.4.1 螺杆泵开车前的准备工作

螺杆泵在初次起动前，应对集泥池、进泥管线等进行清理，以防止在施工中遗落的石块、水泥块及其他金属物品进入破碎机或泵内。平时起动前应打开进出口阀门并确认管线通畅后方可动作。

作为螺杆泵，它所输送的介质在泵中还起对转子定子冷却及润滑作用，因此是不允许空转的，否则会因磨擦和发热损坏定子及转子。在泵初次使用之前应向泵的吸入端注入液体介质或者润滑液，如甘油的水溶液或者稀释的水玻璃、洗涤剂等，以防止初期起动时泵处于摩擦状态。

泵和电动机安装的同轴度精确与否，是泵是否平稳运行的首要条件。虽然泵在出厂前均经过精确的调定，但底座安装固定不当会导致底座扭曲，引起同轴度的超差。因此，首次运转前，或在大修后应校验其同轴度。

10.4.2 螺杆泵运行中的注意事项

对正在运行的泵在巡视中应主要注意其螺栓是否有松动、机泵及管线的振动是否超标、填料部位滴水是否在正常范围、轴承及减速机温度是否过高、各运转部位是否有异常声响。

1）尽量避免发生污泥或者浮渣中的大块杂质（如包装袋等）被吸入管道而出现堵塞的现象，如不慎发生此类情况应立即停泵清理，以保护泵的安全运行。

2）在运行过程中，机座螺栓的松动会造成机体的振动、泵体的移动、管线破裂等现象。因此对机座螺栓的经常紧固是十分必要的，对泵体上各处的螺栓也应如此。在工作中应经常检查电动机与减速机之间、减速机与吸入腔之间以及吸入腔与定子之间的螺栓是否牢固。

3）尽管螺杆泵的生产厂家都对这些螺杆有各种防松措施，但由于此处在运行中振动较大，仍可能有一些螺栓发生松动，一旦万向节或挠性轴脱开，将使泵造成进一步损坏，因此每运转300～500h，应打开泵对此处的螺栓进行检查、紧固。并清理万向节或者挠性轴上的缠绕物。

4）在正常运行时，填料函处同离心泵的填料函一样，会有一定的滴水，水在填料与轴之间起到润滑作用，减轻泵轴或套的磨损。正常滴水应在每分钟50～150滴左右，如果超过这个数就应该紧螺栓。如仍不能奏效就应及时更换盘根。在螺杆泵输出初沉池污泥或消化污泥时，填料盒处的滴水应以污泥中渗出的清液为主，如果有很稠的污泥漏出，即使数量不多也会有一些砂粒进入轴与填料之间，会加速轴的磨损。

当用带冷却的填料环时，应保持冷却水的通畅与清洁。

5）尽量避免过多的泥砂进入螺杆泵。螺杆泵的定子是由弹性材料制作的，它对少量进入泵腔的泥砂有一定的容纳作用，但坚硬的砂粒会加速定子和转子的磨损。大量的砂粒随污泥进入螺杆泵时，会大大减少定子和转子的寿命，减少进入螺杆泵的砂粒要依靠除砂工序来实现。

6）要保证变速箱、滚动轴承、联轴节三个润滑部位工作良好。

a. 变速箱：变速箱一般采用油润滑，在磨合阶段（200～500h）以后应更换一次润滑油，以后每2000～3000h应换一次油。所采用的润滑油标号应严格按说明书上的标号，说明书未规定标号的可使用质量较好的重载齿轮油。

b. 轴承架内的滚动轴承：这一部位一般采用油脂润滑，污水处理厂主要输出常温介质，可选用普通钙基润滑脂。

c. 联轴节：联轴节包裹在橡胶护套中，采用销子联轴节的是用脂润滑，一般不需要经常更换润滑脂，但是如果出现护套破损或者每次大修时，应拆开清洗，填装新油脂，并更换橡胶护套和磨坏的销子等配件。如采用齿型联轴节，一般用油润滑，应每2000h清洗换油一次，输出污泥及浮渣的螺杆泵可使用68号机械油。

使用挠行连轴杆的螺杆泵由于两端属于刚性连接，可免去加油清洗的麻烦。

7）制定严格的巡视管理制度。在污水处理厂，螺杆泵一般在地下管廊等场所运转，而且有时很分散，不可能派专人去监视每一台泵的工作，因此定时定期对运转中的螺杆泵进行巡视就成为运行操作人员的一项重要日常工作，应制定严格的巡视管理制度，建议在白天每2h巡视一次，夜间每3~4h巡视一次。对于经常开停的螺杆泵应尽量到现场去操作，以观察其起动时的情况。

巡视时应注意的主要内容：

a. 观察有无松动的地脚螺栓、法兰盘、联轴器等，变速箱油位是否正常，有无漏油现象。

b. 注意吸入管上的真空表和出泥管上的压力表的读数。这样可以及时发现泵是否在空转或者前方、后方有堵塞。

c. 听运转时有无异常声响，因为螺杆泵的大多数故障都会发出异常声响。如变速箱、轴承架、联轴节或连轴杆、定子和转子出故障都有异常声响。经验丰富的操作人员能从异常声响中判断可能出现故障的部位及原因。

d. 用手去摸变速箱、轴承架等处有无异常升温现象。对于有远程监控系统的螺杆泵，每日的定时现场巡视也是必不可少的。在很多方面，远程监控代替不了巡视。

8）认真填写运行记录。主要记录的内容有工作时间和累计工作时间、状况、轴承温度、加换油记录，填料滴水情况及大中小修的记录等。

9）定子与转子的更换。定子与转子经过一段时间的磨损就会逐渐出现内泄现象，此时螺杆泵的扬程、流量与吸程都会减小。当磨损到一定程度，定子与转子之间就无法形成密封的空腔，泵也就无法进行正常的工作，此时就需要更换定子或转子。

更换的方法是：先将泵两端的阀门关死，然后将定子两端的法兰或者卡箍卸开，旋出定子，然后用水将定子、转子、连轴杆及吸入室的污泥冲洗干净，卸下转子后即可观察定子与转子的磨损情况。一般正常磨损情况是：在转子的突出部位，电镀层被均匀磨掉。其磨损程度可使用卡尺对比新转子量出，定子内部内腔均匀变大，但内部橡胶弹性依然良好。如发现转子有烧蚀的痕迹，有一道道深沟，定子内部橡胶炭化变硬，则说明在运转中有无介质空转的情况。如发现定子内部橡胶严重变形，并且炭化严重，则说明可能出现过在未开出口阀门的情况下运转。上述两种情况都属于非正常损坏，应提醒运行操作者注意。

一般来说，在正常使用的情况下，转子的寿命是定子寿命的2~3倍。当然这与介质、转子和定子的质量及操作者的责任心有关。

更换转子和定子时，应使用洗涤剂等润滑液将接触面润滑，这样转子易于装入定子，同时也避免了初次试运行是干涩的。

在更换转子或定子同时，应检查联轴节的磨损情况，并清洗更换联轴节的润滑油（脂）。

10.4.3　螺杆泵的常见故障及排除

螺杆泵常见故障及其排除方法见表 10-4。

表 10-4　螺杆泵常见的故障及其原因

故障现象	原　　因	处理方法
泵不吸液	（1）吸入管路堵塞或漏气 （2）吸入高度超过允许吸入真空高度 （3）电动机反转 （4）介质粘度过大	（1）检修吸入管路 （2）降低吸入高度 （3）改变电动机转向 （4）将介质加温
压力表指针波动大	（1）吸入管路漏气 （2）安全阀没有调好或工作压力过大，使安全阀时开时闭	（1）检修吸入管路 （2）调整安全阀或降低工作压力
流量下降	（1）吸入管路堵塞或漏气 （2）螺杆与泵套磨损 （3）安全阀弹簧太松或阀瓣与阀座接触不严 （4）电动机转速不够	（1）检修吸入管路 （2）磨损严重时应更换零件 （3）调整弹簧，研磨阀瓣与阀座 （4）修理或更换电动机
轴功率急剧增大	（1）排出管路堵塞 （2）螺杆与泵套严重摩擦 （3）介质粘度太大	（1）停泵清洗管路 （2）检修或更换有关零件 （3）将介质升温
泵振动大	（1）泵与电动机不同心 （2）螺杆与泵套不同心或间隙大 （3）泵内有气 （4）安装高度过大泵内产生汽蚀	（1）调整同心度 （2）检修调整 （3）检修吸入管路，排除漏气部位 （4）降低安装高度或降低转速
泵发热	（1）泵内严重摩擦 （2）机械密封回油孔堵塞 （3）液温过高	（1）检查调整螺杆和泵套 （2）疏通回油孔 （3）适当降低液温
机械密封大量漏油	（1）装配位置不对 （2）密封压盖未压平 （3）动环或静环密封面碰伤 （4）动环或静环密封圈损坏	（1）重新按要求安装 （2）调整密封压盖 （3）研磨密封面或更换新件 （4）更换密封圈

10.5 螺旋泵使用和维护的注意事项

1）应尽量使螺旋泵的吸水位在设计规定的标准点或标准点以上工作，此时螺旋泵的扬水量为设计流量，如果低于标准点，那怕只低几厘米，螺旋泵的扬水量也会下降很多。

2）当螺旋泵长期停用时，如果长期不动，螺旋泵螺旋部分向下的挠曲会永久化，因而影响到螺旋与泵槽之间的间隙及螺旋部分的动平衡，所以，每隔一段时间就应将螺旋转动一定角度以抵消向一个方向挠曲所造成的不良影响。

3）螺旋泵的螺旋部分大都在室外工作，在北方冬季起动螺旋泵之前必须检查吸水池内是否结冰、螺旋部分是否与泵槽冻结在一起，起动前要清除积冰，以免损坏驱动装置或螺旋泵叶片。

4）确保螺旋泵叶片与泵槽的间隙准确均匀是保证螺旋泵高效运行的关键，应经常测量运行中的螺旋泵与泵槽的间隙是否在5～8mm之间，并调整到均匀准确的程度。巡检时注意螺旋泵声音的异常变化，例如螺旋叶片与泵槽相摩擦时会发出钢板在地面刮行的声响，此时应立即停泵检查故障，调整间隙。上部轴承发生故障时也会发出异常的声响且轴承外壳体发热，巡检时也要注意。

5）由于螺旋泵一般都是30°倾斜安装，驱动电动机及减速机也必须倾斜安装，这样一来会影响减速机的润滑效果。因此，为减速机加油时应使油位比正常油位高一些，排油时如果最低位没有放油口，应设法将残油抽出。

6）要定期为上、下轴承加注润滑油，为下部轴承加油时要观察是否漏油，如果发现有泄漏，要放空吸水池紧固盘根或更换失效的密封垫。在未发现问题的情况下，也要定期排空吸水池空车运转，以检查水下轴承是否正常。

思考题与习题

1. 离心泵运行中应注意哪些事项？
2. 潜水泵起动后不出水的原因可能有哪些？
3. 轴流泵运行时应注意哪些事项？

参考文献

[1] 姜乃昌. 泵与泵站［M］. 北京：中国建筑工业出版社，2007.
[2] 颜锦文. 水泵及水泵站［M］. 北京：机械工业出版社，2006.
[3] 李亚峰，尹士君，蒋白懿. 水泵及泵站设计计算［M］. 北京：化学工业出版社，2007.
[4] 古峡. 水泵与水泵站［M］. 北京：中国建筑工业出版社，2005.
[5] 栾鸿儒. 水泵及水泵站［M］. 北京：中国水利水电出版社，2007.
[6] 胡晓军. 水泵与水泵站［M］. 北京：中国水利水电出版社，2003.
[7] 张景成. 水泵与水泵站［M］. 哈尔滨：哈尔滨工业大学出版社，2003.
[8] 北京市市政工程设计研究院总院. 给水排水设计手册：第5册［M］. 北京：中国建筑工业出版社，2004.
[9] 北京市市政工程设计研究院总院. 给水排水设计手册：材料设备续册2［M］. 北京：中国建筑工业出版社，2004.
[10] 高廷耀，顾国维. 水污染控制工程：上册［M］. 北京：高等教育出版社，1999.
[11] 李亚峰. 建筑给水排水工程［M］. 北京：机械工业出版社，2006.
[12] 李亚峰，晋文学. 城市污水处理厂的运行管理［M］. 北京：化学工业出版社，2005.

信息反馈表

尊敬的老师：

您好！感谢您多年来对机械工业出版社的支持和厚爱！为了进一步提高我社教材的出版质量，更好地为我国高等教育发展服务，欢迎您对我社的教材多提宝贵意见和建议。另外，如果您在教学中选用了**《水泵及水泵站（多学时）》（李亚峰　李清举　吴永强主编）**，欢迎您提出修改建议和意见。索取课件的授课老师，请填写下面的信息，发送邮件即可。

一、基本信息

姓名：________　性别：______　职称：________　职务：___________

邮编：________　地址：____

任教课程：___________　电话：________—________（H）________（O）

电子邮件：___________________________________　手机：___________

二、您对本书的意见和建议

（欢迎您指出本书的疏误之处）

三、您对我们的其他意见和建议

请与我们联系：

100037　机械工业出版社·高等教育分社　刘涛　收

Tel：010－8837 9542（O），6899 4030（Fax）

E-mail：ltao929@163.com

http：//www.cmpedu.com（机械工业出版社·教材服务网）

http：//www.cmpbook.com（机械工业出版社·门户网）

http：//www.golden-book.com（中国科技金书网·机械工业出版社旗下网上书店）